口述笔修
相得益彰

“

现当代中国的城市规划与建筑实践

陶宗震先生谈新中国初期富拉尔基的规划（李浩）

林永祥先生谈华南工学院建筑系的人民公社规划与设计实践（黄玉秋、彭长歆）

李志辉先生谈在宁夏的工作经历及建筑创作（马小凤、徐明蕊、杨泊宁）

汪大绥总工程师谈上海浦东国际机场 T1 航站楼项目（吴皎、华霞虹）

刘叔华先生谈长沙名城保护 40 年得与失（刘晖、何思晴）

王明贤先生口述：我与中国当代实验建筑（任丽娜）

”

陶宗震先生谈新中国初期富拉尔基的规划[1]

陶宗震先生，2000 年前后

吕林提供

口述者简介

陶宗震（1928 年 8 月 18 日—2015 年 1 月 7 日）

男，江苏武进人。1946—1949 年在辅仁大学物理系学习，1949—1951 年在清华大学营建系学习。1949 年夏在中直机关修建办事处参加工作；1952 年 1—8 月，在清华、北大、燕京三校建委会工作；1952 年 9 月，调入建筑工程部工作；1954—1956 年，在建筑工程出版社工作；1956—1957 年，在城市建设部民用建筑设计院工作；1957—1961 年，在北京市城市规划管理局工作；1961—1977 年，在北京市建筑设计研究院工作；1977—1985 年，在国家文物局工作；1985 年起，在中国建筑工业出版社工作。1988 年退休。

整理者：李浩（北京建筑大学未来城市设计高精尖创新中心）

口述时间：2012 年 3 月 31 日上午

口述地点：陶宗震先生家中

整理时间：2017 年 9—10 月，于 2017 年 10 月 27 日完成初稿

审阅情况：经吕林先生审阅，于 2017 年 12 月 8 日定稿

谈话背景：富拉尔基位于黑龙江省齐齐哈尔市，在新中国成立初期，由于兴建 3 个“156 项工程”（富拉尔基热电站、富拉尔基特钢厂和富拉尔基重机厂）被列为国家重点建设的新工业城市，现为齐齐哈尔市的一个辖区。富拉尔基市是中华人民共和国最早开展城市规划的重点城市之一，但由于经验不足、国家建设计划调整等原因，城市规划工作出现了一定的问题，这在当时具有一定代表性。

富拉尔基市规划工作于 1952 年启动，由重工业部牵头组织，1952 年冬季曾向建筑工程部城市建设局（当时正在筹建中，后于 1953 年 3 月正式成立）汇报初步规划草案，1953 年起由建工部城建局派员（陶宗震先生参与）修改和完善规划。

本文根据陶宗震先生夫人吕林先生于 2017 年 9 月 20 日提供的陶先生生前口述录音磁带

（即 3 个电子文件“HPDH004 ~ HPDH006”）整理，主要内容是其 1952—1953 年参加的富拉尔基市规划工作。

❝

今天比较详细地谈一下富拉尔基规划。当然，仍然是扼要的，因为规划工作是保密的，很多（情况）都没有公开，（我们并不完全掌握）。（富拉尔基）规划涉及的面很广，（建筑工程部副部长）万里去了，中财委（中央人民政府政务院财政经济委员会）也组织了，东北大区当然是（规划工作的）重头了。但是到后来，我 1988 年（再）去的时候，发现（规划建设情况）已经很不合理了。所以，我把最初的原始情况扼要地说一说。

最早一稿的富拉尔基规划

最早的富拉尔基的规划是重工业部[2]做的，因为当时建筑工程部[3]还没有成立。王鹤寿[4]是“大干快上”（的作风），（1952 年）先从东北重工业系统找了一个人做富拉尔基的规划。

此人叫刘群（音），是当地有名的建筑师，老婆是白俄（罗斯人），所以他懂得俄文。他做的第一稿规划，是抄的《苏联公共卫生学》上苏联的一个钢城，叫马格尼托哥尔斯克（Магнитого́рск）[5]。马格尼托哥尔斯克的意思就是磁山城，那是个 25 万人的城市。当时，富拉尔基只是选定了两个厂，两个“141 项”[6]，一个是特殊钢厂，一个是 5 万千瓦的小发电厂。其实这两个厂是互相联系的，电厂就是为钢厂和由此产生的一些民用建筑服务的……硬生生地把这个抄下来了。

为什么选富拉尔基？实际上这附近既没有钢（产业），也没有什么其他的工业项目，就是由于它是“中长路”[7]上的一个小站，也就是在嫩江的西岸，东岸是昂昂溪[8]，是一个有名的编组站。有个小站，就可以引出一条专用线来，由此把这个项目定在这儿了。

刘群做了这个规划以后，建工部城建局（就要）成立了。按照中央规定，一切规划工作都由城建局“审批”[9]，所以刘群就来汇报富拉尔基的规划。汇报（后）呢，一看就不行，因为这两个根本不着边，选址和城市没有任何联系，就是

蘇聯

公共衛生學

著者

馬爾捷夫 教授
阿格立茨基教授 單奇格 教授
日阿保欽斯基 教授 麥單斯基 教授

譯者

霍儒學 川越 胡尚一 胡振東
趙清玉 顏士純 劉恒展 王廣儀

校閱者

霍儒學

東北醫學圖書出版社
1953

《苏联公共卫生学》教科书扉页

俄文原版出版于 1951 年

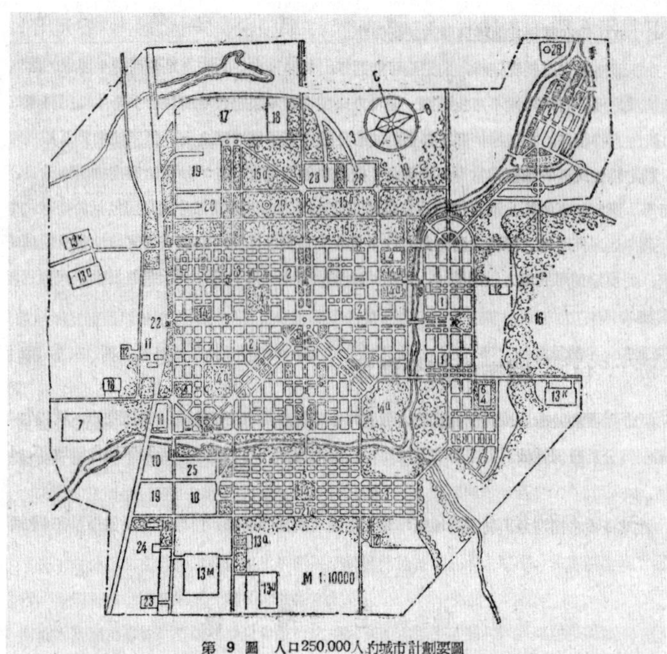

第 9 圖　人口250,000人的城市計劃要圖

1) 低層建築物的住宅街區（普通兩層）；2) 高層建築物的住宅街區（普通四層）；3) 個人宅邸的住宅街區，3a，埠頭；4) 醫院；5) 診療院；6) 衛生防疫站；7) 生物學式廢水淨化站；8) 消毒站；9) 浴池漿洗房聯營企業；10) 輕工業工廠；11) 倉庫；12) 墳地，13к) 混合肥料製造廠；13м) Поля минерализации；13a)涂糞場(Поля ассенизации)；14) 小遊園；14a) 文化休息公園；15. 15a. 15б) 綠化防護地帶；16) 樹林；17) 鍊冶廠及焦煤化學工廠；18) 電熱源；19) 工業企業預備地；20) 機械製造廠；21. 21a) 市場；22) 火車站；23) 廢物利用工場；24) 塵芥焚燒爐；25) 食品工業企業；26)水泵站；27) 休養墅（Городок отдыха）；28) Шахта；29) 貯水槽；30) 埠頭。

《苏联公共卫生学》中所载一个 25 万人口城市的规划图

资料来源：（苏）马尔捷夫等，《公共卫生学》，霍儒学等译，沈阳：东北医学图书出版社，1953 年 54 页。

硬抄了一个马格尼托哥尔斯克。（确切说）还不是抄的，是按那个轮廓大致勾了一个城市，没有指标，也没有预计人口，一汇报就给否了。

否了以后呢，因为这个（钢厂）是重工业部系统的厂，中国航空工业起步的特殊钢厂，按照重工业部的序列，是第一个要上马的。（如果）没有这个厂，飞机制造什么的就都不能成立了。因此，当地的省委就急了，找富拉尔基的县委书记到北京来，他们并不是坚持原来的规划，而是要我们赶快去，重新做一个规划。

我最早是在 1952 年（应为 1953 年初夏）去的。那次去，正好赶上嫩江发大水。去了以后，按照“规划工作程序”，说明了刘群的方案有哪些问题。后来，我们就到杭州、上海去了。那时候，我本准备要去（成都），贾震[10]问我：家里有什么问题？当时我女儿快要出生了，我说家里有人管，没有问题。结果这时候余森文[11]跑来了，一进门就大叫：大团（大区）叫我来，中央各个军委都到杭州去搞疗养院，山（林）都砍了，我们管不了。他们（对他）说：你到中央去，让中央来人管。上海（方面）同时也来了，主要是为斯大林送（援建）的展览馆选址，还有很多市政问题，污水这类的。贾震就说：你先别去成都了，来大买卖了，先上杭州吧，穆欣也亲自去。[12]

援助中国城市规划的苏联专家穆欣

穆欣在中国（工作）两年[13]，跟我们在一起大概是一年的时间[14]，因为（1952 年）上半年建工部还没成立。他亲自动手参与（规划）的就是两个城市：一个是杭州，一个是上海。

（穆欣）说得很明白：用规划来说明工作程序，不可能（用）那么短的时间做好一个城市的规划。他经常跟中国的同志，包括各省市的领导说的一句话就是：规划工作者要对自己的城市如数家珍，对城市的现在和未来都要十分清楚，而且是要走路（了解情况），搞规划的必须走路，不能坐着汽车到处看。

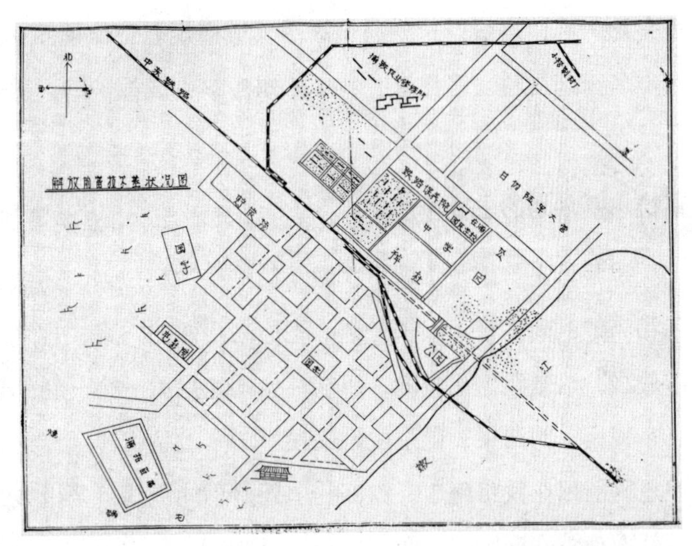

解放前的富拉尔基状况图

资料来源：《富拉尔基区城市建设志》，第一重型机器厂印刷厂，1987 年，第 1 页。

我们去杭州出差，苏联专家当时还有带手枪的警卫员，他们老给我提意见，到了杭州要爬山，进飞来山洞，黑咕隆咚的他就很紧张，怕出危险，老拽着我提意见。我说不让他看那可不行。有些搞保卫的（同志）很紧张，尤其是到生的地方，一看（到陌生）人多就紧张……这样的笑话很多。

到了上海，去看南市[15]，走到平房区，有很多穿堂门，从这儿进去从那儿出来，穆欣很仔细地看旧区布局，警卫也很紧张。后来上海市负责（安全保卫），（警卫员）就不跟着了。（当时）还到川沙、南汇这些小镇去，都有大队的人跟着，什么赵祖康啊，（还有）同济（大学）的很多教授。上海都委会[16]主要是程世抚、钟耀华，林泗[17]的父亲（林荣向）原来也在上海都委会，上海第一个过江隧道[18]就是林荣向设计的。

去了以后，大家都认识林荣向，也认识汪季琦。汪季琦原来是上海工务局副局长，赵祖康是正局长，后来赵祖康是副市长。还有李干成和姓陈的军代表，黑黑的，不知道是不是后来的陈国栋。当时接待我们的是潘汉年，陈（毅）老总还是上海市长，但已经到中央工作了，后来就当了外交部长。所以当地有两个副市长：一个潘汉年，一个曾山。曾山跟建工部的第一任部长又是“老战友”，但是由于有苏联专家，有外宾，所以是潘汉年出来接待的。

从杭州、上海回来以后，本来贾震准备让我到成都去的，因为万里从大西南来（建工部工作时）[19]，就跟城建局说，那里（西南地区）是有色金属富集的地区，你们得去个人，管那里的规划。正好成都来汇报的是刘昌诚，刘昌诚和戴念慈、郑孝燮是同班的，谈起来大家都是熟人，谈得很好。刘昌诚看了《城市规划工作程序》[20] 以后说：这样吧，我先回去，按它准备一些材料，等你来。我本来是应该到成都去的，后来又去了富拉尔基。

富拉尔基规划的主要矛盾

等我再去（富拉尔基），做了第一个详细规划，还做了第一期规划。而且，那年冬天，我和当地的邢（音）局长一起，把原来我做的方案、规划的道路线，都放进去了，等于是城市放线。这是我自己做的，可能在全国也是第一个，新的规划放线放在地面上（的实例）。

我们去的结果，硬生生地又摆了一个重型机械厂。这也是一个很大的厂，很有名的厂，但是只能搁在铁路南边。铁路北边还是不能甩线，要甩线也可以，就要搞立交。结果，这个厂就摆在特殊钢厂的后面。

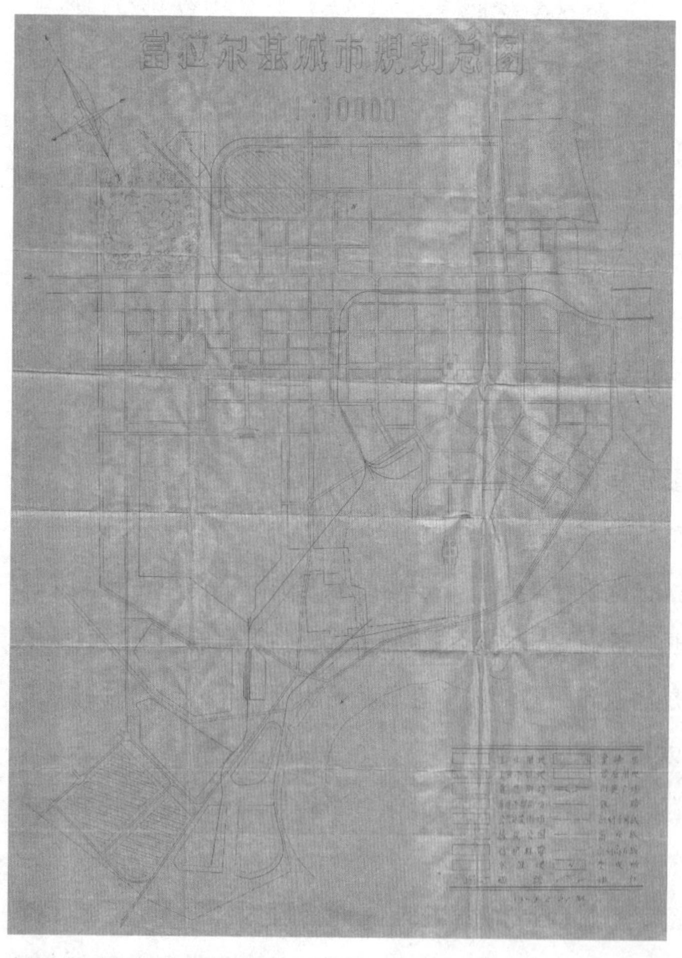

富拉尔基城市规划总图（1959 年 2 月）

资料来源：《富拉尔基城市规划总图》，建筑工程部档案，中国城市规划设计研究院档案室，案卷号：0650。

关于富拉尔基的规划，当时有些互相矛盾的地方。一方面，刘群的规划被否了，在省里就否了。当时（黑龙江省有）两个省委书记，第一书记是冯纪新[21]，第二书记是李剑白[22]。冯纪新管农业，一直搞农业，“文革”的时候是甘肃省委书记，最后到了国家计委，当时北大荒的农业是搞得很好的。省里的意见具体说来还是李剑白的意见，也有些自相矛盾。一方面，他已经和建厂（负责特殊钢厂建设）的苏联专家（是个少将，因为那是一个军工（项目）碰过杯了，希望不要改了。厂是不能改了，位置不能变，因为勘察设计都是国外的，规划一变，前期工作就都浪费了。

李剑白当时就说，已经跟苏联专家碰过杯了，最好不变了。当然，他没有说绝对不变。我当时也觉得这个不能变了，一个厂的勘察设计可不比一个建筑的勘察设计，而且都是国外（参与）的，确实是不能动的。但是，规划又不合理，怎么办？

如果就这个已经定的厂和当时的地形来说，也是可以解决的，就是搞一个10万人以下的小城市，主要的城区都在铁路以南，也差不多够了。

可是，另一个矛盾是，李剑白认为富拉尔基这个新城市的建设已经宣传出去了，包括抗美援朝归国访问团也都宣传了，说国外在保家卫国，国内我们也在大建设，有一个城市将要把两个城市合成一个城市。虽然没有点明，指的就是富拉尔基和齐齐哈尔将连成一个大城市。实际上，这是不可能的，但已经宣传出去了。

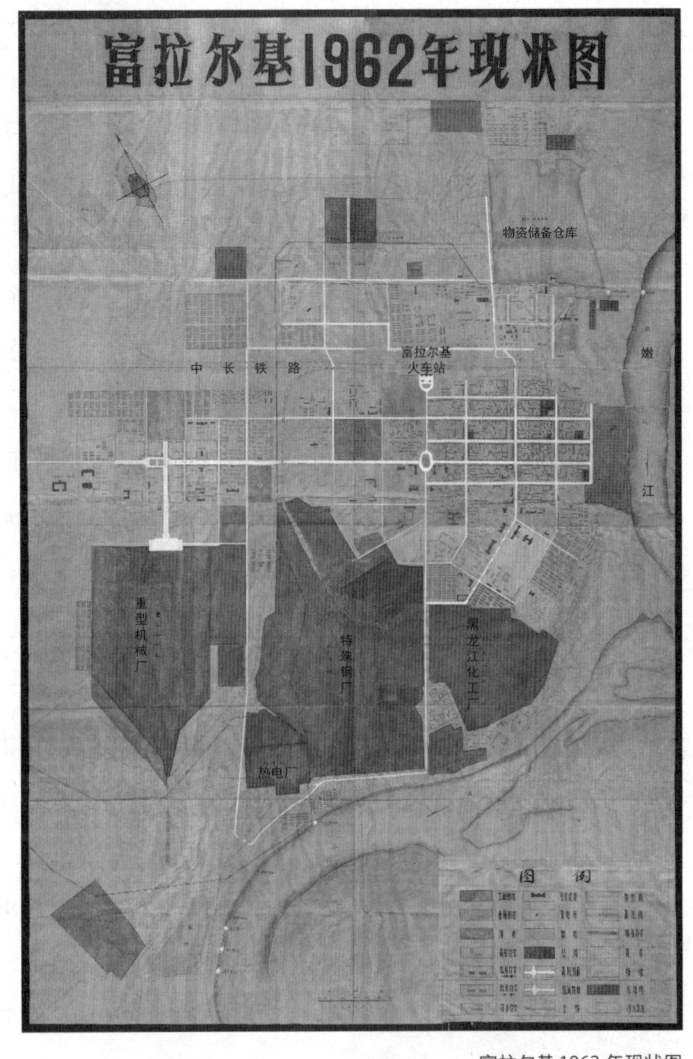

富拉尔基 1962 年现状图

注：图中标识文字系整理者添加。
资料来源：《富拉尔基 1962 年现状图》，建筑工程部档案，中国城市规划设计研究院档案室，案卷号：0651。

此外，崔新传（音）跟我说了，省委有这么个意图。为什么要把它连起来？当时中长路是唯一的一条通“苏新国家”[23]的国际通道，跟他们代表团的来来往往，都要经过中长路，而有些重要的代表团一进国境，（到达的）第一个省会就是齐齐哈尔，可是齐齐哈尔不挨着中长路，而富拉尔基当时又是个很小的车站。当时嫩江省作为独立省的时候，国际干线上来来往往的代表团，省委书记都要跑到富拉尔基这个小站上送往迎来，一直感到不方便，很想把富拉尔基和齐齐哈尔变成一个城市。

我说：根据当时国家的情况，这是根本不可能的，当中（隔着）几十公里路，怎么可能呢？后来李剑白说，如果钢厂不动的话，建厂的苏联专家（少将）建议在厂前区做工人村。这就是一个互相矛盾的观念了——工人村也就是一个镇，形不成一个城市。

铁路以南的地方，应该说还可以形成一个城市。如果只搞一个工人村，反而又有很多空地，而且北面也建了一部分，有一小条房子。如果只是一个钢厂、一个电厂的话，应该是一个 8 万 ~10 万人，有些附属工厂的小城市。10 万人左右的城市，其实在欧洲已经不算小了。

当时省委的矛盾就在这儿：又想把富拉尔基变成一个和齐齐哈尔连成一片的大城市，（又想）搞一个工人镇。如果再往上（游）往北摆几个厂，跟齐齐哈尔连成一体，矛盾就更多。首先是有没有那么多项目准备摆在齐齐哈尔、摆在富拉尔基？因为附近没有什么矿藏。往上游摆厂，那就影响下游。（如果）把齐齐哈尔和富拉尔基连成一片，夏天（的交通）水上运输可以解决，但那里封江的时间很长，冬天的交通不好解决。在这个情况下，李剑白说，你要回来汇报。（因此），我（回富拉尔基）汇报了不止一次。

苏联专家的争论

大概是 1953 年底，我（回北京向穆欣）汇报时，穆欣又找了重工业部的苏联专家扎娃斯基（音），争论了半天。扎娃斯基说：建工人镇在苏联是很平常的事啊，有什么不好呢？穆欣就跟他争论，如果（建）一个厂，按原来考虑的方案，可以形成 10 万人左右的城市。作为一个完整的城市，居民的设施，各方面的条件、水平都是不一样的；可工人镇呢，就完全不同了，设施没有那么多。比如城市服务设施有 10 个系统，必须有一定的规模才能有完备的设施，包括医院、福利设施、文艺设施。另外，如果都是星罗棋布的工人镇，实际上也是（资源的）浪费。

最后，扎娃斯基同意了穆欣的意见，就说：你是规划专家，就按你的意见办吧。扎娃斯基走了以后，穆欣还从书架子上拿下来一本刚出版的苏联小说，就是《钢与渣》。（当时）我们看到的是俄文的，后来我找了中文译本，有些内容（在中译本中）没有找到。

《钢与渣》俄文版封面及中译本封面

注：该书作者为符 · 波波夫（В. Х. Попов），俄文版于 1950 年出版，中文版由时代出版社于 1953 年出版。

穆欣给我们翻看《钢与渣》，小说开始还说，城市由于工厂而存在，因此市里有任何需要，市委书记都要向工厂的党委书记来请求，因为一切都是工厂供给的；卫国战争爆发，工厂沦陷，原来的厂党委书记比较固执，后来去搜集破铜烂铁了。这个小说也拍过电影，在国内就演过。

穆欣的意见是，（规划）工人镇是不合适的，工人镇规模小，不可能形成比较完整的生活体系，商业服务业、医疗卫生、教育体系都形不成。穆欣主张，就这个厂和已经定下的地形，形成 10 万人左右的小城市，而且很快可以形成城市，也是第一个新建的工业城市，如果能很快的形成，也是很好的。

冯纪新一直同意按中央的意见办，李剑白产生了新的想法，要求多摆几个工厂，然后把两个城市连起来。我说这是不可能的，因为一个（钢）厂已经摆在铁路南了，就一个小编组站，支线只能向一边出，不能向两边出——"中长路"是国际干线，只能从一个方向引出支线。如果再摆厂，只能往铁路一边（向南）摆，这样才能和齐齐哈尔方向连接起来。（如果）向北也出线了，就要搞立交了，复杂啦。

当时李剑白就有点"政治要，技术上就应该能实现"（的看法），让（我和）老崔赶快到中央去，反映这个意见。我和老崔到了齐齐哈尔的飞机场，当时飞机场还是苏联管的，机场场长也是苏联人，虽然冬天很冷，但是他们很热情，给我们现生火烧茶。当时有一架从赤塔[24]来的运输机，机场跟他通话，要求他卸下一点货，带两个人到北京去，机长不干，说不可能。当时就这么一架飞机，而且那天风很大，所以就没能坐上飞机。

李剑白又很着急，让我们赶快先到（东北）大区去汇报。我们就去了大区。大区有一个副主席叫顾卓新[25]。汇报的情况，反正客观上就那么多道理。后来才知道，顾卓新和郭维城[26]是东北大学的同班同学，都是东北大学的学生参加革命的，他们两个同班，李剑白低一班。当时不知道这些情况，即使知道，客观上就是那样。现在总结也是那样，我还是会坚持：往北摆不了工厂，连不起来。

现在的富拉尔基，行政上作为齐齐哈尔市的一个区。后来省会也搬了，搬到哈尔滨去了，齐齐哈尔不是省会了，送往迎来的矛盾就不存在了，也就不再提了。

最后，顾卓新说：我们的高（岗）主席马上要到北京兼国家计委主任啦。意思是说，你们到中央去定，最后审批的是高主席。我当时也无所谓，谁批无所谓，城市规划存在的客观矛盾还是这样。我回北京讲了半天道理，实际情况就是这样。

回来汇报，我跟孙敬文[27]讲了。孙敬文开始也未置可否，因为苏联专家最后一次（听取汇报）已经是巴拉金了。巴拉金当然同意我的意见，他和穆欣的意见是一致的。后来我就说：东北说高岗要来兼国家计委主任了，结果孙敬文一惊。他让我先别回去，要做一下总结，因为当时城建局要升格成为城建总局了，需要整顿队伍，让我先别回去，就在那儿总结，总结的时候就跟我做工作。

关于“技术为政治服务”的问题

从富拉尔基说起，反映了当时的某些观念，也就是“技术为政治服务”（的思想）。（当时，黑龙江省领导让我落实他们的意图）[28]，而且说是苏联专家说的：（即便）你们中国专家想在海牙建工厂，我们也能办。也就是说，苏联专家都是技术为政治服务，中国的领导同志想怎么办就怎么办。在中国，这是根本不可能的事。我当时以为是交换意见，就无所谓。

后来，（建工部）人事司找我谈话，说部里要加强政治思想工作，出机关刊物，成立出版社[29]，社长由办公厅主任陈永清[30]兼任，陈永清也是老同志了，“六大”的代表（他因为坐牢什么的，有些问题，本来也应该当部长的，只当了办公厅主任）。需要一个比较全面的技术干部，就说准备要我去。当时都说要服从组织分配，而且说的挺重要的，我就同意了。

同意以后，冯良友[31]给我做鉴定。我一看，满不是那么回事——说我有与领导分工的

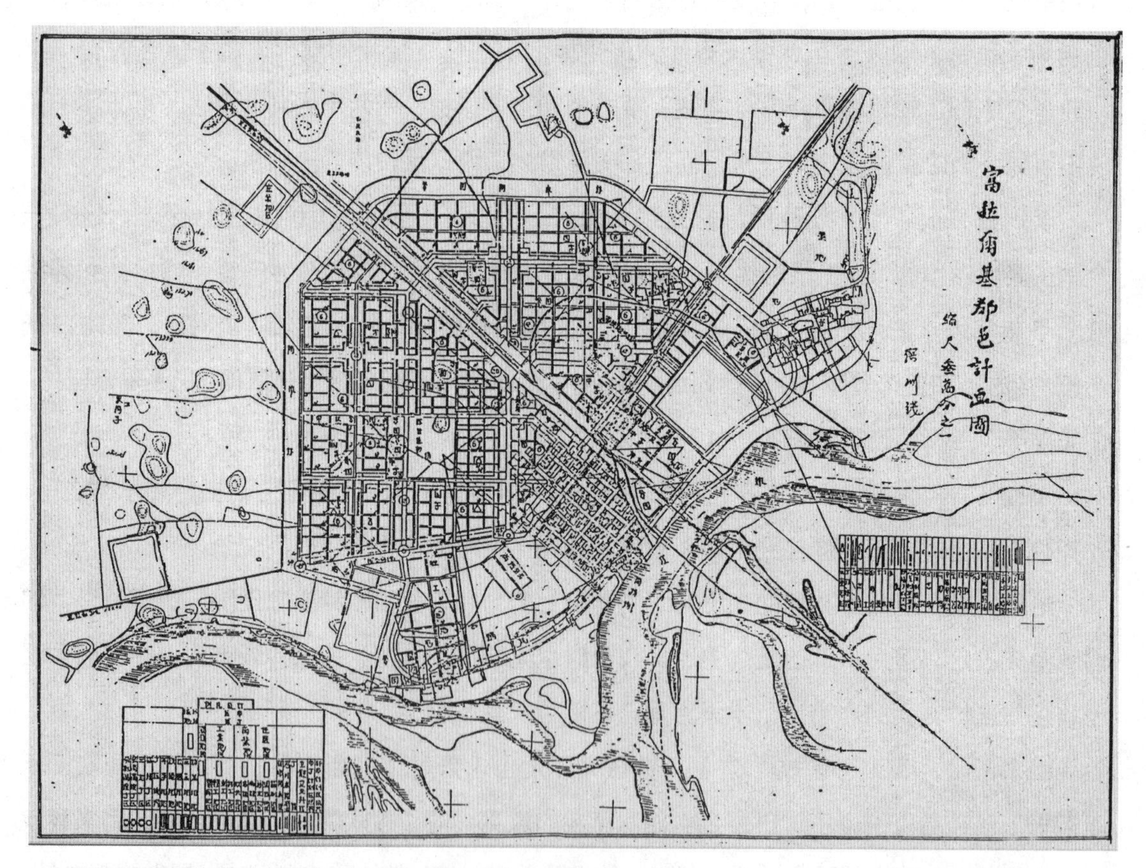

日本侵略者所制定的“富拉尔基都邑计画图”（1933 年）

注：1931 年“九一八”事变后，日本侵略者在预谋长期殖民统治中国东北的同时，于 1933 年制订了富拉尔基都邑计画，将富拉尔基作为其侵吞东北西部经济资源的重要基地，规划建设用地规模约 13 平方千米，计划建设的工业均系轻纺、食品加工和木材加工业。

资料来源：《富拉尔基区城市建设志》，第一重型机器厂印刷厂，1987 年，第 18 页。

思想，只听苏联专家的意见，不听领导的意见。还口头跟我说，苏联顾问只是顾问，没有决定权，否则就成侵权了，侵犯我们的权利。

所以，我找贾震去了。贾震说：谁让你同意的？你同意了再来找我？我说这还能不同意吗，服从组织分配。他说：同意了，你就先去吧，这个事以后再说。所以，我就到出版社去了。

1985 年前后的富拉尔基城区图（示意）

资料来源：《富拉尔基区城市建设志》，第一重型机器厂印刷厂，1987 年，文前插图。

如果从“祸兮福所倚”的角度看，到出版社，从我对工作的认识上讲，倒是因祸得福了。如果我再回富拉尔基的话，假如省里甚至大区还坚持原来的意见，反而不好办。后来我从易锋[32]那儿知道，结果又去了好多人，包括中财委都组织班子去了。

在出版社，我做了几件大事。其中一件就是基建。这个时候，我不是从规划管理的角度，而是从申请建设的角度，去跑规划、设计、批地这些。首先，建设部的基建司卡面积、卡造价。当时，统一规划指标远景与近期的矛盾，叫“合理设计、不合理使用”。那时，陈占祥和华揽洪在社会路东口设计了一些住宅，费了很多脑筋，让建筑平面可以灵活（布局），从单栋住宅上（来研究）如何解决远景与经济的矛盾。可是，我在出版社搞基建，就没有这个条件了，因为当时的一些住宅都是最简单的住宅。从林徽因先生建校时候最低标准的住宅，演化出房管局的标准图，（所定）标准比林先生的还低：每户一间半，两户拼一个，就是两大室、两小室。这个标准不是由我定的，而是由当时的基建司，批给你多少就是多少。也就是说，国家标准跟规划是不一致的。

所以，后来提出“六统一”[33]的时候，第一就是规划与计划要统一。搞基建的就说：“合理规划、不合理设计”本身根本就不可能实现。其实这个问题，我在富拉尔基的时候，当地同志也问过我。当时建成的两室户单元，按“合理设计、不合理使用”呢，也就是远景是一户，近期可以分给两户，一室一户，共用厨房和厕所，但是，当时富拉尔基连一室一户都分配不到，而是一室两户。一室两户怎么分呢？一间居室，当中隔一个布帘。

变成“五花肉”：富拉尔基城市发展的演变

一直到1988年，我去大庆，（他们）特别请我回富拉尔基去看一看，当时秦志杰[34]也去了。那时已经是黑龙江省了，嫩江省不存在了[35]。回富拉尔基看了，又到哈尔滨，李剑白正开人大会呢，他说不开会时我就好好招待你一下。（后来）他接我谈了一谈，送我一张照片，还给侯捷写了一封信，说他和我在1952年富拉尔基规划的时候就认识了，说我工作上认真负责，如何如何。在我做（富拉尔基）规划的时候，侯捷是当地水利部门的一个干部，后来从水利部转过来（到建设部）的，冯纪新和李剑白都是他的老领导了。这封信后来交给侯捷了。侯捷后来又走了[36]。

最终去看富拉尔基的时候，富拉尔基已成为“五花肉”了。原来规划的市区，从车站到市中心有一条林荫路，也就是绿带。那个谁……（名字想不起来了），他从东北大区来，跟着许英年，在（建工部城建局）扩充成城建总局的时候到了城建总局，后来又回黑龙江省了。他到中央后第一个事就是改富拉尔基的规划，把绿地压掉，所以绿地就没了。

可是，新建的重型机械厂是个很大的厂，而且只能摆在铁路南，不能往铁路北面摆，摆在特殊钢厂的后边。因此（就成了）住宅区、工厂，又是住宅区，又是工厂；而南边的电厂（用地）也不够了，因为又摆了厂，又扩建，所以电厂和生活居住区（混杂），下游又摆一个电厂。所以说，富拉尔基规划就像个“五花肉”。

总结历史教训的重要意义

要我说，总结（历史经验），错误的东西也应该总结。错误的东西总结了以后，可以避免更大范围的失误，也就是说，坏事可以变好事。所以，富拉尔基，我认为很值得总结一下。

当时，因为我和刘达容（的办公室）就在（城建局）局长室边上的小房间，跟贾震挨着。贾震没事儿就找我们聊天，聊电影《夏伯阳》[37]，聊莫斯科那个地方，他借谈小说强调政委的作用。一是说夏伯阳的政委，叫富尔曼诺夫，说夏伯阳打仗多勇敢，可一旦离开了政委，就被敌人暗算了；二是说，远离莫斯科的地方，局长起的什么作用，他怎么组织和领导那些年轻和年老的工程技术人员。

后来我的工作，一直都需要一个“政委”，一个至少像贾震这样的“政委”。后来，文物局有人介绍我去建研院做基础研究，我首先提出来：得有个“政委”。所以，当时孙敬文的夫人曾兰，马上就调到那儿当支部书记去了。后来我没有去，原因是某主要领导跟我讲，落实政策的问题我们都给你解决，以后写什么东西，咱们俩合作，我的名字在前面。我就答复，算了吧。

对政委，我一直觉得这是在政治与业务互相配合、互相支持的现实条件下，很好的一个特色。后来又“政企分开”，合了分，分了合。要解决好这个问题，要从实际出发，自下而上的改革，不要只是自上而下的改革。自上而下的改革，很多概念性的东西扯不清楚。

史克宁[38]说：技术为政治服务。他跟我说：苏联专家说的……当时，他认为我只听苏联专家的意见。其实像穆欣，是找了重工业部的苏联专家，也是充分辩论才统一的意见。很可惜，刘达容死了，很多事情他是当事人，他都在现场，了解情况。

从另一方面讲，（通过）富拉尔基的规划和郑州的规划，我就发现，（大家）只注意工厂本身的设计和建设，规划上只是走个形式，有了规划就合乎程序，就可以建厂。（城市规划）也受到重视，后来城建局从住建部（建工部）独立出来，当时主要负责施工，“156 项”[39]（工程），主要是重工业（部）和（第）一机（械工业）部项目的施工。城建局的工作，最后都是报国务院的，本身工作性质也不一样。从整个建设程序来说，规划是龙头，所以城建局就逐渐独立出来，开始是（国家）城建总局，万里从（建工部）副部长到（国家）城建总局当局长，后来扩大到城建部。

城建部，除了规划以外，还负责重要的民用建筑，（下属有）中央的民用建筑设计院，国家级的设计院。建工部的设计院，就变成工业设计院，主要是负责工业项目的设计。当然，后来的具体分工并不是那么明确。组织机构也是由实践中发展，逐渐变化的，本身是合乎生产力决定生产关系的（规律），但是具体的生产规律，还是要通过具体问题进行总结的。

（那时）一切城市的规划都是城建局报中央去批，不是城建局来批的，就像文物保护单位是国家文物局报国务院批的，城市规划（是）报国家计委，都是由计委批的。最初，各个城市的建设费用都经过城建局下达，就像文物费是通过文物局发给各省市一样，所以城市规划必须算一个城市总造价。正是因为计算城市总造价，哪怕很小的城市，和“141 项”来比都是天文数字，（后来）导致李富春开始“三年不搞规划”，最后干脆不要规划了，城建部就撤销了[40]。当然，还有另一个原因是，当时认为该做规划的城市都做了，都有规划了，下一步的问题就是（如何）把这些城市建设好，所以把民用设计院并到北京市设计院，搞个“大拳头”，把北京建设好。

任震英先生（右）的合影（1980 年代初）

资料来源：吕林提供

后来（中国）城市科学（研究）会 1983 年（召开）成立大会的时候，万里就问所有人：你说有规划好还是没有规划好？问了好多人。后来任震英来我这儿吃饭时传达。我说：也不能说有规划就一定好，一个不好的规划会有后遗症。我都有具体例子，一个就是富拉尔基。富拉尔基后来硬加上一个重型机械厂，当时是全国数一数二的大机械厂，拉了一个大机械厂来，也没能把城市人口撑多，反而把城市搞乱了。

再就是郑州的规划。到 1984 年，我第一次去郑州，看紫荆山，就是市中心区。原来省委那片的路是两个方向，房子是两个方向，有的是 45° 的，有的是正南北的。当地人还说：这都是"苏修"给我们搞的规划。其实根本不是那么回事，原来的（郑州）规划是中财委批了以后实施的，还是万里亲自听了汇报以后决定的。实施了一半，孙敬文去了，结果把路网硬给扭（过来）了。

郑州规划本来是一个初步的规划，（早期是）我做的规划方案，但是那个规划方案，我自己都说：只能叫草图，只是（在）1:25000 地形图上的一个示意图。穆欣说：你做的很好，要下去仔细做。结果孙敬文又说：你别去，家里没有人看家。所以我没有去，没有当面跟潘复生说明规划的情况。（后来）孙敬文带着易锋（刚从苏联回来），去了郑州。后来易锋跟我说，聊天说到这个事儿，才知道孙敬文去郑州的时候被潘复生狠批了一顿。他说这都是你们城建局（时期）给做的规划，风沙那么大，又是西晒，一会儿又是怎么怎么，说了一大通。

贾震先生书法：任震英先生给陶宗震先生赠诗一首

注：1983 年 1 月 4 日任震英先生向陶宗震先生传达中国城市科学研究会成立事宜后赠诗一首，后陶宗震先生请城市规划界的老领导贾震先生于 1986 年 10 月书写留念。
资料来源：吕林提供。

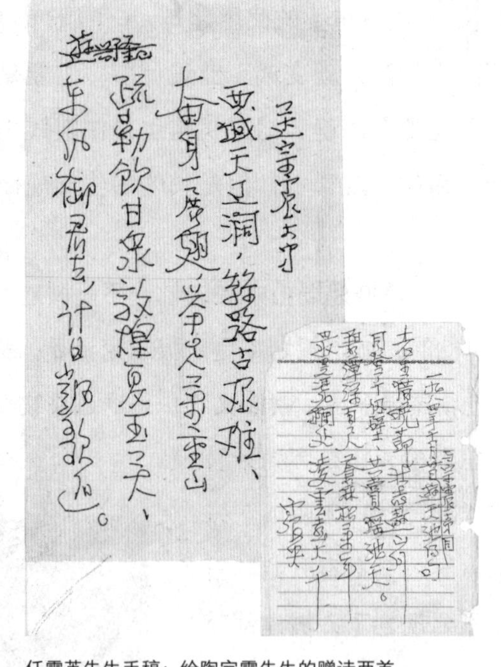

任震英先生手稿：给陶宗震先生的赠诗两首

注：左上图写作日期不详，右下图系"一九八四年十月廿日与宗震大弟同游天池得句"（题名）。陶宗震收藏。
资料来源：吕林提供。

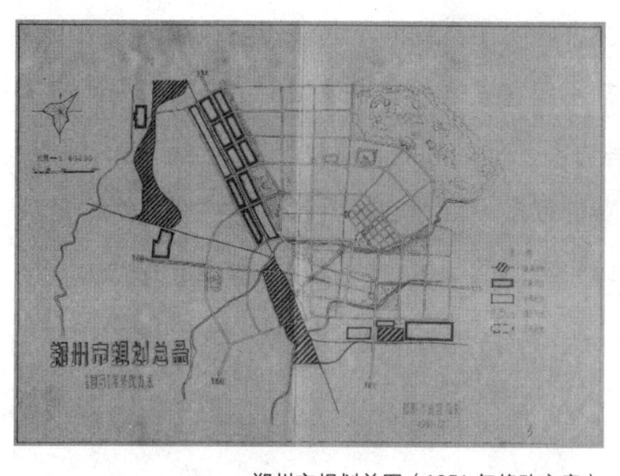

郑州市规划总图（1951 年修改方案）

资料来源：郑州市建设局，《郑州市城市建设发展史：现况部分（1948—1962 年）》，中国城市规划设计研究院档案室，案卷号：0857，第 1 页。

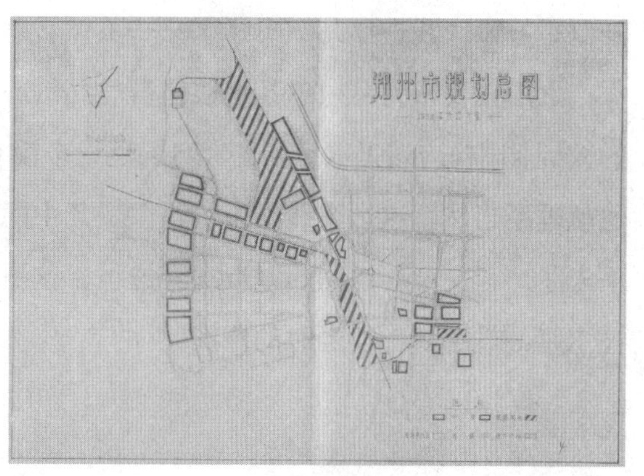

郑州市规划总图（1954 年修改方案）

资料来源：郑州市建设局，《郑州市城市建设发展史：现况部分（1948—1962 年）》，中国城市规划设计研究院档案室，案卷号：0857，第 4 页。

万里刚到北京时，为了郑州规划，第一次找我和史克宁去谈话，听取汇报，了解潘复生[41]的意见。最后中财委同意了我的方案。郑州的一个副市长史隆甫，带来一些工程师，（到建工部讨论规划方案），回去怎么汇报的，我就不知道了。

从这些例子来说，（应该）很（具代表性），要总结规划，就要总结“文革”以前正常时候的规划，“文革”时候很多不合理现象没有什么可总结的。其实，当时很多人都是这种观念：技术为政治服务——政治上有什么意图，技术上就得按照这个（要求去）做。可是，技术上合理不合理是客观的，不是主观的。最早王鹤寿让刘群搞的富拉尔基规划，也算满足领导意图了——当时按苏联的程序，没有规划不能摆厂，形式上规划上也有了，抄一个就硬生生地搁在那儿，就把厂定下来了。可是，它本来就是不合理的。

很多人见了大领导都是唯唯诺诺的，领导说什么就听什么，不会按工作（要求）坚持正确的意见，谁大谁说了算。

什么叫生产力决定生产关系？不管多大的领导，符合生产力、符合客观现实需要的意见就应尊重；不符合生产规律、不符合实际的，应该改正。这方面，值得总结的问题很多，不止一两件事。

陶宗震先生（中）与刘学海先生（左）及张景沸先生（右）的合影

资料来源：吕林提供。

如果是谁官大谁说了算，有人一听高岗要来（北京）当（国家）计委主任，最后（规划）都是由他来批，就怕我继续“捅娄子”。当时我不知道，郑州规划后来孙敬文去了，被潘复生批了一顿，批得孙敬文一句话都不敢说。所以，我离开倒是好事，我在那儿倒不好了——不然我怎么办呢？不合理的东西我没法执行。

之所以我认为富拉尔基是很值得总结的，并不是在于最后的效果如何，最后效果所产生的教训，同样应该是很宝贵的。如果是一个没有太多矛盾的规划，没有产生一些矛盾的规划，也就理所当然就这么实践下去了，但是其中隐藏的很多不合理的东西也就此将错就错地延续下去了。“文革”以后的城市发展过程，这是比较普遍的现象。所以，我着重从我经历的富拉尔基的规划谈一谈当时的情况。

”

1 国家社会科学基金重大项目：新中国成立以来中国共产党城市建设思想文献挖掘、整理与研究（项目编号：19ZDA014）；国家自然科学基金项目：规划遗产理论及其保护利用方法研究——以北京为实证对象（项目编号：52178028）。

2 中华人民共和国最早设立的政府部门之一（1949 年 9 月设立），在中财委的指导下展开工作，负责主管涉及钢铁、有色金属、机器、船舶、兵器和航空工业、化学和建筑材料工业等方面的工作。

3 建筑工程部成立于 1952 年 8 月，9 月 1 日正式办公。参见《住房和城乡建设部历史沿革及大事记》，中国城市出版社，2012 年，第 6 页。

4 王鹤寿（1909—1999），河北唐县人，1923 年考入保定直隶第二师范学校，1925 年 4 月加入中国共产主义青年团，10 月加入中国共产党，1927 年被派往苏联莫斯科中山大学学习。1928 年回国后曾任共青团满洲省委组织部部长、书记，共青团中央团校主任，共青团天津市委书记和团河北省委组织部部长等，1941 年 8 月任陈云同志的政治秘书，后曾任中共黑龙江省委书记、中共中央东北局副秘书长、东北行政委员会工业部部长等。中华人民共和国成立后，曾任重工业部部长、党组书记，冶金工业部部长、党组书记，国家建设委员会主任、中共鞍山市委第一书记兼鞍山钢铁公司党委书记等。1978 年 12 月在中共十一届三中全会上当选为中央纪律检查委员会副书记。1979 年 9 月在中共十一届四中全会上增补为中央委员。1982 年 9 月在中共十二大当选中央委员、中央纪律检查委员会常务书记、中央顾问委员会委员。

5 兴起于 1929—1931 年，是苏联最大的钢铁工业中心。

6 即苏联援建的“156 项工程”，它们分批次签订，前两批共 141 项，因而早期的文件中有“141 项”的说法。

7 沙俄建成由满洲里至绥芬河全长 1481 公里的中东铁路干线（又称东省铁路、东清铁路）和自哈尔滨经长春至大连、旅顺的 987 公里中东铁路支线。第二次世界大战后苏联控制该铁路，称为中国长春铁路，简称中长铁路。1952 年 9 月 15 日，中苏两国发布公告，中长铁路正式移交给中华人民共和国。

8 昂昂溪现为齐齐哈尔市市辖区，位于齐齐哈尔中心城区南部，东接铁锋区及杜尔伯特蒙古族自治县，西与富拉尔基区及梅里斯达斡尔族区隔江相望，南与泰来县为邻，北与龙沙区接壤，面积 740 平方公里。昂昂溪，蒙古语是“狩猎场”之意，境内居民住着汉、满、回、朝鲜、蒙古、达斡尔族等十多个民族。

9 这里的“审批”，主要是技术审查之意。“一五”时期的一些重点城市规划，其审批大多由国家建委主导（建筑工程部参与）。

10 贾震（1909—1983）：又名贾振声，山东省乐陵市荣庄（今河北省盐山县荣庄）人。曾任陈云同志的机要秘书、中央组织部秘书处处长、国务院人事部办公厅主任、天津大学党委书记、中央高级党校副校长、北京师范大学党委书记等职。1952 年下半年建筑工程部城市建设局筹建负责人，该局于 1953 年 3 月正式成立后任副局长。

11 余森文（1903—1992）：又名兴邦，广东梅县程江镇横岗村人。高级工程师、园林专家，先后就读于南京金陵大学、广东中山大学、英国伦敦大学。中华人民共和国成立初期任杭州市建设局局长、园林管理局局长等，1962 年以后曾任杭州市副市长等；曾任中国园林学会副会长，浙江省园林学会理事长等职。

12 本段及以下 4 段文字系文件名为“2017121701a”中的谈话。

13 穆欣（Александр Сергеевич Мухин，生卒年不详）1952 年 3 月底来华，1953 年国庆节前后回苏，在华工作实际为 1 年半。

14 穆欣来华工作的前一段时间（1952 年 3 月底至 8 月底）受聘在中财委，1952 年 8 月建筑工程部成立后开始筹建城市建设局（此时陶宗震先生开始到建工部参加工作），穆欣开始与该局筹建人员一起工作，后于 1952 年 12 月正式转聘至建筑工程部。

15 南市，上海历史最悠久的城区，包括老城厢、陆家浜地区以及浦东上南地区，2000 年取消行政区，将其并入黄浦区和浦东新区。

16 指上海市都市计划委员会。

17 陶宗震先生的前妻，林洙的妹妹。

18 指打浦路越江公路隧道。

19 万里于 1952 年 11 月任中央人民政府建筑工程部副部长。

20 即《城市规划设计程序（初稿）》，中华人民共和国最早一版城市规划编制办法，1952 年 8 月由苏联专家穆欣帮助起草，1952 年 9 月初在首次全国城市建设座谈会上讨论后，作为各地城市开展城市规划工作的基本遵循。

21 冯纪新（1915—2005），安徽金寨人，1935 年参加中华民族解放先锋队，1936 年加入中国共产党，曾任北平西城区“民先”队队长、河南“民先”队队长、商固中心县委书记、安徽省动委会第七工作团团长、新四军 18 团政委、嫩江省委组织部部长等。中华人民共和国成立后，曾任黑龙江省委常委兼省委组织部部长、省委副书记、省委书记兼省军区政委，中共中央东北局委员、东北局农委主任，江苏省委常委、副省长，国务院八机部部长，一机部设计总院党委书记，甘肃省委书记、省长、省军区第一政委、省顾委主任，中顾委委员，国家计委研究中心顾问等。中国共产党八大、十二大代表，第五届全国人大代表。

22 李剑白（1918—2008），原名李文杰，辽宁沈阳人，1936 年 8 月参加民族解放先锋队，1937 年 2 月加入中国共产党。曾任延安中央党校学员、马列学院研究员、抗大八大队主任教员、抗大六分校政教科长、抗大总校政教科长、通化省委秘书长等。中华人民共和国成立后，曾任黑龙江省委副书记兼工业部长、省委书记处书记、哈尔滨市委书记、黑龙江省委书记兼哈尔滨市委第一书记、省政协主席、省人大常委会主任等，第七届全国人大常委会委员。

23 苏新国家：指与苏联友好或结盟的新兴的社会主义国家。

24 赤塔市，俄罗斯后贝加尔边疆区首府，在贝加尔湖以东，东南和南部分别同中国和蒙古毗邻，俄罗斯人约占 90%，距离莫斯科 4760 公里，距中国呼伦贝尔市 545 公里。

25 顾卓新（1910—2002），奉天义州（今辽宁义县）人，北平大学肄业，1930 年加入中国共产党，曾任中共北平市区委书记、市委代理书记、太行第五专署专员、中共辽北省委副书记、嫩江省人民政府主席、中共嫩江省委书记等。中华人民共和国成立后，曾任东北人民政府财政部部长、计委主任，东北行政委员会副主席兼财委主任，国家计委副主任，中共中央东北局书记处书记，安徽省委书记、政协主席、人大常委会主任等。中国共产党八大、十一大、十二大代表，中央顾问委员会委员。

26 郭维城（1912—1995），奉天义州（今辽宁义县）人，满族，曾追随张学良，1933 年入党。1934 年毕业于东北大学政治学系。历任八路军副师长兼政治部主任，齐齐哈尔护路军司令员兼铁路局局长，中南军区铁道运输司令部司令员，中国人民志愿军铁道兵指挥所司令员，铁道部副部长、部长等职，为创立和建设人民铁道兵、发展我国铁路事业有突出贡献。1955 年被授予少将军衔，曾获二级独立自由勋章、一级解放勋章。

27 时任建筑工程部城市建设局局长。

28 此处录音内容不连续，应有漏录，括号中的文字系整理者根据上下文语意推测所加。

29 即今中国建筑工业出版社，1954 年 6 月成立时为“建筑工程出版社”。

30 陈永清（1905—1996），原名成仲青，湖南省宁乡大屯营乡鸣凤村人。1925 年入党，1928 年出席莫斯科召开的中共第六次全国代表大会。1952 年后任建工部党组成员、办公厅主任、计划司司长。1979 年任中共中央办公厅信访局第一副局长、机关党委书记、厅党委委员、顾问等职务。

31 建工部城建局的一位处长。

32 易锋，女，曾在苏联留学，回国后任城市设计院（中国城市规划设计研究院的前身）副院长。

33 1956 年 5 月，《国务院关于加强新工业区和新工业城市建设工作几个问题的决定》中明确指出：“为了使新工业城市和工人镇的住宅和商店、学校、邮电支局、托儿所、门诊所、影剧院等文化福利设施建设得经济合理，克服某些混乱现象，应该逐步地实行统一规划、统一投资、统一设计、统一施工、统一分配和统一管理的方针”。资料来源：《国务院关于加强新工业区和新工业城市建设工作几个问题的决定》（1956 年 5 月 8 日），见城市建设部办公厅，《城市建设文件汇编（1953—1958）》. 北京，1958 年第 185 页。

34 秦志杰，1919 年生，1942 年毕业于重庆大学土木系建筑组，曾任东北财委城建处工程师、建筑工程部城建局规划处工程师，黑龙江省城市规划设计院总工程师兼副院长、省建委总工程师等。

35 嫩江省，是中华民国于抗战胜利后在东北成立的九省之一，由于嫩江贯穿本省全境，故名。省会齐齐哈尔，全省面积为 77326 平方公里。东面接合江省，南邻松江省、吉林省和辽北省，西界兴安省，北连黑龙江省。1948 年时，辖有 1 市、24 县旗。1949 年 4 月 21 日，中共东北行政委员会发布“建民字第 15 号”令，撤销嫩江省建制，并入黑龙江省。

36 侯捷（1931—2000），河北滦县人，1946 年 3 月参加革命工作，1948 年 12 月加入中国共产党。1946 年至 1976 年，在黑龙江绥化地区工作，曾任绥棱县副县长、县长兼阁山水库工地副总指挥、松花江地区水利局副局长、绥化地区副专员、中共绥化地委副书记等。1961 年 -1966 年在北京水利水电学院河川枢纽及水电站建筑专业学习。1976 年 6 月起，调回黑龙江省，曾任黑龙江省农业办公室副主任、副省长兼省计委主任、省委常委、省委副书记，省长等。1988 年 12 月，任水利部副部长、党组副书记。1991 年 3 月至 1998 年 3 月，任建设部部长、党组书记。1998 年 3 月，任九届全国政协常委、人口资源环境委员会主任。

37 苏联列宁格勒电影制片厂 1934 年出品的一部影片，由中央电影局东北电影制片厂于 1951 年译制，该片改编自富尔曼诺夫的同名小说，塑造了夏伯阳这位苏俄国内战争中的一个传奇式的英雄人物。

38 建筑工程部城市建设局一位处长，后任城市设计院副院长。

39 指苏联帮助援建的一批重点工业项目。

40 此处存在口误，“城建部”应为“城市规划研究院”（原名城市设计院），1964 年曾被撤销。城市建设部是 1958 年撤销的，提出“三年不搞城市规划”是在 1960 年。

41 潘复生（1908—1980），原名刘开浚，又名刘巨川，山东文登人。1931 年在山东省立第一乡村师范学校加入共青团，同年 12 月转为中共党员。曾任中共文登县第四区区委组织委员、中共文登中心县委书记、中共山东分局秘书长、湖西地委书记兼军分区政委、冀鲁豫区党委书记兼军区政委等。中华人民共和国成立后，曾任平原省委书记兼军区政委、中共河南省委书记兼省军区政治委员、全国供销合作总社主任兼党组书记、中共黑龙江省委任第一书记兼省军区第一政委、黑龙江省建设兵团第一政委、东北局书记处书记等。

林永祥先生谈华南工学院建筑系的人民公社规划与设计实践

受访者简介

林永祥

男，1936 年生于广东台山。1949 年 10 月自香港返回刚解放的广州。1955 年广州培正中学高中毕业，同年考入华南工学院建筑系。1960 年底毕业分配至福州大学任教。1962 年福州大学土建系因政治形势停办，1963 年转入福建省设计院任职十个多月，1964 年调任华侨大学支援创办土木建筑系，教授《画法几何与工程制图》和《工程概论》等课程。受“文革”影响，华侨大学于 1970 年初遭撤校。1973 年 8 月回到重开的福州大学土建系任教。1984 年，调至华南工学院建筑设计研究院，1987 年起担任院副总建筑师，直到 2013 年正式退休。

在多年工民建专业教学中重视建筑学的教学，注重建筑设计与结构设计一体化的实践，和李超在 20 世纪 70 年代末至 80 年代初合作参与编制《中小型民用建筑图集》与《公共建筑图集》，在建筑教育界有很大影响。设计实践代表作有：泉州湾古陈列馆、华南工学院 2 号楼扩建、星海音乐厅、海天大厦、培正中学综合体育馆等，为现代岭南建筑的教育和发展做出不可忽视的贡献。[1]

采访者：黄玉秋（华南理工大学建筑学院、亚热带建筑科学国家重点实验室）

文稿整理：黄玉秋，彭长歆

访谈时间：2021 年 1 月 6 日

访谈地点：广东省广州市萝岗泰康粤园

整理情况：2021 年 1 月 13 日黄玉秋整理，彭长歆修改，2021 年 11 月 15 日定稿。

审阅情况：未经受访者审阅

2021 年 1 月 6 日林永祥（右一）与黄玉秋（左一）于广州市萝岗泰康粤园合影

王凯沙摄

访谈背景：采访者为撰写硕士学位论文《华南工学院建筑系的乡村实践：人民公社规划与设计研究（1958—1962）》，对 1958—1962 年间参与过华南工学院建筑系人民公社设计实践的部分老师进行采访，以还原当时的实践进程及建设细节等历史情况，基于口述历史形成第一手材料，进而开展后续研究。

刘永祥 以下简称林

黄玉秋 以下简称黄

黄 华南工学院建筑系自1958年起开展了大量的人民公社实践，近年来学界围绕人民公社规划建设进行了较多研究，因为了解到您在华南工学院建筑系学习时参加过人民公社规划与设计实践，所以想通过本次访谈向您了解更多与人民公社实践进程及细节相关的信息。

| 林 这个题目有很多不确定的因素。人民公社不仅仅是学建筑的人讨论的问题，这个问题太大了。这个事情可能不能仅在建筑这个很具体的应用技术行业里探讨解决。就知识结构来说，我们是欠缺的。人民公社的问题恐怕涉及更大一点，这里面政治方面的事情也更多一些。更笼统的话可能是个哲学问题。

黄 当时华南工学院确实做了很多人民公社的规划设计，在全国范围内都做出很多成果。为什么当时华南工学院会抓住这场政治运动的契机投入到人民公社的建设当中？

| 林 华工在华南，也不是政治漩涡的中心。

我们当时有到河南去做（规划设计），但我回忆不起来有什么人了。在以前我们这个年级，背景是先进集体，“反右”以后经历过很多运动，我们班一下子就变成华工整个学校最先进的一个集体。什么东西都是我们带头先的，连贴大字报都是我们最多。那时候“大跃进”的很多事情你们想象不到，什么都要跃进，写大字报的数量也要增加，页数也要多。曾昭奋[2]有做编辑的才能，我和叶荣贵[3]两个人就画，凑点文字上去。就是在这种状态下去搞人民公社规划的。

搞规划真正有成效的，有东西拿出来变成我们历史资料图册里面的，就是那本《建筑设计十年》[4]。在全中国为建国十年挑选的建筑中有番禺沙圩人民公社规划的两个案例，一个人民公社食堂、礼堂，一个是青年之家，选进了那本历史性的图集。这对当时我们那种生活可以说是典型的例子。

黄 当时是修建出来了，对吗？

| 林 对，这两个建成了。

黄 番禺沙圩人民公社现在已经完全不在了。

| 林 我们班当时做沙圩人民公社时是五八年，应该是三年级。以前三年级在学校里要求教育与劳动生产相结合，我们会画施工图。教育革命我们也参与，学生（自己）来写教材，

番禺人民公社食堂内院

资料来源：《建筑设计十年：1949–1959》

番禺人民公社青年之家

资料来源：《建筑设计十年：1949–1959》

什么都揽过来了，真是到了敢想敢干的地步。领袖号召我们人民公社好，建人民公社，我们就下去支援了。

黄 那你们在参与设计建设之前有上过相关的课程吗？有没有接受过相关的训练？

| 林 我们真正画过施工图的。

黄 规划相关的课程上过吗？

| 林 那时上课是这样的，首先我们五五年入学，学生进去就看到红楼里写着“为五年计划准备人才”，兴奋得不得了。五五年一整年学习是非常紧张严密的。寒假去认知实习，暑假也去认知实习。我们认知实习到上海去，到苏州、杭州去，都很花钱的。到上海后最高级的建筑物都开放给我们进去看。国际大厦就是上海当时最高的建筑物，可以接待外宾。苏联专家的公寓也给我们看，以前法国人的法国俱乐部也给我们看。反正什么都让我们看，因为我们是为五年计划准备的将来的干部。到了杭州也是，我们还住在西湖里面，反正待我们是很好。

就在那年夏天，“反右”运动开始了。往后的二年级，运动一来，宣布停课，就搞运动。搞了运动差不多一年，又上课，课程计划看有时间就赶快上一点。我们最大的课是课程设计，课程设计中的电影院没有做完，医院也没做完，就刚刚把图铺好又停掉了。一年级的（设计）初步非常严格，所以我们功底比较好。除这个以外，其他的特别是建筑理论方面，都是很零碎的。其他的话，建筑物理也上了，（建筑）构造基本上大部分在一年级内都上完了，还比较扎实。建筑物理是华工冯秉铨[5]老师上的，他在声学方面是权威，在无线电领域很有声望，他给我们上建筑声学，所以我非常感谢他，后来在设计星海音乐厅的时候用上了。这种事好像都是偶然发生的。那时候一切都非常乱，所以你问的问题我没办法完整答复。当时我们也感觉到自己可以为人民公社做前人没有做过的事，要敢想敢干。那时候就谈总路线，党中央发布了总路线，就按这个总路线来安排，五年计划什么的都搁下来没谈。多快好省建设社会主义，鼓足干劲力争上游，那时候说一天等于 20 年，所以我们对 15 年内赶超英国是有信心的，很快就会到共产主义了。所以公社化本身的一个概念就是要（实现）共产主义。这是指乡下的，农村的。当时农村的情况是土改以后就土地分给农民了，农民是小农经济，其实好不容易能熬过了抗美援朝，国家之前一直打仗，刚恢复时毕竟还是很薄弱的，所以就提倡农民在农村里面搞合作化。合作化是小农的合作，当然跟不上现代化、工业化。苏联当时给我们援助 141 个项目，那就需要很丰厚的农业供给，起码要有的吃才行，还有劳动力，等等。所以就不能讲常规了，要敢想敢干，不敢想敢干就说你保守、落后、政治上右倾，那时谁都很不愿意右倾的，都跟着这样去做了。对共产主义的设想就是认为反正很快就要进入共产主义了，也不需要什么根据。当时对社会主义和共产主义，政治老师给我们的观念是，社会主义是各尽所能，按劳分配，那是有差别的；共产主义是按需分配，你需要什么都有，以为就可以按需分配了。首先，农村这种小生产对付不来一天等于20年这种赶超英国的计划，就要集中起来，工、农、商、学、兵五位一体在一个公社里面。回想起来的话，这也不是中国首创，你可以去关注一下以色列的公社，是一种全国人民都有的、很好的愿望。

当时国际状况也是苏联和美国的竞争。其实自从辛亥革命，建立民国，中国进入一个现代国家以后，一直到朝鲜战争，没有安定过，一直战乱。老百姓有很强烈的愿望，希望尽快地改变。当时在政策鼓舞下，苏联又给我们援助 141 项都是现代化工业的骨干产业，以为很快就成功了，那时候没想到中苏会分裂的。很快第一辆解放牌汽车又生产了，钢铁厂又恢复了，等等，很鼓舞人心。比如我到中山参与设计的那个人民公社。

黄 张家边人民公社吗？

| 林 对，他们那边的基层干部都是这样鼓励社员的。你看我们现在这样子，很快有这个有那个了，将来我们就可以用钢铁来建房子，那时候我们就可以住楼上楼下了，很鼓舞（人心）的。所以（大家）都有这个愿望的。我们班当时在广东地区就让我们去做人民公社规划，也不知道为什么会选一个沙圩，一个中山张家边。

黄 您当时还画过张家边的规划图[6]是吗？

| 林 这是张家边吗？我都忘了。

黄 您在1958年12月还向广东省委讲解过。

| 林 这个是我。我对省委一个视察团来讲解这个规划。我把这张图画成一个布绷的，像油画那样的来讲解这张画。这张照片里面没有广东省委的副书记，是他领着这

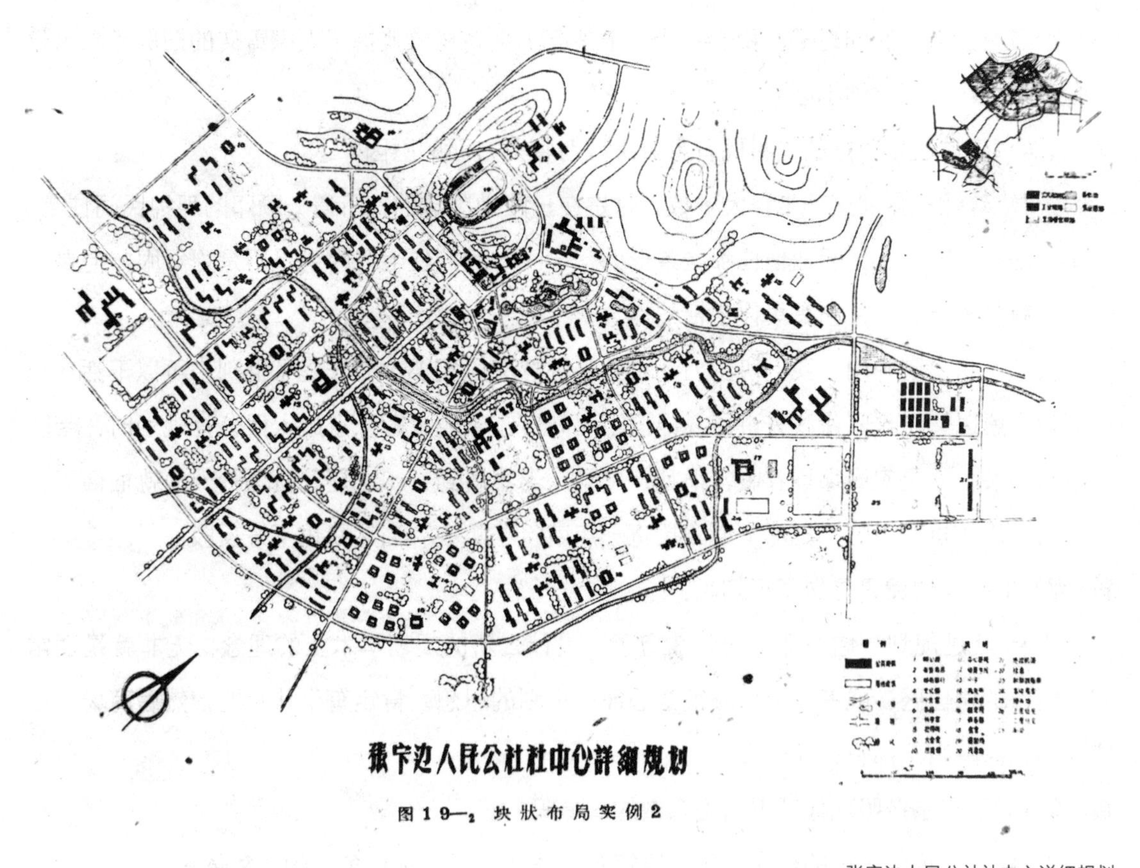

张家边人民公社社中心详细规划

资料来源：《人民公社建筑规划与设计》

帮人来的，很年轻。

黄 您当时讲的就是这个图吗？

｜林 对，就是这个图。

黄 是您画的吗？

｜林 不是。因为我们班是有六十几人，分两个组三十几个人，有一些还去做别的事，一个组大概二三十个人。

黄 您班上当时的学生陈伟廉[7]也去做番禺沙圩人民公社的规划，对吧？

｜林 对，去的沙圩。我这个组是到中山，陈伟廉那个组是到沙圩。沙圩条件更好，因为它传统就是很富裕的。你应该去沙圩考察一下，哪怕这个共产主义新村都没有了。它本来是很富裕，

1958年12月林永祥（左一）在张家边人民公社向广东省委领导讲解公社规划

资料来源：林永祥提供

是一个各方面都很好的村子。我们要建一个共产主义新村，就拆了人家青砖的旧房子，来建这些我们现代概念那种小区。

黄 看照片建得还是很好的，村民有意见主要有哪些方面的原因？

丨林 珠江三角洲这一带，大多数农村是在丘陵地区建的，所谓一颗印的那种民间住宅。一个家庭住一颗印，比起让他住那些条形的，一间一间的住宅，你说是不是更舒服？但是这种房，就是青年之家，它有集体生活的概念。

我这一组是到中山，我们班主力那个组是陈伟廉。我那个时候受了批判，可以干活，也可以说，所以解说也就让我去讲。我记得当时向广东省委讲解张家边人民公社规划时，带队领导着中装，就是农民那种衣服，很壮，黑脸。当我讲到："这是飞机场"，他就插话了，"我看不用飞机场了吧，把那个道路拓宽一点就行了嘛。"当然我也不好反驳。

黄 那当时张家边就只是做了规划吗？

丨林 就是规划。你看那个图就知道了，没什么新的规划学术上的理念，无非就是通常我们所谓的居住区，或者一个小城镇中心那种规划的思想。肯定有个礼堂的，然后商场、百货公司、医院当然都有，还有大学。

黄 这种规划它是按照现代城市的理念做的，是吗？

丨林 对，现代城市的理念。居住建筑是集体住宅了，都是条形的，集体嘛。

黄 居住建筑里沙圩居民点中的社员住宅就很有代表性，并且落地建成了。

丨林 沙圩那个我不敢用第一人称的经历来说。陈伟廉是我很好的朋友，很好的同学，我们后来互相之间也有交流，但毕竟不是我第一手做的。先就我自己的经历来说，反正是那种思想的规划。规划总是要建一两栋开头，那时候就鼓足干劲大干快干，上头有些很具体的农村要怎么做的指导方针。那时候选了一个地方在那建新村，没地方首先就要拆他的房子，没有材料就拆了他的房子用他的砖。那拆谁的？我们就拿着规划图，学生就由公社干部领着去，我们跟组长对照好确定是这家，就在门上写个拆字，就有人跟着来拆了，很有效率。

黄 一般拆改要多长时间？

丨林 有工程队。自己公社里面就成立很多劳动组，有工程队马上来。砌砖拱时没水泥，但石灰还是有的，一下子那些社会资源都可以调过来，就用石灰来砌砖拱。砌到最后到砖花有个推力的，砖花应该用钢筋，把它用拉力拉来平衡那些砖的推力，但没有钢筋，我们敢想敢干，这样一开间一开间，来到边上后在边上做一些侧墙顶住它[8]。楼梯不能里面开口，就做外楼梯，所以你看青年之家是外楼梯上去。就是敢想敢干。幸好还不多，但的确是做了。

黄 当时建筑材料是很欠缺的，广东地区的建筑材料还是以砖为主吗？

番禺沙圩居民点社员住宅南立面外景

资料来源：《广东省番禺人民公社沙圩居民点新建个体建筑设计介绍》

| 林 因为原来有砖房。

张家边是主阵地，翠亨村[9]也属张家边公社，那时候它是一个很例外的地方，什么都要领先，说不定有国际友人来参观的，当然这个国际友人都是社会主义阵营里面的。公社化了没食堂，要建一个食堂，翠亨村就没几个房子，规模跟现在保持得差不多，都是砖房，因为那些村民大多数是华侨，房子都比较好，都是大屋，很好的青砖屋。青砖屋也可以做食堂，但是不够气派，也没有这种新的气象。书记说要建一个公共食堂，这是当时最流行的，一起吃大锅饭是当时人民公社的一个特征。我们组有两个建筑的，两个结构的，一个小组到翠亨村去建一个公共食堂，可以容纳三百还是几百人，反正把整个村子的需求都包容进去了。我们住哪里呢，孙中山故居这儿，周围比较独立，前面有个草坪，草坪东边有个小洋楼，黄色的，是给宋庆龄回去省亲住的，我们受了很高的待遇。但这样没办法画图，因为它洋楼按照西式的布置，餐厅书房的那种沙发扶手很高，我就把图板放在扶手两边架着画。

建设时首先就没有瓦片，老房子的瓦片一拆就烂了，书记说我们拆的时候小心点，把瓦保留，让我们算要多少瓦。这种事从来都没有学过，怎么算一平方米屋顶需要多少瓦片，又是斜的，构造也没有讲得那么清楚，瓦前后要搭接的。我们就用教我们的那种方法，结合实际，到现场去数屋顶一平方米有多少瓦。可能有不一样的，几个房子比较一下，拿出一个数据来，我们真的拿出数据来了。首先你要知道他们那个叫法，那种规格，一个瓦条叫一坑，几坑的尺寸是多少，算起来是多少，损耗率有多少，然后得出数据，需要拆多少房子才能建设。房屋中间没有柱，要搞屋架，我们组由结构的同学来算。我们都没有学木屋架，当时木屋架是很重点的课程。结构的同学计算出这么大的规模要用钢木桁架，金字架屋架受拉部件要用钢件，受压部件用木件。反映到书记那去，没有钢材，书记马上叫人回去，把居民家里窗口的钢筋拆了，但根本不够长，后来也不了了之。所以实际也做了，房子要拆哪几个也决定了。后来我们就走了，走了后就不知道了，可能没有建，因为建食堂一阵风过去，很快就没了。

中山那个地方很大，后来张家边这个基地我还到过港口[10]。到沙圩，也是一个村子、一个村子这样去做（规划），到最后整个大队还有时间，我们到前山[11]，前山到澳门的边缘了，就是边境的城市也是做这个规划，也画了这样的规划图。前山公社给我们提出一个要求，说你们走了以后没有人才，你们给我们培养人才，我们敢想敢干，办了一个学院，我们都去讲课，轮流上台讲，还编教材，你写出来公社就给你印出来，不过我没保留。

测量也是我们学生做的。我还记得有一回没有仪器，就让我回华工带经纬仪、平板仪去前山，那时候到中山那里有很多渡口，渡口上下船都很震动的，那仪器是宝贝，我就一直抱着它们。

黄 张家边人民公社建了多久呢？

| **林** 没建。但是拆了一些。

黄 那做规划方案做了多久？

| **林** 没有时间观念。反正做完了叫我们到哪去我们就到哪去。什么都不用带，粮票、钱也都不用带，到那就有饭吃。

黄 张家边有建示范性的建筑吗？

| **林** 建不出来。拆也拆过，我知道拆过。可能很快上头就制止了。

黄 所以工作队做完规划就回校了？

| **林** 回来了，回来又上课了。那个时候我们做学生的也不知道怎么回事。我们那个组其中一个领头老师是傅肃科[12]，在华工的档案可以查到，是党员老师。

黄 一个组有几个老师带队呢？

| **林** 好像只有一个老师。其他老师印象不深了。

黄 学生就是三十多个？

| **林** 二十来个吧，二三十个这样吧，人数也不确定。这种所谓集体做的事很难说，你不能说那个图是谁画的，反正都有事做，大家都是投入进去，鼓足干劲。

黄 您还记得您工作队里有哪些学生吗?

| 林 番禺沙圩人民公社领头的老师是罗宝钿[13]，学校里面应该能找到一些资料，其他我不确定，主干的学生是陈伟廉，包括那两栋建筑都是陈伟廉操刀的，他喜欢用圆。

黄 所以沙圩居民点中的食堂和青年之家都是陈伟廉作为设计主力做的?

| 林 很难说。因为我们叫集体。那个时候没有个人，但是自然只能是这一些人忙得多。沙圩工作组的学生成员还有韦义辉[14]，这些都是同学里面积极分子的核心了。韦义辉现在在上海；还有梁嘉瑶[15]，现在在深圳；另外还有陈双铃[16]。

作为学生那时候搞这些挺开心的。我们到当地去吃大锅饭，公社食堂里面是免费吃饭的，在中山以及番禺这种富裕的地方也吃得非常好，但很快公社食堂也停了。

我们人民公社规划完了以后又回到学校了。回到学校后我又去做另一个毕业设计了，是生产结合实际的。我听说系里面后来又组织去做河南的人民公社规划。

黄 您对那个有了解吗?

| 林 不了解。我就知道也是罗宝钿带领的。他因为已经是有过沙圩设计经验的老师了。沙圩人民公社是邓小平领着金日成来参观过的，可以说是中央肯定的，所以才能上《建筑设计十年》。

黄 1960年番禺沙圩人民公社一个生产队的建筑规划在德意志民主共和国莱比锡春季博览会中国馆参与展出，引起国外观众很大的兴趣[17]，因此它在华南工学院建筑系的人民公社规划成果当中一定是很重要的一个案例。

| 林 这个肯定的。邓小平陪着金日成来沙圩视察过，所以又上了《建筑设计十年》，作为一个肯定的例子。在这个基础上，可能华工也出了名，就会请你去做。红旗人民公社好像当时的名气最大。

黄 当时的工作队人员构成是多专业组合的，比如当时建筑系和土木系部分师生共400多人分成了6个工作队在各地开展实践，那一般一个队伍是怎么分配的?

| 林 有建筑的，有结构的。具体人数分配我不知道是怎样的。比如我刚刚说的那个翠亨村，我们两个建筑两个结构的，三个结构有时候又换一换，反正那些人随时都很灵活地调配。对了，我那个组的老师除了傅肃科以外，还有一个何陶然[18]，一个女老师。傅肃科老师在国门开放以后就去了美国，他的思想挺活跃的，原来是学美术的。

黄 所以每组学生的规模和人员组成根据项目的不同有变化的，是吗?

| 林 对。当然主要考虑政治上的党员老师领导，还有学生骨干里面也有些党员的学生。比如我在中山那个组里就有个学生叫余有效[19]，他刚进校的时候是一个比较普通的学生，慢

慢跟着各种运动升到班上的骨干，他领着我们去做，张家边和前山他都是核心。后来组织河南红旗公社的时候也让他去参加那个项目了。

黄 河南那个是六〇年才做的是吗？

丨林 对，比较迟。五九、六〇年以后。

黄 当时有哪几届学生参加了人民公社规划？

丨林 我只知道五五届，因为我们五五届是先进集体。另外还有个先进集体是刘管平[20]，他们是五八届的，他那时候已经是老师了。他们班那个时候还（处于社会）平静，大家能专心读书的时候。还有下来一个班，五九届的谭伯兰[21]，是刘管平的太太。五八年人民公社化的时候刘管平应该是老师了，如果他有参加的话也是老师的身份了。我们搞公社化的时候，谭老师他们也搞过，但不像我们搞得那么红火，后来也许她会作为老师参加过。另外陈其燊[22]，他可能参加过红旗人民公社的设计，我印象不深了。然后是何镜堂[23]那个班，然后下面再低一级的班有林兆璋[24]。他们那个时候年级比较低，专业课上得比较少，所以他们参加的话也只算实习生这样的身份。像我们中山里面也有几个，帮忙画画图。我知道河南组里面，他们那个班级也会去的。

黄 当时是要求生产劳动结合教学对吗？

丨林 是的。

黄 你们在规划设计及建设施工的过程中，老师们是边实践边教学对吗？

丨林 是啊，我们也去教别人。

这张图又是另一回事了。五九年是十周年大庆，广东省有个十年建设成就展览会，展出建委里面很多建设的成果，其中后面有个墙壁，是后墙，要我们画张人民公社画，题目这样给我们。我们几个人就按照我们的经历，去把它画出来。

黄 这个后面墙壁画的是哪一个人民公社？

丨林 哪个都不是，是我们想象的。我们当时不去着重画那些房子，公社里面免得有争议。当时也没想到争议这个问题，画了一个宽阔的天地，这个想来是对的，在希望的田野上嘛。

黄 那您还记得张家边具体是什么时间段规划的吗？

丨林 很具体的记不得了。

黄 那前山那些呢？

丨林 那时候我要带棉衣去的。这些都是在五八、五九年之间，至于哪个月到哪个月搞不清了。

黄 你们在设计过程中有遇到很困难的时候吗？

丨林 没困难。一些问题和协调的事老师去做了。

黄 所以老师会先有一个大致的方向把控？

丨林 其实这些方案都是老师操作的。当时去规划的时候呢，我还负责一个养老院，当时叫敬老院。

黄 哪个人民公社的呢？

丨林 就是张家边。那里面配置很多，有人配置做礼堂，他就单独做个礼堂，有人做商场，那就做个商场，幼儿园就做幼儿园，你做好以后就把图交给老师，老师就把它布置下去。

黄 所以是老师把控总体规划，然后根据任务分配一个学生负责一个类别的建筑？

丨林 对，当然可能有时候是一个人、两个人或者几个人，从方案里面讨论讨论，老师可能也是交代给你一个大概的要求，首先算算指标，这种程序的确我们都经历过。所以说，我也不想全面否定这种教学的方式，的确是另一种学习的方法，但是你作为一个系统性的、理论性的（学习），的确是很欠缺的。张家边这个组呢还有左肖思[25]，当时我们也一起做规划，一起写教材。

黄 当时是只做了规划就回学校了吗？有没有发现设计有问题然后修正的过程？

丨林 没有。

绘制《人民公社万岁》壁画时的工作合影
（左起：左肖思、唐文龙、叶荣贵、林永祥、温矿深）

资料来源：林永祥提供

《人民公社万岁》壁画及绘制人员合影
（左起：温矿深、叶荣贵、佚名、林永祥、唐文龙、左肖思）

资料来源：林永祥提供

黄 您认为这次实践有什么影响吗？对您自己来说是学会了画施工图，您觉得对我们系或者其他方面有没有什么影响？或者有积累什么经验吗？

丨林 当时这个是在贯彻劳动与生产相结合的方针下，你对这个方针不能怀疑的。贯彻方针结果就形成这样一个效果，那我们能够贯彻了，我们自己也可以说有所得了。

黄 其实这个建设的过程结束之后，对华工是有一定的积极影响的。

丨林 华工到现在为止人家还说我们建筑是很棒的。其实我们的项目，思想指导性的东西很难说领先，但我们也是紧扣市场，这也是对的。

1 王凯沙，《林永祥建筑创作历程研究》，华南理工大学，2019 年学位论文。

2 曾昭奋（1935—2020），广东潮安县人，华南工学院建筑学专业六〇届学生（1955 年入学）。长期从事建筑理论研究，是中外建筑界著名建筑评论家，曾任清华大学建筑学院教授和《世界建筑》主编。

3 叶荣贵（1937.12—2008.07），广东东莞人，华南工学院建筑学专业六〇届学生（1955 年入学）。1960 年本科毕业后留校任教，国家首批一级注册建筑师，曾担任华南理工大学建筑学系（建筑学院前身）系主任。长期从事建筑设计及其理论、现代建筑环境创作与理论的教学与研究，对现代建筑与环境的关注研究涵盖了城市空间、风景园林、建筑室内外环境、庭园设计以及住区环境等诸多方面，强调建筑与城市、地域环境的融合。设计实践有海南华侨宾馆、新会口岸联检楼、肇庆宝鼎园、番禺莲花山景区修建工程规划与设计、华南理工大学逸夫工程馆等。

4 指中华人民共和国建筑工程部、中国建筑学会 1959 年编辑出版的《建筑设计十年：1949—1959》。

5 冯秉铨（1910—1980），我国著名电子学家、教育家，新中国无线电电子科学的奠基者之一。华南工学院第一任教务长，1973 年始任华南工学院副院长。先后对发展电子振荡理论和无线电广播发射技术等领域作出重要贡献，执教 50 年，培育人才，成绩卓著。

6 华南工学院建筑系，《人民公社建筑规划与设计》，广州：华南工学院建筑系，1958 年。

7 陈伟廉，华南工学院建筑学专业六〇届学生（1955 年入学）。1962—1983 年间先后在广州市住宅建设公司设计室、广州市房管局设计室工作，参与矿泉旅社（1976 年）、白云宾馆（1976 年）、白天鹅宾馆（1983 年）等设计工作，期间还设计广州谊园展览馆、广州军区 197 医院等建筑。1983 年后，陈伟廉先后担任广州市珠江外资建设总公司设计院建筑师、副院长、副总建筑师，参与设计珠海市拱北宾馆（1985 年）、广州国际金融大厦（1984—1988 年）。

8 《广东省番禺人民公社沙圩居民点新建个体建筑设计介绍》，见《建筑学报》，1959 年第 2 期，3-8 页。

9 翠亨村，广东省中山市南朗镇下辖行政村，中国传统村落，原名蔡坑村，后因附近山林青翠，改名翠亨村。

10 港口，指广东省中山市下辖港口镇，位于珠江三角洲西南部，中山市中部。

11 前山，指现广东省珠海市香洲区前山街道，位于珠海市西南部，1957 年属珠海县前山乡，1958 年起成立人民公社。

12 傅肃科，1947 年起就读于杭州艺术专科学校建筑系，院系调整后，1952 年作为第一届毕业生毕业于同济大学建筑系。1984—1989 年任华南工学院（华南理工大学）建筑学系副系主任。著有《南方住宅布局问题》等，参与设计中山大学梁銶琚礼堂等实践作品。

13 罗宝钿（1929—2010），本科毕业于中山大学建筑学专业，之后在清华大学和哈尔滨工业大学就读研究生，师从吴良镛先生。1955 年于华南工学院任教，80 年代后期担任建筑学系城市规划教研室主任。国内最早开展城市规划研究的学者之一，对广东省的城市建设以及华南工学院的城市规划专业的建设作出非常重要的贡献。长期从事城市规划与城市设计的教学与研究，注重教学、科研及生产的有机结合，在城市住区规划和设计方面成绩显著。设计实践代表作品有广州华侨医院、广州黄埔开发区首期开发、广州天河中心住宅区、广州中保广场、深圳华侨城东方花园、深圳兴业大厦、中山市孙文纪念公园等一大批重要项目。

14 韦义辉，华南工学院建筑学专业六〇届学生（1955 年入学）。

15 梁嘉瑶，华南工学院建筑学专业六〇届学生（1955 年入学）。

16 陈双铃，华南工学院建筑学专业六〇届学生（1955 年入学）。

17 张辛民，《没有止境的奇迹：记莱比锡春季博览会的中国馆》，见《人民日报》，1960 年 3 月 12 日第 5 版。

18 何陶然，华南工学院房屋建筑专业五六届学生（1952 年入学）。毕业后于华南工学院建筑系任教。

19 余有效，华南工学院建筑学专业六〇届学生（1955 年入学）。

20 刘管平，1934 年 11 月 18 日生于新加坡，广东省大埔人，华南工学院房屋建筑专业五八届学生（1953 年入学）。毕业后赴同济大学进修，结业后于华南工学院建筑系任教。国家首批一级注册建筑师，著名建筑学家，曾任华南理工大学建筑学系系主任、教授、博士生导师，中国风景园林学会理事，中国风景名胜专业委员会委员，中国园林规划设计专业委员会委员，广东土建学会常务理事，《建筑师》《中国园林》编委等。完成大量工程实践项目，代表作品有贵州黔南风景名胜区总体规划、惠州西湖总体规划与设计等。发表大量学术论文及专著，是岭南园林的代表性人物。

21 谭伯兰，1936 年 9 月生，广东台山人，华南工学院建筑学专业五九届学生（1954 年入学）。毕业后留校从事建筑设计教学工作，主要从事医院建筑设计实践及研究。国家首批一级注册建筑师，兼任中国卫生经济学会医疗卫生建筑专业委员会理事、中国建筑师学会医院建筑专业委员会委员、广东省现代医院管理研究所研究员。先后完成有关居住建筑、商业建筑、医院建筑、学校建筑等 20 余项建筑设计。

22 陈其燊，华南工学院房屋建筑专业五六届学生（1952 年入学）。毕业后留校任教。

23 何镜堂，1938 年 4 月 2 日生，广东东莞人。华南工学院房屋建筑专业本科六一届学生（1956 年入学），1962 年成为华南工学院硕士研究生，师从夏昌世。1965 年研究生毕业后留校任教。中国工程院院士，全国勘察设计大师，先后担任华南理工大学建筑学院院长，建筑设计研究院院长，教授、博士生导师、总建筑师，兼任国务院学位委员会专家评议组成员、中国建筑学会教育建筑学术委员会主任、中国建筑学会理事、广东省科学技术协会副主席、亚热带建筑科学国家重点实验室学术委员会主任等职务，并担任全国政协第九届委员，广东省政协第八届委员、常委。长期从事建筑设计、教学和研究工作，创立

“两观三性”建筑论，坚持中国特色创作道路和产、学、研三结合发展模式。主持设计了一大批在国内外有较大影响的作品，先后获国家和省部级优秀设计一、二等奖 100 余项，代表作品有 2010 年上海世博会中国馆、侵华日军南京大屠杀遇难同胞纪念馆扩建工程、映秀震中纪念地、钱学森纪念馆、西汉南越王墓博物馆、浙江大学紫金港校区和澳门大学横琴新校区等。发表大量学术论文及专著，培养大批硕士、博士，是当代中国杰出的建筑学家和教育家。

24 林兆璋（1938—2022），出生于广东顺德。华南工学院房屋建筑专业六二届学生（1957 年入学）。1962 年毕业后分配至部队，1965 年转业至广州市规划局从事规划设计工作。1990 年起先后任广州市城市规划局总建筑师、副局长，兼任广东省土木建筑学会理事、广州市建筑学会理事长、华南理工大学建筑设计研究院教授。其参与设计的中山温泉别墅、深圳银湖旅游中心、西樵山大酒店、广州友谊剧院艺术中心、深圳大剧院、北园酒家扩建工程、南海西樵山云影琼楼、广州友谊商业大厦等均是岭南建筑的代表性作品。

25 左肖思，华南工学院建筑学专业六〇届学生（1955 年入学）。毕业后分配至中南区设计院工作，80 年代初回到华南工学院建筑设计研究院，80 年代末前往深圳创立首批私人经营设计院。

李志辉先生谈在宁夏的工作经历及建筑创作[1]

受访者简介

李志辉，男，1942 年生于天津，1965 年大学毕业，同年分配到宁夏建筑设计院工作。教授级高工，国家特许一级注册建筑师，中国建筑学会资深会员，中国绿色建筑委员会委员，享受国务院政府特殊津贴。曾任宁夏建筑设计研究院总建筑师，宁夏建筑师学会会长，宁夏建设新技术协会会长，银川市规划行业协会名誉会长，2009 年被评为 100 位为宁夏建设作出突出贡献英雄模范人物。

采访者：马小凤（华中科技大学，宁夏大学）、徐明蕊（宁夏大学）、杨泊宁（宁夏大学）

文稿整理：马小凤、徐明蕊、杨泊宁

访谈地点：宁夏回族自治区银川兴庆区

整理情况：2021 年 11 月 30 日整理，2021 年 12 月 5 日定稿

李志辉和采访者合影
（左起：杨泊宁、马小凤、李志辉、徐明蕊）

审阅情况：经李志辉先生审阅

访谈背景：李志辉先生大学毕业后，积极响应祖国号召，支援西部少数民族地区建设，在艰苦的条件下，通过几十年的勤奋工作，为银川的城市建设作出了重要的贡献。20 世纪 80 年代，李志辉先生主持设计宁夏展览馆、绿洲饭店等项目，并参与宁夏回族自治区成立三十周年大庆工程银川火车站的设计工作。在此基础上，采访者就李志辉先生的工作经历与建筑创作进行访谈与记录。

李志辉　以下简称李

马小凤　以下简称马

❝

马 李老，我们了解到您是天津人，1965年大学毕业来到宁夏，您是出于什么原因选择来到宁夏呢？

|李 当年大学毕业生的工作全部都是国家分配的。毕业前学校会进行毕业教育，口号是“哪里艰苦就到哪里去，祖国的需要就是我们的志愿”。在分配前填写志愿的时候，我和我最要好的同学翻开地图，从最远的新疆、甘肃写到宁夏，至于这些地方怎么样根本就没有考虑，只觉得祖国的边远地区就是祖国最需要的地方。

马 您当时来到宁夏的第一印象是怎样的？

|李 我从小没离开过天津，分配到宁夏，家里人也都支持我。我就一个人背着行李、坐上火车，看着沿途荒凉的景象，就那样一路上叮叮当当、叮叮当当地来到宁夏。

1960年代银川老城解放街街景

图片来源：https://share.api.weibo.cn/share/266586724.html?weibo_id=4151949278243063

到了银川，民政部门接待了我，住在自治区政府的第二招待所。行李一放下，也就下午4点钟左右。我刚到一个新地方很兴奋，虽然路途很劳累，但就想赶快看看银川是什么样。结果，花不长时间就把老城[2]逛完了。我来的时候是1965年，北门、东门、西门都在，城墙也在，兴庆古城的轮廓也还在。当时的银川流传一句话：“一条街两座楼，一个警察看两头。”我逛完之后，觉着基本上跟这差不多，但是不只两座楼。我看到邮电大楼，还有它对面的老百货大楼。我还看到邮电楼旁边有一个银川饭店，在新华街上有一个东风浴池，这两个都是三层楼，反正是没有几座楼，其他都是土房、平房，瓦房都很少。所谓土房、平房，就是单坡平屋顶，带点排水坡度，下边檩条架椽子，然后铺苇帘，上面是草泥，都是一个做法。差一点的房子全都是土坯墙，好一点的，拐角的地方是砖柱。瓦房、砖房都太少了，楼房更少，解放街[3]还是土路。

当时听说银川有个新城[4]，我就急着去看看新建的城市怎么样。那时候整个银川只有四(条线)路公共汽车，2个小时才发一趟车，等了好半天才坐上去新城的车。车一边开，我一边东张西望地看，沿途全是农田，到了新城转盘，车围着转盘掉了个头，车上的人都下去了，我坐那没动，心想新城还没到呢。售票员让我下车，她说这就是新城，眼前还不如我看到的老城，实在是大失所望。这就是我刚来银川的印象。总的来说，从城市建筑、公共设施和道路交通各方面，感觉银川还很落后。

马 您第一天到宁夏，看到这样的城市印象，当时内心是怎样的感受？

丨李 到了晚上，那时候没电话，我就给家里写了封信，说这个地方挺好，各种吃的东西挺丰富，也挺便宜。第二天，我爬到西塔顶上又看了一下银川。除了城门、城墙、鼓楼、玉皇阁这几个古建筑，还有很少的几座楼，剩下的全都是土顶的房子。这两天我对银川基本上算有个轮廓、有个考察和认识了。当时看完城市之后没有灰心丧气，也没有说自己不该来这里。那时候刚毕业，想到以后自己要成为一名建筑师，它是我这辈子要从事的职业和工作，也是我的爱好和追求，与眼下的落后不矛盾，用现在的话说是有用武之地。

马 您来到宁夏之后，就直接进入设计院工作了吗？

丨李 我从到宁夏（开始）就在这个单位，工作到退休。当时整个宁夏只有这一个设计院，它是 1958 年和自治区同时成立的，刚成立的时候好像是叫勘察设计院，那时我还没来。我来的时候叫计委设计室，那时候在文化街有个大院，里边有好多平房办公室，自治区计划委员会就在那个院子里面，测绘局、设计室也都在。

马 当时宁夏建筑设计院里像您这样的大学生多吗？

丨李 宁夏建筑设计院成立，是总后设计院[5]抽调的一些比较有经验的设计人员作为技术骨干，又从外地设计单位调来一些，还有一批刚毕业的大学生。我是 1964 年和 1965 年来的第二批刚毕业的大学生。第一批大学生是 1958 年设计院成立的时候来的，这两批刚毕业的大学生基本上都是从东北大学、清华大学、天津大学、同济大学、重庆建工毕业后来支援西北建设。

马 这些前辈后来跟您一样留在宁夏吗？

丨李 他们中的大多数一直工作到退休，少数人因为各种原因中途离开了。改革开放以前，银川甚至整个宁夏的建设规模都很小，“文化大革命”期间把宁夏唯一的建筑设计院拆散了，只留下三十多人，改叫设计队。大部分人被下放到宁夏各县市，进行所谓的劳动锻炼，我被下放到青铜峡县邵岗乡。最艰苦的地方是山区的西海固，全国有名的贫困地区，我也待过一段时间。那里一天就两顿饭，没有干粮，都是稀的，菜就是一小碟韭菜加盐。吃饭是轮流在老乡家安排，天黑了吃完饭没人送你回来，所以去的时候要记路。天黑了走在路上说不定会有狗冲出来，精神压力大得很。我一个很壮实的小伙子在那待了不到半个月，结束时集中起来开会，我就靠在门洞墙上，没听两句话，眼前一黑就昏倒了。

劳动锻炼不到两年，国家落实知识分子政策，我又回到原单位，那个时候仍然渴望从事自己的专业工作。人还年轻，不怕生活条件艰苦，最苦恼的是不能从事自己爱好的职业，幸运的是信念没有丢掉，到底还是坚持下来了。

马 据宁夏院的作品集记载，20世纪60年代北京院有20人到宁夏建筑设计院工作，您能跟我们讲讲当时的情况吗？

宁夏人民医院

李志辉提供

|李 北京院的张一山院长带着各专业设计人员，来我院进行支援和交流，对宁夏建筑设计水平的提高起到很大作用。我和北京院的沈亚迪接触比较多，他曾给我讲解苹果库的设计原理。苹果储存要有合适的温度和湿度，建筑上应怎样达到这个条件，讲得很透彻。他对我讲，不管做什么项目，一定要把原理吃透，建筑五花八门，各有各的特点，各有各的要求，不弄清楚就搞不好设计。

马 1968年您重返设计岗位之后的建筑设计工作是怎样的？

|李 说实在的，参加工作的前十几年里，被下放，搞运动，搞个小型建筑设计，在业务上基本没怎么得到锻炼。

直到1974年，我主持设计了第一个规模较大的建筑，是一座400张病床、1200人次门诊的综合医院，就是宁夏人民医院[6]。当时天津从各医院抽调人员组成“626医疗队”[7]来支援宁夏，人员配套，科室配套，医疗人员要长期在这工作，需要修建医院。我承担了这个设计任务，院方派天津“626医疗队”的叶明德[8]主任配合我工作。他不仅是儿科专家，也熟悉医院的建设和管理，我俩经常在一块儿交流磋商。他是我的参谋，也是我的老师，对我帮助很大。他跟我讲得很细，比如说病人进来是什么流程，眼科房间多大，每个科室之间有什么关系。这可以说是宁夏第一个现代化的全科医院，使我基本掌握了医院建筑各种复杂的功能要求，以及医院建筑如何适应医疗技术的不断发展，如何最大限度地体现人文关怀。我认为不

1998年李志辉探望张光璧夫妇
（左起：张光璧、李志辉、林京）

李志辉提供

同类型的建筑有不同的侧重，医院建筑应当侧重功能。通过设计医院，我对建筑设计中如何处理好功能问题有了比较深刻的认识。

银川老火车站

图片来源：http://szb.ycen.com.cn/epaper/ycwb/html/2019-09/11/content_83760.htm

马 银川火车站是宁夏回族自治区成立30周年献礼工程，您能具体讲讲它的创作吗？

丨李 这个项目是全国招标的，设计主持人是我院总建筑师张光璧[9]，我参加了这个项目的投标和设计，主要负责站前广场的规划设计，而建筑方案和施工图都是合作完成的。我和张总在思路和认识上很少有分歧。她是个很善于沟通交流的人，在和她共同工作的过程中，我认识到不同建筑方案的比较不是绝对的优与劣的关系，而是如何更好的关系。

银川火车站

李志辉提供

老火车站[10]什么样，你们看过老照片吗？是一座砖瓦平房，就两个屋子，车站里说设施都谈不上。新的银川火车站[11]长200米左右，很舒展。火车站站房的中心是个广厅，南北候车厅在广厅的两侧，对称布置。火车站一层的南北两端分别是售票厅和贵宾厅，局部二层基本是客运管理和行政用房。厅内有天井、小品和绿植，希望乘客在候车的时候能有一个丰富的环境。在广厅和候车厅的主墙面上做了三幅大型壁画，主要是展现宁夏的地方特色和民族风格，也给这座建筑增添文化内涵。

你看站房的中央有一座高耸的钟塔，它的尖顶是银白色的，中部镶嵌着一颗“塞上明珠”。站房的墙面是有变化的，我们用连续的尖拱形折板作装饰，还在墙面上点缀了金色图案，象征凤凰的羽片（银川旧称“凤凰城”）。这样一处理，火车站就显得格外新颖别致，能体现出银川作为历史文化名城在改革开放时代的新风貌。

马 李老，您20世纪80年代设计的绿洲饭店[12]和宁夏展览馆[13]列入银川市近现代历史建筑保护名录，可以给我们讲讲这两个作品的创作过程吗？

| 李 绿洲饭店原来叫伊斯兰宾馆，开业不久就改称绿洲饭店。开始是银川市商业局局长找到我，说要建一座宾馆。他向我交代了这件事，给我提供了规划局的地形图，同时提出一些功能要求，并希望建筑能带有回民特色。我当时很有创作欲望，手头却没有任何可以借鉴的资料。

绿洲饭店

李志辉提供

方案要得很急，最多不超过三天就要拿出来。我就住在单位宿舍里，做方案的同时还要做模型，这个方案第一稿一天一夜就做出来了，后面又做了些完善和修改，结果局长一眼就看上了。这个项目占地很小，怎么能把体形做出变化，还想多出一点房间，是我着重思考的问题。后来主要是通过平面凹凸和立面高低的变化，塑造体形，色调采用回民喜爱的绿色和白色。从建筑细部来讲，这个建筑的檐部是按开间划分的，形成多块绿色的檐板，檐板的底边是尖拱形，檐板之间用黑色的凹槽分隔，用白色的立方体连接。在二层、九层、十一层的檐部都是这样处理的，像不像三条绿色彩带？檐部的绿色有白色墙面衬托，就显得清新典雅。另外，楼顶上有一个用混凝土板做的装饰物，很多人问我为什么做这个东西，其实它是一个水箱，露在外面不好看，索性就用混凝土板包起来了，我觉得效果挺好，就像一朵待放的花蕾。

我印象特别深刻的是，饭店外装修的时候，很多人在街上围着看，特别是我的同行。我们单位离绿洲饭店很近，院里的几位女同志，指着檐口说很欣赏那些细部的做法，色彩、黑色的细缝和小的折线等。

马 绿洲饭店可以说是对地方建筑特色的一种探索，您能再讲讲宁夏展览馆吗？

| 李 宁夏展览馆跟绿洲饭店是同一时期设计的，是个综合性的展览馆，是为自治区成立30周年大庆而建的。之前的老展览馆就在这个地方，比较小，很小的门脸儿。当时考虑建筑对不同展览的需要，一层以展出实物为主，开侧窗采光。二层以展出图板为主，开顶窗采光，侧面是实墙。在做展览馆外立面方案时，我的想法是，这座展览馆虽然建筑面积不大，但毕竟是一座面向社会的公共建筑，要以这座建筑的外观形象，体现城市的文化内涵，于是

宁夏展览馆

李志辉提供

下决心在建筑的顶部增加一块 7 米高，30 米宽的大型浮雕。当时要实现这个想法难之又难，一方面要说服主管部门，另一方面要找到一个有能力做这么大浮雕的单位。我们费了很大劲，结果找到浙江美术学院（今中国美院），得到几位很有经验的美术老师的支持。他们背上行李来到银川，吃住都在西夏区展览馆的一座平房里，浮雕的设计和施工都是他们搞的，很辛苦，非常感人。看来真正要追求和实现一个目标，再苦也能克服，在那个年代能做出这么大型的浮雕来，而且各方面都很令人满意，是很不容易的。

马 从这几个作品中，我们能看到您在设计创作时，对地方文化特色表达的探索与实践，并在一段时期内对宁夏当地的建筑设计思潮有一定影响。您怎样去理解这个过程？

|李 城市建筑特色源自城市的地域文化和自然环境，且主要体现在大型公共建筑上，思考、研究、创新城市建筑特色是建筑师义不容辞的社会责任。我在做每一个项目的时候，脑海里经常浮现银川当年那种落后的样子。我想通过精心设计每一座建筑来提高这座城市的品位。工作这么多年，我的认识也是变化和发展的，有一个比较长的阅历，对特色的理解会有新的思考。

马 前不久，银川市入选全国第一批城市更新试点城市，过去几十年，可以说您见证了银川城市建设的变迁，您对当下银川近现代历史建筑保护有怎样的建议？

丨李 历史建筑是城市的实物档案，其保留价值怎样评估都不为过。从城市的发展历程来讲，保留银川城中的历史建筑，能够帮助人们更加直观地认识这个城市，而不是为了保留而保留。比如说银川火车站、绿洲饭店、宁夏展览馆等特色建筑，可以从正反两个方面为后人创造更加成熟的城市建筑特色做“铺路石”。

”

1 宁夏回族自治区自然科学基金项目：宁夏三线建设工业遗产价值评价研究（项目编号：2021AAC03107）

2 老城，今指银川市兴庆区，原银川市城区所在地。明代在此设宁夏镇，是全国“九边重镇”之一，清代设宁夏府，银川的历史古迹多在老城。

3 解放街，银川旧城城区东西向骨干道，民国时期曾命名“中正东西大街”，中华人民共和国成立后改名为解放东西大街。

4 新城，一般指银川市包兰铁路以东，满城街以西的城市区域，今属银川市金凤区。

5 全称为总后勤部直属的国家综合性甲级建筑勘察设计研究院。

6 宁夏回族自治区人民医院，现为宁夏人民医院西夏区分医院，位于西夏区怀远西路 148 号，建于 1974 年。

7 1965 年 6 月 26 日，毛泽东同志作出“把医疗卫生工作的重点放到农村去”的重要指示。毛泽东认为，当时卫生部的工作只为全国人口的 15% 服务，而这 15% 主要还是“城市老爷”；广大农民却得不到医疗，他们一无医，二无药。医疗卫生工作应该把主要人力、物力放在一些常见病、多发病的预防和医疗上，这就是著名的“626”指示。而后一大批医疗卫生工作者、医学院校毕业生和解放军医疗工作者响应号召，组成“626 医疗队”到需要的地方开展医疗卫生服务。

8 叶明德，男，生于 1920 年，1947 年毕业于南京大学医学院医疗系。1951 年在天津市儿童医院从事儿科临床工作，在小儿肺结核及呼吸系统疾患的研究方面有较深造诣。1980—1987 年任天津市儿童医院院长。

9 张光璧，女，生于 1932 年，1958 年毕业于天津大学，是第一批到宁夏设计院工作的大学生，曾任宁夏建筑设计研究院第一任总建筑师。

10 银川老火车站，旧址位于银川市金凤区上海西路惠北巷 1 号，于 1957 年 7 月建成并投入使用，是宁夏第一座火车站。

11 银川火车站，位于西夏区怀远东路 550-552 号，于 1988 年建成并投入使用，是宁夏回族自治区成立 30 周年大庆项目。曾获宁夏回族自治区优秀建筑一等奖。

12 绿洲饭店，位于银川市解放西街 133 号，于 1986 年建成并投入使用。2002 年被银川市政府列入近代文化重点保护单位，2017 年列为银川 19 处历史建筑保护名录的建筑物和构筑物之一。

13 宁夏展览馆，位于银川市兴庆区民族南街 85 号，于 1984 年设计。2017 年列为银川 19 处历史建筑保护名录的建筑物和构筑物之一。

汪大绥总工程师谈上海浦东国际机场 T1 航站楼项目[1]

汪大绥总工程师

来源：华东院官网

受访者简介

汪大绥

男，1941 年 2 月 14 日生，江西乐平人，中国工程设计大师，一级注册结构工程师，华东建筑设计研究院资深总工程师，同济大学兼职教授、博士导师。1959 年考入同济大学城市建设工程专业，1964 年毕业分配至江苏省连云港市建筑设计院工作。1978 年调入上海工业建筑设计院（华东建筑设计研究院曾用名）。从事建筑结构设计 50 余年，参加、主持或指导大量建筑工程项目的结构设计工作，科研成果和设计作品获得多项国家和部市级科技进步奖和优秀设计奖，并参与多项国家和地方的标准、规范编制工作，主要有：国家标准《钢结构设计规范》；行业标准《高层建筑混凝土结构设计与施工规程》《组合结构设计规程》；地方标准《上海市抗震设计规范》《上海市筒体结构设计规范》等。主要作品包括：上海华亭宾馆（1985）；上海东方明珠广播电视塔（1994）；浦东机场一期航站楼（1999）；苏州东方之门（2003）；上海环球金融中心（2004）；浦东机场二期（2006）；中央电视台新台址（2006）；天津津塔（2007）；上海世博轴（2010）等。

采访者：华霞虹、吴皎、朱欣雨（同济大学建筑与城市规划学院）

文稿整理：吴皎，华霞虹

访谈时间：2021 年 6 月 21 日

访谈地点：上海市汉口路 151 号 310 室，汪大绥工作室

整理情况：2021 年 6 月 29 日整理，2021 年 7 月 25 日修改，2022 年 3 月 8 日定稿

审阅情况：经受访者审阅

访谈背景：为展开“上海城市空间重塑中本土建筑设计生产转型研究（1990—2002）”，从城市基础设施这一建筑类型切入，以“上海浦东国际机场 T1 航站楼建筑结构设计与项目实施的整体过程”为主题，对汪大绥总工程师进行了 2 个小时的访谈。内容主要包括六

部分：① 1964 年毕业实习参与上海虹桥机场改建工程；② 1997 年初浦东国际机场 T1 航站楼扩初审查会与华东院设计团队自主研究设计机场流程；③浦东 T1 航站楼屋顶张弦梁结构 1 ∶ 1 结构模型实验；④华东院结构设计团队对法方建筑结构方案的优化；⑤浦东机场 T1 航站楼钢结构的美观问题；⑥以东方明珠电视塔项目的结构探索为例，谈华东院设计实践与技术积累的关系。本文为访谈的第三、四部分的内容，主要介绍以汪大绥总工程师为首的上海浦东国际机场 T1 航站楼项目的结构设计团队，自 1996 年起为了使法方建筑设计方案安全落成，以结构试验、结构方案优化等方式开展的一系列自主探索。作为上海市“九五”十大基础设施建设工程，浦东国际机场是我国第一批对外开放规划设计的建筑项目，是本土建筑师第一次学习国际大型枢纽航空港设计模式的契机。在中外合作设计中，华东院的设计师们系统地积累了建筑设计、结构设计以及超大型项目管理的经验，开启了空港设计在本土专项化与专业化的发展。

汪大绥先生和采访者合影
（左起：吴皎，汪大绥，华霞虹，姜海纳）

来源：朱欣雨拍摄

华霞虹 以下简称华

吴皎 以下简称吴

汪大绥 以下简称汪

华 汪总好！衷心感谢您拨冗接受我们的访谈。本次访谈，请汪总为我们介绍一下您负责上海浦东国际机场（简称“浦东机场”）的合作设计和建设过程好吗？尤其是华东建筑设计研究院（简称“华东院”）整个设计团队在这一过程中的技术发展和提升。

| 汪 浦东机场的建设过程我是清楚的。但我是一位结构工程师，谈的侧重点在于结构设计方面。浦东机场一号航站楼（建筑设计）这（部分工作）主要是郭建祥和他的师傅管式勤负责。我是从 1996 年初参与这个项目的，当时（设计）方案已经定了。一开始我是作为华东院的（结构）总工程师，分管浦东机场项目的结构设计，这个项目的结构还是比较复杂的。当时我在华东院的职务是总工程师兼技术部主任。后来，浦东机场的业主希望院部加强

对机场项目的推进力度，就到院里来反映。在这种情况下，院里就任命我为项目总负责人。要我把院里的管理工作全部放下，跟着设计团队每天去现场。当时是在现场设计。

从结构角度来看，浦东机场最难（实现）的是它的屋面结构体系。安德鲁采用 4 个弧形，我们中国人把它形象地说成“海鸥展翅”，形成弧形的结构构件叫作张弦梁。这是我们第一次看到张弦梁。像办票大厅的张弦梁跨度大概是 83 米。每根张弦梁的上弦是一根 400 毫米 ×600 毫米截面的弧形梁，这对 80 多米的跨度来说是很小的断面，它的刚度不够。于是，在底下拉一根弦，上梁与下弦之间设很多撑杆撑住。虽然从结构上能理解，但这么大的跨度和这么小的断面，还是让我们很震惊，因为从未见过这样的结构。这种梁的英文叫“string beam”，意思是拉着弦的梁，但是这个术语在中文中怎么表达确实不知道。后来，有一次开会，我碰到天津大学的刘锡良教授（钢结构及空间网架专家）。他说，日本有个词叫“张弦梁”，我看用在这里可以。我一听，觉得有道理，就用张弦梁作为中文的专业术语。后来这个名称大家都接受了，现在叫“张弦梁”或者叫“张弦桁架”，两种叫法都有。张弦桁架和张弦梁有什么差别呢？张弦梁上弦为钢梁，下弦为钢索，中间用撑杆，上下都是铰接的。如果把上弦做成一个桁架，下面张弦，则成为张弦桁架。

（浦东 T1 采用的是张弦梁，）它在结构上更纯粹，或者说力学概念更清楚，但设计难度要大一点。浦东 T1 张弦梁有 80 多米的跨度，一头高一头低，低的一端搁在墙上，高的一端搁在斜柱上。这个结构能不能做出来，是领导心头的一块病。因为这个结构下弦是一根索，这根索与中间压杆都是铰接的，相邻两榀张弦梁的下弦之间没有杆件相连，也就是说是可以摆动的。但是我们可以从力学上的势能原理证明，虽然它会摆动，但最后会趋于稳定。

华 当时法方设计团队有结构方案吗？

| 汪 有的。因为这个结构方案跟建筑创意是分不开的。可我们的问题是如何实施，将方案变成施工图，让它经得起荷载、地震、风等各种（力的考验）。所以我到现场后，第一个任务是一定要加速推进（结构的落地）。因为外国人做的设计，方案很好，但深度停留在方案阶段，这既有时间的因素，也有价格的因素。这么大一个结构体，又在海边，有很多跟市中心类似项目结构不一样的地方。所以，我们对这个项目的结构做了很多的研究，包括风工程的研究，即从不同方向吹来的风，对这个结构体会产生怎样的效应，（很担心）会不会把屋顶掀掉，结构系统的抗震是否可行，还有大面积的玻璃幕墙的风压应该如何取值等，这些都需要通过实验来确定。

其中最重要的是张弦梁的力学性能、制作方法、施工和安装方法。我们从 1997 年就开始重点突破这个（难题）。当时我提出要做模型实验，浦东机场项目的总指挥吴祥明[2]就问我怎么做。我说，做个 1 ： 4（跨度 20 米）的模型来做荷载试验。他就问我为什么只做四分之一大的模型？我说没有钱，只能做这么大的。他说，我给你 100 万元，你做个 1 ： 1 的模型。这个对我们来说既是压力又是鼓舞。因为做 1 ： 1 的模型不仅能验证张弦梁的力学性能，还能改善节点设计的合理性和加工的可行性，意义非常大。做完实验后，模型就废掉了。但是吴祥明总指挥还是愿意出这笔钱，我们真的太高兴了。

当时浦东机场的总包单位是建工集团，钢结构制作单位是江南重工，这是一家从江南造船厂分出来做钢结构的公司。因为 1990 年代我们国家造船业不太景气，所以江南造船厂就要做点（制造）船舶以外的活，他们叫非船产业，也包括不少建筑行业的项目。

于是，我们把结构的图纸画出来，制作完成后在江南造船厂的船台上支起来。80 多米的跨度，没有实验室可以放得下，而且需要加载几百吨，实验室也没有几百吨的铁块，所以只能在工地上实验。当然，整个实验装置由我们设计。一个单榀的结构，撑起来，采取措施保证不倒的情况下，在上面加荷载。那些挂上去的荷载都是大铁块，人搬不动，要用铲车往上安放。另外，因为是钢结构，荷载试验时还要考虑温度对实验的影响。我们做实验时正好是七八月份，钢结构在阳光的作用下温度上升，应力会产生变化。所以我们需要在白天做准备，等凌晨两三点，气温逐渐下降趋于稳定的时候再做测试，否则实验数据不可信。我们是在可能的条件下，（为实验）创造最好的条件。这个过程对我们既是激励，也是考验，同时也从中得到很多经验。外方（结构）设计中不够完整的地方，我们通过这个实验加以完善。

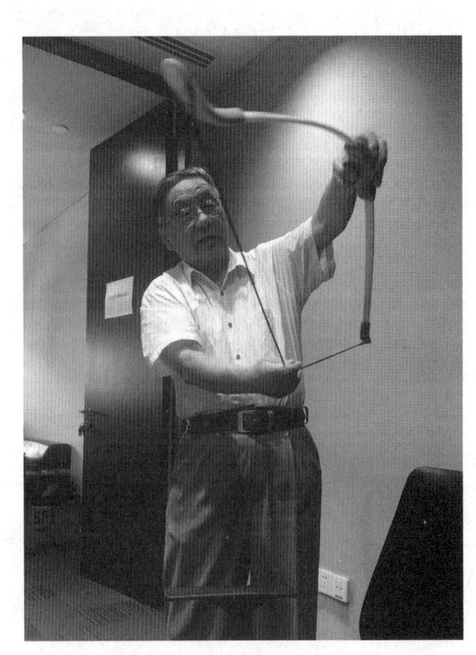

汪大绥总工程师用弓演示张弦梁的力学特性

吴皎摄

这个实验是非常有必要的。通过这个 1 ： 1 的现场实验，一方面深化和改进了原方案的（结构）设计，另一方面也极大增强了信心。除了施加竖向荷载观察其变形和应力的变化，同时我们也在下弦节点上增加横向作用力，观察节点因此产生的变形，看撤掉作用力后，节点变形是否可以还原，等等。这些实验非常有意义。同济大学也参加了实验，现场请沈祖炎[3]老师、陈以一[4]老师一同来参加，提出了很具指导性的意见。

华 这个实验做了多长时间？

| 汪 加载实验用了三四个晚上。因为只能晚上做结构的荷载实验，以保证钢结构有相对稳定的温度场。但是实验模型制作安装的过程比较长。那块场地后来变成世博会的浦西园区。

（浦东 T1 的张弦梁结构）有个问题：因为（建筑整体）是曲线造型，张弦梁的初始刚度要由张拉下弦钢索产生，如果将两端向内拉，就会像弓一样拱起，结构跨度会缩小。这个钢结构要搁在作为支座的剪力墙上，跨度变小，就无法搁置在支座上。但是，如果张弦梁结构不张拉的话，整个结构又会松松垮垮，没有刚度。所以需要平衡三个因素：一个是两个支点之间的距离，也就是跨度；第二个是屋架起拱的高度；第三个是钢索的力，也就是索的松紧程度。这三个因素相互关联。在一般的结构里碰不到这样的问题，屋面钢结构固定在支座上即可。浦东机场钢结构制作时，索是索，上弦是上弦，到工地后要再将它们组装起来，要将结构拉紧。如果不拉紧，两部分就无法形成整体。

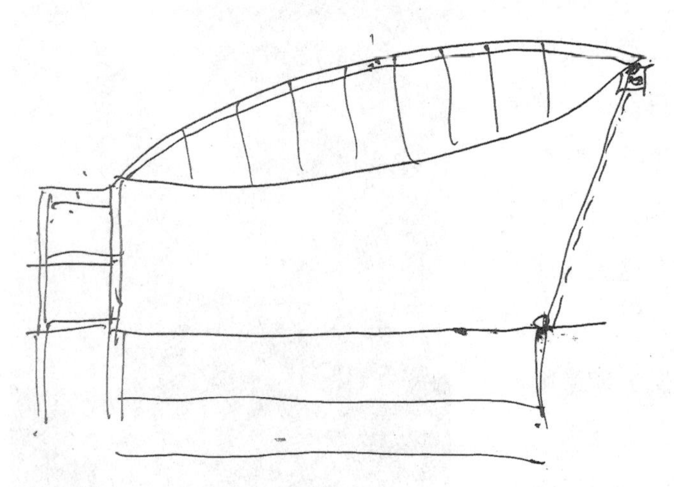

浦东国际机场 T1 航站楼典型空间单元横剖面

汪大绥绘

刚才我提到的三个因素中，最重要的因素是跨度。因为跨度不对，屋顶结构就放不上去。因此，（结构安装的过程中）应该在控制跨度允许的情况下，再看（上弦的）拱度。因为如果拱度差异大的话，将来一榀榀的屋架高度就不一样，屋顶就会不平。第三个要考虑的因素是索力。索力在这个时候就显得不那么重要了。因为安装的时候是空的桁架，整体的重量很轻。之后再安装檩条、屋面、保温层、防水层，屋顶的重量增加后，产生了压力，索力就会增加。

实验是十分必要的。因为法方设计人员只在图纸上标注了索力的数值，但如果真的按照这个索力数值来施工的话，可能最后屋顶就安装不上了。所以一定要搞清楚三个因素的主次关系。

吴 在做实验时，也考虑了结构组装工序的问题吗？

| 汪 做实验的时候还碰不到这个问题。因为实验的结构模型只是单榀，不存在与相邻结构的关系。但到了工地上，相邻结构要连成整体，结构螺栓都是精确定位的。

这个实验做得很成功，也得到吴祥明的表扬。工作往前推进了，他心里的大石头也放下了。大项目的技术难点肯定是压在我们（工程师）身上，同时也压在业主身上的。所以我们在结构上的突破，业主也很高兴。

还有一个难题：业主要求我们优化法国的（结构）方案。我们做的优化方案中，有一点（对于项目的落成）是很重要的，你们现在去浦东机场也可以看到（画图示意）。它典型的横剖面是这样的：玻璃幕墙一侧的柱子两端是铰接的，另一端有一道纵向剪力墙，和附属结构形成一个小的箱型结构。这是一个空间单元。当这个空间单元受到地震力和风力作用时，玻璃幕墙侧的柱子仅起到传力的作用，将屋面荷载传到地下。这些柱子抵抗不了地震力，它会跟着动，最后这些作用力都会传到剪力墙这侧，这一结构单元最终的刚度都集中在这里。

从正立面看，玻璃幕墙侧柱子的轴心间距为 18 米。上面还有纵向桁架，屋面桁架搁置纵向桁架上，屋面桁架间距 9 米。地震力来临时，屋面桁架会发生纵向摆动。所以在法方原有的结构方案中，在屋面上做了很多支撑体系，目的是使屋面成为一个有刚度的壳体（shell）。通过屋顶的刚度，把地震力传到低端的剪力墙上，传力路线很长，用钢量也很大。这个方案我们认为理论上可行，但不太稳妥，花费的材料也很多，所以对此做了很大的改动。

我们的优化方案是在玻璃幕墙侧的支撑柱中间设置 X 形柱间支撑。这个支撑杆件很细，一般人不太会注意。但一旦这个面上加了支撑，这一面就具有纵向刚度了，受到地震力作用时可以直接往下传力，不需要通过屋面传到低端的剪力墙上。这样一来屋面的支撑体系就可以简化，按常规布置即可，现在的传力路线就不再依赖屋面的刚度了。因为屋面的支撑系统大大简化，节省了两三千吨钢材，也是很可观的。

浦东机场的结构中，最复杂的是屋面结构体系，屋面的安装也最花时间。在屋面安装过程中，遇到台风警报，而且预报有龙卷风。指挥部非常重视。因为当时还在施工中，玻璃幕墙还没封闭，风会灌进建筑，可能会把屋顶掀掉，非常危险。所以我们就和施工单位一起想办法，采取一些防范措施，保证了安全。

施工前，通过风动模型试验测定屋面的风荷载分布。当气流流过上表面时，相当大的一部分屋面出现负风压，即向上的吸力，在很大程度上抵消了屋面的重力荷载（画图示意）。为策安全，设计中在张弦梁上弦 400 毫米 ×600 毫米的方钢管空腔中灌注水泥砂浆，增加自重，以保证其具

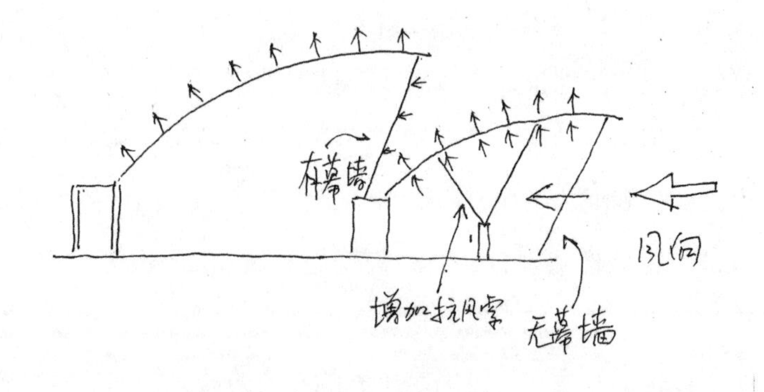

浦东国际机场 T1 航站楼屋顶结构风压示意图

汪大绥绘

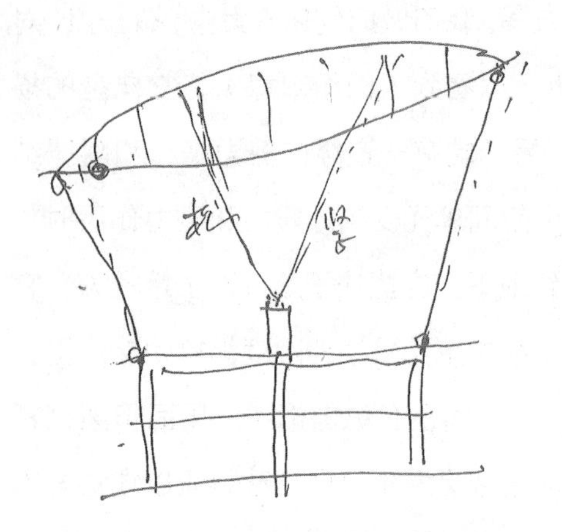

浦东国际机场 T1 航站楼第四跨结构剖面示意图

汪大绥绘

有足够的抵抗风吸力的安全度。对于屋面东侧第一跨，由于是面向大海且无封闭外墙，当风从东边吹来时灌入室内的气流产生向上的风压，与流过上表面气流产生的负压叠加，其值超过屋面自重，结构处于不安全状态。为此，在这一跨新增拉风拉索，呈倒四棱锥布置，将张弦梁上弦与其下道路分隔带上的短柱相连，利用道路结构自重抗风，保证了屋面结构的安全。

安德鲁团队主要负责建筑设计，他们委托另一家（结构）公司做结构方案，他们做完概念就结束工作了。像这些需要通过实验来验证的部分，都是我们完成的。

我印象很深刻的是，1999 年 9 月 16 日浦东机场通航典礼，就在入口这一跨搭了一个临时会场。那一天我作为建设功臣上去剪彩。安德鲁也在，业主邀请他来参加典礼。他看出来这个抗风拉索是他们原来设计图纸上没有的东西，我跟他解释了缘由，他听后也觉得应该增加这个拉索，还对我表示感谢。

如果到浦东机场坐飞机，可以看到 T1 航站楼第四跨登机长廊室内也有拉索。第四跨的结构难度非常大，比第一跨还要难。因为这一跨两边都设有登机桥，所以不能设置剪力墙，两端都是斜柱。这一跨整个平面长 1376 米，东侧南北两面各设 5 座登机桥，西侧设 18 座登机桥，共有 28 座登机桥。（画图示意）下部有两层框架结构，上部两侧是斜柱，上下两端均为铰接，上搁张弦梁。因为没有墙作支撑，这个结构是不稳定的。想要增加稳定性，就需要在空间中设置群索，通过群索把地震力或风力传给下部砼框架来保证结构的稳定。当时这样做，是为了保证建筑效果，难度是非常大的。

当风力或地震力袭来时，一边的索会拉紧，另外一边的索会松掉。这个结构的难度是比较大的。我们的结构分析做得还是很到位的，钢索的上端是连在檩条上不是桁架上。因为建筑师觉得这样才好看，但结构就更难做了。一般这个索拉在屋架上，刚度会更好；但是拉在檩条上就要求加强这两根檩条的强度。安德鲁这样设计的意图是拉索和桁架的关系好看，所以在他的方案里已经确定了索的布置方式，但如何解决索的拉力问题，就是我们要做的。

我们知道，这部分的设计是安德鲁设计创意里的一个亮点，所以我们也尊重他的创造意图，但要解决这个索在结构设计上存在的实际问题。结构专业总是讲刚度，索的刚度等于截

浦东国际机场 T1 航站楼出发办票大厅

华建集团华东建筑设计研究院有限公司提供

面积乘以弹性模量。但是对于斜拉索而言，它不是一条直线，会在重力的作用下产生下垂的弧度。索在理论上就是这样一条弧线，所以当索受力时，首先它的垂度会变小，就稍微拉直一些。在这一过程中，它实际的刚度小于理论的刚度。所以索的刚度和垂度之间的关系，要在我们的结构计算中反映出来。我们在 1997、1998 年的时候就做到这一点，应该说是比较先进的。

浦东机场 T1 航站楼从 1999 年通航，至今已经使用了 23 年了，运营情况良好，其设计应该认为是很成功的。

华 您刚才提到一个细节，第四跨中的斜拉索结构在安德鲁原本的设计方案中就已存在，但东面的第一跨拉索结构在他们的设计中没有，对吗？

|汪 对。第四跨的拉索结构是安德鲁团队一开始就设计了的。因为两边的斜柱都是铰接，没有这个结构不能成立。第一跨的拉索是我们自己加的，主要是为抗风，因为他没有考虑到

这个结构是开口的，风会灌进去。这个改动他也认可了。

第四跨的结构主要是设计难度很高，我们的主要工作是实现安德鲁的设计。国内用斜拉索的工程也不少，但能够合理地考虑斜拉索垂度对其刚度影响的不多。这件事说明，在中外合作设计中，中方的工作不是简单把外方方案变成施工图，还要对他们设计中的不足、不合国情的地方进行改进和完善，要发挥自己的主观能动性，相信自己的能力，认清自己不同于外方设计人员的责任。毕竟工程还是要在中国建设落地的，这是我们应尽的责任。

华 汪总，您刚才关于浦东 T1 航站楼的内容讲得非常深入。我们还想请教您，在这个项目过程中，华东院的设计生产方式、人员组织、技术积累有什么显著变化吗?

| 汪 首先，这个项目很锻炼人，是大家增长知识和经验的一个过程。期间，我和一些同事都去法国工作过一段时间，跟安德鲁他们一起工作、交流，讨论问题。这个经历对个人而言肯定是很好的机会。另外，这个项目主要的创意还是法国人的，我们对其方案进行了深化和优化，解决改善了他们设计中的不足之处。这既是学习的过程，也是提高的过程。所以浦东机场的设计团队，其中很多人后来都成了院里的技术骨干。结构总工程师就出了好多个，除了我以外，还有高超[5]、张伟育[6]、高承勇[7]、周健[8]等，都是在 1990 年代参与了浦东机场的项目，后来都成为了华建集团主要的技术骨干。

”

1　国家自然科学基金面上项目：上海城市空间重塑中本土建筑设计生产转型研究（1990—2002）（项目批准号：52078339）

2　吴祥明，男，1938 年生，江苏苏州人，教授级高级工程师，同济大学磁浮交通工程技术中心原主任，全国劳动模范，“庆祝中华人民共和国成立 70 周年”纪念章获得者。曾任上海市计委副主任，建委主任，市政府副秘书长，上海浦东国际机场建设指挥部总指挥兼总工程师，上海磁浮交通发展有限公司党委书记、董事长兼总工程师，上海磁浮交通工程技术研究中心主任。

3　沈祖炎，男，1935 年生，2017 年逝世。浙江杭州人，钢结构专家，中国工程院院士，同济大学教授、博士生导师，曾任同济大学副校长。1955 年毕业于同济大学，获学士学位；1966 年同济大学结构理论专业研究生毕业；2005 年当选为中国工程院院士。长期从事钢结构领域的科研、实践和教学工作，研究方向为钢结构稳定、抗震及非线性分析理论及设计方法。

4　陈以一，男，1955 年生，上海人，工学博士，同济大学教授、博士生导师，曾任同济大学常务副校长。1973 年毕业于上海市力进中学，进入上海工艺美术工厂工作。1979 年考入同济大学工业与民用建筑专业本科学习，1983 年获工学士学位，并留校任教。1988 年同济大学结构工程专业在职硕士研究生毕业；1990 年赴日留学，1994 年获东京大学生产技术研究所博士学位。主要研究领域为建筑钢结构，研究课题涉及钢结构抗震和稳定、轻型钢结构、钢结构连接以及组合构件和节点等。

5　高超，男，1961 年生，广东番禺人。1979—1983 年就读于同济大学建筑工程分校工民建系。1983 年 7 月进入华东院工作至今。华东院党委副书记、副院长，教授级高工。曾设计上海浦东国际机场航站楼、南通中华园饭店、舟山万吨冷库、上海马戏城、联谊大厦等。曾获上海市优秀工程设计一、三等奖，上海市科学技术二等奖，以及全国五一劳动奖章。

6　张伟育，男，1965 年生，上海人，教授级高级工程师。1987 年毕业于清华大学建筑结构专业，于华东建筑设计研究院工作至今，现任院结构副总工程师。参加了浦东机场 T1 航站楼设计，主持了东方艺术中心、浦东干部学院、杭州城市阳台、世博轴索膜顶棚及阳光谷、广西文化艺术中心等大跨结构以及吴江绿地、杭州之门等超高层项目的结构设计。

7　高承勇，男，1959 年生，上海人，教授级高级工程师。1983 年 2 月毕业于同济大学建筑工程分校工业与民用建筑专业，先后在上海工业建筑设计院、华东建筑设计院、上海建筑设计科技发展中心、上海现代建筑设计集团、华东建筑集团工作。1983—1999 年在工业院和华东院工作期间，参与了华亭宾馆、上海新世界城、印尼雅加达塔等工程的结构设计，1996 年作为项目经理、结构专业负责人参与了上海浦东国际机场（一期）工程的设计；1999 年后调到现代集团工作，参与集团科技研发、技术咨询、质量管理、信息化建设、技术管理等工作。

8　周健，男，1968 年生，上海人，教授级高级工程师。1990 年毕业于同济大学工业与民用建筑专业，于华东建筑设计研究院工作至今，现任院结构总工程师。曾参加浦东机场 T1 航站楼钢屋盖设计，主持浦东 T2 航站楼综合交通枢纽、浦东机场卫星厅、虹桥机场 T2 综合交通枢纽、虹桥机场 T1 航站楼改造等机场项目以及天津周大福金融中心等超高层项目的结构设计。

刘叔华先生谈长沙名城保护 40 年得与失[1]

受访者简介

刘叔华

男，1945 年 10 月生，一级注册建筑师，高级建筑师，古建筑专家，湖南省文物专家，长沙市历史文化名城推动委员会委员。1968 年华南工学院建筑学专业毕业，1970 年分配到湖南云溪的 2348 工程指挥部，先后任 2348 工程指挥部基建组技术组总图管理员、2348 工程第一大队（涤纶厂）基建组技术员、岳阳石化总厂设计院土建室建筑组助理工程师、工程师，1987 年调任长沙市建筑设计院从事建筑设计，1993 年后在长沙市规划管理局从事规划管理工作，现已退休。

采访者：刘晖（华南理工大学）

文稿整理：刘晖、何思晴

访谈时间：2021 年 9 月 21 日

访谈地点：湖南省长沙市西南明苑

整理情况：2021 年 9 月 27 日整理，2022 年 2 月 3 日初稿，2022 年 3 月 7 日定稿

审阅情况：经受访者审阅（2021 年 10 月）

受访者刘叔华近照

采访者摄影

受访者介绍长沙古城

采访者摄影

访谈背景：2022年是我国历史文化名城制度建立40年，作为首批24座历史文化名城之一，长沙的名城保护积累了不少经验和教训。刘叔华先生多年来一直在长沙从事建筑设计、城市规划管理和文物建筑修缮，是名城保护很多事件的亲历者，对于长沙城市历史和地方文化有着广泛兴趣，近年来通过各种途径推动名城保护，同时总结和反思名城保护的得与失。

刘叔华 以下简称华

刘晖 以下简称晖

长沙古城墙的保护

晖 今天主要谈长沙历史文化名城的保护的经验和教训，首先请您介绍一下长沙古城的概况。

| 华 长沙古城有它的特点，这个城市的中心2000多年没有移动，一直都在现在的五一广场附近，那里是长沙城的中心。长沙古城就以这个点为原点，向南北发展，西边是湘江，没有什么可发展的，东边也慢慢地发展了一点，但是南北向发展的多一点。它的东南角有一座小山，叫作龙伏山，在古代看起来修城墙还是比较困难的，所以东南角就被龙伏山限制了。现在长沙古城东边的城墙大体上是在唐宋以后定形的，到了明代的时候就把城墙修到龙伏山上去了，那就比城市的地面高了30米。这个地方就是一个城市的制高点，是现在天心阁的所在地，这就是长沙古城大概的情况。

晖 长沙城址基本上千年未变，所以长沙在城市建设中经常会遇到地下遗址的保护。10年前的长沙古城墙保护事件，当时有社会各界人士，包括网友的参与和声援，您是亲历者，能不能谈谈当时的情况？

| 华 当时在长沙城的湘江边，万达公司开发了一个很大的楼盘，包括商场和写字楼，规模很大。在这个项目开挖基础的时候，发现了古城墙的遗址。如果这是明代古城墙的话并不稀罕，因为明城墙到1929年才拆掉，并没有什么不知道的。为什么特别重视这一段古城墙？因为在它下面还发现了1000多年前宋代的古城墙，明代的城墙叠压在宋代城墙上面。而宋代的古城墙又有好几种不同的砌筑形式，有砌得非常规整的，也有砌得非常粗糙的，就说明在长沙城南宋末年的战争[2]中可能被破坏过，破坏以后又匆忙修复。这样的历史遗迹里面包含了很多历史信息，所以我们很重视这一段城墙，希望原址保护。通过我们与开发商、与市政府、与广大市民网民共同对话、探讨，最后决定在原址保留

20 米长、历史信息比较丰富的那一段，就是现在万达 C3 号写字楼的下面的一段，还是值得欣慰的。

天心阁的重建

晖 天心阁和长沙古城一样，历经战火。现在天心阁的建筑是 80 年代重建的，您当时还参与了天心阁重建的设计，这是不是您与长沙古城保护最早的结缘？

| 华 是的，长沙的天心阁从明代以来就是长沙的制高点，也是一个城市地标。明代的时候，在长沙城东南角的城墙拐角，有两座楼阁，一座叫作天星阁，一座叫作文昌阁。到了清代乾隆年重修的时候，这两个楼阁都坏了，重修的时候就合并了，把它合并成一座天心阁。天心阁就取代了原来的天星阁和文昌阁，它具有两个功能，有祭祀文昌菩萨，也有观天象的功能。在很长一段时间，天心阁是附属于当时的城南书院。城南书院是一个清代的高等学府，天心阁是附属于城南书院的一座祭祀建筑，也是长沙市民的一个游憩娱乐的地方。清代最后一次重修天心阁，大概是在同治年间，但是到民国初年又损坏了。

1917—1927 年，长沙陆续拆除古城墙，修建环城马路。1920 年的“市政公所总理”就是黄兴的儿子黄一欧[3]。当时只保留了这一段城墙，然后重建天心阁。从 1924 年动工到 1928 年，用了将近 4 年的时间。这次重建得比较好，除了主楼以外，南北还有两个很大的副楼，是当时一个很好的市民娱乐休闲的地方。

晖 我们现在看到的历史照片，实际上是 1920 年代修建的天心阁？

| 华 这几张照片有 1924 年以前拆除前的天心阁，也有 1928 年建成竣工，到 1938 年抗战期间被文夕大火烧毁的天心阁。这一轮天心阁烧毁了以后，又过了好几十年才得到重建。

1924 年的天心阁

刘叔华提供

1928 年后的天心阁

刘叔华提供

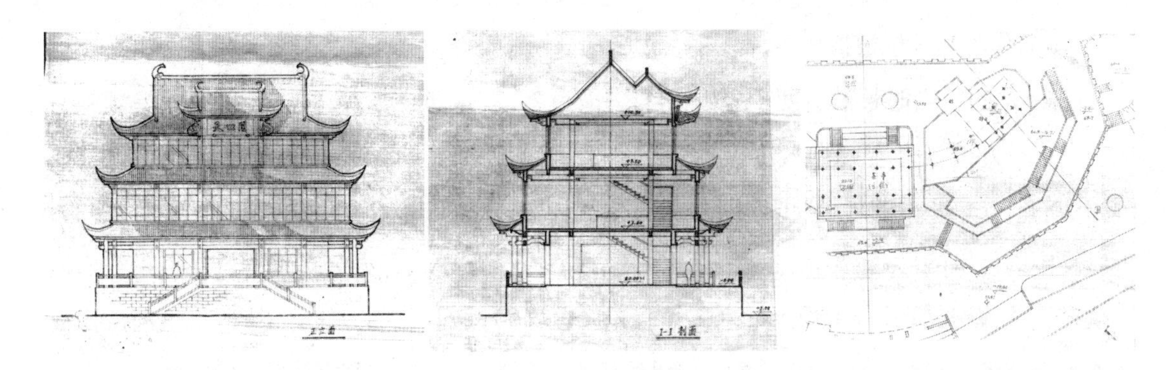

刘叔华作的天心阁复建方案（从左到右：立面、剖面、总平面局部）

刘叔华绘

在改革开放以后，长沙评定为第一批历史文化名城。市政府很重视，1983 年就重建天心阁，当时我还参加了修复的方案设计工作[4]，觉得很光荣。

1983 年修复的天心阁，现在想起来还是有一点点遗憾，当时采用了钢筋混凝土的结构，如果当时我们采用木结构可以保留更多的历史信息。因为 1938 年以前的天心阁有很多照片，可以比较准确地还原历史建筑的原貌。很可惜，当时我们的认识所限，要兼顾耐用，就用了钢筋混凝土结构，形象还是没什么问题，这个形象现在还是觉得很好。

历史建筑遭拆毁

晖 长沙在 80 年代公布为首批历史文化名城，但是当时主要的工作重心还是经济建设和旧城改造，所以对于现在说的名城保护，其实投入不是很多。受限于当时的一些认识，还有一些其他方面的原因，甚至拆毁了一些有价值的、很重要的历史建筑。其中很著名的一个就是中山纪念堂，那段时间长沙的名城保护应该说遇到了很多障碍和挫折，能不能谈谈这方面？

|华 长沙在评定为国家历史文化名城以后，做了一些保护历史文化遗产的工作。但是受限于当时的认识、当时的经济发展水平，以及全民的观念，保护工作还是做得不到位。当时恢复了一些重要的宗教场所，一些历史建筑也开始修复了，但是对于近现代重要的文物建筑，当时没有认定也没有保护。最典型的案例就是九四年把湖南的中山纪念堂拆毁，仅仅是为了某一个省直机关盖宿舍房子，为了腾地就把它拆掉，太可惜了。

中山纪念堂是 20 世纪 30 年代建的，当时是湖南省政府的大礼堂，也叫中山纪念堂。它的正面是仿欧洲的爱奥尼式的柱廊，麻石工艺非常精湛，建筑非常精美，很可惜在九四年被拆掉了。这里还是很多历史故事发生的地方，湖南和平起义就是在这个地方正式宣布的，这是湖南近现代历史上一个很重要的事情，可惜这个纪念地被拆毁了。

晖 中山纪念堂原来在单位大院里面，所以不为一般人所知，但是在五一路主干道拓宽时，有些50年代的建筑也被拆掉了。

|华 是的。当时长沙有两个建筑在全国很有名，一个叫作“合作庙”，也就是湖南省供销合作社办公楼；还有一个叫“洞庭宫”，是洞庭湖水利委员会的办公楼。这两个建筑在解放初的时候是正面的样板，叫作“社会主义的内容，民族的形式”，是很符合当时口号的，所以是中国传统的形式，钢筋混凝土的结构，安装了大玻璃窗，办公环境很好。可是它们很快就在“反浪费运动”[5]中受到批判，而且是全国宣传批判。它们都有了外号，供销合作社被称为合作庙，它像一个古庙；洞庭水利委员会被称为洞庭宫，据说它像古代的宫殿。这两个都是在全国树立为样板后又在大批判中很出名，很可惜都在90年代拆掉了。当时为了拓宽五一路，把合作庙给拆掉了；石油公司搞建设，把洞庭宫给拆掉了，这两个都有点遗憾。

晖 后来类似的情况好像就没有这样粗暴地拆毁了，比如说交际处大楼（湘江宾馆）。

|华 是的，后来保护工作也吸取了之前的教训，做得比较好。省委交际处是建在民国时期省主席何键[6]公馆的原址，是解放初建的第一个政府宾馆，里面还有个舞厅，其实是一个多功能厅。现在把它往北边整体平移了。

水陆洲开发与保护

晖 1990年代进行城市建设开发时，除了拆毁历史建筑之外，还有过一些对长沙历史文化名城的“江、山、洲、城”风貌格局有破坏性影响的事。其中比较典型的是水陆洲的开发方案，水陆洲虽不在古城里面，但它的这种独特的形态也是名城的重要风貌特色，水陆洲90年代险些就搞成房地产的大开发项目。

|华 1990年代初的时候，市政府希望能够引进外资来搞城市建设。当时就有两个港商，一个姓吴，一个姓罗，这两位港商据说想投资（不一定真的投资，最后也没落实）。政府为了配合他们投资开发水陆洲，就把洲上的英国领事馆匆匆忙忙拆掉了，这也是一个很重要的历史建筑。我都没有来得及拍照片，太可惜了。

后来，政府和规划部门都否定了外商提出来的方案，（那个方案）要把整个洲岛变成一个国际会议中心，盖很多高层宾馆，完全把长沙山水洲城的城市格局破坏了，把水陆洲的自然风貌也破坏了，所以那个方案被否定了，然后水陆洲开发就搁置了。直到2010年以后，又进行了水陆洲提质改造。这次虽不是大开发，也保留了海关公廨、天主教神职人员宿舍、美孚洋行小楼、唐生智公馆、张孝准公馆，天伦造纸厂好像也保留了两座老车间。但我觉得老房子还是拆得太多，本来有些民宅，还有橘洲船厂、橘洲小学都可以保留下来改造利用的。

晖 现在水陆洲上保留下来的海关公廨有拱券的外廊。我读大学的时候，班集体去那里画速写。当时里面非常的破旧，就是 72 家房客，挂满旧衣服，门廊窗子都改得一塌糊涂，现在修复了。拆掉的楼我的印象不深了。

| 华（拆掉的）英国领事馆的外观和现存的海关公廨非常像，也是两层楼，规模也差不多，但有些细节不同。海关公廨那个楼也是很宝贵的，因为有 100 多年历史了，是湖南在清末对外开放的一个见证。长沙是自主开埠，不是受外国的不平等条约胁迫开放海关，而是中国人自主自办的海关。当然了，当时的海关关长还是聘请了外国人，但不管怎么说，这是长沙近代史、对外贸易、海关史的一个重要见证。现在把它修复了，还不错。

我们在 2010 年以后修复它的时候还有个插曲。当时水陆洲正在做全面的提质改造，改造工程的一位负责人说，海关公廨那个楼，你们在修复的时候，应该跟我们整个水陆洲的风格统一。我当时就驳斥他，我说这是一个文物建筑。你们（水陆洲）按照一个大休闲公园来做，很多建筑都贴了红瓷砖，而我们是按照文物保护法的规定来修复，文物怎么能够跟你们的风格统一。即使要统一，那也应该是新建筑与文物建筑相协调。

历史地段的修复

晖 2000 年以后，随着名城保护意识的逐步增强，大家更愿意去体验一些有历史积淀的片区。这个时候长沙也开始修复整治一些历史地段和历史街巷，请您谈谈。

| 华 是的。2005 年的时候，长沙市政府公布了 13 条历史街巷，还有十几处历史旧宅，要进行保护，要修复。当时我们几个专家就分工指导这几条街巷的修复：我当时具体指导白果园巷和化龙池巷[7]，蔡道馨[8]教授具体指导西文庙坪，柳肃教授具体指导潮宗街和连升街。第一批历史街巷的修复，恢复了长沙传统的麻石路面，两厢的建筑也进行了修复整理。但是当时受到认识的局限，包括政府和专家认识上都有局限，都想追求一种统一的风格，所谓统一的清末到民国初年这一段的风格。当时还没有充分认识到历史是一个发展的连续过程，每一个历史阶段，都有积极的、有意义的建筑和风貌应该得到保护。当时我们过分地追求风格统一，现在看起来比较俗气。

晖 但不管怎么说，白果园和化龙池也算是开启了长沙对于老城里面的历史地段的修缮，而且把里面的史迹线索挖掘出来。

| 华 白果园有很多名人故（旧）居，包括程潜[9]将军的一处旧宅，现在作为长沙和平解放陈列室。20 世纪初 20 年代，毛泽东编印湘江评论周刊，就是在白果园巷的一个小印刷厂里面印的，这个印刷厂旧址也进行了保护。

另外我们还做了一个很特殊的景点就是公沟。长沙古城地势东高西低，排水是从东往西，

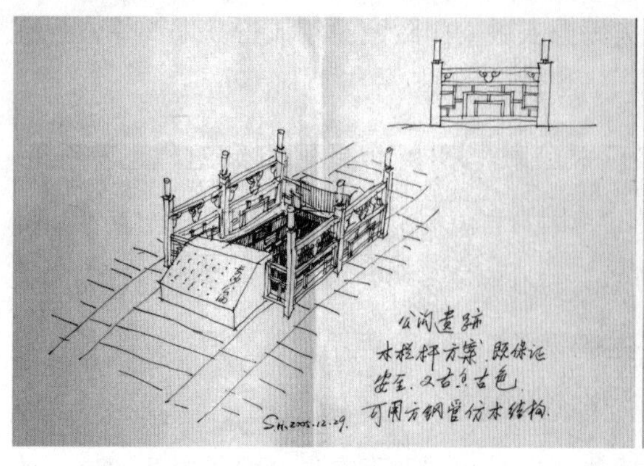

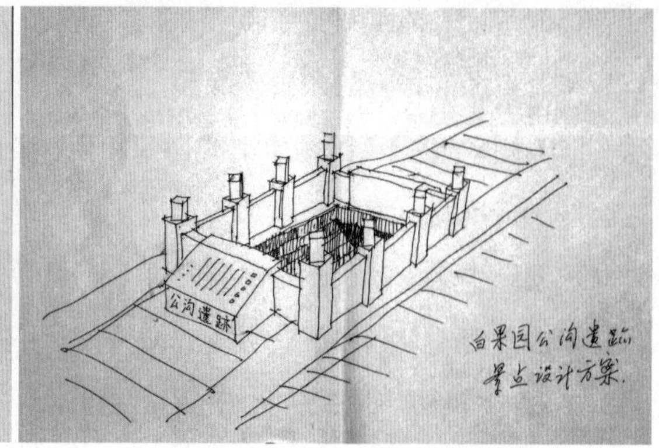

八大公沟遗迹手绘（左：木栏杆方案，右：石栏杆方案）

刘叔华绘

最后排到湘江去，所以就有 8 条主要的排水沟，叫作“八大公沟”。四九年后陆陆续续都改造成下水道（暗渠）。我们要留下这些公沟的历史记忆，就在白果园的街口上做了一个八大公沟的遗址景点，是在原来公沟的位置留了一小块，现在也有很多人去打卡，看看我们的老长沙城是怎么排水的。

晖 老城的这些排水设施其实也是历史文化名城的保护要素，广州有六脉渠，长沙有八大公沟。在白果园的修复过程和做法，有什么经验教训?

丨华 政府委托了几家设计院分别对这一批历史街巷做了保护规划设计。比方说白果园和化龙池，就是由长沙市规划设计院做的规划设计，但是设计是比较粗线条的，保护真正要落实到每一栋房子、每一个民居、每一个节点、每一条街巷、每一棵树，就没有那么多施工图，也不太可能画那么多施工图。所以当时采取的办法就是专家现场指导，我就经常去（白果园和化龙池）这两条街，施工中发现什么问题，就现场研究，手工画草图，我画了大量的

化龙池修复设计的地面吉祥图案

刘叔华绘

手工草图，总算是把它搞完了。这个修复发挥了民间工匠的积极性，也发挥了专家的积极性，在没有很完善详细施工图的情况下，把它做好了，效果基本上还是好的。

晖 当时做的一些浮雕（公共艺术品），现在也成了网红打卡景点。

丨华 是的。比方说化龙池，长沙一直流传有关于化龙池的民间传说，但是化龙池这个池或者井一直就没有，我们就在那个化龙池巷的中间找到一小块空地，做了一口仿古井，一面浮雕墙，一个铁匠铺，还有地面吉祥图案。这样大家也觉得很好，现在很多人去网红打卡。

又比方说化龙池巷有一堵墙，是原来善化县学宫[10]正门的一个照壁，但是学宫早就没有了，那个照壁也不完整了。虽然不完整，还是保留一些历史记忆，所以就把六七米长的一段残墙，作为文物原址保护了。

晖 在潮宗街历史文化街区里面，楠木厅的遗址也成了一个小景点。

丨华 那是杨建觉教授设计的，保留了关于楠木厅的历史记忆。楠木厅相传是明代的一个大宅，也可能是明代吉王府的某一个牌坊，就是楠木做的牌坊，现在只剩下街巷名，把它做成一个景点也挺好。

晖 对于这些街巷里既非文物建筑又非历史建筑的，怎么整治？看您这很多草图，都是在实际施工过程中间临时调整吧？

丨华 对于既不是历史建筑，也不是文物的建筑，把它的外形弄得比较协调一点，要求尽可能跟整条街的风格协调，不存在原貌保护的问题。但是它们很多是私房，也涉及复杂的产权，建筑体量是不能改变的，我们就尽量结合它的外形来做些文章，最后看起来整个效果还是不错，现在已经是网红酒吧街。

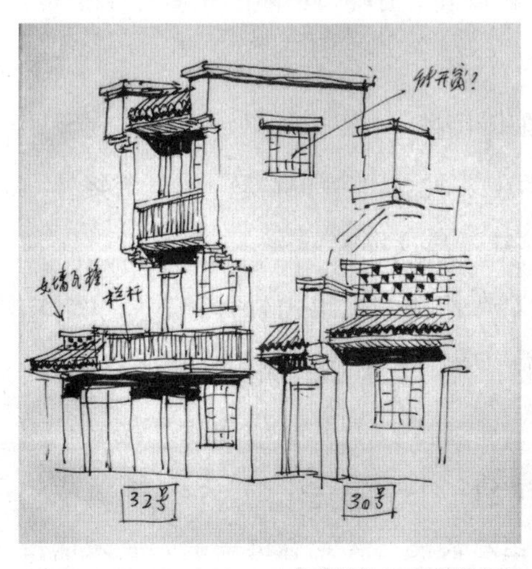

化龙池巷 32 号手绘方案

刘叔华绘

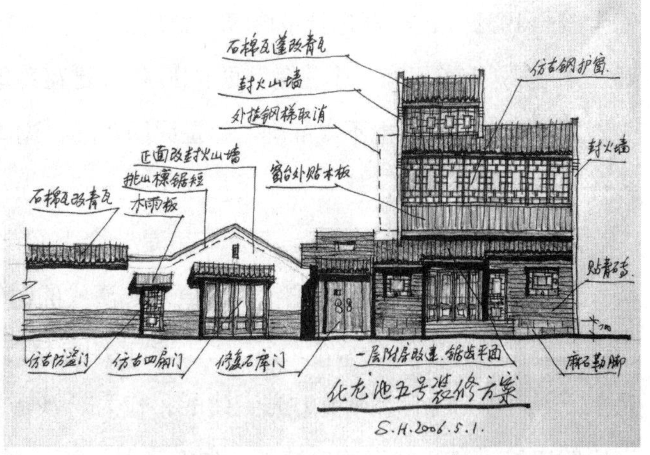

化龙池巷 5 号手绘方案

刘叔华绘

晖 我最近几次来长沙，发现历史城区里面的很多街巷又都在搞风貌整治，穿衣戴帽，做法有些过度设计。

丨华 确实。比方说我们2005年已经修复过的白果园和化龙池，到了2017年、2018年又修了一次，这次我就感觉到有一些过度设计、过度装修，还采用了很多并不是湖南传统特色的做法。例如湖南省粮食局老办公楼保护得很好，大门也保护得很好。但是它还有一张小门，本来很朴素很简单的一个小门，现在就大做文章，把山西地主大院的砖雕门楼照搬过来，很不接地气，虽然花了钱，但感觉很没道理，很不协调。类似的还有白果园里面，有一个贺长龄[11]故居的遗址，那个故居已经不存在了，但是那里有一条小巷子。这次修复的人就自作主张，把小巷子命名为贺家胡同。胡同本是北京的那些满族人、蒙古人的一种说法，在南方就叫小巷子，没有叫胡同的，所以贺家胡同这个名字也是格格不入，不恰当的。

国货陈列馆和先锋厅

晖 长沙经过“文夕大火”[12]，剩下来的建筑不多，其中比较坚固的公共建筑就数国货陈列馆吧。

丨华 国货陈列馆是1932年建设，按现在的说法是当时长沙最大的购物中心，在1930年代也是全国闻名的大商场。楼前一排仿爱奥尼的柱廊，很威武。主楼有三层，上面中央还有个塔楼，长沙最早的无线电台就设在这。顾名思义，国货陈列馆要提倡国货，主要卖中国产品，同时也有餐饮，还有台球厅和电影厅，是很现代的一个综合中心。1932年10月蒋介石来长沙视察，参观国货陈列馆，由创办人刘廷芳[13]导览，用英语为宋美龄介绍国货陈列馆兴建始末，并在小餐厅为蒋氏设宴。这个房子在80年代被加层改造，柱廊也包起来，改成一个很没有个性的、普通的商业大楼，后来生意也不好，很凋敝了。2017年，由友阿集团胡子敬先生投资，完全按照1932年的外观进行了修复，做得很好。

晖 国货陈列馆前面有一个三角花园，80年代是花鸟鱼虫市场，西边不远处还有一个建筑叫先锋厅。有个说法可能不太准确，就是民国年间，湖南在某次运动会锦标赛得了一个奖杯，奖杯就放在那亭子里，然后大家就把这个亭子叫作先锋厅。是这样吗？

丨华 我也听过这个说法，其实它就是一个为纪念孙中山而建的城市钟楼。建筑的名字叫作中山亭，建设的地点叫先锋厅。原来在清代的时候，有一支小部队保护湖南巡抚衙门，叫作先锋营，就驻扎在那个地方，所以地名叫先锋厅。但那个建筑不是清代的先锋厅，而是1920年代以后纪念孙中山先生建的。作为长沙市民的一个小的文化馆，它上面有德国进口的电钟，是长沙市的标准钟。据说当时还进行了电气联网，在长沙城里面有5个地点同步报时，这在1932年以前是非常先进的。中山亭四九年后作为长沙图书馆的馆舍，到了 80 年代搞商业化的时候，就进行了改造。原来它是两层楼，层高很高，就改成三层楼，里边有图书馆，而周边还建了很多临时建筑，围成一圈，当时很有名，有吃夜宵，有各种娱乐餐饮。到新世纪就把这个环境整顿了，修了黄兴北路，把周围的违章建筑都拆掉了，而且内部也恢复了两层楼原貌。现在是湖南省民革组织聚会的地方，也有辛亥革命的图片展，修复得挺好的。

工业遗产的保护

晖 长沙工业遗产的保护状况怎么样？

｜华 城南的万科紫台售楼部是原湖南机床厂的七车间，开发商保留作为售楼部和会所。这个车间完完全全地按原样修复，据说花了 2000 多万元。我很佩服开发商，花这么多钱完全可以新建一个更豪华的售楼部，但他们没有这样做，保留了这个地方的历史信息，为解放初期长沙建立的现代机器制造工业，保留了历史记忆，我觉得这是很成功的。

晖 城南原来还有湖南电灯公司，建筑还是柳士英[14]设计的，很可惜拆掉了。

｜华 对，长沙对于保护工业遗产、交通遗产、水利遗产这些起步比较晚，最近几年也比较重视了，但是早些年因为房地产开发的速度很快，城区里面大部分 50—60 年代的老工厂都被拆迁改造。包括 50 年代特别著名的国家第一个五年计划的重点工厂——长沙汽车电器厂（汽电），那是毛泽东主席亲自视察过的厂，都拆掉了，变成现在四季花城住宅楼盘。目前在城市周边还有一些工厂没有改造，我们正在建议保护。比方说长沙矿山通用机械厂，后来改名湖南重型机械厂，在树木岭，那里面还有几栋车间，每栋车间的屋顶结构都不一样，有钢木结构、混凝土结构、金属结构，类型很多，代表了我们国家在 60—70 年代的工业建设中一些常用的结构形式，我们建议一定要保护几栋。

再比方说在开福区的伍家岭，有湖南省第一粮食仓库，简称粮一库，原来有十几个巨大的仿苏联式的粮仓，椭圆形平面，我们呼吁保护。当时还有 4 栋，后来陆续拆掉 3 栋，最后保下了 1 栋。现在作为开发公司的售楼部，对它进行了装修改造，设计师是“黑龙设计”，利用得还算好。

晖 除了粮仓之外，市政设施，包括桥梁、码头、水厂的取水口，包括铁路车站其实都有历史价值。

｜华 对，你说的对。所以现在长沙近年来也保护了一些，比方说 70 年代建设的全国很有名的长沙火车站，现在就已经定为文物建筑，韶山火车站的保护级别更高。还有东屯渡大桥，是一座花岗石拱桥，1959 年建成，代表了当时交通建设的高水平，施工质量非常好，一直到现在完全没有出过毛病。另外，还有长沙第一水厂，在猴子石的取水泵房也列入保护。

晖 湘江大桥北边有一个 80 年代的轮渡站拆掉了。

|华 是湖南省建筑设计院设计的，海鸥形折板屋顶，可惜拆掉了。但长沙还保留了一个很特殊的工业遗址叫作八道码头，是在湘江边上一个比较高的位置上修了一个混凝土的漏斗，通过铁路把山西的煤炭运到长沙来，就灌在漏斗里面，漏斗就往下漏到湘江的货船上，就这样一个铁路水路转运码头。这个码头现在是列入保护，还没有想到怎么利用，我想发动年轻人一起提些设想，有人说可以搞一个特大的蹦床。

历史环境要素与历史步道

晖 长沙因为“文夕大火”，在河东历史城区留下的古建筑很少，但还留有不少古井，对这些历史环境要素，近年来是不是也做了修复？

|华 是的。本来长沙这个城市的井是很多的，解放初的统计大概有两三千口井，后来因为自来水普及了，井陆续废掉了。因为老长沙的井水水质并不好，大多数只能做洗衣生活用水，不能饮用。但是长沙也有一些好的吃水井，像白沙井，像河西岳麓山也有几口井水质比较好。市区里面的水井大部分水质都不好，但是为了保存历史记忆，也恢复了一些井的外形。丰泉古井、桃花井也恢复了，这是作为一些历史记忆的景点，水是不能用的。我们在前几年发现在东湖街道，也就是湖南农大的南边，有两口井水质很好，就把它们进行了修复。

这两口井原来是很普通的乡村取水点，我们就修了井亭，把取水池做了两级处理，用麻石把它搞得很干净，现在每天有很多人去取水，也是一个很热门的地方。旁边就做了古井乡愁的一条小街，挺有意思的。

晖 说到湖南农大，湖南大学柳展辉教授的父亲是农大的教授，他的故居就在农大里面。

|华 在农大的南边有一栋小楼就是原来韩国的反日爱国志士柳子明[15]教授的旧居。他是朝鲜独立运动的领导人，后来又成为湖南农大的农学家，是一个传奇式人物。现在把旧居修复了，也定为文物建筑。这也是纪念中韩两国人民的友谊，在朝鲜独立运动和中华民族解放事业中，互相支持的一个历史记忆。大韩民国临时政府在长沙的旧址，现在也修复了。还有湘雅医院，韩国的国父九金先生[16]在长沙被韩奸刺杀（楠木厅事件[17]）后，当时国民政府的领导高度重视，要求湘雅医院尽一切努力抢救他，然后在岳麓山那边养伤，养好伤以后，随着抗战推进，韩国临时政府就迁往重庆了。

晖 最近几年，长沙通过历史步道把散布的文物和历史地段、历史街区串起来，您也参与了这方面的工作吧？

丨华 大概是2015年以后，由市规划局和住建委牵头，策划了长沙历史文化步道这样一个系统。长沙这个城市虽然有2000多年的历史，有丰富的历史文化，但是地面的文物建筑可以看得见的比较少，所以想用历史步道的方式把史迹串起来，有建筑就联系建筑，没有建筑就联系遗迹，加以各种现代方式的说明，包括二维码、浮雕、艺术雕塑，用各种方法来把它们串联起来。

第一期的工程示范段，主干线南边从第一师范学校开始，往北一直到开福寺，有6.3公里长，向东延伸有很多支线，最后形成一个历史步道的网络，总长度大概规划了二十多公里。目前正在分段实施，开福区修好了一些路段，原来已经修好的太平街历史街区，都属于历史步道系统；白果园、化龙池和大古道巷也属于它的分段。历史步道可以吸引现在的年轻人、新市民去熟悉我们长沙的历史文化，这个工作很有意义。

”

1 广州市哲学社科规划 2021 年度课题“工业遗址的保护和研究”资助（项目编号：2021GZDD05）

2 南宋德祐元年（1275 年）元兵围攻潭州（今长沙），李芾担任湖南安抚使，知潭州，率军民固守数月，矢尽粮绝。次年正月，潭州城破，李芾全家自杀，长沙居民听闻此讯，无不悲恸，举家自杀殉国者不可胜数。（引据：《长沙史话》）

3 黄一欧（1892—1981），湖南长沙人，中国近代民主革命家黄兴之子，中国同盟会会员，曾参加辛亥革命，1920 年代任长沙市政公所总理，组织编制了《长沙市政计划书》。

4 1983 年重建天心阁主要是依据长沙市规划设计院的闫家瑞和当时还在岳阳石化总厂的刘叔华两人分别提交的方案。

5 1958 年 3 月，中共中央发出《关于反浪费、反保守运动的指示》，建筑界在随后开展的“反浪费、反保守运动”中，批判了民用建筑过高的建设标准造成的浪费。

6 何键（1887—1956），男，字芸樵，湖南人。国民革命军陆军二级上将，国民党中央委员会执行委员，20 世纪 30 年代任湖南省政府主席。

7 白果园和化龙池都是长沙历史城区内保存传统风貌较为完整的老街巷，有多处近代名人公馆等史迹。

8 蔡道馨、柳肃、柳展辉、杨建觉都是湖南大学建筑学院教授，曾以各种方式参与长沙历史文化名城的保护和文物古迹的修缮工作。

9 程潜（1882—1968），字颂云，清末秀才，同盟会会员，民革成员，国民革命军陆军一级上将，1949 年领衔发动湖南和平起义，中华人民共和国成立后历任中央人民政府委员兼军事委员会副主席，湖南省人民政府主席、省长，全国政协常委，全国人大常委会副委员长，国防委员会副主席，民革中央副主席。

10 清代长沙城区分属长沙县和善化县管辖，善化县学宫设在此地。

11 贺长龄（1785—1848）字耦耕，号西涯，晚号耐庵，湖南善化人，为官 40 年。嘉庆年间曾任岳麓书院山长，著有《耐庵诗文集》《孝经集注》等。

12 指 1938 年 11 月 13 日在长沙发生的一场人为毁灭性火灾。由于日寇进犯的加快，国民党当局决定采用焦土政策，制定了焚烧长沙的计划，因 12 日的电报代日韵目是“文”，大火又发生在夜里（即“夕”），所以称此次大火为“文夕大火”。大火最终导致长沙 30000 多人丧生，全城 90% 以上的房屋被烧毁。

13 刘廷芳（1900—2000），湖南衡阳人。1926 年毕业于美国哥伦比亚大学。1929 年来长沙，在湖南省建设委员会任职，相继创办湖南省银行、湖南模范劝工场和湖南国货陈列馆。

14 柳士英（1893—1973）中国现代建筑师、建筑教育家。江苏苏州人，1911 年参加辛亥革命，二次革命失败后随兄逃亡日本，1914 年考入东京高等工业学校建筑科，1920 年回国从事建筑设计，1923 年参加苏州工业专门学校创办建筑科，1928 年首任苏州市公务局长，1934 年受聘湖南大学土木系教授，并先后兼任长沙楚怡工业学校、长沙高等工业学校、长沙公输学校教授，长沙迪新土木建筑公司总建筑师，湖南克强学院建筑系主任、教授。1949 年后任湖南大学土木系主任，创办建筑学专业，1952 年受命筹建中南土木建筑学院，一年后任中南土木建筑学院院长，1958 年后任湖南工学院院长，湖南大学副校长。1962 年担任研究生导师。历任湖南省人民代表、省政协委员、第四届全国政协委员。1951 年筹建湖南省土木建筑学会，首任理事长。（摘自：《柳士英先生生平简介》）

15 柳子明（1894—1985）朝鲜民族独立运动的著名活动家、教育家和农学家，20 世纪 30 年代与金九一起在中国从事抗日活动，1950 年 8 月后，执教于湖南农学院（今湖南农业大学）。

16 金九（1876—1949），号白凡，朝鲜独立运动的著名领导人，大韩民国临时政府主席，被誉为“韩国国父”。

17 1938 年 5 月 6 日，金九等人在长沙黄兴路西侧的楠木厅开会时遭枪击，史称楠木厅事件。事后金九被送往湘雅医院抢救，转危为安后在岳麓山休养。

王明贤先生口述：我与中国当代实验建筑

受访者简介

王明贤

受访者王明贤先生

2012 年拍摄于北京西八里庄北里工作室

男，我国著名建筑评论家、建筑与美术史学者、当代艺术家。历任中国艺术研究院建筑艺术研究所副所长、中国国家画院公共艺术院建筑设计院研究员、中央美术学院高精尖创新中心自然建筑工作室首席专家等。曾担任 1989 年中国现代艺术展筹备委员会委员、1999 年 UIA 国际建筑师大会中国当代建筑艺术展秘书长、1999 年中国青年建筑师实验作品展策展人、威尼斯双年展第 51 届中国国家馆执行小组成员、第 10 届威尼斯建筑双年展中国国家馆策展人、2014 年中国当代十大建筑评选组委会主席等。代表作品《城市史与建筑史的知识考古》[1]《红色乌托邦》[2] 系列等。多次举办个展并参加重要展览。主要著作有《当代建筑文化与美学》（顾孟潮、王明贤主编，1989）《中国建筑美学文存》（王明贤、戴志中主编，1997）《新中国美术图史：1966—1976》（王明贤、严善錞主编，2000）等。

采访者：任丽娜（北京大学考古文博学院）

文稿整理：任丽娜

访谈时间：2021 年 9 月 1 日

访谈地点：北京市宋庄王明贤工作室

整理情况：2021 年 9 月 20 日整理，2022 年 1 月 25 日定稿

审阅情况：经受访者审阅（2021 年 9 月 22 日）

访谈背景：2021 年 9 月 25 日，“曲径通幽处：北京城市记忆知识考古学——王明贤艺术研究展”在北京前门西打磨厂 220 号院举办。任丽娜作为本次展览的学术统筹，对王明贤先生进行采访，真实记录王明贤在建筑领域的历程和贡献。

王明贤 以下简称王
任丽娜 以下简称任

任 王老师，您是从什么时候开始发现建筑之美并产生兴趣的?

|王 我其实是自然而然对建筑之美产生兴趣的。在我的老家福建泉州，到处是宋元明清的古建筑。我家的老宅就是清末闽南民居手巾寮建筑[3]，宋代著名的东西塔也在我家附近，从小到大看到、接触到的古建筑太多了，自然而然地对建筑有了很深的感情。我小时候画得最多的也是建筑和人物。我父母是普通教师，但很注意培养孩子，把我和我哥的涂鸦寄给宋庆龄领导的中国人民保卫儿童全国委员会[4]。我们的作品经常参加国内外展览，我三岁时的作品发表在外文出版社1958年出版的《中国儿童画选集》上，以后也经常继续发表作品。

任 后来有没有被继续往建筑艺术方向培养?

|王 “文革”一开始，所有美好的初衷都清零了。我只能在家里很吃力地自学学院派自然主义素描画法，一张石膏像要断断续续画两个月。那时候家里有20世纪上半叶留存及从港台带进来的现代派杂志和画册，还有很多现代派文学方面的书，比如戴望舒[5]，还有很多国外的现代派诗歌，记得刘海粟[6]编了一套十大本的《世界美术大观》，最后一卷就是现代卷。我就在家里通过这些书籍接触到现代建筑和艺术，还有现代派文学、印象派诗歌、印象派到现代派的艺术史等。因为在“文革”时期，大学不招生，我中学毕业以后就去街道办印刷厂做美工，后来还很幸运地遇到很好的美术老师佘楷模[7]、黄雅各[8]，以及在当地很有名气的文学老师沈瑶珍[9]，我与浙美[10]的奇才艺术家洪世清[11]也谊兼师友，才使得那个时期没有被完全荒废。

任 “文革”结束后，您是主要朝哪个方向发展的?

|王 1977年恢复高考的时候，其他省所有年轻人都能参加高考，福建省却规定只有工农兵和应届生才能报考，不准我这样的城市社会青年参加高考。因为当时我在美术工厂做设计，所以最想考的就是中央美术学院，但是美术学院招生极少，当年大家开玩笑说，即使列宾[12]参加中国的美术高考，都不一定能考上。我当时还给中央美院写了一封信，他们回信（用的是中央五七艺术大学的信封）说美院七七级不招生。直到1978年3月，被逼得没有办法了，我只能匆匆忙忙报名到德化县大铭公社下乡，把户口转到乡下才参加了高考。当时其实是有风险的，因为万一考不上，我一辈子就只能待在农村了。报考的时候，因为考美院很难，我

对艺术和文学都爱得痴迷，就想报考文学专业也是一样的，而且当年艺术院校招生“走后门”极为厉害，文学专业是参加全国统考，完全凭高考成绩而不用走后门。1978 年我考上厦门大学汉语言文学专业。当时上厦大其实特别难考，福建人不爱到外地，入学后发现我们班有一半的人分数都能上北大。

任 进了厦门大学以后对什么最感兴趣?

| 王 刚考进厦大时，十分兴奋，天天泡在图书馆读古今中外的名著，跑去听各种学术讲座。但是过了不到一年的时间，我就感到一点失望，觉得不少老师的教学还是比较公式化的，教学内容也是比较“左”的东西。我其实在上学之前就接触过一些现代建筑、艺术、文学以及历史，所以就不愿意去听课，自己去看艺术史和建筑史的书，慢慢地了解得也越来越多。

任 大学毕业后，你被分配到哪里工作了?

| 王 我是 1982 年毕业，这也是 1978 年恢复高考后中国大学生第一年毕业分配，原来机关单位里的人基本都是“文革”前加入的，这也是第一次补充新鲜血液。我记得，当时我们同学中就有一大批人到国务院各部委工作，我当时到了建设部。我 1982 年来的时候，正好国务院机构在改革。原来有国家建委；国家建工总局，副部级单位，管建筑工程；国家城建总局，管城市规划、城市建设。1982 年我来的时候合并成一个部门：城乡建设环境保护部。到了单位我被分配到《建筑》杂志[13]，我当时还是挺高兴的，因为可以接触建筑。后来发现那个杂志是建设部的机关刊物，是“红旗杂志”[14]，主要体现建设部的方针政策。作为年轻人，我当时对这个不太感兴趣。刊物前大半部分内容是有关方针政策的，后面稍微有点文化内容，我就分管后面的建筑文化，那个时候才开始了解一些建筑师和建筑理论家。

任 在《建筑》杂志工作期间是什么契机让您开始从事建筑批评的?

| 王 当时一方面是自己看书学习，另一方面是通过外界活动和刊物。我刚到北京不久，《建筑师》杂志[15]在北京举办一个讲座，也给《建筑》杂志发了邀请。我记得那次讲座是两天四场，我听了其中两场，正好都是谈现代跟后现代建筑，一个是罗小未[16]谈后现代建筑，还有一个是汪坦[17]教授谈西方现代建筑理论，是当时西方最前沿的建筑理论。我一听就惊讶了，这些都比美术理论有趣多了，因为我们当时对美术理论很了解，我觉得他们做的研究比美术理论研究做得还好。像汪坦，对西方现代建筑理论及西方现代艺术理论，包括对瓦尔堡学派[18]、潘诺夫斯基[19]等都极有研究，我才知道原来建筑理论能做得那么有意思，后来我就考虑怎么把建筑和艺术结合起来，特别是汪坦教授给了我很大的启发。这也真是偶然，当时我们对现代建筑理论很感兴趣，经常参加各种建筑座谈会，当时学风比较思辨，还挺开

明的。通过参加这些活动，我了解和认识了很多建筑师和建筑思想。

任 您当时是如何与建筑师发生联系的？

| 王 当时还挺容易，一是跟他们思想上有共鸣，因为他们之中有些人虽然很有名，但实际上他们观点还不被承认，所以能跟他们共鸣。另外，当时我在《建筑》杂志，经常给建筑师写信，大家也比较信任，所以那个时候通过这种方式跟他们保持联系。当然联系得比较多的主要还是在北京的建筑师，北京当时几个建筑师比较活跃，后来我们成为终身朋友，比如当时《建筑学报》[20]的顾孟潮、《世界建筑》[21]的曾昭奋，建筑师布正伟、马国馨，马国馨现在是中国工程院院士。

任 1986年您和顾孟潮在北京组织成立了一个当代建筑文化沙龙，这是一个关于建筑理论和前沿课题研究非常早的组织，当时是什么原因成让您想成立这样一个建筑理论小组和沙龙的呢？

| 王 我们对现代建筑理论很感兴趣，而且当时整个建筑界比较沉闷，一些比较活跃的建筑师成立了中国现代建筑创作小组，设计院年轻的院长、总建筑师等比较新锐、比较开明的人都加入了这个小组，我也参加了他们的活动。1985年，在武汉参加的好像就是他们建筑创作小组的活动。来的时候正好碰到赵冰[22]等人，当时他们是华中理工的研究生，赵冰刚考上同济冯纪忠[23]的博士，我们也比较谈得来。后来大家一致认为，应该成立一个把大家联系在一起的拥有共同理论的组织。回北京后，我跟顾孟潮[24]老师商量，于是1986年就成立了中国当代建筑文化沙龙。那个沙龙也很有意思，挑选了全国十几个对建筑理论比较有研究的中青年建筑师，并请了三个老先生当顾问，分别是陈志华[25]、刘开济、罗小未。陈志华当时写了《北窗杂记》，特别有影响，敢说真话，而且对建筑有特别犀利的批评。刘开济当时是北京建筑设计院的副总设计师，老先生非常有学问，对西方现代建筑颇有研究。罗小未也是研究西方现代建筑的。这些人包括建筑师在内，都对建筑理论比较感兴趣。我们没有想到沙龙会取得这么好的反响，所以一开始我只是画了一个表格，复印了一下寄给大家，没有想到大家都认真回复同意参加，非常支持这次活动。当时我才刚参加工作三年，很年轻。那个时候，年轻人都能说话，但是现在的学生毕业三年，哪还能轮到你说话。

任 当代建筑文化沙龙主要讨论什么问题？现在还在继续吗？

| 王 平常我们大家经常交流这些建筑理论问题，也稍正式组织了几场讨论会，包括与艺术界、与当代艺术圈的人一起讨论建筑文化。当时《中国美术报》还推出一个青年艺术家群体专题，也发布中国当代建筑文化沙龙成立的消息。刚开始一直坚持在做，并取得了一定的影响力，但是到1989年的时候因为要整顿社团，所以那段时间大家就主动回避了，虽然

没说终止，但基本不举办活动了。后来也没说什么时候结束，偶然有时候过了十年还开个会。2016 年还开了 30 年纪念的会，但已经今不如昔。有的人年纪很大了，有的去世了，分化得很厉害，说话完全对不上了。

任 您参与了 1989 年“中国现代艺术展”，对当代艺术也很有研究？

| 王 我对现代艺术一直抱有兴趣。在上学的时候，我们就做了很多现代艺术活动，包括在学校做现代艺术的讲座，现代艺术的交流活动，等等。非常偶然，我还碰到一些小时候到中学、到大学的朋友，后来他们都在从事现当代艺术，而且都在国际上有影响力。像蔡国强就是小时候的朋友，还有严善錞[26]，我们一直到现在都还有学术交流，以及共同的学术活动。最早了解和介入现代艺术是在我上大学的时候，那个时候特别关注现代艺术，也经常跟浙江美院、中央工艺美院的同学通信，互相讨论当时整个中国跟世界现代艺术发展的趋势。“85 新潮”[27]以后，我参与了评论家、艺术家，比如高名潞[28]、栗宪庭等组织的好多活动。1987 年开始，高名潞和我们撰写了《中国当代美术史：1985—1986》（即《85 美术史》）。一般历史都是由各种人根据历史文献来书写的，但实际上历史文献很多是虚假的，而我们则是当代人写当代史。一切历史其实都是当代史。所以有一个好处，我们对历史的把握其实反

1989 年 2 月 5 日，中国现代艺术展枪击事件后高名潞接受记者采访
阿真摄影

倒更真切，因为我们所写的都是自己亲身经历的东西。我们写书，一方面需要现代史学观，另外需要非常真实的历史资料。这本书 1988 年就写好了，最早是在农村读物出版社出版，正好舒群借调到那里工作，就向领导请示。后来又通过刘东找到甘阳的“文化：中国与世界”编委会，这个编委会编了一些很重要的反映国外现代哲学和现代思想的书。同时，他们也开始了中国的研究，后来把我们写的东西也纳入到那套书里面，等于是纳入中国最重要的书里去了，在当时确实非常难得。当然后来又改在上海人民出版社出版（1991）。再后来就是我加入现代艺术展筹备委员会，参与 1989 年“中国现代艺术展”的筹备工作。其实前面介入现代艺术是比较多的，跟中国现在这些当代艺术家相比，当时我们可能比他们更早介入。

任 也就是说您从 1982 年到《建筑》杂志工作以来，在研究建筑的同时，也不断地关注当代艺术，并参与一些具体工作。

| 王 对，但实际上现代艺术工作做得更多、更具体。当时跟青年建筑师倒是联系得不多，说不上话也不太了解，主要跟中年建筑师沟通多一点。当时我在反思，现代青年艺术家们不断提出新的东西，而建筑界却没有这样的活动，特别是理论。西方的现代理论当然引进了很多，甚至美术界也引进了很多，但是具体到建筑创作，就完全跟不上，都是很保守的设计院的创作。我逐渐注意到这一点，后来开始跟张永和、王澍他们联系。张永和 1993 年从美国回来在北京设立了非常建筑工作室，王澍开始做设计研究，我们都有联系。1993 年我调到《建筑师》杂志，跟青年建筑师的联系越来越多。

任 您被调到《建筑师》杂志以后，是如何与青年建筑师增进互动的？

| 王 这是一本学术刊物，属于建工出版社。杂志的主编杨永生老先生挺开明，有一个王伯扬先生也是主编，又是出版社的副总编辑。他们都有具体工作，管得没那么细，给我提供了自由发挥的空间。我当时迅速把青年建筑师联系起来，《建筑师》杂志是学术杂志，很开放，所以 90 年代中国最重要的实验建筑师的文章几乎都是在上面发表的。比如王澍那时期的每一篇文章几乎都在《建筑师》杂志上发表。张永和有写好的文章也会寄给我。刘家琨、董豫赣当时都还不出名，他们公开发表的第一篇文章也都是在我们《建筑师》杂志上面发表的。《建筑师》成为那个时期青年建筑师唯一一个非常重要的能够探讨实验建筑和前沿理论的学术平台。而且我觉得建筑跟当代艺术其实是一致的，就主动策划让他们产生联系，把张永和介绍给当代艺术家隋建国、汪建伟、宋冬等，大家都是好朋友，有很多的交流。张永和回国以后把自己家里的两居室改造成工作室，虽然是两居室，但设计得挺有意思，也挺有名的。有时候邀请一些朋友去那里聚会，其中有少量建筑师，但更多的是当代艺术家。

任 您后来在《建筑师》杂志策划了哪些重要的建筑活动？

|王 其中一个比较重要的活动是1996年，做了一个“518”中国青年建筑师、艺术家学术讨论会，在广州、珠海、深圳，主要讨论建筑与当代文化、当代艺术的关系。我们请了建筑界的张永和[29]、王澍[30]、马清运[31]、赵冰，当代艺术家隋建国[32]、汪建伟[33]也去了，还有文学界的几个大咖，李陀[34]当时也算是中国文学批评界的大腕，还有小说家余华，在美国教书的批评家张旭东，现在也是有名的后现代文化研究专家。所以那个对话会实际上非常难得地汇集了各界。后来还做过一些局部的活动，但那个活动还是最主要的，等于是中国实验建筑的第一次会议，而且《建筑师》杂志在当时做了公开报道。

任 实验建筑是什么时候明确提出来的?

|王 1996年初，也就是在“518”中国青年建筑师、艺术家学术讨论会之前，《建筑师》杂志给董豫赣发表了作品，当时是彩色页，专门给他的作品题目写的是实验性设计方案。那是中国第一次提出实验建筑。董豫赣现在是很有名的建筑师，他当时是清华建筑系的研究生，他导师叫张复合，给他们上建筑评论课的是关肇邺老师。我当时跟老一辈、中年和年轻人关系都特好，他们也都很信任我，当时他就把学生的评论文章寄给我，让我选登。后来我选了几篇，清华研究生当年都写得很好，写得很流畅，问题谈得很透。但是董豫赣的文章，虽然文章写得生涩，并不像其他人写得那么流畅，但是他对问题有深刻理解，有很特别的东西。所以我当时就选了董豫赣的文章发表，还写了一封信约他见面。当时也没他电话，都是写信联系。他很莫名，搞不清楚什么情况，20多岁的一个小年轻“糊里糊涂”地就来找我。后来他做了一个设计方案，登的时候我就给他加了一个副标题“实验性设计方案”。见诸文字可能那是最早，后来我们在当年5月份举办的南北建筑师对话活动，文字上的表述就更全了。

任 您当时提出“实验建筑”这个概念的思考逻辑和出发点是什么？当时建筑的实验性主要体现在哪些方面?

|王 当时也是跟当代艺术、实验艺术一致的。实验性其实没有那么具体，有点像禅宗的味道，就是有点像“不立文字，教外别传”这种。实际上这是一种观念，最主要的就是跟主流建筑不一样，不受主流建筑的束缚，寻找自己的创造性。至于做法，其实各式各样，比如张永和主要是引进西方现代建筑，当然他也注意到中国当代的特点；王澍可能就更注重中国传统的东西在当代的转换；像刘家琨就用中国最民间的做法，用最低的成本来做这种当代实验建筑和个人化的建筑。

任 1999年，青年建筑实验展的举办是一个什么样的契机?

|王 这个展览说起来更复杂了。1999年北京召开世界建筑师大会，但实际上这种大会还是比较官方的，由中国建筑学会主办，在北京会议中心开会，也有展览。当时中国艺术研

究院和美术研究所有个罗丽[35]，拉了赞助举办中国当代建筑艺术展，一起做展览的还有建筑艺术研究所（当时是研究室）的室主任肖默。他们拉我一起做中国当代建筑艺术展，展出1949年以来一直到当时1999年的名作。

他们挑选作品的时候就觉得有的东西太“老”了，所以他们委托我选10个年轻人的作品，除了建筑师外，也邀请表现建筑与城市的当代艺术家参展。因为当时都是临时组织的机构，关系和人员比较复杂，有些人对这些青年人的作品还不是特别接受和理解，因为各种原因，到展览前一天组委会来审查，把这些作品都撤掉了。当时大家都满腔的悲愤，其实作品也不多，就10组展品，每个人都是用2米 ×1米的展板展出自己的作品。

那个时候我的压力很大，青年建筑师的大部分作品都拿掉了，只有艺术家邱志杰[36]的作品保留了。他的作品放在外面的空间，作品是关于圆明园的，审查的老先生说这件作品还比较好，就留在那儿展出了。我看到后来邱志杰的简历，还提到这个展览。但是考虑到展览马上要开幕，有很多朋友要过来，担心大家聚起来万一要有什么活动，要有什么声音，可能会对展览造成负面影响，而且当时建筑学会的负责人其实并不想把这些东西撤掉。最后综合考虑，组委会觉得一方面展览不会有太大问题，另外一方面要想办法不造成负面影响，所以就在世界建筑师大会主会场的一个主展场，把这些作品放在那里展出。相当于是从原来的地方移到另外一个地方，就成为一个很独立的中国青年建筑师作品展，后来就叫“中国青年建筑师实验性作品展”。那个展览时间很短，3天还是5天，但是好在那个展可以让参加大会的世界各国的建筑师都能看得到，包括德国柏林Aedes画廊，后来把张永和、刘家琨、王澍的作品都吸纳过去。这个展览等于是中国实验建筑第一次在世界上亮相，虽然规模非常小，而且也是偶然被选到那个地方展出的。后来在《今日先锋》上做了一个专辑[37]，介绍这10组青年建筑师的作品。杂志的编辑史建跟我们也是老朋友，他们对这些内容也很感兴趣。这个专辑影响还挺大的，在建筑界之前还没有出过这么一个专辑。

任 您觉得现在实验建筑的内涵和外延发生什么变化了吗?

| 王 现在其实有两种观点，因为90年代虽然有实验建筑，但是其实很少，也就那么几个。但是到了21世纪，中国建筑发展起来了，包括很多建筑师是从国外回来的，所以现在有人认为实验建筑到那个时候为止，后面不算实验建筑；但也有人觉得实验建筑是继续发展的。其实这倒没关系，看你怎么看待。

任 作为一位优秀的策展人，您认为什么是一个好的建筑展?

| 王 好的建筑展是对整个建筑发展的思考，而且一个好的建筑展不仅是思考未来的建筑，展览本身还要推出好的建筑师。比如说1999年做的展览，当时很多老一辈建筑师对青

年建筑师的作品表示怀疑，在当时的展览上，这些建筑师还是默默无闻的年轻人，但过了几年，他们发展很快，逐渐变得有影响力了。

任 在您的策展生涯中，觉得哪些展览或活动最重要？

| 王 我这辈子经历了四个展览，可以说它们改写了中国艺术史和中国建筑史。一个是1989年的现代艺术展，我是偶然进入的筹备委员会，这个展览是改变整个中国当代艺术发展的展览。现在中国最活跃的艺术家百分之七十是从这个展览出来的，像王广义[38]、方力钧[39]、张晓刚[40]、徐冰[41]等都是这个展览走出来的艺术家，包括现在的策展人高名潞、栗宪庭[42]、侯瀚如[43]等，也是从这个展出来的。第二个就是1999年中国青年建筑实验性作品展。回过头看，后来被赶到世界建筑大会的主会场，反而成就了那个展览，现在如果写中国当代建筑史肯定要提到这个展览。再有一个是2005年威尼斯双年展中国馆，当时我们整个策划团队2005年2月到威尼斯去选场地，范迪安、蔡国强还有几个人一起过去。对中国当代艺术而言，能在官方背景下被承认，而且是在具有世界性影响的展览上，也算是历史上一次非常重要的认可了。最后就是2006年威尼斯建筑双年展中国馆。

任 威尼斯双年展当时挑选青年建筑师的标准是什么？

| 王 我们当时觉得像威尼斯双年展其实不需要非常多的建筑师参加，因为这样显得很乱，应该集中地把中国建筑突显出来。我们当时一致觉得王澍有这个能力，能撑起整个场面，所以当时考虑选用王澍。而且王澍的建筑作品实际上回应了中国城市化的过程，比如说他使用了拆迁下来的材料。

任 您如何评价王澍和他的作品《瓦园》？

| 王 《瓦园》表面上看是一个很唯美的东西，但实际上有很多文化背景。当时中国大量城市拆迁，他用旧砖瓦来搭建瓦园，实际上表现的是关于城市化的过程。另外，他的作品也表现了关于中国建筑的审美建构，但是以一种当代的处理手法。当时威尼斯双年展特别热闹，我们希望观众最后走到中国馆的时候，感觉是进入一个比较宁静的地方，让大家去反思整个世界的建筑。

然后再说到王澍。2002年，我们跟贝森集团合作出版了一个建筑丛书，我和杜坚是主编，贝森集团出经费，有五位建筑师入选，其中就有王澍，另外四人是张永和、刘家琨、崔愷、汤桦。那个丛书也是当时中国唯一介绍青年建筑师的丛书，而且这个介绍不只是画册，也有很多研究性文字，比较有学术性。不少普利兹克建筑奖得主都出了几十本建筑大画册，王澍从来没有出过建筑大画册，唯一出过的就是那本画册了。后来丛书影响还挺大，包括中国现在新一代的青年建筑师几乎都看过那套书，现在四五十岁的建筑师，在20年前也看过，并受到

王澍《瓦园》
2006 年 5 月王明贤摄于威尼斯

该丛书的影响。另外，丛书出来以后，中央电视台有一个读书栏目的主持人对这些建筑师非常感兴趣，后来专门针对这五位建筑师在中央电视台做了一个节目，每人有将近半个小时的栏目，所以当时影响还挺大的。王澍一方面是 90 年代在《建筑师》杂志上做了集中介绍，另一方面是 1999 年世界建筑大会展览，还有 2002 年这套丛书，以及中央电视台的节目，加上 2006 年威尼斯建筑双年展中国馆，让他的影响力更大了。王澍自己很努力，后来还获了好多奖，包括 2012 年获得普利兹克建筑奖。

任 您策划这么多建筑展，选择建筑师的标准是什么？

| 王 2021 年在 798 艺术区山中天艺术中心举办了一个建筑展。这个中心是二一年刚建的，请董豫赣做的设计。他们对建筑感兴趣，所以每年要做一个建筑展。他们的展览比较认真，一个展览三个月，其中一个是建筑展览，所以我就帮他们做了展览。参展主要是北大建筑系毕业的这些研究生，当然有的已经毕业 20 年了，包括陆翔，他是北大建筑学研究中心的第一批研究生，还有众建筑，再有一个是王宝珍，稍微年轻一点。中国原来主流的建筑教育体系是清华、东南、天大、同济，中国四大建筑院校。还有一个“老八校”的说法，就是“文革”前就比较有名的“老八校”，就是刚才说的四校，加上重庆建工学院、哈尔滨建工学院、华南工学院建筑系、西安冶金大学建筑系。它们形成的建筑教育体系，一方面支撑了整个中国建筑教育的发展，另一方面也相对比较保守。近 20 年来，国内开始新的建筑教育实验，比较有代表的一个是张永和 2000 年创建北大建筑学研究中心，还有一个是王澍所在的中国美院建筑学院，以及朱锫[44]所在的中央美院建筑学院。特别是朱锫近两年来，不断探索，形成一个与刚才说的传统教育不同的体系。

任 您对建筑的研究和关注的点有没有什么变化？

| 王 变化还是有的。总的来讲，早期的时候，主要是很关注西方现代建筑跟现代建筑

理论研究，但真正对怎么建立中国自己的建筑理论体系，当时还没有思考，主要还是考虑能引进西方的东西其实就很不错了。但是到了 90 年代，开始开展青年建筑的实验，我们就开始思考以中国自己的特点来怎么做建筑。到了 21 世纪以后，中国建筑发展迅速，而且作品其实做得还比较好，在世界上得到了认可，这个时候到了需要思考怎么构建中国自己建筑的体系，包括理论体系的时候。

任 现在您对建筑有没有特别关注的点？

| 王 也没有特别具体，但是正如刚才所说，如何在当代建筑中体现中国文化，可能是我们思考的一个方向。你会发现，现在中国好多建筑师都开始关注这个点，而且逐渐有自己的作品，像朱锫的自然建筑理论，王澍提出自然建造，刘家琨也有这个思考，实际上逐渐形成具有中国特点的建筑体系。

早在 20 世纪 80 年代的时候，冯纪忠老先生在上海松江方塔园做了一个实验，探讨人和自然的关系，刚刚提到的王澍在考虑如何重新进入自然、马岩松的山水城市、刘家琨老师，还有朱锫老师的自然建筑都是这一出发点。近年来，大家对于建筑和自然的关系探讨和关注得比较多，这是一种新的建筑思潮，而且也是中国文化发展到现在的新思潮，80 年代冯纪忠那个是特例，而且冯纪忠那个作品真的是中国 100 年来最好的建筑，其他建筑师都没达到那个水准，他那个水准真是了不起。

任 您觉得新的建筑思潮折射的社会背景是什么？

| 王 一个是中国当代建筑逐渐成熟，开始有自己的作品；再一个是中国文化理论的崛起，原来我们 80 年代都在吸收西方的，一本黑格尔的书翻译过来大家抢着看，一会儿萨特的书，一会儿维特根斯坦的书。现在大家发现中国自身的文化也特别精彩，由此来重新构建中国自己的理论。所以在这个背景下，一方面建筑师受到整个社会、文化和哲学的影响；另外，他们也在不断挖掘自己的建筑文化，甚至这种探索可能还会影响到思想家。

任 王老师，您觉得中国对于世界建筑史是否有过一些很重要的或者很有影响的一些建筑思想？

| 王 中国近 100 年来只是把西方的东西引进来，当然在具体的过程中有些变化，但是好像几乎看不到，只是从冯纪忠老先生这里开始萌芽。所以我们能产生世界影响的建筑思想和思潮，目前还处于萌芽和发展的过程。

任 现在的青年建筑师与上一辈相比，有什么不一样的地方吗？

| 王 变化应该还挺大。比如像张永和比较注重的是现代主义的建筑基本问题，觉得建筑应该回到本源。但是现在的建筑师看到更新的一些东西，当然每个人看法不一样，也不能说谁对谁错，这种倾向是有的。像马岩松，非常敏感，能够抓住当代建筑的一些问题，包括

对时尚的理解。现在很多城市都要找他做设计，可以说是最受欢迎的年轻建筑师。

任 您对青年建筑师未来的发展有什么样的期待？

丨王 没有什么期待，大家分头去做，看最后谁能做出成绩来，这种事情没法预判的。现在不像以前，以前那些人，他们年轻的时候20岁出头我就认识，当时他们并没做出东西来，但你基本上知道这个人以后肯定能出来。现在跟年轻人谈作品，真不知道他未来能成什么样。

任 您认为建筑究竟是用来做什么的？

丨王 这是个终极的问题，终极问题按理说没法回答。具体到现在，就是当代建筑怎么处理的问题。但是从另外一方面来考虑，其实目前中国发展条件这么好，世界上很多国家都不具备可比性。我觉得中国一个农村小镇的镇长比欧洲一个小国的总统权利还大，国内一个企业集团的老总也可能比美国一个州长权利还大。这么好的机会，如果我们没拿出好的建筑来，也是真的可惜。但是现在，世界上的建筑作品大量都是平庸的作品，我们还是希望能有一些好的作品出来。

任 您认为建筑的本质是什么？

丨王 实际上当代不讨论这个问题了，建筑的传统定义已经足够了，如果要给它新的定义，那么建筑当然跟整个现代生活实际上是完全结合在一起的，而且它是未来生活的一种指向。在现代主义建筑的理论看来，建筑的本质是空间。但是这可能也是比较传统的理论，所以我觉得未来的建筑也不一定是建筑的实体，只要能构建一种现代的环境、现代的生活，可能就是很好的建筑。

任 您评价建筑作品的标准是什么？

丨王 至少对世界建筑有新的贡献，对人类生活真的有新的发展，对城市的未来有新的期盼。如果还是千篇一律地，一直恢复原来的东西，那可能就没什么意思。最后导致各种城市千城一面，没有个性，会存在很多问题。在某种程度上，我们就像一个文化的“杀手”，大量的拆建，把过去很多历史传承的东西磨灭掉，重新盖房子，真的特别可惜。大量盖得特别差的建筑不断涌现，尤其你看很多规划院做的方案，把历史街区拆掉，新盖的东西实际上是很差的，缺乏历史气息，要是有本事、有能力盖出世界上最好的建筑来，那才差不多。

任 您认为一个好城市的标准是什么？

丨王 好城市就是让老百姓生活觉得非常舒适，其实这没有什么特别的要求，就是不要做得特别不方便、非常脏。所以我很羡慕古代，那些小的城市，比如你到苏州、扬州，觉得那都是人间天堂。现在去小城市的话，大家都不愿意去，不知道为什么，整个城市变得那么乏味。城市原本有很多很好的东西，以现在的条件本来能做得很好，但为什么城市变得那么乏味。我觉得奇怪。现在这种大量的混凝土森林使整个城市完全失去了它最基本的东西。

任 从您的角度来看，目前建筑展存在的一些问题或者说面临的挑战是什么？

|王 威尼斯建筑双年展如何发展，是很现实的大问题。国内主要的建筑展，一个是深港城市\建筑双城双年展，还有上海空间艺术季，成都双年展有时候也有建筑展。整个展览主要是断断续续，大家真正想研究的东西没法在展览中逐渐体现出来，也就是研究性开始弱化了。

任 好，谢谢您接受我的采访。

1 《城市史与建筑史的知识考古》系列作品创作于2001—2010年，作品主要表达如何在当代艺术的语境中，对北京消失的城墙、摩登的当代建筑进行描绘，对“城市与记忆”“城市与欲望”“城市与符号”解读的当代油画艺术作品。

2 《红色乌托邦》系列作品创作于2010年，作品以“文革”初期的儿童积木为蓝本制作出的现代装置作品。

3 手巾寮建筑俗称“街屋”，是明清时期盛行于福建泉州的一种“窄面宽大进深”的传统沿街商住建筑。

4 中国为响应国际民主妇女联合会理事会柏林会议关于加强与扩大保卫儿童运动的号召，于1951年成立以宋庆龄为首的中国人民保卫儿童全国委员会。这个组织除了担当起保卫世界和平、保卫儿童的责任外，还要促进我国的儿童福利事业。

5 戴望舒(1905年11月5日—1950年2月28日)，男，名承，字朝安，小名海山，浙江省杭州市人。后曾用笔名梦鸥、梦鸥生、信芳、江思等。中国现代派象征主义诗人、翻译家。

6 刘海粟(1896—1994)，名盘，字季芳，号海翁。汉族，江苏常州人。现代杰出画家、美术教育家。

7 佘楷模，毕业于上海戏剧学院舞美系。

8 黄雅各，1963年毕业于福建师范学院艺术系，与黄显之、吕斯百、刘开渠等人在巴黎成立“中国留法艺术学会”，谢投八的学生，艺术家蔡国强、彭传芳的老师。

9 沈瑶珍（1918—1989），浙江绍兴人，1941年毕业于厦门大学教育系，毕业后一直投身于福建泉州教育事业。

10 浙美，即浙江美术学院，今中国美术学院。

11 洪世清(1929—2008)，福建晋江人，1954年毕业于中央美术学院华东分院，留校任教。曾得黄宾虹、潘天寿、刘海粟诸家指点，尤致力于指画创作。

12 伊利亚·叶菲莫维奇·列宾（俄语：Илья Ефимович Репин；乌克兰语：Ілля Юхимович Рєпін，1844年8月5日—1930年9月29日），俄罗斯画家，巡回展览画派的主要代表人物，19世纪后期伟大的批判现实主义画家。

13 《建筑》杂志创刊于1954年，由朱德元帅题写刊名，是中国科技核心期刊、建设部优秀期刊。主要读者对象是工程机械、建设机械的科研、管理、生产及营销人士，以及工程建设机械使用单位的设备管理、采购、使用、维修人士等。发行量大，覆盖面广，长期以来在中国建设行业享有盛誉，是全国建设系统指导工作、交流经验的重要舆论阵地，是展示两个文明建设成果与企事业发展的重要窗口。

14 “红旗杂志”在此为一种代名词，是以由中国共产党中央委员会创办于1958年6月1日的中文期刊杂志《红旗》为比喻，代表国家政策方向的。

15 《建筑师》杂志创办于1979年，是一本大型综合性学术刊物，刊登的文章具有很高的学术价值，是中国建筑界最具学术分量和影响力的刊物。在三十多年的历史中，作为中国建筑界的理论阵地与学术平台，汇聚了大批专家、学者、建筑师与院校师生，记录了一代建筑师的成长历程以及20世纪后期中国建筑理论的发展史。

16 罗小未(1925年9月10日—2020年6月8日)，广东番禺人，建筑理论和外国建筑史学者。1948年毕业于上海圣约翰大学建筑系，历任同济大学讲师、副教授、教授，国务院学位委员会第二届学科评议组成员，上海市建筑学会第六届理事长，上海科学技术史学会第一届副理事长。曾获全国“三八红旗手”称号。

17 汪坦（1916年5月14日—2001年12月20日），长期从事建筑教学和研究，专于建筑设计及建筑理论。1941年毕业于重庆中央大学(1949年更名南京大学)建筑系。曾任兴业建筑师事务所建筑师。1947年赴美国留学。1949年回国后，历任大连工学院(1988年更名大连理工大学)副教授、教授，清华大学教授、建筑系副主任、土木建筑设计研究院院长，中国建筑学会第五届常务理事，《世界建筑》杂志社社长。

18 瓦尔堡学派，美术史研究学派，以瓦尔堡研究所为中心形成的学派，以图像学研究闻名于世。1901 年美术史家瓦尔堡于德国汉堡创建瓦尔堡文化科学图书馆，旨在保存人类文明的记忆。维也纳美术史家扎克斯尔（Fritz Saxl，1890—1948）加入图书馆后将其转变为一所研究机构，隶属于汉堡大学。第二次世界大战爆发后迁往英国，1944 年正式成为伦敦大学的一部分。该研究所吸引大批著名学者在此工作，其中包括贡布里希、帕诺夫斯基、库尔兹（Otto Kurz，1908—1975）等美术史学家。

19 潘诺夫斯基（Erwin Panofsky）（1892 年 3 月 30 日—1968 年 3 月 14 日），美国德裔犹太学者，著名艺术史家。在图像学领域做出了突出贡献，影响广泛。

20 《建筑学报》创刊于 1954 年，是中国科学技术协会主管，中国建筑学会主办的国家一级学术期刊。

21 《世界建筑》创刊于 1980 年 10 月，是由中华人民共和国教育部主管、清华大学主办的专业技术性刊物。

22 赵冰，建筑师，武汉大学城市设计学院教授。

23 冯纪忠（1915—2009），中国著名建筑学家、建筑师和建筑教育家，中国现代建筑奠基人，也是我国城市规划专业以及风景园林专业的创始人，我国第一位美国建筑师协会荣誉院士，首届中国建筑传媒奖“杰出成就奖”得主。同济大学建筑与城市规划学院教授，院长。

24 顾铮，1981 年出生于上海，国家一级注册建筑师，得当设计（DEDANG DESIGN）合伙人，非寻建筑（FUSION ARCHITECTS）联合创始人，兼任西交利物浦大学建筑系导师，曾任东华大学国际时尚创意学院客座导师。

25 陈志华（1929 年 9 月 2 日—2022 年 1 月 20 日），著名建筑学家、建筑教育家，清华大学建筑学院教授。自 1989 年 60 岁时始与楼庆西、李秋香组创“乡土建筑研究组”，对我国乡土建筑进行研究，对乡土建筑遗产进行保护。

26 严善錞，1957 年 11 月出生于杭州。1982 年毕业于浙江美术学院（现为中国美术学院），国家一级美术师，现任深圳画院副院长。

27 “85 新潮”是由 20 世纪 80 年代中国艺术研究院美术研究所一些批评家命名的，这些批评家以美研所主办的《中国美术报》为阵地，在 1985—1989 年间，不断介绍欧美现代艺术，并在头版头条上介绍年轻一代的前卫艺术。严格地说，85 新潮并非一个艺术流派，主要是一场艺术运动。这个运动实际上也是 80 年代精英文化运动的社会大潮的一个支流。

28 高名潞 (1949 年 10 月—)，男，天津人。艺术批评家及策展人，美国哈佛大学博士，现执教于美国纽约州立大学布法罗分校艺术史系。

29 张永和（1956—），男，北京人，中国著名建筑师、建筑教育家、非常建筑工作室主持建筑师、美国注册建筑师，美国麻省理工学院（MIT）建筑系主任。北京大学城市与环境学院教授。

30 王澍（1963—），男，新疆人，中国著名建筑学家、建筑设计师，中国美术学院建筑艺术学院院长，当代新人文建筑的代表性学者，中国新建筑运动中最具国际学术影响的领军人物。2012 年 2 月 27 日获得了普利兹克建筑奖（Pritzker Architecture Prize），成为获得该奖项的第一个中国人。2019 年 12 月 14 日，荣登 2019“年度影响力人物”榜单，获“年度文化人物”称号。

31 马清运（1965—），男，美国建筑师协会会员 、设计总监。美国南加州大学建筑学院院长。1995 年，在纽约成立马达思班建筑师事务所，总部设在上海，设计作品有恒隆广场、宁波日报社总部、天一广场、宁波老外滩街区改造、浙江大学宁波分校、宁波服装学院等。

32 隋建国（1956—），男，山东人。雕塑艺术家，中央美术学院雕塑系主任、教授。

33 汪建伟（1958—），男，四川人， 中国著名当代艺术家，北京画院油画工作室创作员。

34 李陀（1939—），男，内蒙古自治区呼和浩特人，原名孟克勤，曾用笔名孟辉、杜雨，达斡尔族，中国电影编剧，著名作家、理论家，文学批评家。

35 罗丽（1964—），女，生于黑龙江省佳木斯。美术研究所博士、副研究员。

36 邱志杰（1969—），艺术家与策展人，1969 年生于福建漳州。1992 年毕业于浙江美术学院版画系，开始介入当代艺术活动。现为中国美术学院跨媒体艺术学院教授，总体艺术工作室主任，硕士博士导师，中国美术学院艺术与社会思想研究所导师，中国艺术研究院当代艺术院特邀艺术家，中国美术家协会实验艺术委员会委员。

37 即《今日先锋》第 8 辑，蒋原伦主编，天津社会科学院出版社，2000 年。

38 王广义（1957—），男，黑龙江人，中国著名艺术家。1980 年代中国新艺术运动的主要参与者之一，系列作品《大批判》获得全世界的关注。

39 方力钧（1963—），男，河北人，中国著名当代艺术家，职业画家。

40 张晓刚（1958—），男，云南人，中国著名当代艺术家。

41 徐冰（1955—），男，祖籍浙江温岭，生于重庆。著名版画家，独立艺术家。

42 栗宪庭（1949—），男，吉林人，当代著名艺术批评家、艺术理论家，编辑，著名策展人。推出“伤痕美术”“乡土美术”和具有现代主义倾向的“上海十二人画展”“星星美展”等。

43 侯瀚如（1963—），男，广州人，艺术家、策展人和评论家。

44 朱锫（1962—），男，中国当代著名建筑师、艺术家，作为访问教授和兼职教授，先后执教于美国哈佛大学和哥伦比亚大学。现为中央美术学院建筑学院院长、教授，朱锫建筑设计事务所创建人。

“

建筑教育

”

龙炳颐先生的建筑实践与建筑教育

受访者简介

龙炳颐

男，生于香港，籍贯广东顺德大良。太平绅士（JP）、银紫荆星章（SBS）、大英帝国勋章（MBE）、香港十大杰出青年（1983 年）。香港注册建筑师、香港大学建筑学荣誉教授、前香港大学建筑学院院长、建筑学系系主任、前明德教授[1]。美国俄勒冈大学建筑学学士（1974 年）、建筑学硕士与文学硕士（亚洲研究，1978 年），香港中文大学硕士（基督教研究，2016 年）。1974 年毕业后留美从事建筑教育及实践，1978 年回港。1978—1983 年任何弢建筑师事务所副合伙人。1983 年任香港大学讲师，1993 年晋升建筑学教授，2002—2005 年任建筑学系系主任，2008—2010 年任建筑学院副院长（特别项目及发展），2011—2013 年任建筑学院院长。2007—2012 年任联合国教科文组织文物资源管理讲座教授。2013 年获颁香港大学明德教授席（罗旭龢夫人基金教授“建筑环境”）。2018 年至今任香港珠海学院科学与工程学院院长、香港珠海学院建筑学系讲座教授。致力于社会及公共服务，不断推动香港的城镇规划、城市更新、文物保育、建筑教育、老人与青少年等服务。先后担任香港古物咨询委员会主席、香港市区重建局非执行董事、香港环境及自然保育基金委员会主席、国际古迹遗址保护协会中国分会（ICOMOS/China）副主席、国际古迹遗址保护协会世遗申报评审员、联合国教科

龙炳颐先生

来源：香港大学建筑学院

2021 年 12 月 6 日笔者与龙先生采访后合影

摄于香港大学图书馆

文组织亚洲文化遗产奖评审、世界银行文化遗产保护计划顾问等；期间参与推动澳门历史城区、开平碉楼与村落、马六甲海峡历史名城三处世界文化遗产的申报及评审工作。

采访者：吴鼎航（香港珠海学院建筑学系）

文稿整理：吴鼎航（整理并注释），郭皓琳（协助整理并协助注释）

访谈时间：2021 年 12 月 6 日

访谈地点：香港大学图书馆

整理情况：2021 年 12 月整理，2022 月 1 月 4 日定稿

审阅情况：本文经龙先生审阅，并于 2022 年 1 月更新记注

缘起建筑：家庭的熏陶，与范文照的相遇

我父亲是建筑开发商，他参与了北角皇都大厦的建设。皇都大厦前面是戏院，后面是住宅，我父亲参与了住宅的建设。小时候我就跟父亲去皇都戏院，就看到了那个 hanging structure（悬挂结构）[2]。今天新世界（发展有限公司）能够保存这个历史建筑，其中一个主要的原因就是后面（指住宅）地皮的 plot ratio（容积率）容许它保护前面的戏院[3]。

我选择建筑一方面是自己的兴趣，另一方面则是有机会接触建筑。1968 年，我在母亲的安排下去了 Robert Fan（范文照）[4]的事务所做暑期工。范文照是我的启蒙老师，当时他已经快退休，他每天下午回到办公厅，就教我这个小伙子怎么写建筑字，怎么写 ABC。当时学建筑要先学会怎么写好绘图的字、怎么画线、怎么用尺、什么叫模数、什么叫比例。我记得范文照很注重比例，他当时和我讲 Corbusier（勒·柯布西耶）[5]的 Ronchamp（朗香教堂），我根本听不懂。范文照在北角循道卫理堂（已拆）的设计，到处都可以看到 Corbusier 的痕迹[6]。因为他是 Paul Cret（保罗·克雷特）[7]的学生，从 UPenn（宾夕法尼亚大学）毕业；他和 Louis Kahn（路易斯·康）[8]是同学。范文照、梁思成、林徽因[9]都是 UPenn 毕业的，都接受了很 classic 的 training（传统或经典的训练），都很讲究 proportion（比例）。所以范文照就教我 proportion。我第一次接触什么叫 scale（比例尺），什么叫 proportion，他还送了一把 6 寸的 scale 给我，我还收藏着。

留美求学：结缘俄勒冈（Oregon）

1968 年我去了美国，先去了一个天主教大学读了两年的 liberal arts（博雅教育）[10]。我

不想迷失自己，同时也是兴趣所在，期间我修了很多关于艺术的课，例如 water color（水彩画）。同时我还修了一个 philosophy of religion（宗教文化学），算是对宗教的一个启蒙，接触到一些在当时来讲很前卫的 theologian（神学家），如 Paul Tillich（保罗 · 蒂利希）、Karl Barth（卡尔 · 巴斯）、Martin Buber（马丁 · 布伯）[11]。同时也修了一些关于佛教和伊斯兰教的课程。

两年后我去了 Oregon（俄勒冈大学）读建筑，当时叫 School of Architecture and Allied Arts。Oregon 对我的启蒙很大，主要在三方面。首先， Oregon 是美国西岸的（建筑）学校，他们很早就开始研究建筑与社会的关系，和美国东岸的（建筑）学校不同，（东岸的建筑院校）比较注重 design（设计）。Oregon 除了讲 design 之外还研究建筑与社会、自然、环境的关系[12]。因为 Oregon 本身就处在一个大自然的环境中。当时有一门课叫 Sociology and Architecture（社会学与建筑），还有一门叫 Settlement Patterns（聚落形态），也就是我后来开的 vernacular（中国民居，详见下文）。第二方面就是 Oregon 的老师，有好几个都是 Louis Kahn 的学生或伙计（泛指被雇佣的人）。我当时尤其受到 MLTW（Moore, Lyndon, Turnbull, and Whitaker）[13] 的影响。Lyndon（林顿）[14] 曾经是 Oregon 建筑系的系主任，而 Charles Moore（查尔斯 · 摩尔）[15] 则和我是非常好的朋友，后来他来香港，我还带他去荷里活道买古董。MLTW 也是受到 Louis Kahn 的影响，都是讲 proportion。我很大程度上受到他们和 Louis Kahn 的影响。最后就是 Oregon 当时请了 Christopher Alexander（克里斯托佛 · 亚历山大）[16] 来做校园规划。后来 Alexander 的 *The Oregon Experiment*（《俄勒冈实验》）就是这样写出来的。Alexander 来 Oregon 的时候我上了他的课，他讲的是“不需要规划的规划”，他认为历史上那些伟大的城市都是没有“规划”的，而是由政治、经济、文化、社会等因素 organically（有机地）自发地成长出来。所以 Alexander 做了很多 pattern，就是“模式”[17]。从我在 Oregon 读书，到后来读研究院，我们写了很多的 pattern，然后用这些 pattern 去参照自己的设计。其实 Alexander 的 *A Pattern Language*（《模式语言》）很多都是从 *The Oregon Experiment* 里面 develop（发展）出来的。当时我在校园规划部（Campus Planning Office）做 part-time（兼职），所以当 Oregon 要规划时，我们也 develop 很多 pattern 出来。（那时）我当助手带 user group discussion（社区参与者的小组讨论），所以我很早就开始用 pattern language 做 design 了。Oregon 的教学和 studio（设计课）教会我建筑不只是高楼大厦，不只是设计 iconic buildings（标志性建筑）。尤其是 Alexander 的 *A Pattern Language* 和 *The Timeless Way of Building*（《建筑的永恒之道》），对我的影响很大。

Oregon 给了我很多自由与选择。毕业之后，我原本打算去东岸读书，比如 Harvard（哈佛大学）、Yale（耶鲁大学），或者 Princeton（普林斯顿大学）。那时候我的导师 Bob Harris（鲍勃·哈里斯）[18]就劝我留下来，他后来是我们的院长，他说我在 Oregon 可以自由选择我想做的（题目）。我的 Master（硕士）就是研究中国民居建筑。因为毕业那年暑假，我获得去 Washington（华盛顿） AIA（American Institute of Architects，美国建筑师学会）实习的机会。在面对那些高楼大厦的时候，我认为应该用不一样的理论和方法去看建筑，尤其是 Oregon 所强调的那种建筑和环境的关系，加上跟了 Alexander 之后，我对普通老百姓居住的环境产生了兴趣。

1978 年我在 Oregon 还完成了另一个 degree（硕士学位），就是 Asian Study（亚洲研究），我修的是中国建筑画历史，跟的老师是 Jerome Silbergeld（杰罗姆·谢柏轲）[19]。他后来是 Princeton（普林斯顿大学）的讲座教授，主要研究 Chinese art（中国艺术）。当时 Jerome Silbergeld 是个很年轻的老师，他后来来香港，还住在我家。我也很喜欢中国画，尤其是石头，明朝的八大山人[20]、沈周[21]，近代的黄宾虹[22]，这些我都很迷。对中国画的研究打开了我的眼界，尤其是中国画中的大自然观，特别是老子和庄子所讲的那个“自然”，即“天地与我并生，（而）万物与我为一。”[23]这些都是启发我写 thesis（硕士论文）的大哲学思想。那时候我看了很多老子、庄子、冯友兰[24]写的中国哲学的书，也看《淮南子》[25]，还有 Herrlee G. Creel（海尔伦·克里尔）的 *The Birth of China*（《中国的诞生》）[26]，讲中国和自然的书。所以我的 thesis 讲的是中国哲学的天、地和人[27]。1975 年到 1978 年对我来说是很重要的，因为有很多不同的老师给了我不同的启蒙。

（俄勒冈大学设计学院于 2013 年颁发以学院创始人埃利斯·劳伦斯命名的“埃利斯·劳伦斯勋章（Ellis F. Lawrence Medal）”给龙先生。该勋章仅授予杰出校友，被授予者须与劳伦斯一样——一位杰出的教育者、领袖、备受尊崇的建筑师，在专业领域和个人成就方面有着正直无私（integrity）、传道授业（educational philosophy）、兢兢业业（commitment）的品格。）[28]

1970 年代龙先生在俄勒冈大学劳伦斯礼堂（Lawrence Hall）

来源：龙炳颐提供

回馈社会：建筑实践和建筑教育

1978 年我回香港，当时见了几份工，最后选了何弢[29]（建筑师事务所），尽管是人工（薪水）最少的一份，但是何弢和我讲音乐、讲中国画、讲黄宾虹、讲 Corbusier、讲 Gropius（Walter Gropius，瓦尔特·格罗皮乌斯），所以我觉得这个老板跟我的思想“合嘴形”（粤语，“契合”之意），所以一跟就跟了六七年。一开始我是小员工，两年后我考了牌（建筑师执照），拿了 AP（Authorized Person, 认可人士）[30]，他便升我做 associate partner（副合伙人）。后来何弢很多朋友来香港，比如他的老师 Buckminster Fuller（巴克敏斯特·富勒）[31]、Fumihiko Maki（桢文彦）[32]、Sumet Jumsai（苏米特·朱姆塞）[33]，我们就都认识了。他们一起 form（组成）了 APAC（Asian Planning and Architectural Collaborative，亚洲建筑师联盟）[34]。他们都是 Harvard GSD（Harvard Graduate School，哈佛大学设计学院）Walter Gropius 的学生，William Lim（林少伟）[35] 也是，他们都是讲 vernacular。我后来教的内容都和这些(人)相关。日本有一本杂志叫作 *Process: Architecture*(《过程：建筑》)，里面第二十期讲的就是 ACAP。[36]

1990 年前后建筑师何弢家宴。出席者有日本建筑大师槙文彦、中文大学建筑系创系教授李灿辉、香港大学建筑系教授龙炳颐。

来源：龙炳颐提供

我在何弢那里做了几个项目，例如圣士提反书院（St. Stephen College）的科艺楼，何弢设计，我做 project architect（项目建筑师），荃湾地下铁，还有深水湾寿山村罗桂祥的五个小屋。罗桂祥是香港维他奶国际集团的创办人之一，我还写了一篇文章，讲建筑的 proportion，发表在 *Asian Architect*（《亚洲建筑师》杂志）。罗桂祥和我关系很好，因为他也喜欢紫砂茶壶，对紫砂壶也很有研究，所以我跟他学了很多东西。香港公园的茶具文物馆就是罗桂祥捐赠的。他自己住的老房子是 Robert Fan 设计的，所以我们也有很多共同的话题。更巧的是他的秘书就是从前 Robert Fan 的秘书。我们在做寿山村项目时，罗桂祥其中一个女婿就是 Eric Lye（黎锦超）[37]。我们每两个礼拜就要开 site meeting（现场会议）。Eric Lye 当时很喜欢我讲的一些建筑理论，便有意招我进香港大学，几轮面试之后，我就进来了，一教便教了三十多年。

1982 年，我在港大教了一年的 part-time（兼职），1983 年就转为 full-time（全职）。那一年我教了 Vincent Ng（吴永顺）[38]、董正纲[39]、霍文健[40]。1984 年教了黄锦星，就是现任环境局局长，Clarice Yu（余宝美）是 Building Department（屋宇署）署长，Winnie Ho（何永贤）是 ASD (Architectural Services Department，建筑署)，还有梁健文（房屋署副署长）、杨耀辉（房屋署副署长），珠海（学院建筑学系）的 Paul Chu（朱海山）[41]、Stan Lai（黎东耀）[42]，还有你，都是我的学生。

1991 年前后龙先生在香港大学与黎锦超教授一起接待内地建设部访客（左起：时任香港大学建筑系系主任黎锦超、时任香港大学建筑系高级讲师龙炳颐、时任建设部部长叶如堂；右一：时任香港大学建筑系讲师许焯权）

来源：龙炳颐提供

最开始我教的是中国建筑，大概有五六年时间。1984 年我向 Eric Lye 提议 vernacular[43] 一课，1985 年开课，直到现在。当时叫 Vernacular Architecture of China（中国民居），后来就变为 Vernacular Architecture of Asia（亚洲民居）。Vernacular 是港大最长寿的一个课程。大概在 1984—1986 年这三个年头的暑假和寒假，我带学生去内地不同的农村去看 vernacular，比如福建、云南、四川，广东就去看了客家（民居）和潮汕（民居），回来后就在学校做了展览。[44] 这个课一直到现在，就传给你和 Peter（林彼得）、Norman（吴伟麟）、Abdul（杨书朗）。[45] 从 1985 年到现在，差不多有 35 年，所以延续性是很重要的。

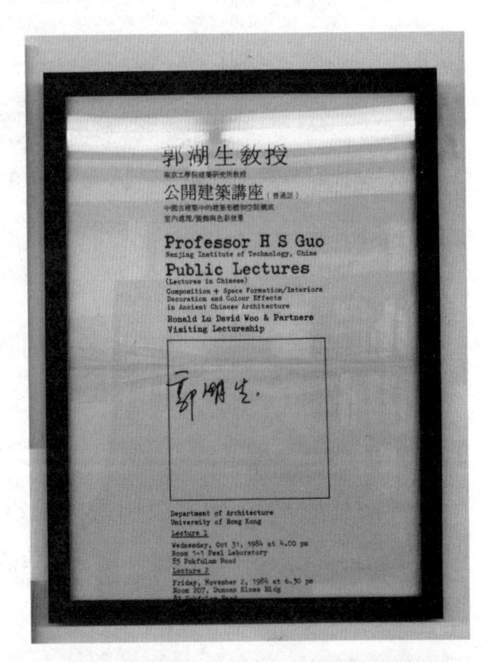

郭湖生教授 1984 年在香港大学建筑学系举行公开讲座海报 / 讲座名称：“中国古建筑中的建筑形体和空间构成、室内处理、装饰与色彩效果

来源：吴鼎航拍摄

我讲中国建筑和中国民居的时候邀请了很多内地的学者过来（讲学），比如王其亨[46] 来讲风水、东南（大学）郭湖生[47] 和华南理工（大学）的陆元鼎[48] 也来过，还有北京的张驭寰[49] 和郭黛姮[50]，台湾的李乾朗[51]，还有写书法很好的傅熹年[52]，我和他在香港碰了好几次面。此外，还有北京故宫的单士元[53] 也认识。他们都是来港大讲

学的，国外的 I. M. Pei（贝聿铭）[54]、擅长画 perspective（透视图）的 Helmut Jacoby（赫尔穆特 · 雅各布比）[55]，还有 Richard Meier（理查德 · 迈耶）[56]、T. Y. Lin（林同炎）[57]、Fumihiko Maki 等都来过。

中国建筑教育的认证与建筑师职业的缘起

我进港大后帮 Eric Lye 做了一个很重要的事情。1985 年，我们去了广州的华南工学院（现华南理工大学）、北京的清华大学、西安冶金建筑学院（现西安建筑科技大学）访问和讲学。后来 Eric Lye 去了上海 [58]，我们一行人包括 Eric Lye、Patrick Lau（刘秀成）[59]、C. K. Wong （黄赐巨）还有我。因为 Eric 看不懂中文，所以就靠我们（翻译）；当时有一个助理，叫 Winifred Huang，是上海人，主要做文书工作。我们去内地建筑院校介绍香港的建筑和香港的建筑教育。隔年我们就邀请了四个大学，西安冶金（建筑学院）、清华（大学）、华南工学院、上海同济大学的教授来香港大学，开了第一次的中国建筑教育研讨会，那是 1986 年的事情 [60]。我记得华南理工（大学）我是和金振声 [61] 教授联系的。

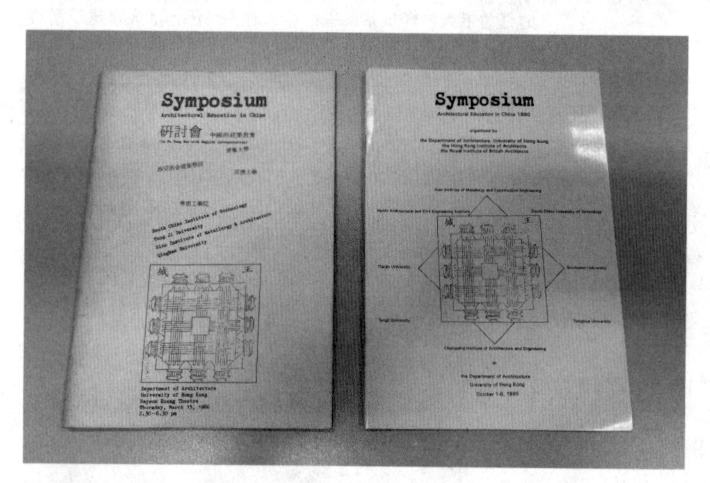

（第一次）研讨会：中国的建筑教育（1986 年）和（第二次）研讨会：中国的建筑教育（1990 年）手册

来源：龙炳颐提供，吴鼎航拍摄

1986 年的研讨会，我们主要介绍香港本地的建筑教育，以及国际上认可的建筑教育的 system（体系）。后来我们就将研讨会扩展到八个大学，包括哈尔滨工业大学、天津大学、东南大学，还有重庆的（土木）建筑学院 [62]。第二次的研讨会（1990 年）很重要，因为那一年我们邀请了 RIBA，英国皇家建筑师学会的副会长 John Tarn（约翰 · 塔恩）[63] 和秘书长 Peter Gibbs-Kennet（彼得 · 吉布斯 - 肯尼特），包括当时香港建筑师学会会长沈埃迪（Edward Shen）。我们主要介绍国际上是如何认证建筑学学位，以及怎么样认证建筑师。因为这个契机，内地（建筑院校）之后慢慢开始建立 accreditation system（认证体系），内地读建筑的学生、内地的建筑师也慢慢得到国际社会的认可 [64]。这是内地建筑教育很重要的里程碑。当时我们也邀请了张钦楠 [65]，他是美国 MIT（Massachusetts Institute of

Technology，麻省理工学院）毕业的，在美国工作一段时间后回到中国，当时是中国建筑学会的秘书长。

深圳大学建筑系：与汪坦先生的会面

我在何弢（建筑事务所）的时候，大约是1979年到1981年间，那时候清华大学要到深圳创办建筑院校。何弢有一个亲戚，叫汪坦[66]，他是清华建筑系的。当时何弢请汪坦来香港，我们便认识了。汪坦要到深圳去创办建筑院校，就找了我过去，那个地方应该叫西丽湖，当时很荒芜，全都是草地。汪坦邀请我去深圳和他们一起去建设建筑系[67]。当时交通不方便，去一趟深圳很耗时，而且80年代我已经在做很多社会的公职服务，也分不了身。后来深圳大学建筑系成立，何弢和我就去深圳跟汪坦他们分享香港建筑教育的system，汪坦也来过香港大学参观。

教书育人四十载

作为建筑师，一定要回应当代的需要，每一代人都不能一成不变。因为建筑是有社会性的，应该去回应那个时代所发生的事情，比如西方建筑的象征性和代表性都是回应那个时代的经济、政治。尤其是文化，没有一个模式是永恒不变的。作为建筑教育者，应该是“己欲立而立人，己欲达而达人”[68]，应该是对社会有很灵敏的触觉，要对文化有一个根本的认识，一个坚实的文化根基才能够成长，要懂得我们的根，懂得中国建筑的文化，才能够成长，才能够传承和延续。

后记

笔者于2013—2018年在香港大学建筑学系攻读博士学位及博士后，有幸得以先生指导。先生治学严谨、学贯中西、为人师表、对学生言传身教，笔者终身受益。作为一名建筑从业者，先生对香港文化遗产、建筑教育、城市更新作出了不可磨灭的贡献，在社会公职服务上回馈社会之精神亦极为可贵，在建筑教育上更是影响了香港几代建筑师。

先生的故事本就是香港建筑史上一个重要的部分。本稿尽忠先生原话，仅对话语顺序及内容做了调整，为的是使行文流畅方便阅读。文中对先生所提之人与事尽做注解，以便读者理解。本访谈记录中所出现之英文，除特别注明为受访者自己的中译之外，均为采访者译。

”

1 2005 年，香港大学在徐立之校长的倡导下，成立明德教授席（Endowed Professorship）。明德教授席为香港大学授予校内杰出学者的荣誉。详见：https://www.daao.hku.hk/ephku/en/About/The-Scheme.html.

2 皇都戏院（State Theatre），全名皇都戏院大厦（State Theatre Building），位于香港岛北角英皇道。皇都戏院前身为璇宫戏院（Empire Theatre），于 1952 年落成，2017 年获评为一级历史建筑。皇都戏院建筑结构由一连串拱形桁架并行排列组成，形成抛物线形支撑结构。这种屋顶的桁架结构设计被国际保育组织（DOCOMOMO International）在 1952 年的报告中称为世界上独一无二的。详见 Jos Tomlow, "Report on the Preservation of the State Theatre in Hong Kong and its Possible Nomination on a Heritage List (1952)," DOCOMOMO International, accessed December 23, 2021, https://www.docomomo.hk/wp-content/uploads/2020/08/State-Theatre-1.pdf 报告指出："对于（皇都戏院的保护）问题，其重点是皇都戏院的抛物线形混凝土屋架的稀有性。国际保育组织认为，这种悬挂结构（hanging structure）在香港是独一无二的，但需结合相关专家的意见来确认其在世界上的独特性。"英文原文："Regarding this subject (preservation of the State Theatre), it came up a relevant question on how rare the State Theatre's parabolic concrete roof trusses are. DOCOMOMO International was informed that this kind of hanging structure is unique in Hong Kong, but an opinion from a specialist is needed to confirm its uniqueness in the world."

3 2020 年新世界发展有限公司获得皇都戏院大厦全部业权，同时宣布启动"前皇都戏院保育计划"。

4 范文照（Robert Fan, 1893—1979），原籍广东省顺德，生于上海。1917 年，于上海圣约翰大学（St. John's University）获得工程学学士学位，后留校任教。1919 年人读美国宾夕法尼亚大学，1921 获建筑学硕士学位。1922 年回国并于上海执业和教学。1927 年，范连同其他中国建筑师创办中国建筑师学会并出任首届副会长。1949 年后范于香港执业，在香港有九龙城灵粮堂、粉岭英军教堂、大埔道松坡、崇基书院、北角长康街卫理堂等作品。提出"首先科学化，然后美术化"的建筑观点。详见吴启聪、朱卓雄：《建闻筑迹——香港第一代华人建筑师的故事》，香港：经济日报出版社，2007，25-38 页。

5 勒 · 柯布西耶（Le Corbusier，1887—1965），20 世纪最著名的建筑大师、城市规划家、作家。柯布西耶是现代主义的主要倡导者、机器美学的奠基人。柯布西耶和瓦尔特 · 格罗皮乌斯（Walter Gropius, 1883—1969）、密斯 · 凡 · 德 · 罗（Ludwig Mies van der Rohe, 1886—1969）、弗兰克 · 赖特（Frank Lloyd Wright, 1867—1959）并称为"现代建筑的主要代表"（masters of modern architecture）。

6 北角循道卫理堂是范文照 20 世纪 60 年代中期受循道卫理联合教会所托，于香港北角长康街尽头设计的一所小教堂，该教堂为范职业生涯里最后阶段的一个重要作品。教堂在建筑空间、外观设计、材料质感与色彩上均可见 Ronchamp 的影子。现存之教堂在 80 年代被大规模改造，已难辨认当年之静雅细致设计。详见吴启聪、朱卓雄：《建闻筑迹——香港第一代华人建筑师的故事》，香港：经济日报出版社，2007，25-38 页。

7 保罗 · 克雷特（Paul Cret, 1876—1945），法裔美国建筑师，前宾夕法尼亚大学教授。费慰梅（Wilma Fairbank,1909—2002）对克雷特和宾夕法尼亚大学的布扎教育体系有如下论述："位于费城的宾夕法尼亚大学建筑学院在 1924 年成为布扎传统的堡垒，由当时著名的法国建筑师保罗 · 克雷特领导。克雷特本人于 1986 年进入巴黎美术学院，在建筑设计和施工各方面接受了传统的布扎体系训练……克雷特于 1905 年应邀到宾夕法尼亚大学任教……在 1937 年退休之前，他（克雷特）继续在宾夕法尼亚大学建筑学院担任教师，发挥着重要作用。"详见 Fairbank, Wilma, *Liang and Lin: Partners in Exploring China's Architectural Past* (Philadelphia: University of Pennsylvania Press, 1994), 23. 英文原文："The Architectural School of the University of Pennsylvania in the Philadelphia was in 1924 a stronghold of the Beaux-Arts tradition, dominated by a distinguished French architect, Paul P. Cret. Cret himself had entered the Paris École des Beaux Arts in 1986 and undergone its intensive training…in all aspects of architectural design and construction…Cret had been invited to the University of Pennsylvania in 1905 as a recent graduate of the École des Beaux Arts… He continued to play an influential role as teacher at the Penn Architectural School until his retirement in 1937."

8 路易斯 · 康（Louis Kahn, 1901—1974），爱沙尼亚裔犹太人，美国建筑师和建筑教育家。康毕业于美国宾夕法尼亚大学，师从保罗 · 克雷特。康的建筑设计风格深受古典学院派影响，其作品被公认为是超越了现代主义的杰作。路易斯 · 康和弗兰克 · 赖特被公认为是对美国建筑影响最大的两位建筑师。

9 梁思成（1901—1972）于 1924 年秋人读宾夕法尼亚大学建筑系，并于 1927 年 2 月和 6 月先后获得建筑学学士和建筑学硕士。而林徽因（1904—1955）则于 1924 年进入宾大美术学院，同时兼修建筑系课程，并于 1927 年获得文学学士。1927 年暑期，两人同时受聘于 Paul Cret 在费城的建筑事务所做助理。详见 Fairbank, Wilma, *Liang and Lin: Partners in Exploring China's Architectural Past* (Philadelphia: University of Pennsylvania Press, 1994), 28. 英文原文："Sicheng and Whei both completed their studies at Penn in 1927. He was awarded his Bachelor of Architecture degree in February and his Master of Architecture degree in June. She received her Bachelor of Fine Arts degree in February with high honors, finishing the four-year course in three. Perhaps the prize they most treasured was that Cret employed them both as assistants in his office that summer."

10 Liberal arts，中文译为博雅教育，又译文理教育或人文教育，拉丁原文为 *artes liberales*。文科教育的核心为文法（grammar）、修辞（rhetoric）、逻辑（dialectic），称"三学"或"三艺"（Trivium）；算术（arithmetic）、几何（geometry）、

音乐（music）、占星（astronomy，后称“天文”）则为理学教育之核心，称“四术”（Quadrivium）。三学与四术合称文理七艺（seven liberal arts）或博雅教育，是为中世纪大学之主要科目。来源：Iain Tidbury, “Philosophy and the Liberal Arts,” accessed December 27, 2021, https://liberalarts.org.uk/philosophy-and-the-liberal-arts/.

11 保罗·蒂利希（Paul Tillich，1886—1965），德裔美国基督教存在主义哲学家和路德宗新教神学家，为20世纪最有影响力的神学家之一。卡尔·巴斯（Karl Barth，1886—1968），瑞士加尔文主义神学家，著有极具里程碑意义的 *The Epistle to the Romans*（《罗马书》）。马丁·布伯（Martin Buber，1878—1965），奥地利、以色列、犹太人哲学家、翻译家、教育家，为现代德国最著名的宗教哲学家及宗教存在主义哲学的代表。

12 俄勒冈大学建筑系是埃利斯·劳伦斯（Ellis F. Lawrence，1879—1946）于1914年创办，彼时叫“建筑与综合艺术学院”（School of Architecture and Allied Arts）。学院2017年更名为“设计学院”（College of Design）。俄勒冈大学建筑系在劳伦斯的带领下成为第一所将建筑与艺术相结合的综合艺术学院。俄勒冈大学的建筑教育从一开始便贯彻着“艺术教育中的真正试验”原则。“劳伦斯（为俄勒冈大学建筑系）创造了三个具有历史意义的特点。第一，将学术性的课程与建筑工程实践融合在一起；第二，将艺术与建筑融合；第三，采用了以非竞争性为目的的设计导向，打破了 Beaux-Arts（布扎）体系（的教育模式）。详见 Michael Shellenbarger, ed, *Harmony in Diversity: The Architecture and Teaching of Ellis F. Lawrence* (Oregon: Museum of Art and the Historic Preservation Program, University of Oregon, 1989), 15. 英文原文：“He originated three historically significant features. First was his academic program's integration with building construction at the university. Second was his inclusion of allied arts along with architecture. Third was his adoption, after a few years, of non-competitive design policies and a break from the Beaux-Arts method.”

13 MLTW 是美国一家建筑事务所，由查尔斯·摩尔（Charles Moore, 1925—1993）、多林·林顿（Donlyn Lyndon）、理查德·惠特克（Richard Whitaker）、威廉·特恩布尔（William Turnbull, 1922—2012）于1962年在加利福尼亚州伯克利成立。MLTW 强调建筑空间的设计应以人体尺度为基准去重塑人在空间中的存在，同时注重人与建筑空间的互动性，并以此来强化建筑空间的设计。美国旧金山的海洋大牧场（Sea Ranch）规划与建筑设计是 MLTW 重要的项目之一。2018年12月至2019年4月，美国旧金山现代艺术博物院（San Francisco Museum of Modern Art，SFMOMA）举行了一场名为“海洋大牧场：建筑、环境、理想”（The Sea Ranch: Architecture, Environment, and Idealism）的展览，以致敬这场在美国加州极具开创性的早期现代建筑探索的运动启蒙。

14 多林·林顿（Donlyn Lyndon），前俄勒冈州大学建筑与综合艺术学院建筑系系主任（1964—1967年）。

15 查尔斯·摩尔（Charles Moore），美国建筑师与建筑教育家，1991年获美国建筑师学会金奖（AIA Gold Medal）。摩尔毕业于密歇根大学，后于普林斯顿大学获硕士与博士学位，随后摩尔作为博士后研究员又留校一年，当时路易斯·康在普林斯顿大学任教，摩尔便担任康设计课的助教。在普林斯顿大学期间，摩尔认识了罗伯特·文丘里（Robert Venturi, 1925—2018），两人均被公认为是建筑后现代主义（postmodernism）中的重要人物。

16 克里斯托佛·亚历山大（Christopher Alexander）是加州大学伯克利分校的荣休教授。亚历山大著作丰厚，其研究多着重于建筑的设计及建造的过程，包括了 *Notes on the Synthesis of Form*（《形式综合论》，1964）、*The Oregon Experiment*（《俄勒冈实验》，1975）、*A Pattern Language*（《模式语言》，1977）、*The Timeless Way of Building*（《建筑的永恒之道》，1979）等。

17 Pattern, 中文译为“模式”，指的是由“规划”者和社区参与者共同认可的、大到城市规划、小至室内装饰的“规划”和“设计”。

18 鲍勃·哈里斯（Bob Harris）于1971—1981年任俄勒冈大学建筑与综合艺术学院院长、1981—1992任南加利福尼亚大学（University of Southern California）建筑学院院长。哈里斯是美国最早被“大学建筑学院协会”（Association of Collegiate Schools of Architecture，ACSA）评为“杰出教授”（distinguished professor）的五位教育家之一。来源：https://www.acsa-arch.org/.

19 杰罗姆·谢柏轲（Jerome Silbergeld）是一位专修中国艺术史的美国学者，其研究包括传统和现代中国绘画、建筑、园林等。谢柏轲1967年获斯坦福大学美国历史硕士学位、1972年获得俄勒冈大学艺术史硕士学位、1974年获斯坦福大学中国艺术史博士学位。谢柏轲先后在普林斯顿大学和华盛顿大学任教，并于2016年获得俄勒冈大学设计学院埃利斯·劳伦斯勋章。

20 朱耷（1626—约1705），字刃庵，号八大山人。朱耷为明朝宁献王朱权之九世孙，明朝灭亡后落发为僧，后又人青云谱为道。朱为中国画一代宗师，擅长水墨画，以写意为主。

21 沈周（1427—1509），字启南，号石田、白石翁、玉田生、有竹居主人等，与文徵明（1470—1559）、唐寅（1470—1542）、仇英（约1494—1552）合称明四家，或吴门四家。沈周为吴门画派的创始人。

22 黄宾虹（1865—1955），名质，字朴存、朴人，别号予向、虹庐、虹叟，中年更号宾虹。中国近代山水画画家。

23 “天地与我并生，而万物与我为一”出自春秋战国时期思想家庄子（约公元前369—公元前286）的《庄子·内篇》中的《齐物论》。

24 冯友兰（1895—1990），中国当代著名哲学家和教育家。著有《中国哲学史》《中国哲学简史》《中国哲学史新编》《贞元六书》等，对学界影响深远，称誉为“现代新儒家”。

25 《淮南子》，又名《淮南鸿烈》，为西汉淮南王刘安（公元前179—公元前122）及其门客收集史料编写而成的一部哲学著作。

26 海尔伦 · 顾立雅（Herrlee G. Creel, 1905—1994），美国汉学家和哲学家，专门研究中国哲学和历史。顾立雅为芝加哥大学远东语言与文明系荣休教授，其1936年出版的*The Birth of China*（《中国的诞生》）是第一本详尽解析中国安阳考古发掘的外文书籍，其出版迅速引起全球汉学者对于中国文明的关注。2006年，芝加哥大学年以顾立雅为名，成立“顾立雅中国古文字学中心”The Creel Center for Chinese Paleography，成为国外研究上古时期中国文献的中心之一。

27 龙先生的硕士论文于1978年由俄勒冈大学出版成书。Lung, P.Y. David. *Heaven, Earth and Man: Concepts and Processes of Chinese Architecture and City Planning*（《天、地、人：中国建筑与城市规划中的“思想”与“过程”》). Oregon: University of Oregon, 1978.

28 “…Recipients are individuals whose professional and personal achievements embody the integrity, educational philosophy, and commitment to their chosen fields as exemplified by Lawrence, an outstanding teacher, leader, and nationally respected architect.” 来源：https://design.uoregon.edu/success/lawrence-medalists.

29 何弢（Ho Tao, 1936—2019），原籍广东，生于上海，建筑师、艺术家。何早年在约瑟夫 · 鲁伊斯 · 塞特（Josep Lluís Sert, 1902—1983）、希格弗莱德 · 吉迪恩（Sigfried Giedion, 1988—1968）、瓦尔特 · 格罗皮乌斯的指导下于哈佛大学设计研究生院完成建筑学硕士学位，后为格罗皮乌斯所聘成为其“建筑师合作事务所”（The Architects Collaborative，TAC）的私人建筑助理。1964年回港，并于1968年创办“何弢建筑师事务所”（TaoHo Design Architects），作品包括香港国际学校、香港艺术中心、圣士提反书院科艺楼等。何是香港事务顾问、香港区旗和区徽设计师、香港艺术中心发起人之一及总建筑师。

30 “香港的注册建筑师无等级之分。然而，在注册建筑师之外，还有一类称为‘认可人士’（Authorized Person，AP）。认可人士必须承担香港特区法例上列明的法律（刑事）责任，以建筑工程或街道工程统筹人的身份监督工程图则的制备，在证明书上签字、制订监工计划书（如有需要），并监督施工过程，以确保工程安全进行。”详见香港大学《香港与内地建筑师在工作范畴上的比较及研究》课题组：《香港与内地建筑师在工作范畴上的比较及研究——综合报告（香港部分）》，香港：香港大学，香港建筑师学会，2019年。

31 巴克敏斯特 · 富勒（Buckminster Fuller, 1895—1983），美国建筑师、哲学家、发明家 。富勒一生专注建筑设计及发明。在建筑方面，球形屋顶（geodesic dome）为其最出名的设计之一。富勒获得28项美国专利及诸多荣誉博士学位，1970获美国建筑师学会金奖。

32 桢文彦（Fumihiko Maki），日本现代主义建筑大师，新陈代谢派（Metabolist）的创始人之一。桢文彦为日本东京大学建筑学硕士（1952）、美国哈佛大学设计学院建筑学硕士（1954），并于1993年获普利兹克建筑奖（Pritzker Architecture Prize）。

33 苏米特 · 朱姆塞（Sumet Jumsai），泰国建筑师、泰国国家艺术家（National Artist）、美国建筑师学会荣誉会员、法国建筑学院会员。朱姆塞在建筑设计方面一直注重建筑与水环境的关系，并以此去表达泰国民众的身份认同。他的写作试图通过重写人类聚落的历史演变，并通过水传播的技术和形式的考古学去重新定位东南亚建筑和文化。详见：Wee,Hiang Koon, “An Emergent Asian Modernism: Think Tanks and the Design of the Environment,” in *The Impossibility of Mapping (Urban Asia)*, edited by Bauer, Ute Meta, Khim Ong, and Roger Nelson (Singapore: NTU Centre for Contemporary Art Singapore and World Scientific Publishing Co Pte Ltd, 2020), 50. 英文原文：“… he (Sumet Jumsai) attempted to situate Southeast Asian architecture and culture by rewriting the history of human settlements through a reconsidered archaeology of water-borne techniques and forms …”

34 亚洲建筑师联盟（Asian Planning and Architectural Collaborative，APAC）由桢文彦、林少伟、长岛浩一（Koichi Nagashima）、何弢等人组织成立。“亚洲建筑师联盟可追溯至1969年，1969年到1972年间，长岛浩一暂时离开东京桢文彦的建筑事务所（桢综合计划事务所），并开始在新加坡大学筹备开办城市规划的研究生课程。桢文彦是亚洲建筑师联盟中年长的创始人，而长岛浩一与林少伟则是该联盟的领导者。朱姆塞与何弢的建筑事务所也于1973年加入。随后，亚洲建筑师联盟开始在亚洲与以西方和以国家为主导的城市化现象作斗争。印度建筑师查尔斯 · 科雷亚 (Charles Correa, 1930—2015) 几年后加入。亚洲建筑师联盟作为一个团体，虽然没有任何的实际项目，但每个成员都在自己的建筑领域内产生了具有巨大的影响力。”详见：H. Koon Wee, “An Emergent Asian Modernism: Think Tanks and the Design of the Environment,” in *The Impossibility of Mapping (Urban Asia)*, edited by Bauer, Ute Meta, Khim Ong, and Roger Nelson (Singapore: NTU Centre for Contemporary Art Singapore and World Scientific Publishing Co Pte Ltd, 2020): 39-40. 英文原文：“APAC’s commencement can be traced back to 1969, when Nagashima took a break from working from Maki in Tokyo between 1969 to 1972 to take up the task of setting up a postgraduate urban planning programme at the University of Singapore. Maki was the elder founder of APAC, while Nagashima and Lim were the unspoken leaders of the group. Sumet Likit Tri & Associates and Tao Ho Architects & Designers joined in 1973, and APAC should begin to compete with the predominantly western and state-led efforts in urbanization in Asia. Charles Correa joined several years later. Despite not winning a single commission as a group, each member was massively influential within his own territory of practice.”

35 林少伟（William Lim），新加坡建筑师。前新加坡传统文化协会会长，曾出任新加坡规划与城市研究组（Singapore Planning and Urban Research Group，SPUR）主席。

36 Nagashima, Koichi, ed. Contemporary Asian Architecture: Works of APAC Members.*Process: Architecture 20* (November 1980).

37 黎锦超（Eric Lye，1933—2003），前香港大学建筑学院院长（1984—1990 年）、建筑系系主任（1976—1996 年）、讲座教授。黎锦超是一位远见卓识的建筑师和教育家，启发了香港几代建筑师。

38 吴永顺（Vincent Ng），太平绅士，香港建筑师，前香港建筑师学会会长（2015—2016 年）。曾获“香港青年建筑师奖”和“香港十大设计师”，现为香港创智建筑师有限公司（AGC Design Ltd）资深董事及香港政府海滨事务委员会主席。著有《建筑·交响·梦》（2021）一书。

39 董正纲（Jeff Tung），香港建筑师，香港建筑师学会资深会员，新世界发展有限公司高级项目总监。

40 霍文健（Simon Fok），香港建筑师，香港建筑师学会会员，英国皇家建筑师学会会员。

41 朱海山（Paul Chu），香港大学建筑学学士、哥伦比亚大学建筑学硕士、香港建筑师、中国一级注册建筑师。现为香港珠海学院建筑学系系主任兼教授。曾获“香港青年建筑师”“廿一世纪香港新晋建筑师”“香港十大设计师”。

42 黎东耀（Stan Lai），香港大学建筑学学士、建筑学硕士、哲学博士。现为香港珠海学院建筑学系副教授。

43 vernacular 一词，按《韦氏词典》（1989）版本所释为“‘土著的，土著人的’（native）源于拉丁文 *verna*，意为‘出生在主人家的奴隶’；vernacular 可取意为‘关于某个地区或国家的本地语言或方言，而并非指文学上的（literary）、或文化上的（cultured）、或外来的语汇（foreign language）。’”详见：Mish, Frederick C., ed. *The New Merriam-Webster Dictionary* (Massachusetts: Merriam-Webster Inc., 1997): 812. 英文原文为：“native; fr.verna slaveborn in the master’s house …relating to, or being a language or dialect native to a region or country rather than a literary, cultured, or foreign language…” 在建筑上多取其与建筑所用“语汇”之意。龙先生在其 1991 年出版的《中国传统民居建筑》一书中，将 vernacular 翻译为“民居”，取义《中国大百科全书》；尔后在 2015 年的网络公开课 *The Search for Vernacular Architecture of Asia*（寻找亚洲的民居建筑）中，再次将“民居”定义为“‘民居’应该包含建筑与环境，无论在城市还是在农村，是由普通的民众（并非一定是居住者）所建造的。民居建筑（的建造，包括了日后必要的更新和持续的改建）是一种基于同一文化体系或同一种族群体下的知识共享。重要的是，这种知识共享是通过传统的方式世代相传……民居建筑不单只是一个建筑产品（product），它还是一个不断转变的过程（process），一个知识传承的过程。”详见 Lung, P.Y. David, “The Search for Vernacular Architecture of Asia”, published manuscript (Hong Kong: The University of Hong Kong, a massive open online course), first launch on edX platform in April, 2015. 英文原文：“…vernacular environment should include buildings and landscapes, urban or rural, which are made by ordinary people, based on a shared knowledge that are commonly understood and shared among the people of the same cultural or ethnic root; and more importantly, that knowledge is handed down through generations in the form of traditions …vernacular architecture is a product, at the meantime, a process …”

44 1986 年，龙先生在香港大学举办“广东福建民居”展览，获彼时港督尤德爵士（Sir Edward Youde, 1924—1986）及大众好评。后又于 1991 年举办“中国传统民居建筑”展览，并出版中英双语《中国传统民居建筑》一书，时任建筑系系主任黎锦超及区域市政局博物馆馆长严瑞源作序。

45 2012 年，香港大学将龙先生的 *Vernacular Architecture of Asia*（亚洲民居建筑）课程通过录制转变为网上公开课程（Massive Online Opened Course，MOOC），并分别于 2015 年、2016 年、2018 年在由哈佛大学和麻省理工学院共同开发的 edX 平台上授课。课程名称分别为 *The Search For Vernacular Architecture of Asia*（寻找亚洲的民居建筑，2014）、*Vernacular Architecture of Asia: Tradition, Modernity and Cultural Sustainability*（亚洲的民居建筑：传统、现代与文化的可持续，2015）、*Interpreting Vernacular Architecture in Asia*（诠释亚洲的民居建筑，2017）。从 2017 年起至今，由 Peter Lampard（林彼得）、Edwin Wu（吴鼎航）、Norman Ung（吴伟麟）、Abdul Yeung（杨书郎）组成的教学团队，将龙先生的课程用“翻转课堂”（flipped classroom）”的教学模式在香港大学建筑学系授课。

46 王其亨，中国传统建筑史学家，天津大学教授、博士生导师。

47 郭湖生（1931—2008），中国传统建筑史学家，东南大学教授、博士生导师。

48 陆元鼎，中国传统民居建筑学专家，华南理工大学教授、博士生导师，中国民居建筑学术研讨会（1988 年）以及海峡两岸传统民居理论（青年）学术研讨会（1995 年）的发起人。

49 张驭寰，中国传统建筑史学家，中国科学院自然科学研究所研究员。

50 郭黛姮，中国传统建筑史学家，清华大学教授、博士生导师。

51 李乾朗，台北市人，建筑史家，任教于台北“中国文化大学”建筑及都市设计学系，被誉为“台湾古迹修复之父”。参见赖德霖：《“台湾古迹修复之父”李乾朗先生的故事》，陈伯超、刘思铎主编《中国建筑口述史第一辑：抢救记忆中的历史》，同济大学出版社，2018 年，216-221 页。

52 傅熹年，中国建筑设计研究院建筑历史研究所研究员，中国工程院院士。

53　单士元（1907—1998），中国明清史专家、档案学家、中国传统建筑学家。

54　贝聿铭（I. M. Pei, 1917—2019），美籍华裔建筑师，1983 年普利兹克建筑奖得主，被誉为“现代主义建筑的最后大师”。

55　赫尔穆特·雅各布比（Helmut Jacoby, 1926—2005），德国建筑师，20 世纪建筑绘画大师。雅各布比与诺曼·福斯特（Norman Foster）是挚友，雅各布比曾在福斯特建筑事务所（Foster Associates，即 Foster + Partners 前身）担任建筑绘图师。雅各布比独特的建筑绘图表现为 20 世纪下半叶建筑领域的发展提供了独特的历史记载。

56　理查德·迈耶（Richard Meier），美国建筑师与抽象艺术家，1984 年普利兹克建筑奖获得者。代表作品：西班牙巴塞罗那现代艺术博物馆（Barcelona Museum of Contemporary Art）、美国加州洛杉矶盖提中心（Getty Center）和圣何塞市政厅（San José City Hall）。

57　林同炎（Tung-Yen Lin, 1912—2003），美国华裔土木工程学家，中国科学院外籍院士、美国国家工程院院士、台湾“中央研究院”院士、加利福尼亚大学伯克利分校终身荣誉教授。主要著作有《预应力混凝土结构设计》《钢结构设计》《结构观念与系统》，这三本工程书籍已被翻译成多种文字。1986 年获得美国国家科学奖。

58　按《研讨会——中国的建筑教育》（1986）手册记载，1985 年香港大学建筑系黎锦超、刘秀成、黄赐巨、龙炳颐访问广州、北京、西安并讲学；同年 10 月份，黎锦超随香港大学校长访问上海。

59　刘秀成，1973 年至 2004 年在香港大学任教，先后任建筑系讲师、高级讲师及教授，1996 年至 2000 年任香港大学建筑系系主任。

60　按《研讨会——中国的建筑教育》（1986）手册记载，出席 1986 年研讨会的内地学者有清华大学李道增教授、孙凤岐；西安冶金建筑学院刘宝仲教授、广士奎教授；同济大学戴复东教授；华南工学院金振声教授、张锡麟教授。

61　金振声（1927—2014），华南理工大学教授，原华南理工大学建筑系系主任（1981—1984）。

62　按《研讨会——中国的建筑教育》（1990）手册记载，1990 年的中国建筑教育研讨会，内地共有八所建筑院校参与，包括：哈尔滨建筑大学（现并入哈尔滨工业大学）、华南理工大学（原华南工学院）、天津大学、东南大学、同济大学、清华大学、西安冶金建筑学院（现西安建筑科技大学）、重庆土木建筑学院（现并入重庆大学）。组织方为香港大学建筑学系、香港建筑师学会、英国皇家建筑师学会。研讨会时间为 1990 年 10 月 1—8 日，地点为香港大学纽鲁诗楼三楼。出席研讨会的中国内地学者有重庆土木建筑学院夏义民教授、哈尔滨建筑大学梅季魁教授、华南理工大学金振声教授、东南大学鲍家声教授、天津大学荆其敏教授、同济大学郑时年副教授、清华大学李道增教授、中国建筑学会秘书长张钦楠、中国教育部高教司副司长王冀生教授、中国学位委员会办公室副处长王亚杰、中国建设部人力资源司副司长秦兰仪教授。

63　约翰·塔恩（John Tarn, 1934—2020），英国利物浦大学荣休教授。塔恩因其在建筑研究、教育、实践方面的成就而备受推崇。塔恩于 1968—1992 年间在英国皇家建筑师学会任职。1988 年香港中文大学建筑学术咨询委员会成立，塔恩担任委员，并于 1992 年至 2002 年担任该委员会主席。

64　“……事情从 1990 年谈起。当年，香港大学的黎锦超教授、龙炳颐教授发起，在香港举行中、英、美以及香港地区有关建筑学教育的座谈会，邀请国内八大建筑院校、建设部教育司、设计司、中国建筑学会的负责人参加。会上，大家一致认为，建筑师是一个独立的、崇高的职业，建筑师的职业建设要从学校教育开始……1992 年，建设部设计司、教育司、中国建筑学院在北京联合举办了“建筑师的未来”座谈会，与会的有各省市建委、建设厅设计处、教育处负责人；英国皇家建筑师学会、美国建筑师学会、全国注册建筑师管理委员会、澳大利亚皇家建筑师学会、香港建筑师学会的会长都出席……到 1990 年代末，美国建筑教育评估委员会（NAAB）决定与中国建筑教育评估委会确认相互承认对方的评估标准，也就是说，双方相互承认经过本国评估通过的建筑院校取得建筑学学士学位的学历……《中华人民共和国注册建筑师条例》在 1995 年颁布……”详见：张钦楠《槛外人言——学习建筑理论的一些浅识》，中国建筑工业出版社，2013，155-158 页。

65　张钦楠，1951 年毕业于美国麻省理工学院土木工程系。美国建筑师学会、英国皇家建筑学会、澳大利亚建筑学会名誉资深会员。1988—2000 年先后担任中国建筑学会秘书长、副理事长。著有《人文主义建筑》《中国古代建筑师》《槛外人言——学习建筑理论的一些浅识》等。

66　汪坦（1916—2001），字坦之，江苏苏州人。1941 年毕业于中央大学建筑工程系，后从业于当时颇负盛名的兴业建筑师事务所。1948 年赴美，在现代建筑大师赖特事务所学习。1949 回国，任大连工学院教授、基建处副处长，参加学校建设工程。1983 年创办深圳大学建筑系。详见汪坦口述、赖德霖记注：《口述的历史：汪坦先生的回忆》，载贾珺主编《建筑史（第 21 辑）》，清华大学出版社，2005 年，13-23 页。

67　深圳大学建筑系创办于 1983 年，由清华大学汪坦教授任首任系主任。

68　“己欲立而立人，己欲达而达人”出自《论语·雍也》，为孔子回应子贡如何实行“仁”德，意为“自己要立，便要让别人也立；自己要达，便要让别人也达。”详见：毛子水注译，《论语今注今译》，台湾商务印书馆股份有限公司，1979 年，92 页。

罗小未先生谈外国建筑史教科书的编写[1]

受访者简介

罗小未

1925 年 9 月 10 日—2020 年 6 月 8 日，广东番禺人，出生于上海，中国民主同盟盟员，1948 年毕业于上海圣约翰大学工学院建筑系，1951 年任圣约翰大学工学院建筑系助教，1952 年院系调整随建筑系师生并入同济大学建筑系，历任同济大学建筑系助教、讲师、副教授、教授。著名建筑学家，上海建筑学会名誉理事长。罗小未是将西方现、当代建筑思想与成就引入中国的最重要的学者之一。

采访者：

赵冬梅（上海交通大学设计学院建筑学系）

卢永毅（同济大学建筑与城市规划学院建筑学系）

访谈时间：2012 年 10 月 30 日 14:00—16:25

访谈地点：上海市同济绿园罗小未先生家中

整理情况：赵冬梅整理，卢永毅校订

审阅情况：未经受访者审阅

访谈背景：2012 年赵冬梅在撰写关于在中国的西方建筑史教学和教科书编纂的博士学位论文，在导师卢永毅教授的指导下，对自 20 世纪 50 年代以来从事西方建筑史教学和研究的前辈们进行了系列访谈，访谈对象包括罗小未、刘先觉、张似赞、陈志华和吴焕加五位教授。本篇是赵冬梅由卢永毅陪同对罗小未先生做的访谈，旨在了解罗先生在同济大学教授外国建筑史的情况，特别是编写相关教科书的背景、过程、参考书目以及背后的思想，并对同时期国内其他建筑院校的外国建筑史教学与教材建设情况也有适当了解。

罗小未 以下简称罗

赵冬梅 以下简称赵

卢永毅 以下简称卢

❝

关于教学参考书

卢 罗先生您好！我的学生赵冬梅在做我们建筑院校西方建筑史教学和教科书编纂的历史研究。您作为这项工作的亲历者和引领者，特别是改革开放以后，一些重要建筑文献信息的引入，教科书的建设，许多工作都是从您这边开始的。所以想了解一下这段历史过程的具体情况。

丨罗 我本来还想从我家的藏书中找两本出来给你们看的。我常跟你们说的那本佩夫斯纳（Nicolas Pevsner）的"*An outline of European Architecture*"（《欧洲建筑史纲要》）[2]，还有吉迪恩（Siegfried Giedion）的《空间 · 时间 · 建筑》（*Space,Time and Architecture*）[3]是最主要的。在我年轻时受影响的几本书中，还有一本叫"*What is Modern Architecture*"（《什么是现代建筑》）[4]，是黄作燊[5]的同学写的。吉迪恩那本书是 1940 年代出版的。对我影响最大的还是吉迪恩。那时候黄作燊在哈佛学习时，大概就已经了解吉迪恩的东西，因为当时正好是吉迪恩受格罗皮乌斯（Walter Gropius）邀请在那里[6]教书，《空间 · 时间 · 建筑》基本就是讲课内容。出版的时候黄作燊已经回国了，他回来后在圣约翰大学教我们时，一直都讲吉迪恩的这本书。

卢 吉迪恩是1939年在那里讲学，书是1941年第一次出版。那您说过，您是四九年后得到这本书的，是吗？五十年代还可以有国际邮寄书籍？

丨罗 对，这些都是四九年后得到的。我有这些书，是因为我的好几个姐姐在美国。我的一个姐姐 1948 年离开上海，后来到了美国，她有个儿子也是读建筑的，有时候我就跟他联系，寄钱给他让他帮我买书。此外，我还有个好朋友，她的丈夫是哈佛毕业的，是建筑师，我也会请他们帮我买书。还有李先生（李德华）[7]很会到上海的旧书店淘书，我们家里的书差不多都是他买的。我们那时候什么都舍不得买，但是李先生还是非常喜欢买书。虽然我们的收入不高，但跟很多人相比还算是好的。

赵 罗先生您编写的教材和图集的参考书目里很多都列了弗莱彻（Banister Fletcher）的《比较法建筑史》[8]、苏联的《建筑通史》（***Всеобщая История Архитектуры Дом***）[9]，还有弗格森的《印度与东方建筑史》[10]。

丨罗 弗格森的这本书同济图书馆里有的。我那时候编写古代建筑史最重要的参考书就是弗莱彻和弗格森的这两本书。教近现代建筑史参考的、比较经典的，就是《空间 · 时间 · 建筑》，我这本是 1959 年的版本。

赵 罗先生讲到近现代建筑史教学中对您影响最深的是吉迪恩的《空间 · 时间 · 建筑》，我在您编写的教材所列的参考书中，还看到了尤迪克（Joedicke Jürgen）的“*A History of Modern Architecture*”（《现代建筑史》）[11]。

丨罗 那本书对我也很有用，主要是给我参考资料，帮了我很大的忙。它很实在，不像其他书要发表言论，就是描述事实，我觉得它好就好在这点。当时我们学校图书馆有一本英文原版，还有一本德文原版。后来，英文版的找不到了，我去南京工学院复印了英文版。参考书还有詹姆斯·莫德·理查兹（James Maude Richards）写的 *An Introduction to Modern Architecture*（《现代建筑介绍》）[12]，这本书和另外一本 *What is Modern Architecture*（《什么是现代建筑》）都没有太多的理论，但是火药味很浓，有攻击性。这两本书史料也很多，对我们来讲是很基础性的那种书。黄作燊很欣赏理查兹，后者很长一段时间（1937—1971 年）担任《建筑评论》（*Architecture Review*）的主编。

我喜欢每本书都有自己的理由。比如尤迪克这本书，它史料多，而且很强调技术，技术的发展和建筑的关系很明确。我感觉南工（南京工学院）跟清华（大学）比较喜欢用美国人出的书，比如阿诺德·维提克（Arnold Whittick）的《20 世纪欧洲建筑》[13]，这本书的史料也很多，有可能这两所学校与美国交流更多，我们学校主要是跟德国以及欧洲其他国家的交流多。

赵 当时陈志华先生、刘先觉先生会参考苏联的《建筑通史》。在对刘先生的采访中，他说这本书资料比较全，史料也比较多，讲城市方面的内容比较多，比如讲雅典卫城，会从与城市（关系）的角度看，而不像有些书只叙述雅典卫城本身。采访陈先生，说自己基本上是在这本书的基础上写的，他对比过欧美其他的建筑史著作，觉得这本书严谨些。

丨罗 王其亨老师最近来过，和我谈起建筑史教学。他说起，看陈先生写的建筑史，觉得很有文学味道，我觉得这与他的参考书有关系。王老师觉得自己写的东西很理性，陈先生是感性的。而我呢，最开始启发我的是弗莱彻的《比较法建筑史》。等到我教书的时候，倒不是这本“弗莱彻”了，我发现有的书可以既讲理念，又讲方法，用不同的方法讲述相同的理念，这种书就很吸引我。但是我不太懂的东西，就会避开，我没办法都搞懂。所以，我对王老师说，外建史和中建史完全不一样，我们外建史就是靠读书，而教中建史可以亲自去看（实物）。讲个例子可以联系到中国文学，比如看到园林可以联想到《红楼梦》，没人教你自己也可以会的。可是，教外建史就不一样，你又没看过。我第一次出国是 1980 年，那时我教外建史已经 28 年，从 1951 年开始教。教了好久才看见实物，所以不就是读书么。我们就是拿书上说的，后来再去看实物时，才会有心得，分析一些东西时候，会有点实地的体会。这种跟搞中建史研究的是两样的。我们平时讲课，还是靠看书，看图片，还有 imagination（想象力）。当然，我觉得就像我这样的人，imagination 有一点优势，就是因为一直在看外文小说。

关于外国建筑史教学

赵 罗先生，您说过同济是全国最早开始讲外国近现代建筑史的，当时怎么会单独设置成一门课呢？

丨罗 以前的《西洋建筑史》我们把它叫作《外国建筑史》，主要是古代史。清华大学的外建史也是指古代的，当时没有把建筑史指到近现代。吉迪恩到哈佛去讲近现代史，是把它当作一种新鲜事物讲给学生听，所以学生才会那么着迷，而那已经是 1938—1939 年的事。黄作燊回来以后，给李德华他们班级讲的，就是四个现代建筑大师（即现代派建筑师格罗皮乌斯、勒·柯布西耶、密斯和莱特）。后来我们搞学术活动，我开始改成讲五个大师，就是再加个阿尔瓦·阿尔托。那时四个大师大家还比较熟悉，但阿尔瓦·阿尔托比较陌生。这个是 1950 年代的事，大概五五年，五六年。我参考一些书和杂志，比如 *Towards A New Architecture*（《走向新建筑》）[14]。讲的时候，我尽量客观，因为我觉得我们讲历史的任务，在于呈现事实。这个事实同样一件事每个人讲的会不同，因为这个事实对每个人的影响不一样，我一直都想尽量做到客观。

卢 您想到要讲阿尔托，是受谁的影响或启发？

丨罗 李滢[15]，她（在美国留学时）是跟过阿尔托（学习）的。李滢很喜欢北欧的建筑师。她 1950 年回来后在约大（圣约翰大学）任教，就常讲阿尔托怎么样，所以我受到她的影响，看阿尔托的东西。我有两三本关于阿尔托的书，是五、六十年代出的，算是阿尔托最早的专辑，我要研究也只能从书上研究。

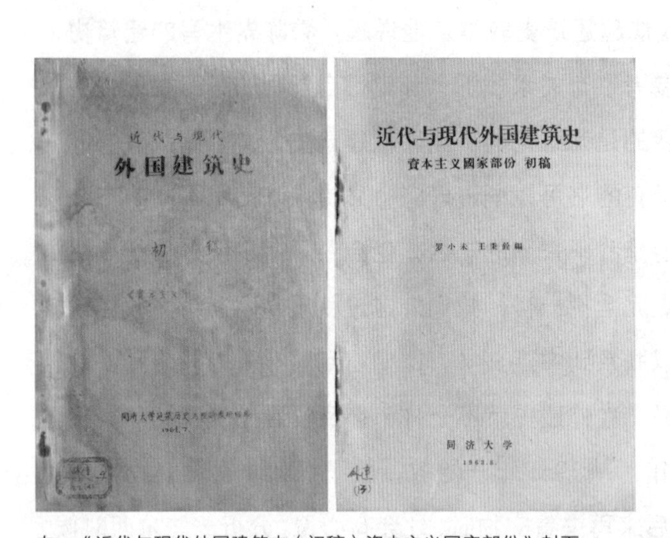

左：《近代与现代外国建筑史（初稿）资本主义国家部份》封面

右：《近代与现代外国建筑史·资本主义国家部份（初稿）》封面

赵 您1961编写的《近代与现代外国建筑史（初稿）·资本主义国家部份（初稿）》[16]和1963年《近代与现代外国建筑史·资本主义国家部份（初稿）》[17]中密斯的写法很像尤迪克的写法。

丨罗 是，尤迪克的这本书，我蛮尊重的，很实在，也很客观，强调技术和建筑的关系，对我帮助很大。我讲的时候只是尽量地客观，不赞成将自己的感想、感情掺杂进去。给学生讲课，我只给你材料，让你自己去感觉。其实他们每个人都代表了一种倾向：阿尔托表现了一种感情——人性化；柯布是那种重视工业化的；格罗皮乌斯其实强调东西的实用性，是否能推广。我觉得柯布和格罗皮乌斯是受苏联社会主义思想影响的，他们认为合理的建筑就会产生合理的社会。社会和建筑是联系在一起的，这是一大发明。因为他们带着这种愿望，要和当权的主流相对，所以有时会做得比较偏激。

关于外国建筑史教材

赵 罗先生您那时候编了多本外国建筑史教材，有1957年的、1961年和1963年的……五、六十年代很密集地编了好多。

| 罗 我觉得教书的时候有两样东西是我很坚持的，一个是教材，另一个是图，就是图集和幻灯片。因为我们学生没法看到原版的书，这也是我为什么同样的古代史写了很多次，我差不多每年写一次。我写教材时，它一方面是作为学生必需的，另外一方面也作为我的备课。我那时候写得很紧张。比如说一个礼拜上两次课，一次课完了我就要马上写下次课的部分，一般明天用的内容今天就要送去油印。更紧张的时候，下午上课要用，我上午还在写然后送去油印。不过那时候学校也很配合，很重视，效率也高，我们自己也会盯到底。这都是五、六十年代的事。

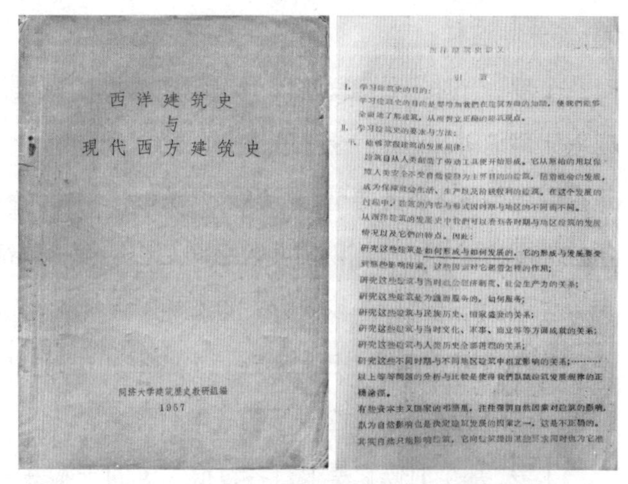

引 言

I. 学习建筑史的目的：

学习建筑史的目的是要增加我們在建筑方面的知識，使我們能够全面地了解建筑，从而树立正确的建筑观点。

II. 学习建筑史的要求与方法：

1. 能够掌握建筑的发展規律：

建筑自从人类創造了劳动工具便开始形成。它从原始的用以保障人类安全不受自然侵袭为主要目的的建筑，随着社会的发展，成为保障社会生活、生产以及阶級权利的建筑。在这个发展的过程中，建筑的内容与形式因时期与地区的不同而不同。

从西洋建筑的发展史中我們可以看到各时期与地区建筑的发展情况以及它們的特点。因此：

研究这些建筑是如何形成与如何发展的，它的形成与发展要受到那些影响因素，这些因素对它起着怎样的作用；

研究这些建筑与当时社会经济制度、社会生产力的关系；

研究这些建筑是为誰而服务的，如何服务；

研究这些建筑与民族历史、国家盛衰的关系；

研究这些建筑与当时文化、军事、商业等等方面成就的关系；

研究这些建筑与人类历史全部进程的关系；

研究这些不同时期与不同地区建筑中相互影响的关系；………

以上等等問題的分析与比較是使得我們認識建筑发展規律的正确途径。

有些资本主义国家的书籍里，往往强調自然因素对建筑的影响，認为自然影响也是决定建筑发展的因素之一，这是不正确的。

其实自然只能影响建筑，它向建筑提出某些要求同时也为它准

左：《西洋建筑史与现代西方建筑史》封面

右：《西洋建筑史与现代西方建筑史》引言页

我把编书作为备课，差不多每讲一次课，编写一次，修改一次。我讲的东西为什么能吸引学生，主要还是因为文化背景。我从小在外国人办的学校读书，看了很多外文小说。比如大仲马的小说我好早就看了，一讲到法国的宫廷，立马就能联想起来，就能理解。凡尔赛宫的那个大镜廊窄窄长长的，就可以联想到那种宫廷舞要排成队，两个两个牵着手，走几步，然后停下来鞠躬，但是不能跳华尔兹，华尔兹只能在维也纳跳，那是中产阶级在外面的花园里跳。只有通过这些东西才能理解建筑，明白建筑与舞蹈的关系。当然这种认识也不是我发明的，我只是通过自己的联想来理解建筑。所以，建筑的确是与生活联系的。

赵 我看您编写的教材后有个问题，您1961年与1963年编了两部《近代与现代外国建筑史·资本主义国家部分（初稿）》。1961年教材里讲了“空间-时间”（space-time）这件事，并说中国古代园林里面也有，还谈到对它的一些批判，为什么这些内容在1963年的教材里删掉了?

| 罗 其实这个“space-time”的概念我们中国老早就做了，比外国人还早，比如我们园林中的移步换景。我认为吉迪恩的“space-time”有点牵强，但不是牵强在与毕加索绘画的关系，而是牵强在关联了爱因斯坦。我们不了解爱因斯坦的相对论，被这个概念搞糊涂了好久。我们在读书的时候就常常会遇到这种困惑，它牵扯到艺术与科学问题，艺术问题比较好理解，只要看看毕加索的画就能理解了，但是牵扯到爱因斯坦的空间问题，就很难懂，很难用很简单的话讲出。因为我觉得我没办法解决这个问题，所以我就只能避而不谈。

赵 原来是这样。

| 罗 当时，我们同济因为冯纪忠先生的缘故，所以很注重讲“space”（空间），当时很明确地讲“space”是很先进的，所以我们都讲“space”。我觉得彭一刚先生的那本《建筑空间组合论》[18] 主要是涉及设计方法论，例如大空间中组织小空间，还有就是排比空间，学校需要排比空间，剧院需要大空间套小空间，是帮我们分析空间的设计方法。

卢 也是因为这些，在我们后来的《外国近现代建筑史》教材中，就没有太多讨论空间这个话题？布鲁诺·赛维（BrunoZevi）的书《作为空间的建筑》（*Architecture as Space*）[19] 在1950年代就进来了，它对您的教学有什么影响?

| 罗 那个时候它是很有名、很先进的一本书，主要就是它重申了建筑空间，它不是很强调历史，而是强调空间。

赵 那么您在讲建筑历史课的时候，是否有意要与当时这个“先进”的“space”产生关系?

| 罗 我没有刻意强调它，但是在分析建筑的时候都会分析它的“space”。我没有特别强调空间这件事，因为建筑历史关注的事情很多。我觉得现代建筑有很多东西，不仅仅是“space”。

赵 我看到您关于编写外建史图集的会议记录[20]，您提到现代建筑史有设计史、技术史、类型史，出现了很多新的方面，空间只是其中的一个方面。

| 罗 如果太突出空间，会不会忽略其他方面呢，当然空间是很主要的一个方面。而且近现代史跟古代史的区别除了讲 form（形式），还有就是要关注技术的发展和关注空间这些方面。

赵 除了“space-time”这个题目作为章节在1961年的教材里写了，1963年的教材暂缺外，现代建筑大师阿尔托也是这样，1961年的教材中有阿尔托，1963年的教材中关于阿尔托的那章节写“暂缺”。

丨罗 我一直处于被批判的边缘，搞不清楚就避开。自己觉得还有问题没解决，觉得自己学识不够，讲不清。比如我在编写教材时发现很多人说“Modern Baroque”（现代巴洛克），我觉得这个蛮牵强，我不懂，就会追究到底什么是“Modern Baroque”，我自己会花很多时间研究，实在没法弄懂的就不讲。

卢 那罗先生您讲的“space-time”这个概念，或讲到立体派绘画与现代建筑放到一起阅读，您具体是怎么讲的？之前黄作燊先生是怎么讲的？

丨罗 我的理解就是讲抽象美学跟建筑的关系，我们的学生那时候还搞不清美不美学，抽象与具象。黄先生当时讲毕加索是作为一个章节讲的。他在伦敦A A（Architectural Association School of Architecture，建筑联盟学院）读书的时候，是A A闹得最厉害[21]的时候，他受了很深的影响。当时的建筑舞台是由主流建筑师主导的，例如在英国，建筑界特别讲派头、讲等级、讲阶层。甚至在中国上海的发展也一样，例如匈牙利建筑师邬达克，是挤不进公共租界里英国人的主流社会，虽然他很努力。英国人要造银行等标志性建筑，绝对不会给非主流建筑师来设计，只有那些小资产阶级住宅、小电影院等建筑他们才有机会参与。所以在这种环境下，搞改革的那些非主流建筑师，就要努力去斗争了。

赵 罗先生，您写的这些教材是如何进行历史分期的，比如近现代史是从哪里开始写起，您参考了哪些书？

丨罗 我是完全参考其他人的框架，比如尤迪克。近现代史18世纪和19世纪的英国，英国不同程度的三大革命：①技术革命（其实就是工业革命）；②社会革命（这些是阿诺德·约瑟夫·汤因比这样的史学家总结与研究的）；③大概是思想革命，然后是20世纪的美国。

卢 这样一些思想，您在1960年代编这些书的时候，都有吸收吗？

丨罗 不是的，我主要还是看几本他们的历史书，就像现在看弗莱彻，就知道写古代史，你不能写当中很多东西，你怎么抓主要的，人家已经抓好了。后来我写近现代史，也是看几本有关的书，然后导出它们的框架。我觉得就像尤迪克这本书，讲近现代的，定框架，有些什么内容，选择一些主要的内容。

卢 像吉迪翁的《空间·时间·建筑》，他有自己关于建筑历史的写法，比如将现代追溯到巴洛克时期，这些在后面的教材编写中是否打算体现出来？

丨罗 我想假如能用另外一种专题，可能出的东西就不一样了。我那时说是按历史的框架写，对比下来，我觉得尤迪克这本书的历史框架比较好。所以我觉得外国建筑史就是这样，你只能比较好几本东西，才能决定怎么写，确定框架是最麻烦的。

卢 那么对于19世纪复古思潮，在教科书里基本是被否定的，认为它们和新技术革命唱反调。这样一个框架，是受哪个史学家影响比较重呢？

丨罗 否定这个，按黄先生（黄作燊）教下来的，当时否定得还要厉害，因为它就是为艺术而艺术。但是现在我觉得我们搞历史的，不应该这样看，每个历史时代都是有贡献的，构图、比例也是从历史上总结出了一些。尽管你不能完全按它的构图，但这里面确实是一些很复杂的事情。人在千百万年间，看什么舒服，看什么不舒服，你怎么能找出其中的规律，这确实是在复古主义、古典主义中总结出来的。所以，不要把比例看成是“布扎”专有的。我觉得比例是每个搞艺术的都应该注意的东西。如果你导出了一种规律以后，就一定要这样，不这样就不行，这才是“布扎”的教条。但事实上，即使到了现代建筑，有些作品看着舒服，有些就是不舒服。其实柯布、密斯都知道比例，他们都用了，只是他们不讲，他们都受比例教育的影响。现在的学生，假如不让他练比例这些东西，他在做设计时一定是要摸索一阵子的。

话说回来，教学我觉得最重要的，第一点是教材。我做教材都是为了学生，因为当时很封闭，那些外国名词比较容易搞混。比如讲到罗马帝国，不讲清楚，有的学生会以为是罗马尼亚。第二点是图像，建筑这东西你讲1000个字还不如一张图，所以我要给学生看图，看幻灯片。

赵 罗先生您在编写外国建筑史图集的时候，您是如何选图的？

丨罗 就是从图书馆里选。

赵 我看了您1958年编的《外国建筑史参考图集》[22]，图基本上还是来源于《弗莱彻建筑史》，到1963年的时候，图集的参考来源就多了很多，至少已经有七八本，甚至有些印度、日本的书，图集也很厚。

卢 罗先生后来的图说（《外国建筑历史图说（古代—十八世纪）》）有一部分的依据就是这个版本，以这个为基础？

丨罗 对的。

赵 罗先生，我还有个问题，“文革”后的1978年，同济大学和南京

左：《外国建筑史参考图集（第一册）》封面

右：《外国建筑史参考图集（原始、古代、中世纪、资本主义萌芽时期建筑部分）》封面

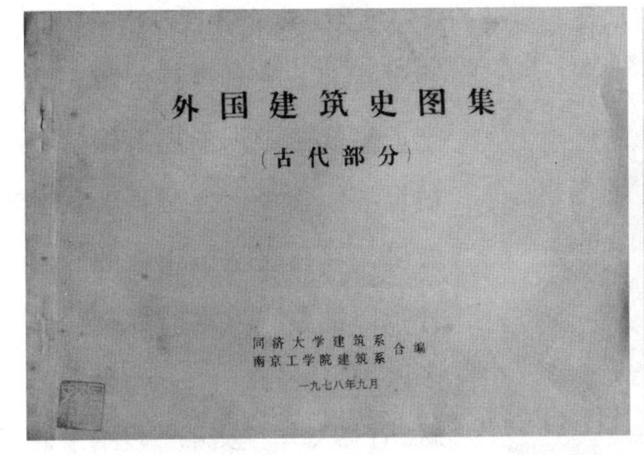

外国建筑史图集

（古代部分）

同济大学建筑系
南京工学院建筑系 合编

一九七八年九月

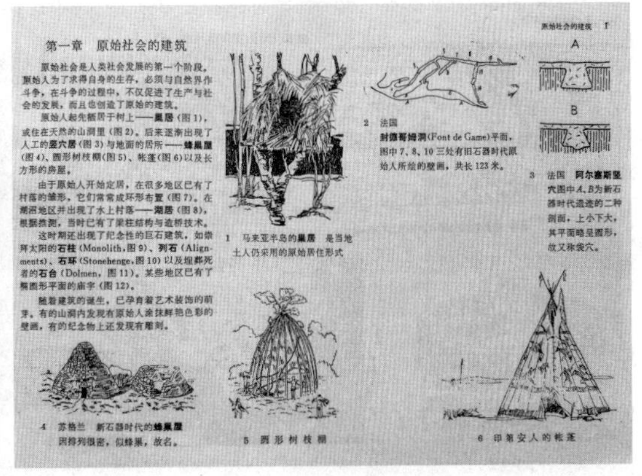

原始社会的建筑 1

第一章 原始社会的建筑

原始社会是人类社会发展的第一个阶段。原始人为了求得自身的生存，必须与自然界作斗争，在斗争的过程中，不仅促进了生产与社会的发展，而且也创造了原始的建筑。

原始人起先栖居于树上——**巢居**（图1），或住在天然的山洞里（图2）。后来逐渐出现了人工的**竖穴居**（图3）与地面的居所——**蜂巢屋**（图4）、圆形树枝棚（图5）、帐篷（图6）以及长方形的房屋。

由于原始人开始定居，在很多地区已有了村落的雏形，它们常常成环形布置（图7）。在湖沼地区并出现了水上村落——**湖居**（图8），根据推测，当时已有了梁柱结构与造桥技术。

这时期还出现了纪念性的巨石建筑，如崇拜太阳的**石柱**（Monolith，图9）、**列石**（Alignments）、**石环**（Stonehenge，图10）以及埋葬死者的**石台**（Dolmen，图11）。某些地区已有了椭圆形平面的庙宇（图12）。

随着建筑的诞生，已孕育着艺术装饰的萌芽。有的山洞内发现有原始人涂抹鲜艳色彩的壁画，有的纪念物上还发现有雕刻。

1 马来亚半岛的**巢居** 是当地土人仍采用的原始居住形式

2 法国
封德哥姆洞（Font de Game）平面，图中7、8、10三处有旧石器时代原始人所绘的壁画，共长123米。

3 法国 **阿尔塞斯竖穴**图中A、B为新石器时代遗迹的二种剖面，上小下大，其平面略呈圆形，故又称袋穴。

4 苏格兰 新石器时代的**蜂巢屋** 因排列很密，似蜂巢，故名。

5 圆形树枝棚

6 印第安人的帐篷

左：《外国建筑史图集（古代部分）》封面

右：《外国建筑史图集（古代部分）》第一页

工学院合编了一本《外国建筑史图集》，那是什么样的背景？您之前编了比较全的图集，为何和南工合作再编写一部？

| 罗 那次有点像教学改革，是去南工开会[23]后决定的。旧的图集没有了，以前不像现在这样，出版社[24]已经没有我们以前的印刷版本了，没法再印。

赵 罗先生刚才说到幻灯片，听说您讲课都是用两个幻灯机同时放图片？

| 罗 两个是为了让同学同时从不同的角度看，同时看正立面跟侧立面，或者房子的外表和里面。我很重视空间的问题，我觉得空间就有外在和内在，要说明这个问题，就需要并置两张幻灯片。我觉得就要把建筑的内外、左右、前后同时通过幻灯片打出来，让同学印象深刻一点。这也有一种“时间 - 空间”的意义。

赵 您1961年和1963年编写的外国近现代建筑史教材，和中苏关系恶化后援助中国的苏联教育专家陆续回国，建筑工程部1961年要求高校编写教材的会议（建筑工程部在北京召开的“高等教育教科书会议”）有没有关系？

| 罗 我们那个四校合编的教材，其实是“文革”后开始做的。

卢“文革”前与“文革”后，编写有什么区别呢？

| 罗 我觉得我们一直是希望进步的，内容更充实、更全面，大概只是这点区别。

赵 还想请教您关于一些概念的问题。1957年到1982年这几次编写的教材的名称，从《西洋建筑史》到《西方建筑史》，再到《外国建筑史》，这些名称的变化背后意味着什么？

| 罗《西洋建筑史》是民国那个时候讲的，后来伊斯兰国家、东南亚国家的材料出现了，就想扩展到《外国建筑史》，但依然以西方国家为中心。

卢 那您这个想法和大家批评弗莱彻《比较建筑史》（*A History of Architecture on the Comparative Method*）中的那棵建筑之树有关系吗？

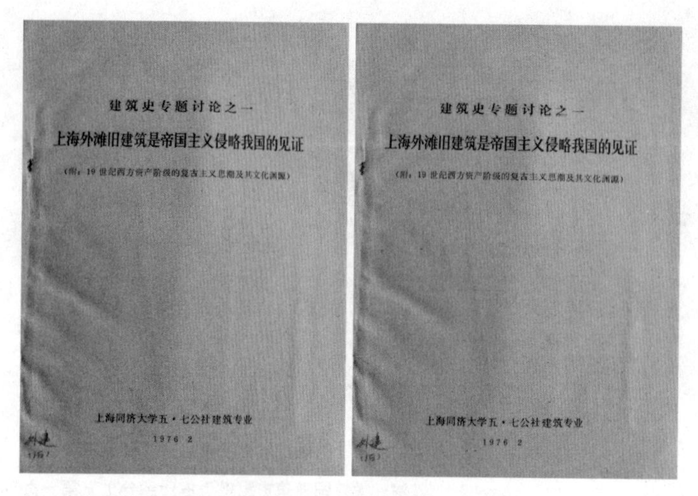

左：《上海外滩旧建筑是帝国主义侵略我国的见证》封面

右：《资本主义经济和资产阶级建筑思潮》封面

丨罗 这个我说不出来，我就觉得要有一种广泛的眼光与意识，就像中国的建筑慢慢也被世界所接受。但是其实我没做到，我只是把东南亚的放进去了，主要想呈现一种文化的多样性。

赵 在1975年“文革”没结束的时候，您编写了两个外国建筑史的专题：《上海外滩旧建筑是帝国主义侵略我国的见证》[25]和《资本主义经济和资产阶级建筑思潮》[26]，为什么编这两个专题教材呢？

丨罗 就是叫我们去批判啊！那个时候有位先生写了两篇批判现代建筑史的文章，然后工宣队的人就让我去学习这两篇文章，也去批判，“文革”时期的这种事很多。

卢 那您觉得四校合编《外国近现代建筑史》时，有哪些最突出的共同观点，或有什么分歧吗？

丨罗 那时是我组织的会，让大家分工，让每人把各自的大纲列好，明确每人负责的那几章要突出的问题，内容表达清楚就可以。基本没有什么争论，观点差不多。

赵 您60年代编了两本《苏联建筑史参考资料》，当时是国家的需要吗？

丨罗 这两本图集其实是陈婉[27]老师编的，她在同济学的俄语，她和王秉铨[28]、蔡婉英[29]他们三个人有个共同特点，就是比较认真，这也是我看重他们的原因。

左：《苏联建筑史参考资料（第一、第二部分）》封面

右：《苏联建筑史参考资料（第三部分建筑图集）》封面

国内的外国建筑史教学

赵 罗先生您讲讲当时您和国内其他建筑院校交流的情况吧，我采访刘先觉先生、张似赞先生，他们都说跟您交流最多，当时还有谁跟您交流过？

丨罗 我觉得我们基本都是

各做各的。我第一次看到刘先觉的时候，他还是梁思成的研究生，他特意来上海找我，就是来了解外国建筑史的，是梁思成先生让他教外建史。

哈工大（哈尔滨建筑工程学院，现哈尔滨工业大学）教历史的是哈雄文，华南（华南工学院，现华南理工大学）是马秀之，人很谦虚，每次开会不怎么发言，不像刘先觉老师那样把建筑史研究作为终身研究。陈志华、吴焕加、刘先觉、张似赞，基本上就这些老师。

赵 您去过很多学校讲学吗？

| 罗 我 1980 年第一次出国，讲了几十年的东西总算看到实物了，我看了实物后很受感动，然后回来整理照片时，发现我拍回来的很多都是名建筑师的作品，我很高兴，觉得自己是慧眼识英雄。回来后，很多地方请我去讲，我出去是由国家和我个人各出一半的花费。我觉得既然有机会出去，就有责任要跟大家分享。我整理了八讲，讲的时候是录音，后来由蔡婉英记下来。

卢 您的“八讲”是跟后来外建史教材中您撰写的第二次世界大战后多种建筑思潮倾向对应吗？

| 罗 思潮当然是主要的，有五、六讲。我是分代讲的，现代建筑的第一代建筑师就是格罗皮乌斯、密斯这些建筑师，再讲思潮。基本上老八校都去讲过，还去各大建筑设计院讲。那时候人们觉得同济大学搞外国近现代建筑史不错，可能就是因为这一系列去各地的讲座。

卢 时间不早了，谢谢罗先生！非常感谢您接受我们的采访！

”

1 国家自然科学基金资助项目“西方现代建筑史的中国叙述及其建筑史教学新探”（项目编号：51478316）；国家青年科学基金资助项目“弗莱彻《比较法建筑史》在中国的移植与转化”（项目编号：51508322）

2 Nikolaus Pevsner. *An Outline of European Architecture*, Britain:Hazell，Watson & Vincy, Ltd., 1948, New and enlarged edition.

3 Sigfried Giedion. *Space, Time and Architecture, The Growth of a New Tradition*. Cambridge, MA: Harvard University Press, 1959, 2nd edition.

4 John McAndrew, Elizabeth Mock. What is Modern Architecture？，New York: William Bradford Press, 1942. 该书是 1938—1969 年间纽约现代艺术博物馆（Museum of Modern Art）组织出版的“*What Is Modern?*”系列图书中的第一本。

5 黄作燊（1915—1975），建筑师和建筑教育家，上海圣约翰大学建筑系创始人。1939 年毕业于伦敦建筑协会学校（School of Architectural Association），同年进入美国哈佛大学设计研究院（Graduate School of Design, Harvard University），1941 年学成回中国，两年后在上海建立圣约翰大学建筑系，任系主任。1952 年“院系调整”后任教于上海同济大学，1952—1966 年任建筑系副主任。

6 那里指美国哈佛大学设计研究院（Graduate School of Design, Harvard University），黄作燊 1939 年入校，成为格罗皮乌斯 (Walter Gropius) 的第一个中国籍研究生，在格罗皮乌斯和布罗耶（Marcel Breuer）的指导下，他的学业成果丰硕。
7 李德华，罗小未先生的丈夫，著名建筑与城市规划学家和教育家。1945 年毕业于圣约翰大学建筑系，1952 年起在同济大学建筑系任教，是城市规划专业开创者之一。1986—1990 年任建筑与城市规划学院院长。
8 Hetcher Banister. *A History of Architecture on the Comparative Method*, London: B.T. 的 Batsford Ltd., 1956, 16th the edition.
9 Академиястроительства и Архитектуры. Всеобщая История Архитектуры Дом. I.СССР, осква, 1958.
10 James Fergusson. *History of Indian and Eastern Architecture*. London: John Murray Press, 1910.
11 Joedicke Jürgen. *A History of Modern Architecture. London*: The Architectural Press, 1961.
12 James Maude Richards. *An Introduction to Modern Architecture*, London: Penguin books Limited, 1956.
13 Arnold Whittick. *European Architecture in the 20th Century*, London: GrosbyLockood and son, 1950.
14 Le Corbusier. *Towards a New Architecture*, London: The Architectural Press, 1927。
15 李滢，女，建筑师，西方现代建筑思潮在新中国的第一批实践者，致力于结合国情的建筑工业化发展，努力将西方的装配式建筑体系国产化。学习经历：1942—1945 年上海圣约翰大学建筑系，1946—1947 年美国麻省理工学院研究生，1947—1949 年美国哈佛大学设计研究院研究生。1951—1952 年在上海圣约翰大学建筑系任助教，1952 年北京市都市计划委员会工作，1984 年从北京建筑设计院退休。
16 同济大学建筑历史与理论教研组，《近代与现代外国建筑史 · 资本主义国家部份（初稿）》，同济大学出版科，1961。（书名中的“部份”应为“部分”）
17 罗小未，王秉铨《近代与现代外国建筑史 · 资本主义国家部份（初稿）》，同济大学出版科铅印室，1963。（书名中的“部份”应为“部分”）
18 彭一刚，《建筑空间组合论》，中国建筑工业出版社，1983。
19 Bruno Zevi. *Architecture as Space*, New York: Horizon Press, 1957.
20 1977 年同济大学建筑系和南京工学院建筑系历史教研组召开一系列“《外建史图集》编写工作”会议，讨论《外国建筑史图集》编写事宜。1978 年 9 月同济大学建筑系、南京工学院建筑系《外国建筑史图集》编写组完成了《外国建筑史图集（古代部分）》的编写工作并正式出版。
21 指主张革新，追随现代建筑。
22 同济大学建筑系建筑历史教研组，《外国建筑史参考图集》（第一册），同济大学印刷厂，1958 年。
23 同 20。
24 此处“出版社”是指“同济大学出版科”。旧的图集是指 1963 年 6 月“同济大学出版科”印制的《外国建筑史参考图集（原始、古代、中世纪、资本主义萌芽时期建筑部分）》，由上海同济大学建筑理论与历史教研室编写。
25 同济大学五七公社建筑专业，《建筑史专题讨论之一——上海外滩旧建筑是帝国主义侵略我国的见证（附：19 世纪西方资产阶级的复古主义思潮及其文化渊源）》，同济大学出版科，1976。
26 同济大学五七公社建筑专业，《建筑史专题讨论之二——资本主义经济和资产阶级建筑思潮（附：资本主义国家的“现代”建筑思潮）》，同济大学出版科，1976 年。
27 陈婉，女，1951 年入上海圣约翰大学建筑系，1952 年随系转入新成立的同济大学建筑系，1955 年本科毕业，入同济大学建筑系建筑历史教研组工作，于 1961 年出版《苏联建筑史参考资料》，1962 年负责编写了《西洋古典柱式》，作为学生的教学参考书籍。1981 年左右去香港定居。
28 王秉铨，男，1953 年入同济大学建筑系学习，1957 年毕业后留系任教，1959 年入建筑历史教研组，1960 年开始与罗小未先生共同编写《外国近现代建筑史》教材，1961 年、1963 年分别印刷两版（参见尾注 16、17）。1978 年“文革”结束后，该书由国内几所高校建筑系教师共同合作继续编写，他参与编写“苏联部分”“科学技术对建筑的影响”两个章节。1979 年前往美国 UCLA 做访问学者一年，当时系主任是 Charles Moore。1985 年他移民至美国。
29 蔡婉英，女，1959 年毕业于天津大学建筑系，分配至同济大学建筑系城市规划教研室，1961 年进入民用建筑设计教研室，约 1974 年进入建筑历史教研室，和罗小未先生合作编写了两个外国建筑史专题教材（参见尾注 25、26）。后与罗小未先生合编《外国建筑历史图说（古代—十八世纪）》（该书于 1986 年改版并由同济大学出版社出版）；1982 年赴美国 UCLA 访学四年，回国后继续外建史教学工作，1990 年代初退休后前往美国定居。

黄树业先生谈风景园林学科发展与理论转型[1]

受访者简介

黄树业先生（2021年摄于武汉）

黄树业学生李波（中信设计总院副院长）提供

黄树业

男，1934年2月生，湖南宁远人；1953年毕业于湖南大学土木系建筑专业。首届中国园林学会（现风景园林学会）常务理事、湖北省风景园林协会终身成就奖获得者、原全国高等学校建设工程类学科专业指导委员会“风景园林”指导小组成员、原武汉城市建设学院(现华中科技大学建筑与城市规划学院景观学系）园林系主任。参与《中国近代建筑史》（1959）编写、参与《城市规划资料集》（1981）“园林绿地”部分等编写。

代表学术论文有：《亭廊桥》（1962）、《重视城市景观，保持城市特色》（1982）、《古建园林谈空间》（1983）、《武汉城市环境空间布局雏议》（1983）、《天开人作，情随事迁：略谈中国园林美学思想之演变》（1984）、《莫愁前路无知己，天下谁人不识君：焦作地区风景名胜资源初探》（1990）、《高堂邃苑，云水楚风：东湖规划随笔》（1990）、《园林与文化环境》（1990）、《太行山云台风景名胜区自然人文景观初探》（1991）、《移风易俗，建设新型的风景式墓园：道观河墓园规划建议》（1993）、《宛园三格》（1999）。

采访者：刘方馨（湖北工业大学）

文稿整理：刘方馨

访谈时间：2020年1月7日15:30—17:30；2022年2月19日11:00—11:30（电话访谈）

访谈地点：湖北省武汉市江花庭院

整理情况：2020年1月8日整理，2020年5月23日定稿；2022年2月19日整理，2022年2月21日定稿。

审阅情况：经受访者审阅（2020年1月15日，2022年2月19日）

访谈背景：本访谈源于访谈者博士学位论文《20世纪80年代社会文化思潮视角下的中国风

景园林理论与实践研究》的研究。黄树业先生亲身经历了华中科技大学风景园林学科的诞生与发展，有较为清晰的记忆。其口述访谈对于完善和弥补风景园林学理研究有着重要价值，对于全面认识华中科技大学景观学系的历史发展及转型有着重要的现实意义。访谈围绕风景园林学科发展历程、中国古代园林史研究、城市绿地建设的生态思想、“旅游热”背景下的风景名胜区萌芽、美国国家公园规划思想的借鉴等内容展开。

刘方馨 以下简称刘

黄树业 以下简称黄

刘 请问黄先生您是何时开始接触风景园林行业的？

丨黄 准确地说是20世纪60年代初。我1953年参加工作，之前在武汉马房山建筑专科学校任教。1958年5月，学校升格为大专，校名定为武汉建筑工程专科学校，同年底，改校名为武汉建筑工业学院。1960年初更名为武汉城建学院（现华中科技大学建筑与城市规划学院）。学院设立了城建系、园林绿化系，还有给排水专业等。我之前是学建筑专业的，后经余树勋[2]先生推荐，担任了园林史课程的授课工作。

刘 那您是什么时候开始接触园林史研究的？

丨黄 这要追溯到50年代初，我在北京建筑科学研究院参加编写建筑史的工作经历。其中一个原因是当时在国内有一个风潮：凡是研究建筑史的人，都喜欢研究园林，包括梁思成先生和他的两个研究生张锦秋和郭黛姮，都有园林方面的研究成果，还有南京工学院的刘敦桢教授。其实早于抗战时期，苏州园林就已引起建筑领域的关注，包括童寯教授，很早就测绘了诸多苏州园林实例，我在建筑科学院建筑历史与理论研究室编写建筑史，涉及许多园林史的内容。另一个原因是1961年武汉城建学院正好成立园林绿化系，当时余树勋先生从北京调来，推荐我到园林系上课，希望我能教授园林史这门课。

刘 当时为什么叫园林绿化系？

丨黄 主要是借鉴苏联的名称。60年代，国内主要的园林专业办学点有3个：同济大学在城建系下设置的园林绿化专门化（作为城市规划分支学科）、武汉城建学院的园林绿化系，以及北京林学院中的园林绿化专业。其他类似南京工学院，主要是从建筑角度研究古典园林，没有专门的园林系。

刘 60年代武汉城建学院园林绿化专业有什么办学特色？

| 黄 重视园林史是我们的特色之一。当时同济大学、北京林业大学其实都没有专门教授园林史的老师。鉴于余树勋先生有国外留学背景，所以对外国造园艺术有许多见解，而我主要教授中国园林史部分，我们一起配合授课。内容偏重讲西方文艺复兴时期与我国明代时期的园林，因为两者在时间上接近，在文化上也有许多可比较之处。所以从比较视野讲授园林史在当时也算一个亮点（图 2）。我们这个专业从 1961 年开始招生，办了 4 年，每年只有 1 个班，学生大概 50 多人。六四年他们第一届学生毕业了，“文革”差不多也开始了。余树勋先生离开城建学院，回到北京植物园做研究员，我调到规划建筑设计院，直到 80 年代我们学校才恢复办学。八一年时，城建学院还没恢复园林专业，我回到学校任教，还是在建筑与规划专业，直到国家开始重视园林专业（这与接轨国际上的“LA”专业有关）之后，八五年才开始正式以“风景园林”专业名称恢复招生。

刘 您对于中国古代园林史研究颇有建树，能介绍下您的主要学术观点吗？

| 黄 我是 20 岁左右就参与编写当时建筑“三史”[3]的“近代”部分，之后自己也一直从事园林史相关研究，我提出的最主要观点发表于 1962 年《建筑学报》的《亭 · 廊 · 桥》那篇文章，主张将古典园林看成一个“点、线、面”的完整体系，包括园林中最主要的建筑亭子、廊和桥，它们的布局与山水环境密切相关，不能割裂来看待，而且三者之间也是相互联系的。

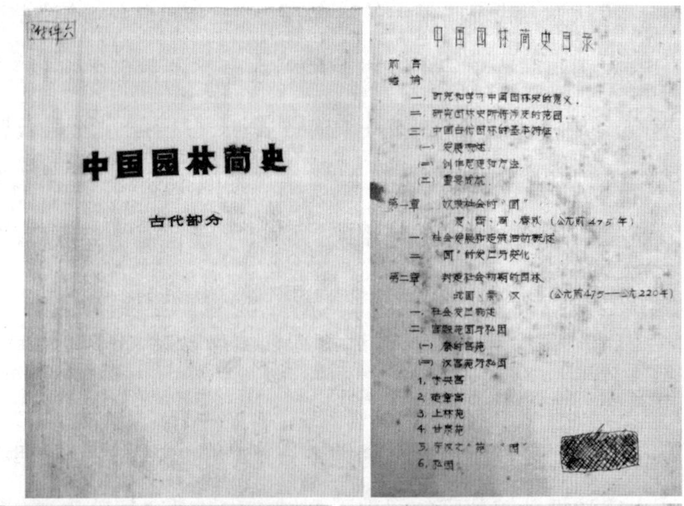

中国园林简史

古代部分

中国园林简史目录

前言

绪论

一、研究和学习中国园林史的意义。

二、研究园林史所将涉及的范围。

三、中国古代园林的基本特征。

(二) 创作思想和方法。

(三) 重要成就。

第一章 奴隶社会时“囿”

夏、商、周、春秋（公元前475年）

一、社会发展和造园活动概述

二、“囿”的发展与变化

第二章 封建社会初期的园林

战国、秦、汉（公元前475——公元220年）

一、社会发展概述

二、宫殿苑囿与私园

(一) 秦的宫苑

(二) 汉宫苑与私园

1. 未央宫

2. 建章宫

3. 上林苑

4. 甘泉苑

5. 西汉之“苑”“囿”

6. 私园

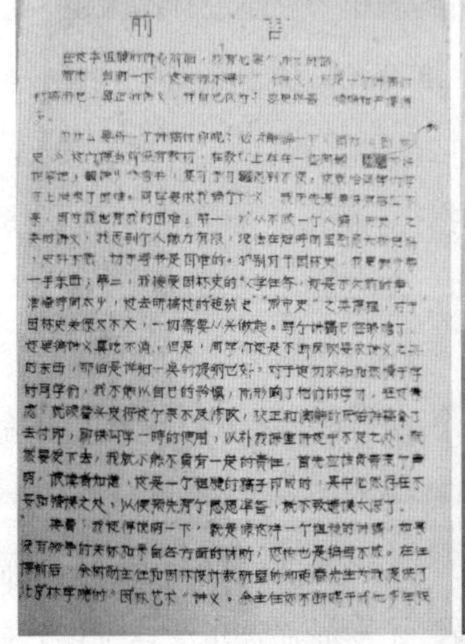

前言

华中科技大学《中国园林史》课程教材油印稿

封面、目录与前言，1963 年

刘 除了园林史外，您在《武汉城市环境空间布局刍议》（1983）中使用了“生态城市”一词，请问您为什么会在80年代初期提出“生态城市”，与当时的社会背景和行业发展有何关联？80年代“生态观”是否正式确立，对我们学科有何影响？

| 黄 当时武汉市正组织规划咨询委员会，邀请我去参加。会中其他专家大部分在谈经济，我就提出“生态”很重要。将园林单纯作为文化不够，还是要考虑它的环境保护功能，这也是我在国际学术动态中了解到的。其实如日本、美国这些工业发达国家 80 年代的环境污染情况还是很严重的，中国那时候虽没有欧美国家那么严重，但也面临很多污染问题。改革开放初期，国家财政比较困难，当时大家都在想办法把经济搞上去，所以生态的问题容易被忽视。所以我就提出重视生态学的观点，尽可能地去做一些呼吁的工作，也更引发我对生态问题的关注。

我认为，武汉的最大的特色是湖泊，规划时应将这些湖泊连成系统，建筑结合水系布局。但这对于当时而言是很难做到的，在经济很落后的条件下，谈“生态”还是过于奢侈。总体来说，80 年代“生态观”还处于萌芽阶段，经济建设还是占据主要方面。当时人们理解的“生态”主要体现在植物造景方面。其实生态范畴很广泛，它本身就是一个系统，包括水生生态系统、森林生态系统、湖泊生态系统；而且不只有植物，还有动物。

刘 城市绿地系统是从哪个时候开始得到重视？

| 黄 当时我在设计院城市规划室做总体规划中的园林绿地系统规划，有两个问题要着重考虑：一个是生态，另一个是气候。其实气候也属于生态方面的内容。我曾写过一篇文章，从植物功能谈武汉市园林绿地系统规划的方法，受到苏联莫斯科的绿地系统规划的影响，我认为应该把武汉郊区的绿地引到城市中，通过林荫大道、绿带之类，将东湖与城市中心联通，包括把长江的水和东湖联通，维持湖泊生态系统的平衡。

刘 其中有涉及绿地分类和绿地指标吗？

| 黄 有的，首先就是绿地指标，包括人均公共绿地，这是最重要的，然后是人均城市绿地，这包括除公共绿地以外的绿地，还有就是绿地率。

刘 后来好像有了遥感技术？

| 黄 那是到了 80 年代中后期。遥感有时也不能完全解决问题，它是在宏观层面观察总体布局，实际上有些小地方，能够开发的地方都找不到，所以我们就希望能够多争取一点绿地，那个时候叫“见缝插针”，哪里可以种树就种树，种花和种草都很奢侈。此外，树种规划是总体规划中的部分内容，也需要植物生态学支撑。当时灌木也用得少，主要是乔木，还是因为经济管理方面的落后问题。最早树种规划是学习苏联经验，其实苏联气候、国情和

国内很不一样。所以我们国家自己的树种规划还是在实地调研的基础上进行规划的。

刘 那您具体做过哪些和绿地系统规划设计相关的实践项目呢?

| 黄 之前陆续带着学生参与了一些小的公园绿地设计，具体记不太清了。我也常以专家的身份参与评审了许多规划设计的项目，比如武汉青山区矶头山公园规划设计、汉口江滩整治咨询、孝昌县观音湖生态旅游风景区等。

刘 关于改革开放初期的风景名胜区发展呢?是不是“旅游热”很风靡，促进了风景名胜区建设起步?

| 黄 当时的“旅游热”主要还是国内经历长时期的封闭之后的一种释放吧，80 年代之前很少有人去外地旅游。国门开放后，许多外国人进来了，同时也推动了我国旅游事业的发展。这对于风景名胜区建设还是有影响的。当时汪之力[4]先生就提出发展风景区主要靠旅游，旅游作为“无烟工业”，可以帮助增加外汇收入。后来有一些园林专业的老师，都去做旅游方面的规划。好多地方都是从旅游角度做风景区规划，觉得园林是一种旅游产品。但我认为，旅游和风景区并不是一个体系，旅游业主要还是经济行业，园林就不一样了，还要考虑文化、生态等问题，它们在发展中有互相促进的关系。譬如我在参加一些风景区评审的时候，很多人说开发风景区是为了旅游，但这样开发难免造成风景资源都被破坏了。所以当时业内就提出分级保护的规划思想。比如武当山金顶，我认为应控制游客容量。

刘 分级保护思想是怎么提出来的?

| 黄 有参考国外的，也有自己提炼的。我们做风景名胜区规划是分步骤的，首先是资源调查;其次是总体规划，这就需对周边环境进行统一考虑，包括考虑景区所在位置、交通及之后战略发展的问题等。80 年代初期，我参评了南京工学院杨廷宝和齐康先生领导的武夷山风景名胜区规划。那是最早的风景区规划模式。因为武夷山风景资源很好，经济条件也不错，有条件搞风景建设。

刘 可以简要介绍下您做过的比较典型的风景名胜区规划实践项目吗?

| 黄 武汉东湖风景名胜区的规划，应该是在 1964 年左右，但之后 1983 年、1984 年又做了进一步增加和更新的内容。还有就是 1983 年左右做的河南信阳鸡公山风景名胜区规划设计、河南焦作的云台山风景名胜区设计和太行山风景名胜区规划。时任国家城建总局园林局长的甘伟林[5]也对我们的方案提出了建议，希望城建学院在做整体规划的同时还需要有详细规划和景点的建筑设计，而且要体现当地的特色，不要到处搞得和北方园林或是苏州园林一样，要搞点创作，体现时代精神，要跟当地的文化特点协调起来，联系起来，创作得好，更能反映历史文化延续至今的实际意义。

所以，我当时就提出“建立焦作太行山风景名胜体系”的观点，因为焦作太行山一带和怀川各地风景资源非常丰富，规模也相当可观，无论是山岳风景还是人文景观，都有很重要的价值。在西起王屋山，东至云台山130公里的山区内，可大致划分出王屋山、五龙口（含盘谷）、悬谷山、青天河、月山、青龙洞、影寺和云台山等八个风景名胜区。如果再加上黄河水上公园——西滩，黄河大堤、八里胡同，以及正在探明的景区、景点，估计仅山河境域，就会有不少于12个可以自成格局，并具备一定规模的风景名胜区。这些风景名胜区的占地面积，有大到200~300平方公里的，也有小到八九平方公里的，大部分在数十平方公里左右。从用地规模上看，可以形成大、中、小结合的体系。从等级上看，够国家级标准的有王屋山、云台山风景区，还有省级标准的五龙口风景区，至于市、县级的就更多了。国家级、省级、市县级，以及散置在市辖各地的，由不同等级的文保单位或自然纪念物（如史前自然现象、古树名木等）所标志的景点，完全可以组合成又一种风景名胜体系[6]。焦作的人文资源也很有历史价值，比如说焦作百家岩，就是竹林七贤的遗址，在中国园林史乃至世界园林史都享有极高地位。而要想规划设计做到与地域特色相结合，延续历史文脉的话，我认为可以从整体的历史发展，以系统、动态的视角挖掘景致特点。

刘 那当时是怎样一个想法要做太行风景名胜体系规划?

|黄 因为我们最终要建立的是适合我国国情的具有民族特色的国家公园系统，当时我国还没有国家公园的体制。我们的风景名胜区，大家已习惯了，任何一种事物的发展，都应有历史的延续性，需要一个过渡。太行风景名胜体系，也仅仅是一种过渡。待到条件成熟，中国式的国家公园系统，就必然会在这个基础上产生。如何作好太行风景名胜体系规划，是我们现阶段正在思考的主要问题，还需要探索，需要学习，需要做大量的调查研究。

刘 美国国家公园的思想在当时影响很大?

|黄 是的，美国国家公园（规划）思想在当时很风靡，主要就是对自然资源的保护，像黄石公园中对人工建造的东西是严格控制的。这种“国家公园系统”在全世界当时接近90多个国家有试用，也证明了是行之有效的。我提出焦作地区建立国家公园系统后，很多朋友不解，想问我有哪些地方可以借鉴。其实我当时说的一个有利条件就是有一个城市群可以依托。除焦作外，它所管辖的市、县都相距不远，由于城市不大没有严重干扰，相互间保持着平川田园分隔的绿地空间，那里有整齐的防护林、大片竹林、充足的地表、地下水和泉水，有温泉，还分布着许多名胜古迹、历史文物标志性的景区景点。其实这些人文和自然资源完全有理由将它们建设成一所国家公园和国家公园系统，这也缓解了现代城市拥挤不堪，缺乏游憩地的矛盾。

刘 80年代社会文化思潮对于园林学的发展有何影响，如“文化热”“美学热”？

|黄 比如“美学热”在当时还是很轰动的，主要从“审美”的角度来认识园林艺术。其实园林美学理论较少，设计理论也不成系统，当时还是借鉴了不少美学理论，因为历史发展差不多，相互之间也有联系。80 年代末期，还出现了“抽象园林”，这和当时学习国外一些艺术流派也有关系，像抽象派、印象派等，但后来谈得就不多了。

刘 好的，非常感谢您今天能接受我的访谈！

”

1 国家自然科学基金面上项目“中国风景园林学科初创时期学术渊源及学理形态研究”（编号：51578257）资助。

2 余树勋先生（1919—2013），我国著名园林美学家，1942 年 7 月毕业于浙江大学园艺系。原《中国园林》主编，曾执教于武汉大学、华中农学院、武汉城建学院、北京林学院等。

3 中华人民共和国成立初期，国家建工部大力组织知名专家学者编写建筑“三史”，包括古代建筑史、近代建筑史和现代建筑史。

4 汪之力（1913—2010），原中国科学院力学所党委书记、中国建筑科学研究院院长、中国建筑学会名誉理事、中国风景园林学会顾问、中国圆明园学会副会长，对保护与整修利用圆明园遗址立下不朽功绩。

5 甘伟林（1936—），高级建筑师，原国家建委政策研究室副处长、国家城建总局园林局副局长、国家建设部城建司副司长、原中外园林建设总公司顾问、中国风景园林学会副理事长及花卉盆景和园林工程分会理事长、建设部风景名胜专家顾问及中国花协常务理事。

6 河南省焦作市地方史志编纂委员会编，《焦作市志》第 3 卷，红旗出版社，1993 年，1501 页。

钟政一谈四川省建筑勘测设计院职工大学：1979—1986 年

受访者简介

钟政一

男，1937 年 12 月生于四川江津。1959 年考入武汉测绘学院工程测量专业，1964 年毕业分配至四川省建筑勘察设计院工作，1997 年退休。曾任四川省建筑勘察设计院宣传部副部长，四川省建筑勘测设计院职工大学[1]副校长，四川华西建筑装饰工程有限公司副总经理。主持过南宁机场室内装饰、泉州中国银行外墙装饰、成都光大金融中心外墙装饰等多项工程项目。出版著作《钢笔风景写生技法》（四川师范大学电子出版社，2014）和《高原线韵》（四川出版集团四川美术出版社，2005）。

采访者：段川（西华大学），钟健（西华大学）

文稿整理：段川，钟健

访谈时间：2021 年 11 月 21 日

访谈地点：四川省成都市红光镇西华苑，钟政一先生府上

整理情况：2021 年 11 月 22 日整理，2021 年 1 月 29 日定稿。

钟政一先生

段川摄于 2021 年

钟政一先生接受访谈，左起：段川，钟政一，钟健

马利亚摄于 2021 年

四川省建筑勘测设计院职工大学八一级建筑学（春）班，工民建一、二班毕业照

八一级建筑学（春）班学生梁益提供

审阅情况：经受访者审阅

访谈背景：改革开放初期，在全国建筑行业专业技术人才供应不足的情况下，四川省建筑勘测设计院（以下简称省院）自办职工大学，以一院之力，培养出一批建筑从业者，不仅解决了当时设计院专业技术人员青黄不接的问题，还为四川各地、市、州输送了一批技术人才。

钟政一 以下简称钟

段川 以下简称段

钟健 以下简称健

起因

段 四川省建筑勘测设计院的职工大学是什么时候开始办的？为什么会办职工大学？

| 钟 1977 年恢复高考的时候，省设计院的技术干部已经越来越少了。主要是建筑和结构专业缺人，特别是建筑，建筑是提龙头的专业。概预算的相对容易培养一些，水、电专业

的人也还可以继续干下去。“文革”期间断了10年。老一辈的很多人退休了，又有10年没有来新人，设计院确实出现了青黄不接的问题。你想想看，那个时候相当困难。

当时很缺人才，缺到什么程度呢，我们要拿钱去买。“重庆建院的毕业生？有啊，你拿钱来，4万块钱1个（毕业生）。”[2]1981年，省院花了12万在重庆建院要了3个学生回来；1982年又要了2个。以后就不花钱了。

咋办呢？（到了）1979年，我们设计院就自己办了个职工大学。当时是西南院[3]先办了一个自己的职工大学，庄裕光[4]任校长。那个时候两个设计院有很多交流，我们院长听说西南院办了个职工大学，他就说：“我们为啥不可以办呢？我们也可以办嘛。”经过四川省高教局批准后，从1979年开始着手办校，1980年春季第一届学生入学，一直办到1986年职工大学撤销。规模最大的时候大概有一百多名学生。我们不是每年都招生，有时候这一年招这个专业，有时候那一年招那个专业。招生专业就是建筑设计、工业与民用建筑和概预算。

创办

段 您能否介绍一下职工大学创办的过程，比如学制、经费、场地等问题是怎么解决的。

|钟 1979年，省院学习西南院，也开始着手办职工大学。自己的房子、自己的设备、自己招生，招过来学建筑，通过这种方法解决设计院建筑人才缺少的问题。学校全称为“四川省建筑勘测设计院职工大学”，学生毕业拿大专文凭。刚开始就是搭建班子，并且解决师资、场地和生源三个问题。

职工大学的校长是周念辉，副校长是我和邓国扬。我当时是省院宣传部的副部长。周念辉是老同志了，之前当过结构总工。邓国扬也是搞结构的。师资都从生产一线抽过来。当时的老师，建筑专业的有雍朝勉、曹怀金、周友瑜、刘玉清、杨鑫海、陈敬仁；结构专业除邓国扬之外我记得的还有林金、钟玉勃和韩旭；预算（专业）有梁伯谦，他是梁益（建筑班第一届学生）的父亲。其他的预算老师是从预算站请来的，当时有一个省建委的预算站在我们设计院办公，讲了许多课。预算老师我当时认得，时间久了现在就记不到了。可以说当时这些老师，比如雍朝勉、曹怀金、林金，都是技术骨干，大部分是1964年与我同期毕业的。邓国扬、刘玉清比我们早一点进院，周友瑜是老建筑师，在老师中年纪最大，是杨廷宝的学生。

还有一位英语老师叫皮皖蜀，是四川外国语学院毕业之后，应聘来的英语老师。她父亲在安装公司，我们都属于一个系统。学校的工作人员有四位，我只记得冷怀卿和梁文芳。梁文芳负责打印、油印、刻蜡版、印试卷这些；冷怀卿负责管理图书馆。

段 你们还有图书馆？

丨钟 职工大学有一个专门的图书馆，学生可以来借书，不大，只有一间屋子，我们买的书也不是很多，但应该有的资料都有。生产上的书和职工大学的书是分开的，生产上一般不来借。

段 设计院的设计人员从生产岗位转而去给学生讲课，有没有不适应老师这种角色的情况？

丨钟 都坚持下来了，没有出现过把哪位退回去的情况。因为一方面，这些老师都很乐意教学，比如老雍教画法几何要先备课，他准备得非常认真；另一方面，他们都有实践经验，比如建筑构造课，对梁、楼梯、墙面、地面、屋面的构造自己都非常清楚，这样讲课效果就好。

有了师资，场地也想办法解决了：第一年我们只招了建筑和结构两个班，学生比较少，暂时在我们幼儿园楼上抽出4个房间当教室和学生宿舍。后来把教室从幼儿园楼上搬出来了。生源有两类。第一类是本院职工和职工子弟。如第一届建筑班有24个子弟，大部分都是高中毕业生，还有几个是初中毕业生，若本院高中学历的职工愿意继续深造，也可以报名考试。第二类是外招，由四川省建委向全省发通知，各个地、市、州如果需要，可以派人来参加统一考试。

段 职工大学的经费是哪来的呢？

丨钟 院里面出一部分，还要收学费。学费具体多少我记不清楚了，好像是一个人几千元。但都是他们各自单位出的，学生不交钱。学校用这些钱购买资料和教具，如书、美术课模型，以及雕塑的材料和工具。当时我主持美术课，就很舍得买。

1979年，我们先办了半年考前辅导班，当时叫“文化班”，给本院子弟补文化课。因为“文革”期间他们都没读什么书，文化课水平比较低。补习的科目是数学、物理、化学、语文和英语。文化班是我组织的。外地生就在当地自己补习，半年之后参加招生考试。

招生考试是在我们设计院统一举行。建筑专业考数学、物理、化学、语文、英语和素描。考完后组织中学老师阅卷，确定录取分数线，然后录取。当时素描考试要求不高。考完后，建筑专业录取了42人，我们本院子弟24名，另外在省内各地区招收了18名；结构专业的学生比较少一些，好像是30多人，因为当时我们培养的方向侧重于建筑。我是建筑班的班主任，邓国扬是结构班的班主任。第一届学生是在1980年春节后入学，学制两年半，1982年夏天毕业[5]。后面还招了预算班，预算班学制没那么长，我记得是一年。

教学

段 建筑班的教学计划是怎么制定的？教材怎么解决的？

丨钟 当时的教案、教学计划由邓国扬负责。建筑专业多少学时，每周多少个学时，咋安排，当时都有，可惜这些资料现在可能找不到了。教科书主要是邓国扬和周念辉二位去重庆建院买回来发给学生的。

段 建筑班有哪些课程？分别由哪些教师承担？设计课具体有些什么内容？

|钟 课程有英语、画法几何、建筑设计初步、建筑历史（包括中外史）、建筑结构、建筑构造，还有水、电、暖通，还有建筑设计课，相当全面。建筑构造由陈敬仁教；中外建筑史由刘玉清教，她爱人庄裕光是西南院的古建筑专家，2017年去世了）；设计初步由雍朝勉教，杨鑫海、曹怀金也教过设计初步。因为有些老师承担的课程比较多，比如雍朝勉，又教设计课，又教画法几何，有时忙不过来，就找其他老师来兼任。园林好像也讲了，上了理论课，然后在建筑设计课程里面还有安排专题设计。建筑设计是从设计建筑小品开始的，比如小茶舍，小图书馆这些，我记得还有住宅设计。

四川省建筑勘测设计院职工大学建筑专业课程

课程	任课老师	备注
英语	皮皖蜀	
政治经济学	钟政一	
美术	钟政一 唐绍云 张国常 许宝忠	
画法几何	雍朝勉	
建筑设计初步	雍朝勉 曹怀金 杨鑫海	
测量学和测量实习	钟政一	测量实习时间为一周
中外建筑史	刘玉清	
建筑结构	邓国扬 林金 等	
建筑设计	雍朝勉 等	茶舍，小型图书馆，住宅设计等
建筑构造	陈敬仁	
给排水	设计室抽调的技术人员	
暖通	设计室抽调的技术人员	
电力	设计室抽调的技术人员	
生产实习		
毕业设计	杨鑫海 等	毕业设计题目为剧场、图书馆、中小型医院等
注：根据钟政一先生讲述整理		

我任副校长，兼建筑专业的班主任，另外还教3门课程：美术、测量、政治经济学。当时缺老师，因为我会点美术，就让我教美术。建筑班要学一年半的美术，开始的几个月，我组织他们画素描。但我的水平也满足不了这么高的要求。早先我搞宣传的时候曾认识一位国画画家，她在我们单位附近办了一个画院。到职大后，我跟她讲起美术课的困难，经她介绍，从四川省展览馆请来两位美术老师。一位叫唐绍云[6]，是川美油画专业毕业的；还有一位叫张国常[7]，由他俩教这三届的建筑班。1982年，经院领导同意，我把他们两位的工作关系调到了省院。

美术课还教雕塑。我请了四川美术学院雕塑系毕业的许宝忠[8]，给我们上了七八次课。

在美术课里教雕塑是为了培养学生的造型能力和空间能力。为了上雕塑课，我们还专门做了好多套雕塑椅子，三个脚，上面有一个转盘的那种。另外还专门从彭山窑器厂拉泥巴回来，两三个学生一组学雕塑。美术课我们花了不少钱，但院领导都很支持。

除了美术，我还教他们政治经济学和测量学。测量学在建筑、结构、测量三个专业都开了，因为各地、市、州对测绘有需求，学生学了这门课回去就可以自己搞点测量。当时学生暑假实习完后回到家乡，马上给他们地区的设计院测绘了一张图纸出来，也算学以致用了。

段 测量还有实习?

丨钟 每次测量理论课讲完，我们就安排一周的测量实习。带学生到野外实地，从选线开始，然后控制测量、计算，到绘制地形图结束。第一届的测量实习，我因为阑尾炎住院，就请了测量队的一位技术人员带学生出去，具体去哪里记不清了；第二届、第三届的实习是去崇州和龙泉驿，我亲自带的。除了测量实习，还有设计实习。我记得一次是设计乐山公共汽车站，雍朝勉带了一批学生去驻现场。这是设计项目的生产实习。

段 您能否介绍一下毕业设计和毕业答辩?

丨钟 毕业设计就在学校里面做，时间挺长，记得有三个月以上。三四个学生一组做一个题目，每个组题目不同，需要很多老师来带。我们临时从设计院生产岗位上抽了很多设计师来指导。毕业设计的题目有剧场、图书馆，还有中小型医院。像杨鑫海做过几次川剧院设计，就选他来指导剧场的题目，另外还有哪些人我想不起来了。

毕业答辩，除了我们自己的老师要参加外，我还到重庆建院请了吴德基[9]、蒋国权[10]两位建筑老师。第一届的毕业答辩是在1982年夏天，天很热。答辩的时候就一个小组的学生一起面对答辩老师，一个学生主讲，然后是老师提问，学生回答，一个一个轮流来。吃完早饭就开始，一直答辩到下午5点，一天有好几个组。42名学生，至少答辩了一个礼拜。那时老师们都非常认真。

段 有没有答辩没通过的?

丨钟 有两三个人第一次答辩不及格，需要回去补充、修改，再参加二次答辩。重庆建院的老师回去了，二次答辩就我们自己的老师来主持。还有其他课程考试不及格的，那就再补考。最终所有人都毕业了。

段 办学过程中你们有没有和其他学校的交流?

丨钟 为了办好职工大学，1980年冬天，由我带队和一名总工以及一名建筑老师，一起去访问了重庆建院、南京工学院（今东南大学）和同济大学，分别跟这三所学校的老师座谈，前后将近20天。我与美术老师座谈，两名建筑老师与建筑老师座谈。在重庆建院，我找了教美术的漆德琰[11]，成都火车北站的壁画《蜀国仙山》就是他画的；两个建筑老师就找建筑方面的老师座谈。在南工，先是系党委书记带着一些老师跟我们座谈，后来我们还通过周友瑜，去拜访了杨廷宝先生。周友瑜是杨老的学生。这三所学校都很支持我们。当时大家都看到建筑行业缺乏人才，青黄不接，这些学校都很理解，认为你们都来办学很好，可以减轻他们的负担，所以他们有什么经验都告诉我们，教学计划、教学安排都给我们，教材也给。

健 我记得你还去过一次北京，是不是去的清华？

丨钟 北京那次不是去高校访问。那次是 1981 年，我跟唐绍云以职工大学的名义一起做了一个峨眉汽车站的装修。他画了一幅壁画，我搞了一个隔断玻璃画，得了几万块钱，给学校增加了收入，学校就同意我们两个一起出去参观，去收集资料。我们到西安、洛阳和北京参观了好几个美术馆，去看美展，然后又去参观北京长城饭店、建国饭店等。那时候那些饭店的人都很乐意向我们介绍，还带着我们参观。那次是 1981 年的冬天。

段 还有没有其他工程项目是以职工大学的名义做的？

丨钟 我们两个搞美术的就做了峨眉汽车站的装修。雍老师组织学生参加过建筑方案竞赛，如彭州市的农村住宅，或者居民点设计竞赛。可能没有得奖，否则我应该会记得。组织学生参加方案竞赛，学生都很积极。

停办和教职员工去向

段 职工大学是什么时候停办的？

丨钟 我们招了三届学生：1980 年的春季班，1981 年的秋季班，1983 年的秋季班。第三届学生是在 1985 年冬天毕业的。后面我们不再招生了，地、市、州也就没有人来考了。到了 1986 年初，职工大学改为面向地、市、州招收概预算短训班，每期半年，又办了两期。一直到 1986 年底，职工大学就正式撤销了。好像西南院的职工大学比我们结束得晚。

为什么 1986 年过后不办了，一方面我们培养出了一批建筑人才，已经解决了省院设计人才青黄不接的问题；另一方面，国家分配了一些大学生过来。1986 年，毕业生分配已经不要钱了。1981 年、1982 年这两年，要个大学毕业生还要向学校付钱，1983 年起就不需要钱了，但是分来的学生比较少；再后来大学生也逐渐多了。当初办职工大学的目的已经完全达到了。

段 职工大学解散，教职员工后来都去了哪里？

丨钟 部分老师到了退休年龄，直接退休了；另一部分老师回到生产岗位。就拿我来说，学校撤了以后，省院成立了一个室内设计室，要我负责；一年多以后又把我调到设计三室当副主任，兼支部书记。除了我以外，还有两位美术老师，唐绍云调去了厦门大学，现在是教授；张国常办了停薪留职，自己出去搞创作，也早就退休了。英语老师和几位工作人员都转到行政部门。

2005 年四川省建筑勘测设计院职工大学建筑班 81 级同学会部分学生合影。前排左起：冯奇、梁益、杨健（来自绵阳）、祝明国（来自广元，结构班）、钟政一、杨云、郑旭、梁雪梅（来自广元，结构班）；后排左起：孙晓梅、李娟、王菊惠（来自彭州）、曾彦、李萍（来自西昌）、郭宝蓉、赵敏、李文蓉、潘婧（来自绵阳）、吴碧云（来自绵阳）、补知平（来自西昌）

来源：钟政一提供

学生及影响

健 我记得你们的学生工作以后都发展得不错?

| 钟 我们的第一届学生是在 1984 年夏天毕业的，多数学生的设计能力还是相当强的。当时建筑和结构两个班的毕业生中，所有本院子弟都按照他们的专业分到本院各个科室；外地招的都回到各个地区的设计所或建委任职。后来这批人确实在当时解决了建设人才青黄不接的问题，许多人很快成为各自单位的技术骨干。

当时省院有 2 个设计室，建筑班上 24 个本院子弟，每个设计室都分了十多个人。结构班我就不是很清楚了。比如建筑班的黄滨，火车站那边的成都大酒店就是他在总工带领下设计的，他是项目工程负责人，后来还设计了蜀都花园等不少工程。梁益也是建筑班的，后来评了高工、一级注册建筑师，在省院也是技术骨干，现在快退休了。外地的学生都回到他们所在的地区，很多成了建筑设计院、建委的技术骨干。建筑班的班长祝明国，后来担任广元市设计院的副院长，之后又调到成都做核工业设计院的院长；刘忠回彭州当建委副主任；伍伟刚在南充地区当建委副

2005 年工业与民用建筑班（结构班）同学会部分同学。前排左起：祝明国（来自广元）、林锦（来自绵阳）、吕革、钟政一、梁雪梅（来自广元）、乔仁丽、肖碧蓉；后排左起：曹勇（来自剑阁）、胡建华、胡英男、朱谷生（来自西昌）

来源：钟政一提供

主任；吴碧云后来在绵阳成立了一个建筑设计公司，做得不错。

有的学生是由地区的土建公司派过来学习的，比如永川的邓永胜。他一回去就被聘为工程师，两年以后当上总工了。虽然是大专毕业，那也是大学生啊，所以他回去以后还是很受尊敬的。那个时候地、市、州真的非常需要这样的人才。

我们自己办的建筑专业、结构专业、概预算专业，都是由具备丰富实践经验的老师指导的，老师教学非常认真，学生培养的质量相当不错。这批学生毕业后，一部分留在四川省建筑设计院，一部分回到绵阳、广元、崇州、南充、永川、西昌等地区的建委、建筑设计院或土建公司任职，在四川省建设行业中起到了很大的作用。四川省建筑设计院职工大学的开办，对解决改革开放初期四川省建筑专业技术人才青黄不接的问题，帮助非常大。

四川省建筑设计院职工大学教职员工名单

校长		周念辉
副校长		钟政一
		邓国扬
教师	建筑	雍朝勉 曹怀金 周友瑜 刘玉清 杨鑫海 陈敬仁
	结构	邓国扬 林金 钟玉勃 韩旭
	概预算	梁伯谦等
	美术	钟政一 张国常 唐绍云 许宝忠
	英语	皮皖蜀
职工	图书馆	冷怀卿
	文印	梁文芳
注：表格为访谈者根据钟政一先生讲述整理		

”

1 根据四川省建筑设计研究院有限公司网站资料，公司成立于1953年，原名四川省建筑勘察设计院，1980年代改名为四川省建筑设计院，2019年改制更名为四川省建筑设计研究院有限公司。但师生回忆学校全名均为“四川省建筑勘测设计院职工大学”，毕业照上的文字同时证明了这一点。

2 根据统计资料显示，1981年，四川省国有单位职工的年平均工资为788元/年。数据来源：国家统计局国民经济综合统计司编，《新中国60年统计资料汇编》，北京：中国统计出版社，2010年，第8页。

3 中国建筑西南设计研究院有限公司，始建于1950年，隶属中国建筑工程总公司。

4 庄裕光（1935—2017），男，生于四川成都，1956年毕业于重庆建筑工程学院，曾任中国建筑西南设计研究院教授级高级建筑师。主要著作《风格与流派》（百花文艺出版社，2005），《古建春秋》（四川科技出版社，1989），《商店建筑设计》（四川科技出版社，1986；台湾：台北斯坦出版社，1991修订重印），《中外建筑小品集萃》（四川科技出版社，1987）等，并参与《外国名建筑》美国部分的编写工作（中国建筑工业出版社，1985）。

5 根据建筑班学生梁益、王菊惠的回忆及其提供的照片，第一届学生实际是1980年秋季入学，1980年秋季学期基本在补习文化课，按八一级计，学制三年半，1984年夏天毕业。

6 唐绍云（1941—），男，四川成都人，1955年入四川美术学院附中，1964年毕业于四川美术学院油画专业，先后在四川绵阳市文工团、四川省展览馆、四川省建筑设计院从事美术工作，后任厦门大学美术系副主任、教授，中国美术家协会会员。多年从事美术教学与研究及创作，创作以油画为主，兼及水彩画、壁画。水彩画《骤雨》入选第六届全国美展，水粉丙烯画《被海风掀动的一本中国近代史》入选第七届全国美展，油画《高原赛马》入选第二届全国体育美展。主要著作：《唐绍云谈油画技法》（天津人民美术出版社，2005）、《油画风景技法浅析》（天津人民美术出版社，2007）、《美丽厦大：唐绍云厦门大学校园风景油画集》（厦门大学出版社，2011），多篇论文发表于《美术》《美术观察》等杂志。

7 张国常（1938—），男，四川（今重庆）合川人，画家、美术教育家、文艺杂家、建筑设计家、康养专家。1955年考入四川美术学院附中，1963年毕业于四川美术学院，毕业后曾在印刷厂、美术公司、展览馆、建筑设计院、装饰公司等单位任职，后专做欧式建筑外立面装饰和构件产品设计。

8 许宝忠（1951—），男，生于四川成都，1977年毕业于四川美术学院雕塑系，1983年结业于四川美术学院雕塑系研究生班，一级美术师、中国美术家协会会员、中国雕塑学会理事，曾就职于四川省美术家协会、上海油画雕塑院。主要作品：1974—1979年复制创作《收租院》，1979—1982年《红军强渡大渡河纪念碑》获首届全国城市雕塑优秀奖，1984年《九曲黄河》、1994年《撼天雷》、2004年《秋实》分获第六、八、十届全国美术作品展展出，1985年《逐日》、1990年《健》、1993年《箭在弦上》、1997年《千锤百炼》分获第一、二、三、四届中国体育美术展展出；1994—1996年主持成都市府南河沿线雕塑规划。

9 吴德基（1934—），男，浙江东阳市人，1957年毕业于同济大学建筑系，教授、高级建筑师、国家一级注册建筑师，英国曼彻斯特大学荣誉研究员。曾任重庆建筑大学建筑城规学院建筑设计教研室主任、院长，四川省土建学会理事，台湾都市研究会顾问，《室中设计》杂志顾问，中国防火区划委员会顾问等职，兼任重庆市智九创新进修学校校长。著有：《观演建筑设计手册》（中国建筑工业出版社，2007）等。

10 蒋国权（1937—），男，四川成都人，1960年毕业于重庆建筑工程学院建筑系建筑学专业，教授，历任重庆建筑工程学院讲师、副教授、四川大学建筑学院教授，曾任四川省建筑师学会建筑教育专业委员会委员、四川省土木建筑学会古建园林专业委员会委员、成都市建筑师学会理事。著有《四川民居》（四川人民出版社，1996）、《托儿所、幼儿园建筑设计》（中国建工出版社，1989）等。

11 漆德琰（1932年12月—），男，江西高安市人，1955年毕业于鲁迅美术学院，历任《江西画报》社编辑，江西文艺学院教师，江西革命博物馆创作员，重庆建筑大学（现重庆大学建筑城规学院）教授，环境艺术硕士生导师，享受国务院特殊津贴；中国美术家协会会员，中国水彩画学会理事，重庆水彩画学会会长。擅长水彩画、油画、壁画。代表作品：1959年油画《农村调查》为中国革命博物馆收藏，1984年主持创作的成都火车站大型壁画《蜀国仙山》获第六届全国美展优秀作品奖，1990年水彩画《羌寨》获中国水彩画大展“金马奖”。著有《漆德琰水彩画作品与技法》（四川美术出版社，1988）、《现代建筑画选——漆德琰水彩画》（天津科学技术出版社，1995）、《水彩》（第二版，中国建筑工业出版社，2004）、《水彩写生技法示范》（中国建筑工业出版社，2007）等。

国际建筑交流

许纪蔚谈留学苏联

许纪蔚
2014 年 9 月 18 日接受采访

受访者简介

许纪蔚（1932—2020）

上海人，1950 年高中毕业，考入沈阳东北工学院。1952 年在北京俄文专科学校留苏预备部培训；1952—1957 年在苏联莫斯科建筑工程学院工业与民用建筑专业学习，毕业回国后在北京有色冶金设计研究总院工作至退休。曾担任莫斯科建筑工程学院北京校友会会长。

采访者：李萌（芝加哥大学东亚语言文明系）

文稿整理：段川、李萌

访谈时间：2014 年 9 月 18 日

访谈地点：北京市海淀区北京水利水电科学研究院许纪蔚府上

整理情况：2020 年 8—9 月

审阅情况：未经受访者审阅

访谈背景：20 世纪 50—60 年代，我国曾派出数千名大学生留学苏联，但起初两年人数较少。他们到达苏联时，苏联还没有医治好第二次世界大战的创伤，普通老百姓的生活还比较艰苦。那时，由于中国人民志愿军出兵朝鲜，在很大程度上帮助了尚在恢复经济的苏联，所以苏联人对中国留学生非常热情友好。在这样的背景下，作为中国第二批留苏大学生，许纪蔚在学习期间与苏联同学结下了深厚的友谊，这份友谊历经数十年考验，延续到了她的晚年。另外，作为最早派赴苏联建筑工程最高学府之一——莫斯科建筑工程学院工业与民用建筑专业学习的大学生之一，她回国后一直在建筑设计单位工作，得以把留苏期间所学知识应用到祖国建设的实践当中；她对 50 年代下半期苏联专家在华工作的回忆，也是不可多得的宝贵信息。

选派留苏

我是在上海长大，高中念的务本女中，就是现在的上海市第二中学。1950 年高中毕业时上海刚刚解放。我中学时代接近过地下党，所以一毕业，我们几个同学就奔东北，报考了沈阳医学院、沈阳工学院。我考的是沈阳工学院（1950 年改名东北工学院，现在叫东北大学），被录取了。

我在东北工学院土木系学了一年多，念的是工民建专业。到大学二年级，学校忽然通知我去参加留苏预备生考试，就在沈阳考。考完以后一直没信儿，后来突然通知我："准备三天，到北京报到，啥也不带，就带衣服。" 我离开沈阳的时候已经四月底了，在北京过的五一。这是 1952 年。

那时候高岗[1]在东北很有影响。他说："派留学生，东北工学院一个班去一个。"东北工学院很大，有很多专业：冶炼、采矿、规划、建筑、土木，等等。一个班一个，我们学校总共去了五十几个人。

许纪蔚

1952 年 7 月在北京辅仁大学留苏预备部

1952 年到了北京，在辅仁大学学俄文，苏联专家的夫人来教。暑假不准回家，也不准家人来探亲。还有"忠诚老实运动"，坦白交代家庭历史，挑来的这些人还要再审查。经过一两个月的"忠诚老实运动"，突然说今年不去苏联了，要培训一年俄文再去。然后突然之间又挑了一拨人，大概九十几个，说："马上出国，因为今年有出国任务。"叫我们马上准备走。

在我们之前，1951 年留苏派了一百多人，多数是研究生。他们那一批没学俄文就出去了，到了那里确实挺辛苦的。他们大都是在解放前读的大学，而且有一定工作经验，地下党员多。那一批我们莫斯科建筑工程学院去了 8 个人，都是研究生，4 个搞水利的，4 个搞钢结构的，我爱人丁联臻[2]是其中之一。1952 年国家又派了两批人留苏，一共二百多人，我们是第二批，九十几个[3]。我们到莫斯科的时候已经是初冬了，参加了他们的十月革命节游行[4]，我记得那时候还下着大雨。我们去了以后，跟早一年去的同学经常在一起活动，过年过节出去玩都在一起，所以互相比较熟悉。

到了莫斯科建工学院，我本来想直接上二年级，可学校不同意，要求必须从一年级开始。这样我就从一年级开始，念到 1957 年，五年毕业。校方一直对我们很好，暑假、寒假都组织我们出去旅游。我记得二年级的时候，给中国留学生包了一艘游船，沿伏尔加河一直到里海，沿途旅游；暑假里还会安排我们到休养所去休养。

学校专门给我们开俄文课，有老师给我们做辅导，一直上了两三年。出国前，我在俄专只待了四个月，中间又有“忠诚老实运动”，什么东西也没学到！我原来在东北工学院学过一点俄文，但那个不行，一个礼拜只有一节课，所以到了苏联还是个“哑巴”。后来跟苏联人住在一块儿，学语言条件很好。

我们出国的时候每人发了两个箱子，西装、棉大衣、夹大衣、毛衣、裙子、皮鞋，什么都有，也发了裤子。穿裤子不符合苏联的习俗，那里妇女冬天都穿长裙子。她们见我们穿裤子，会问："姑娘怎么穿裤子呢？"后来没办法，我们也学着她们出门穿裙子。我做了一个毛线套穿在里面，外面套上长裙，看不见里边。冬天零下二十几度，她们走在外面都要用围巾包住头。我不习惯包头，那些老太太就对我讲："姑娘！冬天了，你怎么把头都露在外面呢？快包好！不然要受冻的！"后来我冻习惯了，也没事儿。

我的中国同学

我 1952 年去莫斯科建工学院土木系读本科，那个学校现在叫莫斯科建筑大学。我那一期去了四个本科生，都是女生：赵淳、毕可宝[5]、顾藉和我。赵淳在北京，是干部子弟。

比我们稍早，还有一批人也是 1951 年前后分到苏联各个学校读本科的，但和我爱人他们那批人不一样。他们是 1948 年出国的，去了 21 个人，所以叫“4821”，都是干部子弟[6]。任弼时的远房侄女任岳就是那一批的，李鹏[7]也在那一批。还有叶挺的两个儿子叶正大、叶正明，他们都在莫斯科航空学院。“4821”的人经常聚会，有时还到我们宿舍来，因为任岳[8]跟我在一个系。我读一年级的时候，她已经是二年级了，但学习不行，有时候我还得给她解答问题。他们那一批人在延安长大，文化底子薄，水平参差不齐。任岳虽然学习不行，但俄文还可以，因为她到苏联早，先学了几年俄文才正式上学的。

我们那一期去莫斯科建工学院的没有男生，这是中国留学生会主席提的要求。我们到莫斯科报到的时候本来还有几个男生，但学生会说："男生一律到列宁格勒去，女生留在莫斯科。"结果三个男生就到列宁格勒建工学院去了，我们四个女生留在莫斯科。去了列宁格勒建工学院的男生里，有一个后来很有成就，叫林华宝[9]，我们在俄专是一起的。他后来搞两弹一星，是院士。他在列宁格勒读书，跟我一个专业，但比我早回来一年。那时候钱学森刚回国，搞两弹一星需要人才，林华宝他们那一期里挑中了他。他回国以后到航天工业部工作，搞成了卫星回收。这个人去世十几年了，我看他是累的。他每年都去西昌，工作特紧张，到最后得了尿毒症，肾衰竭，真可惜。

我在莫斯科，跟任岳住一个套间。我的同屋是城市规划系一个二年级的大学生，爱沙尼亚人，会讲俄文。我跟她学，得益不少。任岳跟一个研究生住另一间屋，我们 4 个人有一个公共厨房。也可以在学校食堂吃饭，挺便宜的。

在我们之后，1953 年也有中国留学生到莫斯科建工学院。最近有一个那一届的同学从南京到北京来，见老同学，我们 1952 年、1953 年的同学在方庄聚了一次。我坐了两个半小时的公交车，因为我不喜欢坐地铁，太挤，空气也不太好。莫斯科地面交通不太好，那五年，我们上下学都是坐地铁，已经坐烦了。

1953 年去的同学，各个专业的都有。我们专业的有两个，水利专业有四五个，但还是后来 1955 年去的那批人最多。那个时候，我同届的同学跟下面几届学生没有什么接触，但我比较特殊。1955 年的新同学刚来，支部指定我去跟他们联系，去帮他们，所以我跟他们比较熟，比如阚永魁、吴廉仲、潘福靖[10]，还有几个后来在航天部工作的；还有一个人现在在深圳，叫曾文星[11]，在大亚湾搞原子能发电站。我同届的几个同学跟他们都不大认识，因为大家吃饭是分开的，宿舍也不在一起。

我跟同系苏联同学的关系也比较近，是因为开始中国同学少，就 4 个大学生，还不在一个系，也不住在一起。我们都是分着跟苏联同学住。买东西我就拉着我的室友一起去，我问这个叫什么，那个叫什么，她就教我。另外烧饭吃饭的时候，饭怎么烧，什么东西叫什么，苏联同学很热心，都告诉我。这些同学都跟我很好。后来中国留学生多了，都住在一块儿，跟苏联同学接触就少了。1955 年那一批去了四十多人，他们吃饭结伴，出门也结伴，这对学语言很有影响，所以口语比较差。当时苏联同学对中国人扎堆并没有什么看法。苏联人很自由开放，无所谓。我们人少的时候，跟他们交道打得多，他们很高兴，也乐意帮助我们，挺诚恳的。

支部活动、留学生管理

中国留学生有自己的党组织，我们学校就一个党支部，研究生、本科生都在一个支部里。开始留学生不多，但我们支部挺活跃的，大使馆经常有活动，有时事报告，我们到使馆去听，有时候还会聚餐。开始，大使经常跟我们见面；后来人多了，就没有这类活动了。共青团的活动，有时候我们跟苏联同学在一起，就是玩。过年过节也到他们家里去，大家烧点东西一起吃。朝鲜同学、匈牙利同学都去，挺好的。

在其他方面，包括生活上，大使馆对我们没有什么管理，但有一条，不准谈恋爱，谈恋爱就得处理，马上送回国。跟苏联人谈恋爱不行，跟中国人谈恋爱也不行。出国时跟我们说了，不准谈恋爱。开始我们学校也有被处理的，但后来人多了没有办法管，就放松了。

还有跟苏联姑娘结婚带回来的。我们学校有一个，后来“文革”时，女方回去了。那个同学在郑州工作，当初把苏联夫人带回来，听说还有特殊待遇，因为她吃我们的食物比较困难，就给她特殊供应，比如土豆之类的，还挺好。但一到“文革”就完了，那个女的只好回去了。这是我们学校的。外校的也有，好几个我都认识。

但是对那些干部子弟，谁也没有办法。任岳跟叶正大[12]就是在莫斯科结婚的，我还做了伴娘呢。因为叶正大毕业要回国来了，他比任岳高一年级，任岳还没毕业，他们两个就先在莫斯科结了婚。这个算破例。还有好几对破例的，都是“4821”的人他们之间结婚。因为任岳在我们学校，所以我知道。

其实这也不是破例，因为禁止也不行。普通学生对不准谈恋爱的政策没有什么想法，因为一般年纪都比较小，不谈恋爱就不谈恋爱，五年也过去了，我就是这么想的，我一心学习。当年我还跟我老伴提出要求，说我回来以后过两年再结婚，因为年纪还轻，我想先干点事儿。回国以后确实也挺忙的，老陪苏联专家出差。他说行，还真等了我。我 1957 年回来，1959 年才结婚。

当然也有个别人不愿意接受这样的政策，暗地里谈恋爱，也有个别怀孕的。我不知道怎么处理的，我们学校好像没有。我们学校后来有人因为谈恋爱被送回来，但问题不是太大，回来以后也没有因为这个事太受影响，业务发展还挺顺利的。其实这也是自然规律，人家谈恋爱你为什么去干涉？但那时候不干涉也不行，影响学习。当时国内大学里没有相应的规定，但我们在苏联还让大家保证，虽然没让签字，但也等于签了字一样。当时我也就是二十来岁，还一门心思要学习，也没想别的。好不容易出去留学，功课也忙，觉都睡不够，没有时间谈恋爱。

那时候我们有机会去外地同学家，这方面比较自由，不像后来检查得那么严。我(20 世纪)90 年代几次去，但凡到外地，都要查护照。林华宝当年就去过同学家，他同班有个截断了一条腿的同学，他暑假就到那个同学家去过。他还去过列宁格勒的同学家，他刚毕业的时候暑假没地方去，就到同学家去住过。

留学生活

在苏联那几年，饮食上我还是很习惯的，也经常自己做一点。早晨很紧张，五六点钟起来，两片面包夹点香肠，喝一杯牛奶，就上学去了。中午在食堂里吃，挺方便，也挺便宜。年轻的时候适应什么都容易，所以这些都不是困难。

起初我们的宿舍都是分散的，两年以后，我们搬到了大学生城。莫斯科有好几个大学生城，里面住的是不同学校的学生。大学生城离我们上课的地方很远。早上起来，吃完饭就去赶地铁，八点钟上课，还得抢个靠前面的座位。晚上十点钟回来是经常的。但这都没什么，当时困难最大的是语言。头一两年真艰苦，没有一个人能睡够觉，每天夜里都两三点钟才睡，都要拼命看书啊！尤其是考理论的东西，比如马列主义、地质，得背俄文单词，还没有计算公式，不像数学，我给老师写个公式，老师就知道我理解得对不对了。

许纪蔚

在苏联留学期间

起初上课听不懂，下课以后，我就找苏联同学："你的笔记给我看看？"他们笔记记得好，我就把他们的笔记拿来。到四五年级，就是他们看我们的笔记了。我那时候学得还是不错的，我的一些实验报告，苏联同学都拿去抄："纪蔚啊，拿来给我看看啊！"我就给他。他看了，能抄的就抄一点。这种事经常有，我们也给他们不少帮助。

考试一般是口试，抽签，每张卡片上的题都不一样。进去以后，老师根据你卡片上的题来问。有时候他看你第一道答得挺熟，就说"行了"；有时候他会再问你几个问题，看你回答得怎么样。都是这样，连数学也是卡片上几道题，你要是两道题答得很顺利，老师就说："行了，停下吧！"然后他再问你几个问题，有概念性的，有理论性的，你能答出来就行了。数学也有笔试，你当着老师的面把题演算出来，老师看到你都做完了，做对了，也不问你什么，就给你满分，让你出去了。每次考试我都第一个进去，这是我个人的习惯。我喜欢早早去，背一遍，然后马上考试，考完回来洗个澡，就解脱了。

我那时学的还是工民建。我们同届的 4 个中国留学生，2 个学工民建，1 个学钢结构，就是工民建里面的钢结构专业，还有 1 个本来学城市规划，过了一段她觉得没意思，四年级就转到我们工民建专业来了。城市规划理论比较少，学的东西泛一些；钢结构专门学钢结构的设计和构造，处理一些理论上的问题，数学深一些，专业专一点；工民建学得比较宽，就是盖房子，厂房、民用建筑。工民建学的是结构，就是起钢架、混凝土框架，这些做好了，建筑再来配合。

我们那个年级，我这个专业分了四个小班，每个小班有十几个人。但是有些课程上大课，比如数学，全年级一起上；马列主义（政治课）也是大班上。马列主义有书，要自己啃；地质学也是，名词很多，考试的时候就很紧张。每个小班都有班长，共青团也按班分成小组。

我们的课程分得很细，地质学、工民建、建筑、结构、钢结构、木结构、混凝土结构、地基基础，好多课。每门课都由教授来讲，都是一些大牌教授教基础课。专业课在三、四年级学，还有建筑学等，所以我们还学了不少东西。当年国内大学的土木系就是学的苏联，分得很细，现在又不是太细了。各有各的长处。

我们学校的教室都是分散的，他们利用一些老建筑作教室。像我们学校的教学楼，就是一个旧时官员的府邸，把它改造改造就是学校了，我们就在那儿上课。多年以后学校邀请我们去回访时，已经搬到了另外一个地方。现在的校园可大了，有专门的研究生楼，还有留学生楼。

我们的实习分生产实习和毕业实习，实习期间接触到很多人，可以交朋友。实习的时候我交了好多朋友。

有一年暑假我到南方实习，在乌克兰靠近黑海的地方，做混凝土工，帮他们翻混凝土，工作相当累，每天都弄得一身黑。实习结束以后，我就到黑海去游泳，玩了一个礼拜，住在一个工程师家里。那个工程师自己盖房子，钱不够了，就把自家的房子租出去。他的房间很干净。我白天出去玩，晚上回来住，很方便，他也很热情。

有一次到乌克兰的尼古拉耶夫造船厂实习，当时只有我一个中国人，一起实习的其他学校的苏联学生很调皮。乌克兰出水果，他们就组织起来，夜里去偷西瓜。怎么偷呢？两条裤腿一扎，把西瓜放在裤腿里头，背在身上就回去了。他们还爬到树上去偷杏子。第二天早上就有农民骂街："昨天晚上谁偷我们的杏子了？"我们都听见了。那些同学对我特好，临走的时候每人送我一样纪念品，比如勺子什么的。

在尼古拉耶夫造船厂实习的时候，我还认识了一个一起实习的苏联女学生。她在基辅读书，家在西伯利亚，所以在基辅租了一间房。她说："我暑假结束就回家，我基辅那间房你去住吧，反正我已经租了。"后来我还真去了。她的房东老太太真好，我叫她阿姨。后来，我还在苏联上学的时候，国内有个铁道代表团去访问，我给他们做翻译，到了基辅，我顺便去看她们，她们可高兴了。我回国以后，老太太的女儿还给我写信；老太太儿子小时候的照片我都有，那个孩子叫萨沙。后来我们一直通信，直到1962年咱们国内不让跟苏联人通信了。我后来又去过基辅，但没找到他们。

我在基辅还结交了一个来自爱沙尼亚的朋友，她比我年纪大一点，我们一起在基辅待了几天。爱沙尼亚很漂亮，她邀我去，说："你来我这儿呀，海边很漂亮。"我们俩关系挺好的，后来也通了几封信。这种朋友我交了很多。都是因为1962年，跟很多朋友的联系就是那时候断掉的。同学联系断掉了，我还可以回学校去找；可是这种朋友就找不回来了。

我的毕业设计是自己设计一个热电站。五年级的时候，我到莫斯科电力设计院实习，给他们画图。那是一个很大的电力设计院。热电站设计是他们设计中间的一部分，他们分给我几张图，要求我画结构图、建筑图。我一边参观他们的电站，一边在设计院里实习。专门有一个人指导我，我有什么问题就问他。图纸出来了，要他检查之后才能交上去；审查合格了，才可以成为正式图纸的一部分。我还要在图纸上签字，完成之后好像还发了我三百多卢布的工资。

我毕业前实习的时候，还在西伯利亚一个工地当过工长。他们施工，我就跟他们一起干。实习结束以后也给了我工资，但有多少我已经忘了。

苏联的文化生活

莫斯科的文化生活很丰富。在莫斯科念书时，所有的芭蕾舞我都看了，大剧院的歌剧我也看了不少。当时买票很方便，街上小亭子就可以买，票价 50 卢布左右吧。那时候觉得买张票还不是太贵，我们约上几个同学一起去，都穿得整整齐齐，穿最好的衣服。后来我去俄罗斯，又看了几次。前两年我请女儿到梅兰芳剧院看莫斯科一个芭蕾舞团来表演的《天鹅湖》。结果非常失望，我反感得很。为什么呢？俄罗斯的大剧院里都有乐队和指挥，可到了我们这里开个音响就跳。那个音响很吵，虽然舞是俄罗斯人跳的，但是音响不一样，观众的情绪就不一样，感觉也不一样。

我当年也经常去莫斯科音乐学院听音乐。我回国时买了不少唱片，所有的歌剧、舞剧，我都买了。结果“文革”的时候都上交了，因为那些是资产阶级的东西，是“苏修”的东西，作为党员不能不交。

乌克兰是一个好地方，人口比俄罗斯少，老百姓的文化程度普遍比较高。那时候也感觉不到乌克兰人和俄罗斯人之间有什么隔阂。基辅比莫斯科幽静，教堂特别多，大剧院也特别好。我们学建筑，那儿的大教堂我都去参观过。一到做礼拜的时候，老百姓就送东西，米、面、菜、水果堆一大桌子，就像我们庙里上供似的。送了东西，他们去就做礼拜，我们就跟在他们后面看。这是在基辅看到的。莫斯科也一样。莫斯科那些大教堂真大、真漂亮，金碧辉煌；神父出来时，也满身金色。我每次去莫斯科，都要去大教堂看看，主要是出于兴趣，去参观建筑，不是出于信仰。

苏联人信仰自由，但共青团员是不信教的。我知道他们的家人有人信，也有人去教堂。我们去参观的时候，教堂里老太太、老头多一些，也有三四十岁的中年人。他们这方面挺自由的，没有人告诉你不能去。

我的苏联同学和外国同学

当时我们班上的男生有“二战”以后的复员军人。同学里共青团员多，班长都是党员。

我们的班长就是个“二战”的复员军人，学习比较困难，有时候我们也帮帮他。

班上女生普遍比男生多，这跟他们战后人口性别比例失调有关。两个跟我关系很好的女同学到老都没结婚，其中一个，只有姐姐跟她相依为命。她高中时代是克拉斯诺亚尔斯克市的金奖学生，本来想进莫斯科建筑学院学建筑，不是我们建工学院，结果没让她去。她父亲是一个路桥工程师，1937—1938 年斯大林“肃反运动”的时候，不知道什么原因，把她父亲抓去了，一去就再也没回来，到现在都不知道是怎么回事。从北京去莫斯科坐火车的话，会路过克拉斯诺亚尔斯克。有一次从莫斯科回国，我事先告诉她我坐哪一趟火车，她就到火车站来看我，给我做了一大罐酸菜，让我带回来。有时候我们老同学在莫斯科聚会，她也去，相当远。她现在还是一个人。

另一个从布良斯克市来的女同学也是一个好学生，就像中国的“三好生”。布良斯克是一个很小、很古老的城市，那里的房子都是木头的。她家里只有妈妈和一个妹妹。她妹妹跟她都没结婚，大概就是因为二战遗留的问题，男的少、女的多。她后来给我写信来，说她妈妈死了，102 岁。她大学毕业以后分配到了摩尔达维亚[13]。有一次我有机会陪一个代表团到摩尔达维亚去，人家帮我找了半天也没找到她。她是俄罗斯人，摩尔达维亚独立以后，她申请回到布良斯克。那里给她分配了一套房子，退休金也是俄罗斯给发。她妹妹在布良斯克做导游。妈妈死了以后，就她姐妹两个人了。有一阵我给她打电话，她家里老没有人，我想，怎么回事啊，怎么没人？我就给她写信，说你给我来封信，把你的电话号码告诉我，我给你打。她回信告诉了我电话号码，结果号码没变。原来她经常住在妹妹家，回自己家也就住一两天，我打电话的时候刚好她不在。她也告诉了我她妹妹的电话号码，这样就好联系了。

她们都比我小几岁。因为我在国内是念到大学二年级才去的，那时她们才刚刚一年级。另外，她们入学时的年纪就比较小。她们还问我什么时候再去呢，我说现在走不动了。

同学里有一些犹太人，大家关系都挺好。他们对犹太人不回避，就是讲到犹太人也没有敌意。只要学习好、对人好，大家不会对犹太人另眼相看。有的同学公开跟我讲：某某是犹太人，如果姓的末尾是字母 ч[14]，就是犹太人。他们告诉我怎么认犹太人，看到鹰钩鼻子，就说这是犹太人。假如他们不告诉我，我还不知道呢。后来我听说，我爱人有好几个同学都是犹太人，多年以后移民到以色列去了，还给他来过信。我们的教授里犹太人也比较多，因为犹太人聪明啊！我们有一个犹太老师，是个挺有名的教授，课讲得特好，学生很尊重他，他对学生也很好。

跟我同时在那儿的还有其他国家的留学生，有朝鲜、罗马尼亚、匈牙利、越南的。我跟几名朝鲜同学关系还不错。有个朝鲜高级领导的女儿住我隔壁，我去的时候她已经五年级了。

跟我同班也有个朝鲜男生，好像是复员军人。他学习差，俄文讲得也不行，经常问我问题。他后来还给我写信呢。他们经历了战争，很艰苦，底子比较差，所以学习困难。

回国后的工作

我1957年毕业时赶上莫斯科"世界青年联欢节"，但我没留下参加。我头一天答辩，第二天就和几个同学一起回国了。其实苏联不像中国管得那么厉害，要想参加联欢节也可以留下，可是毕了业就没有助学金了，生活会有一点问题。我们坐火车回国，路费是国家出的，回到北京都报销；在北京住招待所也报销。

我们出国之前受的教育都是"苏联的今天就是我们的明天"，但到了那里，接触、观察苏联社会，发现他们还是有问题。我们一个支部书记是1951年派出的研究生，比我们早一两年回来。他是钢铁设计院的总工程师，也是一个干部子弟。"反右"的时候，《光明日报》请他去座谈，他说："谁说苏联没有小偷啊？我就碰到过。"因为这句话，他成了"右派"，说他污蔑苏联。我在苏联听说这件事以后，说："我还经历过呢，小偷还摸过我口袋呢。"但我回国以后没说，幸好没说。

"反右"在我们回国之前就开始了。我回来的时候，揪"右派"已经过去，已经在搞批斗了，所以我算是躲过了最危险的时候。我弟弟在乌克兰的顿巴斯煤矿学院[15]学习，1959年回来，上面怕他们说错了话，把他们关在外语学院学习、参观了两个月，才分配工作。我回国那个时候没有学习，回来就分配。因为东北工学院属于冶金部，所以我是冶金部派出的，算定向生，回来马上到冶金部报到，冶金部就把我分配到了有色金属设计院。

我虽然是从冶金部系统出去的，但留学的时候并不知道毕业还要回冶金部。我毕业前，接待过一个电力部的代表团。代表团团长是电力部长，他看中我了，说："你回去到我们部里工作，定好了啊！"我不知道还要回冶金部，就说："可以啊！"等一回来，发现根本不是那么回事儿，我得到冶金部报到，电力部也没办法。当时自己也没有什么想法，让到哪儿就到哪儿，服从分配呀！要说这种服从的观念是怎么建立起来的？当初进东北工学院，后来到俄专、到苏联，都是这样，好像就没有自己的想法。当然也有人提意见，要是条件允许，国家也会照顾，好像也没发生什么问题。比如两口子，可能就要照顾照顾。有的已经确定关系了，但还没结婚，要是开始没有分配到一块儿，以后会考虑给调到一起，这种情况不少；也有的上面考虑一下，就直接把两个人就分在一起了。我那时候根本没这些想法。

不过我们同学有的很惨。有一个搞水利的同学，比我低一年级，分配到甘肃一个电力公司的水电站。他升得挺快，总工程师、水利局副局长、局长。他去的时候那里还是国有单位，后来变成了公司，要自负盈亏。那个水电站赔本，不赚钱。后来听说他退休的时候，退休金只有 800 块。分到那儿了，就是这样的结果。

我们 1957 年回来，虽然都有苏联学校给的“工程师”称号，国内名义上也承认，但承认不承认没有区别，因为工资待遇跟国内大学毕业生一样，都是从实习生、技术员开始，每月五十几块。我碰到一些人，他们说回来就降成技术员了，按国内大学毕业生待遇。我们的毕业证书上都印着“工程师”，但上面根本不看，下来的命令都是一样的，听说是因为刘少奇一句话：“从实习生开始，跟国内大学生一样。”没有什么道理，就这一句话[16]。要是 1956 年回来，工资就比我们高不少[17]，过一年就提工程师了。但我们那时候很简单，为国效劳，都服从。当然也不太情愿，上一届是工程师，为什么我不是？想法还是有的，只是没有抗议，就算了。国家把你培养出来，你还不报国啊？报恩的思想还是起了很大作用的。

我工作的单位正式名称叫“中国有色金属研究总院”，那时在军事博物馆对面。设计院很大，专门做有色金属方面的设计。单位里老人多，我在那里搞厂房建设，就是厂房设计、施工，解决一些技术问题，在那儿一直工作到退休，中间就是（20 世纪）70 年代初下放锻炼了一年。有色冶金设计偏重有色金属的采矿、提炼、冶炼、精炼，到最后黄金白银都能弄出来的。甘肃金川有个镍矿就是我们设计的，是全国最大的镍矿。我那时一年得去一两次，有时候一次待一两个月。还有白银，昆明、西藏，全国很多地方都有。我负责帮他们盖厂房，他们的工艺流程出来以后，我根据他们的需要和提出的条件，把厂房设计出来，盖起来。

莫斯科也有一个有色冶金设计院。有一次他们来了一个代表团，团员里有一个我在莫斯科建工学院的同学，已经当了土建室的主任。他来找我，我一看，他是另外一个班的班长。我认识他，他也知道我，因为我们每个班都没几个人。后来我去莫斯科，也去看他。他们那个设计院跟我们的设计院是一样的性质。

刚回国的时候，我跟着苏联专家工作了一段时间。1957 年，我们院里来了好多苏联专家，各个专业都有。因为我刚留学回来，领导就说：“你就跟苏联专家工作吧，负责跟他们联系，给他们当翻译。”所以那两年我跟他们把全国都跑了，他们下去解决技术问题，我就跟他们一起去。

我跟那些专家的关系都挺好的。从乌克兰塞瓦斯托波尔来的一个老专家回国以后，给我寄来一个相册，里头有他孙子的照片，还有塞瓦斯托波尔的风景。这本相册我保留下来了，“文革”时也没有上交。另外还有个土建专业的专家，我陪他工作了两年。到了外地，他喜欢出去玩，比如到了昆明，我陪他到处参观；他要买一些古董、瓷器，我也陪他去逛。1959—1960 年我在苏州实习，那时中苏关系已经破裂，我也不再跟着专家工作了。那个土建专家回国前要求见见我，院里不同意，对我说：“不回来，没必要。”那个专家就特意买了一幅画留给我。

要说苏联专家的指导作用，那还是有的，因为他们有经验。有一些土建方面的问题，需要请他们来看看我们处理得对不对。凡是不对的、需要改的，他们就提出来。听说有些专家还给咱们留了很多资料，尤其是国防方面的，二机部就有一些。我听老同学说过，有些专家偷偷地把资料留下来了。我们院没有留，我们的东西不保密，一般的技术问题我们还能解决。

解放以前，我们工学院里的很多老师是留英美回来的；但我在东北工学院念书的时候，老师里好像没有留学生。应该说，不少留学英美的土建专家，是有一定水平的。像梁思成是搞建筑的；搞结构的也有不少；搞桥梁的也挺多的。但是 50 年代中国跟苏联关系好，可以派留学生，就派我们去那里学。苏联的大学教育有一些独特的地方，他们有些专家是世界级的权威，像我们学校的一位钢结构专家，就是钢结构领域的权威，写了很厚的专著，在世界上都有名。苏联建了很多大厂房，多采用钢结构。他们的钢产量高，所以钢结构方面他们比较领先。我有一年回莫斯科还见到那个老师一面，第二次去就没有见到，他走了。

第一个五年计划时期，苏联援建我们的 156 个项目[18]，从工艺流程到厂房建设，以及其他的辅助建筑，全是他们设计的。设计在苏联做，然后由一两个专家带图纸过来。所以当时来了很多苏联专家，每个厂都有。像哈尔滨铝加工厂，那是我们国家的第一个，它对工艺流程有一定的要求，对厂房结构也有防腐蚀要求。当时国内没有这个技术，但这些方面苏联都有一套。

我在莫斯科电力设计院实习的时候，正好赶上他们在做中国援建项目，我还帮着画了几张给国内设计的一个电站的图纸。当时那个设计院在给内蒙古一个电厂做设计，他们特意挑了其中比较独立的一部分给我做：“刚好现在给你们国家设计电厂，你就参加吧。”我做的时候有人指导，但做完图纸上签我的名。他们挺高兴的，说：“你们国家的设计还有你的签名噢！”我也挺高兴：“我还帮国内做了几张设计图纸呢！”我们那一批同学里也有其他人参与过 156 个援建项目的部分设计。

留苏的收获

当时送我们出去，国家提供了所有的东西，包括名义上不说的学费，还有生活费，以及服装，等于是国家给你投了这笔资，这笔钱不少。两大箱子衣服，按我们家当时的经济状况，不可能有这个条件。

2006 年莫斯科建筑工程学院校友聚会合影

前排右一为许纪蔚

留苏的收获是各方面的，出国留学当然不一样。到国外去看看人家的情况，自己学到不少东西；学术上一些先进的东西，那里比国内要多；文化方面的熏陶跟国内也不一样，开阔了眼界。无论喜欢不喜欢，眼界都开阔多了。

我出国的时候，土建专业在国内不是完全的空白，但在苏联，也还是有一些新的东西可以学，还是有收获的。国内到底条件差一点，虽然有些从欧美回来的专家，但是他们年纪都大了。我们出去看看他们那些建筑，还是有启发的。你总是看到了别人的东西，跟国内的东西不一样。苏联大剧院的柱子、柱顶这些东西，不是现代的，都是古希腊的东西，苏联也是从古希腊学的。他们受欧洲的影响大，有欧洲的传统。苏联现代化的东西也很多，电站设计有一些新东西，都是我们可以学的。像大剧院那些建筑以及里面那些宏伟的装饰，咱们国内那时候哪儿有啊？他们每个省、市都有。列宁格勒有自己的剧院，设计水平也很高。另外那些文化享受，国内哪儿有啊？

地铁建设方面，我们基本上没有学苏联。我到他们地铁局去参观过，莫斯科在山上，地下全是岩石。我们都是十几米厚的沙土，底下挖不了，一挖就塌，必须大开挖，要到地下多少米才有岩石，所以建设方式不一样。北京的第一条地铁就是大开挖的，整个北京市都破肚子。现在咱们自己有一套，开挖、加固都跟他们不一样。他们全是在岩石里头开，地铁最深的有三层，地铁站里的自动扶梯，有的一二百米长。当

2009 年春节期间莫斯科建筑工程学院校友聚会

左二为丁联棒，左三为许纪蔚

然我们也跟苏联学了一些东西。他们地铁站的装饰性都比较强，每个车站都不一样。以前建的那些车站，艺术性多高啊！这些咱们没学。现在他们的地铁站装饰也比较简单了，不过每个车站还是不一样的。

我不是研究学术的，我做具体的工作，盖厂房。国内各个部门、各个专业都有自己的设计院，这是学苏联体系，我们国家那时一整套搬过来的，一直延续到现在。后来学美国，大学合并就是走西方的路子。设计院是苏联的路子，现在形式还保留着，但内容就不一定是他们的了，厂房形式现在也完全两样了。以前我们都是钢结构，搭三角形的钢架子；现在都是板，方方正正的，新式厂房设计是学的欧美那一套。我们刚回来的时候还是苏联的，现在都是轻型的了。苏联现在是不是变了我不知道，还没去看，听说也变了，现在全世界都互相学习沟通。另外，现在是计算机设计，我们那时候都是手算。二十多年前我从设计院退休的时候，整个设计院才刚开始用计算机进行辅助设计。我培养了一些人，但都是局部用，还没有用到整个计算上面。

我们那批留苏学土建的，回来以后发挥的作用大不大，要看你在什么单位工作。像我们单位，原来国内培养的老工程师多，他们也不错，有经验，我们跟他们比，优势不太大。国内厂房盖得早，我们学的苏联那一套也不一定适合国内，回来以后需要磨合。分到新单位的人好一点，他们业务上发挥的空间比较大。

我们这个专业虽然原来国内有一定的基础，但是缺航天那方面，发射架以前我们没有，苏联有，我们就可以去学。我们读到四五年级的时候，比我们低三届那个年级有些人转学核工业建筑去了，学隔离、学混凝土要多厚，比较专。但这个专业还不属于保密专业，他们学的毕竟不是里面的东西，只是外面的。外面的设计根据里面的需要进行。

工艺方面那时我们也派人去学，比如核方面的提炼、防护。美国也有，也可以去学习。各个国家采取的方案可能不一样，但总的来讲是一致的。防护要达到一定标准，达不到不行。标准都是国际化的，只是你先走一步、我后走一步的区别。现在是信息社会，谁也瞒不了谁。

留苏那几年，通过跟苏联同学、朋友的交流，不仅发展了个人之间的友谊，也加深了我对他们文化的了解，接触多了以后，也受了一点儿影响，比如他们的礼貌，他们待人接物的方式。后来我一些同学到中国来，就住在我家。我去接她们，陪她们玩，都已经是老太太了，我跟这些同学感情还是很深的。

我毕业以后回去看过五六次。有一次我跟我爱人一起去彼得堡（原列宁格勒），吃住都在老同学家里。列宁格勒很多地方我以前都没去过，那个同学就陪着我把所有的景点都看了，走走停停、停停走走，还照了好多相。每到一个景点，她都给我解释，累了我们就在长椅上坐一会儿。她也来过中国，是我们另一个同学想办法把她加进一个代表团，请她来了一次。她住在公主坟那边的新兴宾馆，我那时候还年轻，晚上骑车去把她接到我家，给她包汤圆，包馄饨。她看了说："哎哟，你这馄饨像个帽子！汤圆怎么包的呀？里头还有馅儿！"我说："就因为你们那儿没有，所以我才做这两样东西给你尝尝。"

从1962年中苏关系破裂，一直到（20世纪）80年代末，我都不能跟苏联同学联系。1989年我去了一次，1990年还是1991年，又受学校邀请回访了一次。那次是我们4个同学一起去的。回访的时候想找老同学，我就到教研室去，说："请你们打听打听我以前的同学谁谁谁，你们要是知道一点线索就告诉我。"刚好一个同学的亲戚在教研室里，就说："我知道，她是我亲戚。"他马上帮我联系。联系到一个人，就是一大片。后来我每去一次，他们就聚会一次，老同学一起喝喝酒，吃吃点心。

回过头去看，对留苏有那么多美好的回忆，跟苏联同学、朋友关系那么好，我完全没有遗憾。留苏在我一生中还是很值得的。如果我不留苏的话，在国内可能也可以做出一些事来，但是见识能有多广，就不好说了。留苏时期我交了许多朋友、学到了许多东西，文化、道德方面都有。现在想想，这一段经历是很可贵的。人生就是一个学习的过程。

”

1 高岗（1905 年—1954 年 8 月 17 日），陕西省横山县武镇乡高家沟村人，陕甘红军和革命根据地的创建人之一，中华人民共和国成立后，任中华人民共和国中央人民政府副主席，同时任中共中央东北局书记、东北人民政府主席、东北军区司令员兼政治委员。

2 丁联榛，1951 年派赴莫斯科建筑工程学院学习的研究生之一，毕业回国后在水利水电科学研究院工作至退休。

3 1952 年第一批派出的留苏学生于 9 月中旬出发，第二批于 10 月上旬出发。

4 苏联时代，十月革命节游行在公历 11 月 7 日进行。

5 毕可宝，1950—1952 年在清华大学建筑专业读书，1952 年 10 月赴莫斯科建筑工程学院工业与民用建筑专业学习，1957 年 6 月学成归国，分配到建材部工作，任综合大组副组长、杭州新型建筑材料设计研究院土建室专业主任工程师。1987 年退休后在深圳从事高层建筑结构设计工作。

6 即 1948 年中共东北局选送去苏联学习科技的 21 名高干和著名烈士子女。他们是：罗镇涛（罗炳辉之女）、邹家华（邹韬奋之子）、谢绍明（谢子长之子）、叶正大（叶挺之子）、叶正明（叶挺之子）、任湘（任作民之子）、刘虎生（刘伯坚之子）、林汉雄（张浩之子，林彪之侄）、罗西北（罗亦农之子）、任岳（任铭鼎之女）、叶楚梅（叶剑英之女）、贺毅（贺晋年之子）、崔军（崔田夫之子）、项苏云（项英之女）、李鹏（李硕勋之子）、张代侠（张宗逊之侄）、朱忠洪（王稼祥义子）、萧永定（萧劲光之子）、江明（高岗外甥）、高毅（高岗之子）、杨廷藩（杨琪之子）。

7 李鹏，1948 年作为烈士子弟被派赴苏联学习，后进入莫斯科动力学院，1955 年毕业回国后从基层开始工作，曾任国务院总理、全国人大常委会委员长。

8 任岳，1948 年作为高干子弟被派赴苏联学习，后进入莫斯科建筑工程学院，与同期派往苏联的新四军军长叶挺之子叶正大结婚。

9 林华宝（1931—2003），中国工程院院士，空间返回技术专家。

10 三人均为 1955—1960 年莫斯科建筑工程学院土木系工业与民用建筑专业大学生，毕业回国后，阚永魁分配到清华大学任教，吴廉仲先后在中国科学院力学研究所和中国建筑研究院建筑结构研究所工作，潘福靖在国防部五院、总装备部系统工作。

11 曾文星，1955—1960 年在莫斯科建筑工程学院工业与民用建筑专业学习，毕业回国分配到第二机械工业部（核工业部）工作。

12 叶正大，新四军军长叶挺长子，1947 年入东北民主联军俄文学校，1948 年作为烈士子弟派赴苏联学习，1955 年毕业于莫斯科航空学院飞机制造系，同年回国。曾任国防部第六研究院副所长、副院长，国务院国防工业办公室副主任，国防科工委科技委员会副主任。

13 苏联时代的 15 个加盟共和国之一，苏联解体之后独立，现叫摩尔达瓦共和国，与罗马尼亚和乌克兰接壤。

14 Ч，俄文字母之一，很多犹太人的姓以此字母结尾。

15 指乌克兰国立顿涅茨克工业大学，其前身为顿涅茨克理工学院，1921 年建校。该校前后有过 25 名中国留学生，含 1 名研究生。

16 这里谈到的情况是当时留苏生普遍的待遇，苏联工科大学毕业生都被授予“工程师”称号，但留苏生回国之后，国内都不承认，只给技术员待遇，与国内大学毕业生相同。

17 从 1957 年起，国家机关工作人员及高等学校教职工的工资长期冻结，只有 1956 年毕业回国的留苏生赶上了最后一拨提工资。工资再次调整，已经是 20 世纪 70 年代末的事。

18 这 156 项重点工程，是中国第一个五年计划时期从苏联和东欧国家引进的重点工矿业基本建设项目，奠定了中国初步工业化的部门经济基础。由于这些项目的引进，中国建立起工业经济体系。

荆其敏先生谈改革开放初期赴欧美院校访问经历

荆其敏先生受访
作者拍摄

受访者简介

荆其敏

男，1934 生，北京人。1957 年毕业于天津大学建筑系后留校任教，1980 年作为访问学者赴美国明尼苏达大学建筑系研究环境设计，获美国明尼苏达大学荣誉学者。1981 年回国，曾任天津大学建筑系副主任，教授，博士生导师，一级注册建筑师，注册城市规划师。中国生土建筑研究会常务理事，天津大学与拉丁美洲生土建筑研究中心主席，美国俄克拉何马州立大学荣誉教授，国际建筑师协会 UIA 会员。多次访美国、法国、德国、加拿大、澳大利亚、泰国、秘鲁、苏联等地，出席国际学术会议，有广泛的国际建筑界交往。主要建筑作品：天津市电讯大楼工程、北京国家教委礼堂工程（获 1987 年建设部优秀设计银质奖）。国内外发表论文 40 余篇，出版著作 60 余部。主要著作有《中国传统民居百题》、《现代建筑表现图集锦》（获 1989 年建设部优秀建筑图书二等奖）、《现代建筑装修详图集锦》（获 1987 年全国优秀畅销书奖）、《覆土建筑》（获 1989 年十省市优秀科技图书一等奖）、《西方现代建筑和建筑师》等书。

采访者：戴路（天津大学建筑学院）

文稿整理：戴路（天津大学建筑学院），李怡（天津大学建筑学院）

访谈时间：2020 年 11 月 20 日，11 月 25 日，12 月 2 日

访谈地点：天津市南开区学府街天津大学新园村荆其敏先生家中

整理情况：2020 年 12 月 3 日整理，2020 年 12 月 5 日初稿

审阅情况：经荆其敏先生审阅，2020 年 12 月 10 日定稿

访谈背景：为了解改革开放初期有机会到发达国家留学访问，接受先进建筑教育的建筑师经历，对荆其敏先生进行采访，回顾其访问美国明尼苏达大学、德国亚琛工业专科学院（现亚琛工业大学）等欧美院校的经历，及回国后在中外建筑教育交流方面所作贡献。

荆其敏 以下简称荆

戴路 以下简称戴

戴 荆先生您好！您于1980年改革开放初期去往美国，是建筑学领域里首先出国的访问学者。您能讲讲当时是如何被选派到外国访问的吗？

| 荆 当时我在天津市参加了教育部组织的全国性的考试，全国各地都有举办。英语考试包括笔试和口试，参加考试的人很多，规模很大。我是 1952 年毕业于北京育英中学，当时有较好的英语基础，不过后来大学上课全是俄文，（又得）从头学起。英语考试通过以后又参加了天津大学组织的一个短期英文学习班。美国那边的学校和专业都是自己联系，经领导同意后就作为校内改革开放后首批访问学者赴美国明尼苏达大学（University of Minnesota）建筑系研究环境设计，从学于著名建筑师、教育家拉普森教授[1]。

戴 您能详细讲讲当时出访的经历吗？

| 荆 当时我们一共是三十几个人，坐一架飞机一起到纽约，主要是以理科的数学、物理这些专业的人员为主。因为当时中美还没有通航，我们得转机。原来计划是先到德黑兰[2]，可是当时是1980年10月1日，两伊战争[3]刚爆发不久，只能临时改到卡拉奇[4]转机到巴黎再到纽约。忽然到了气候炎热的卡拉奇，我们还都穿着西装，穿着绒裤，下飞机以后简直热得没办法，甚至口袋里的巧克力全都变软化成“饼”了！等到了巴黎机场，因不让久留，也不让下飞机随意走动，我们就只能等着当时临时联系的飞机到达。因我们人多，航空公司临时决定让我们集体上一趟飞机，以赚更多的钱，原本乘坐该航班的法国散客还在飞机上闹抗议。因为有

左：荆其敏先生作为明尼苏达大学中国校友的证明 / 中：明尼苏达大学建筑学院颁发给荆其敏先生的“优秀学者”证书，由拉普森教授签字 / 右：明尼苏达美中友好协会颁发的，表彰“荆其敏先生对促进美中友谊作出重要贡献”的证书

荆其敏先生提供

北京苏联展览馆（今北京展览馆）

图片来源：《建筑十年：中华人民共和国建国十周年纪念 1949-1959》，1959 年

时差，也不知道过了多少个小时，等到了纽约已经是半夜。没有人来接我们，也不知道该怎么办好。大家没有美元，也不会用美国机场的付费电话。过了很久，天都亮了，中国大使馆才派人开着货车来接我们。所有人坐在货车里的长板凳上，这样到了大使馆。那个时候"文革"刚结束，使馆接待人员对待知识分子的态度很恶劣。我们都由中国驻纽约的一个办事处安排住到一家旅馆里，那儿管得也很严。之后大家再分别去往自己联系的各个学校去。

我在联系美国学校的时候，申请的证件上姓氏"荆"写的是"Ching"，但临走办护照，国家规定必须得用拼音"Jing"。在过海关的时候，检查出我的护照和证件上的名字对不上，他们甚至让懂印第安语的人来看，都认为这不是一个人。我怎么解释也讲不通，经过好一通联系，我才终于进入美国境。有一个老师箱子里带了很多肥皂，检查的时候就被怀疑，箱子都被检查人员给撬开，过了好长时间才让那位老师到机场去把撬坏的箱子取走。那个时候中美关系比较友好，美国人对中国人还算客气。

戴 您在出国前，国内的建筑教育是怎样的？

| 荆 当时咱们国家受苏联的影响，全盘苏化。北京盖起了苏联展览馆，上海还有中苏友好大厦。北京的苏联展览馆前面那个圆圆的水池，本来还设计了 16 个雕像，代表苏联 16 个加盟共和国[5]。但因中苏关系破裂，雕塑就没再从莫斯科运来，所以现在那儿就只有一个水池。

上海中苏友好大厦

我是 1952 年入学天津大学的，当时整个建筑学的教学计划、教学大纲都是由苏联搬过来的。别的专业都是 4 年制，只有建筑学是 5 年制，清华大学的是 6 年制，学的课程特别多，学时排得很紧，沿用的全是苏联的教学体系。有些课程，如苏维埃建筑史也要学。冯建逵[6]老师当时听了说，"什么白俄罗斯、黑俄罗斯？！"苏

联专家当时住五大道，开着天津市为数不多的小轿车。那个时期正是苏联古典主义的高潮，他们批判西方，否定摩登主义，坚持古典，所以实际上并不先进。一些苏联专家实际上以前只是炮兵上校，但来到中国，摇身一变成为教授了。实际他们只能讲构造，但也不是很进步的做法，并且只适用于寒带地区。有些专家跟中国人很不一样，跟美国那些教授也不一样，总是喜欢“指手画脚”。我当时参考欧洲卫星城[7]做的住宅设计，就被苏联专家指责说是“资本主义”。其实当时那些从美国等发达国家留学归来的老师们，都并不赞同。

戴 您在美国访问时，所研究科目是如何选择的？在美国进行了哪些考察？回国后又是怎样继续研究的？

| 荆 当时我国派出学习的人员多学理科，建筑学曾在政治运动中受到太多的误解。我要学习的是城市规划，规划人类的居住环境。我在美国的时候，去过很多学校做讲座，浅显地讲讲中国园林、中国古典建筑，后来我就开始讲一些中国民居，美国人对此感到新奇。实际上美国对生态环境很重视，将人跟自然的关系摆在首位。中国民居使用生土这种天然材料，南美洲、非洲等地则是使用稻草等植物材料，并将其运用在现代建筑设计当中，在建筑构造、建筑物理等方面都有针对性地体现。但是当时在我们国家，生土建筑却行不通。后来法国有一个教会的民间组织国际生土建筑中心（CRATerre）[8]，以保护生态为主题，我们联合办了一个研究

荆其敏先生 1980 年在明尼苏达大学建筑学院和学生俱乐部做关于中国园林、住宅、庙宇和宫殿的系列讲座的海报及 1981 年 3 月在该校校园活动中心做中国传统建筑讲座的海报

荆其敏先生提供

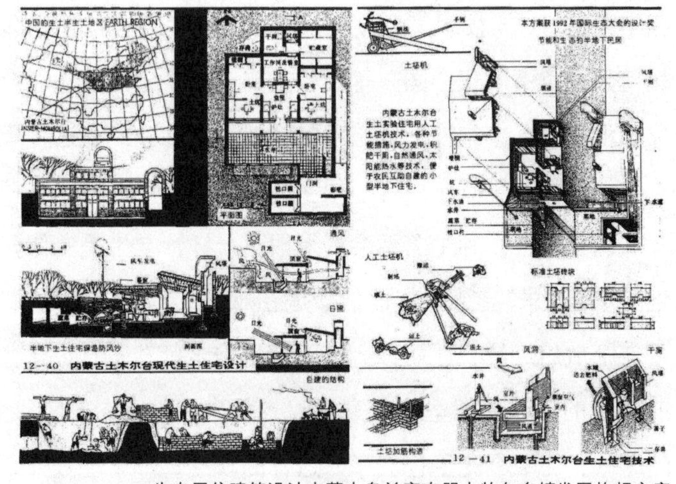

生态居住建筑设计内蒙古乌兰察布盟土牧尔台镇发展构想方案

图片来源：《世界传统民居图集：生态家屋》，1996 年，330-331 页

中心，在内蒙古土牧尔台[9]找到基地做研究。我们曾经到秘鲁考察，南美那些穷人盖的土房子非常精彩；也把土拿到法国去化验，研究配比，还需要学校给开证明给机场看，费了很大的功夫；由他们资助，在技术上使用一种体积不大、易搬运又便于农民手工操作的制坯机[10]，让天大的机工厂给做出来，运过去好使极了，三个人就能压出一块大土坯，在里面把筋也布置好。我带的几个研究生，有庞志辉[11]等一起做的设计，在国际展览[12]中得了大奖，却不被内蒙古当地的领导认可。领导认为这是穷，是落后，只想要高楼大厦，想要出风头。现在过了几十年，又开始有人提倡要做，但仿佛是个政治口号，“生态”二字不能滥用。

戴 您在访学时所见到的教育模式是怎样的?

| 荆 在西方的大学里，学生是主体，这和我们的很不一样。很重要的一点就是在学分制的定义上，他们的学费和学分相联系，每个学分都需要缴费，而且学分和老师的教学量也是挂钩的。如果老师的课不足 45 个学生报名，那么这门课就不能开；如果报名这门课的学生很多，100 个学生共 100 个学分，那么这 100 个学分的钱都属于这个老师，这样学生肯定是主体。办学主要靠什么，靠经费吗？我的导师告诉过我：“我当系主任就是赚钱（make money），就是收学生的学费。”学费从哪里收？就是从学分上收。他们入学很容易，哪个学校都要你，但是毕业很困难，拿学分是很不容易的。比如在德国，答辩会有三个老师参加提问，三个老师一起打分，再取平均分。如果不及格，学费就浪费了，重新修学分又需要重新交学费。所以学分对学生来说很重要，学生们没有不努力的，因为不努力就拿不到学分。这种制度很严谨，是真正的学分制。而且老师们都很积极，一个讲师讲得好，挣到的钱可能比教授都多，所以老师们都很积极，也很自由。

再有一点，我们有很多问题都出自教育部。美国的教育部里没有几个人，教育的自主权在学校自身，学校想怎么办学都可以，教育部在教育问题上什么都不管，学校也不让他们管。教育部只负责收集全国高等学校的专业材料，方便大家查找资料。我去过美国华盛顿的教育部，那里有各个学校的建筑系的资料。这种模式有这种模式的好处，办教育很自由，好多私立学校办得比州立学校好，很多有名的学校都是私立学校。

这样一来，师生关系会变得很不一样，学生是主体，老师会对学生非常爱护。我们的学生上学是“求”老师，但他们却是老师“求”学生，很尊重学生。学生可以常常帮老师看作业、帮老师放幻灯片，还可以到老师家里帮老师剪草地，学生跟老师的关系会变得很亲密[13]。有的教授的课就在家里，大家围着老师坐在地上，开“沙龙”，共同交流。我在天大当助教的时候，徐中[14]先生也会举办这样的沙龙，带年轻教师到家里去，但后来被批判就停止了，挺遗憾的。课程的设置全是由老师个人安排，教育部不会干涉。学院有时候会请到一些国际上有名望的大师或知名教授，以此也能提高学校的知名度。

美国的建筑教育从本科生、硕士生到博士生八年的培养，总的来说是一实一虚的过程。即本科生重想象力的培养，硕士生重实际训练，博士生再提高到理论的思维能力[15]。学生需要完成的学术论文，只需要找到一个实实在在的小题目，实验做成了，便可以毕业。

戴 改革开放后，咱们国家也开始设置建筑教育评估制度，您在访学时对此有何考察？

丨荆 美国的建筑教育在全世界居领先地位，美国教育部对建筑教育的管理不起很大的作用，全面控制美国建筑教育质量的是一个民间组织，叫作“全国建筑院系评估理事会”（NAAB）[16]。这个理事会是批准建筑院系的机构。它由来自各个方面的11人组成，由选举产生，采用任期制。其中2人由美国建筑师协会AIA中选出；3人由美国全国建筑注册委员会（NCARB）[17]选出（该委员会控制美国的建筑师必须受过正规教育，保证生产实习年限，并经过考试才能取得开业的执照）；还有3人由建筑师协会中的建筑院校联合会（ACSA）[18]选出。此外，由建筑师协会选拔学生代表1人，再聘请1位其他专业的外行人士参加，艺术家、律师或社会学家等均可，称公共人（Public man）理事会，每五年对全国院系的教育质量评估一次。评估的目的不是排各校优劣的名次，只是找出某些校系不合格的方面促其改进。评估的标准由理事会制定，对于建筑教育的要求和社会的需求紧密联系[19]。

我们现在的建筑教育评估制度有利也有弊。当时建设部和教育司委托我和清华大学的一位老师一起翻译整理美国、英国、中国台湾、中国香港等国家和地区的好学校的建筑评估文件。我们把资料提供给建设部，以此为基础制定了我们自己的评估制度。西方国家的建筑教育评估有着上百年的历史，是很多经验积淀出的成果。此外，他们还有一个民间的组织叫评估委员会，不许官方参与，这个组织不给学校排名次，各校自愿参加，取长补短互相交流，它的目的在于从这个活动里取得经验，学习别人[13]。

戴 您觉得美国当时的建筑教学先进之处还体现在哪些方面？

丨荆 美国的大学教育是入学容易毕业难，建筑专业更是如此。中国的情况正好相反，毕业容易入学难。入校后的筛选制度作为学校的职能，体现于培养人才的时间流程之中，其严格程度能真正说明一个学校的教育水平。俄克拉何马州立大学（Oklahoma State University）建筑学院的本科生教育为五年制，二年级基础训练之后只有三分之一的学生能够进入三年级，三分之二的学生被淘汰或转系；堪萨斯大学建筑学院设有两年制的环境系，作为进入建筑系的预科，只有一部分人能进入建筑系三年级。俄克拉何马州立大学建筑学院研究生，按其成绩与特点进入设计研究生学位或进入工程研究生学位两种不同的领域，工程硕士将来不能参加建筑师开业执照的申请考试。建筑师不等同于工程师，明尼苏达建筑系的学生来源大部分不是高中生，而是美术系或其他系学完一年以上课程后的大学生转入建筑系的。这些学校虽然办学的方法各异，但是都贯彻了因材施教和严格的筛选制度。

美国建筑系本科学习年限为四年或者五年，他们把本科生和硕士生的学习年限统一考虑，总的学制大约是六年到六年半，只是各院系分段的办法有所不同。例如，俄克拉何马州立大学建筑学院本科生五年，研究生一年半。入学时、二年级升三年级时以及进入研究生时，学生须经过三次筛选。内布拉斯加林肯（University of Nebraska Lincoln）建筑学院本科生四年，研究生两年，共六年达到硕士学位。佐治亚理工学院（Georgia Institute of Technology）本科生四年，研究生两年，少数人再进入两年的博士理论研究，共八年达到博士学位。由此可以看到，美国建筑系的学习年限大体上可划分为三个阶段，经过严格筛选，学生的人数由低年级到高年级逐级减少，呈金字塔形。由于在两年的分段时刻，学生可以有自由选择专业发展的机会，因此不存在“专业思想问题”。目前我国的高等教育有时把研究生和本科生的培养截然分开，对学制的安排缺乏统一的、全面的规划，结果对人力和财力都是一种浪费。

我国在教师编制上采取的是高标准低效率的做法，美国的建筑教育依靠雄厚的社会力量的支持，学校与事务所之间有完整的一体关系。首先，教师都是建筑师，教师为自己的事务所培养人才，不参加生产实践的教师是没有资格教书的，不论是搞理论历史或环境物理或其他的教师都是如此。教师如果缺乏生产实践的经验就得不到提高的机会。青年教师更急于做实际的工程。学生也都把事务所实习的环节看得很重要，不仅要预先为毕业后的工作找好岗位，而且也是学习期间的辅助经济来源。各校的校友活动中心都是加强社会实践联系的主要渠道，许多校友开办的事务所都是母校的重要支柱。在堪萨斯州立大学（Kansas State University）看到的精良的计算机设备与装置很多都是校友捐赠的。

1980 年至今，计算机的应用突飞猛进。1980 年我在明尼苏达大学时该校正开始兴建计算机房，当时只有少数学校如康奈尔大学等有计算机辅助画图，事务所中应用计算机辅助设计的也不多，许多人对此还抱怀疑的态度。其他的教学手段则注重培养学生的动手能力，例如木工车间、陶瓷工作室、工艺美术工作室、材料样品室、模型材料室以及计算机房等，都是学生自由活动的场所。学生们的公共道德素质也很好，对贵重的仪器设备都能自觉爱护。

在行政管理方面各院系的编制十分简单。正、副院长及系主任全是教授兼任，院办公室设两至三名专职秘书，系里除主任有一名私人秘书外，系办公室还临时雇用三四个办事人员，他们共同掌管着一千多人的院系。秘书面向学生与教师，没有行政性的管理，没有事务性的工作。校级没有向下布置的工作，一切任务都是自动完成，职责分明。各实验室、资料室、计算机房都是有关教师自己的独立王国，自筹经费，自己管理。故有三分之一至二分之一的教师是十分繁忙的，许多人每天从早到晚都在系里工作，教室也是日夜占用的。教师的工作在社会上是备受尊敬的职业，似乎没有不愿意做教师的。学费很贵，美国人要靠政府低息贷款上学，外国留学生的学费则是美国建筑教育的一笔重大收入。和我们相比，差距最大的也在这个方面。[20]

青年教师、研究生出访联邦德国（前排左起：刘冠华，兰剑，靳元峰，洪再生，庞志辉；后右：梁雪）

图片来源：《天津大学留学通讯》，1988 年第 2 期

戴 您在归国后又曾带领建筑系师生到德国亚琛进行教学交流活动，这是当时闻所未闻的，您能讲讲当时的情景吗？

|荆 1992 年，受当时的德中友协汤若望协会[21]主席施鹏嘉（Hubertus Sprungala）[22]邀请，我和天津大学外事办的尚金龄[23]老师曾带领 9 位学生，组成“天津大学建筑系汤若望学习小组”[24]，乘火车穿过苏联，抵达欧洲大陆，到德国亚琛[25]进行教学交流活动，开国内建筑院校之先河。该协会资助我们在西德境内的一切费用。

1982 年，荆其敏教授指导明尼苏达大学留学生建筑设计

荆其敏先生提供

我们所去的亚琛工业专科学院[26]学制三年，教学方法注重实际。他们的设计课和我们有不同，不是只做到方案阶段，而是达到能付诸实施的程度：从方案到节点设计、构造大样甚至包括建筑的水、暖、电的设计。另外也去到西德科隆、法国巴黎等城市，参观了科隆大教堂、蓬皮杜国家艺术和文化中心等建筑。

Jon Buggy 等明大学生在天津大学交流学习时与天大同学合影（左起：华镭，Ron Piekarz，兰剑，张弛，崔愷，Jon Buggy，天大土木系学生，叶珉，天大土木系学生）

《老友记：天津大学—明尼苏达大学建筑学院的交流与合作》

此次交流活动在亚琛和天津两地产生了巨大影响，成为德国媒体争相报道的盛事，同时也为日后天津大学建筑学院与德国院校的学术交流奠定了良好的基础，推动了此后长期的互访交流。

1981 年美国明尼苏达大学拉普森教授来天大讲学

荆其敏先生提供

1987 年天津大学主办的“传统住宅与生活模式国际研讨会”参会嘉宾及天大师生合影（前排左起：3 施鹏嘉，5 吴咏诗，6 拉普森，8 荆其敏；右起：1 大野隆造，2 洪再生，3 袁逸倩；二排左起：2 张敕，3 魏浥醴，4 羌苑，10（拉普森左后方）张文忠，11 周祖奭，12 王兴田，14 彭一刚，15 王乃香，17 肖敦余，18 杨秉德；后排右起：4（彭一刚身后）黄为隽）

《老友记：天津大学 - 明尼苏达大学建筑学院的交流与合作》

戴 您曾去往海外访问，回国后还组织了十几批外国学生来天津大学短期学习。在交流过程中有哪些故事发生？

丨荆 为什么美国留学生要不远万里到遥远的东方来学习中国传统建筑艺术呢？俄克拉何马州立大学来的茜尔 · 摩根教授说：“中国的文化艺术和西方太不一样了，美国的历史很短，中国有悠久的文化传统。任何现代文明都是由传统发展进化而来的，人类创造的历史文明应该属于全世界，现代的摩登建筑也离不开传统精神。另一方面，全世界的建筑事业都在向现代化发展。如何从传统文明中吸取设计经验以发展未来的现代建筑，正是当今全世界建筑师所面临的课题。”我很赞同她的观点。他们来自美国，长期生活在资本主义西方文明的繁华大都市之中，一旦进入和谐、朴实、古老的中国，立即被天坛、颐和园、传统古典园林和四合院……所吸引，这是很自然的。他们充满着对东方建筑美的想象来到中国，他们在中国真正地感到东方传统文明对现代西方文明的挑战。

我国和苏联的关系破裂后，提出“反帝反修，备战备荒”的口号，同时进行教育革命，教学结合生产，让学生下工地真刀真枪地实际操作。那时候我刚毕业没多久，在学校里当助教，天津大学 38 斋宿舍楼[27] 就是 1958 年夏天学生们自己画施工图、自己砌砖盖起来的。在当时那种情况下，建筑师的地位很低，大量工程的主持人都不是建筑师而是结构师，建筑需要服从结构。因为社会上认为建筑学没有意义，建筑的施工主要还是要靠结构，尤其在天津大学这样的工科大学里面，建筑学专业是非常让人看不起的。所以那个时期，建筑系附属在土建系之下，建筑系变成土木建筑系，土木放在建筑的前面，徐中老师担任副系主任。后来我去往美国交流，回来后又组织了十几批外国学生来天津大学短期学习（图 9，图 10）。通过这些交流，大家的眼界开放了，知道了外面的情况，外面也知道了中国的情况，相互之间收获很大，是教育界很大的进步。这个时期，天津大学建筑系在国内小有名气，各方面都做得很不错，建筑学在天津大学里的地位也有所改变，建筑学也终于重新地、正确地立足于大学教育中[13]。

天津不像北京和上海那样出名，但能够在天津市中心广场附近找到典型的意大利庭院，仍然认得出那是意大利文艺复兴式的檐口和细部；在解放路上有精美的爱奥尼克和科林斯柱式；五大道上的西班牙式、英国半木式、法国式的小住宅；还有生生里、永宁里等里弄式和联排式住宅。在老城区仍可见到许多地方会馆的旧址和传统四合院民居。在一座城市中能够看到如此众多的风格各异的欧式建筑，在全世界是少有的。宝贵的中西传统建筑设计经验就在我们身边，天津大学正好有这个地理优势，从现实中学习，从交流中学习[20]。

荆其敏先生第三次到访美国俄克拉何马州立大学

图片来源：《天津大学留学通讯》，1988 年，第 2 期，封面

另外，在交流过程中，我们也和其他国家的其他学校建立了深厚的友谊，举办一系列交流活动，我的导师拉普森也多次到访天津大学（图 11，图 12）。1987 年 4 月 7 日，我第三次到美国俄克拉何马州立大学。一进校园我大吃一惊：建筑系的楼上悬挂了一面巨大鲜红的中华人民共和国国旗，有三层楼房那么高，铺在楼的外面（图 13）。在春天的阳光照耀下，鲜红的旗帜分外美丽照人。八五年春，俄大建筑学院的茜尔 · 摩根教授曾率学生访问我校，并学习中国传统建筑艺术。其间适逢美国独立日——他们的国庆节，我与他们一起举行了一次热闹的庆祝会，并做了一面小小的美国国旗送给他们。摩根教授非常感动，她说自己在中国见到美国国旗是多么的高兴，并说：“下次你来俄大，一定会看到我给你们的中国国旗。”果然，这面硕大的国旗就是茜尔 · 摩根亲手缝制的。她要用这面大国旗表达对我们的欢迎，对天大的怀念以及对我国的友谊。[28]

本章注释：

1 拉尔夫 · 拉普森（Ralph Rapson，1914—2008），担任明尼苏达大学建筑学院院长 30 年。他在 93 岁去世时，是世界上从业时间最长的执业建筑师之一，也是最多产的建筑师之一。

2 德黑兰，伊朗首都，同时也是德黑兰省的省会，其为伊朗最大的城市，并且是西亚地区最大的城市之一。

3 两伊战争（Iran-Iraq War），又称为第一次波斯湾战争，伊朗称为伊拉克入侵战争、神圣抗战，或伊朗革命战争，伊拉克称为萨达姆的卡迪西亚，是发生在伊朗和伊拉克之间的一场长达 8 年的边境战争。两伊战争于 1980 年 9 月 22 日爆发。

4 卡拉奇，巴基斯坦第一大城市，位于巴基斯坦南部海岸、印度河三角洲西北部，南濒临阿拉伯海，居莱里河与玛利尔河之间的平原上。

5 苏联 16 个加盟共和国包括：俄罗斯苏维埃联邦社会主义共和国、乌克兰苏维埃社会主义共和国、白俄罗斯苏维埃社会主义共和国、爱沙尼亚苏维埃社会主义共和国、拉脱维亚苏维埃社会主义共和国、立陶宛苏维埃社会主义共和国、格鲁吉亚苏维埃社会主义共和国、亚美尼亚苏维埃社会主义共和国、阿塞拜疆苏维埃社会主义共和国、哈萨克苏维埃社会主义共和国、吉尔吉斯苏维埃社会主义共和国、土库曼苏维埃社会主义共和国、乌兹别克苏维埃社会主义共和国、塔吉克苏维埃社会主义共和国、摩尔达维亚苏维埃社会主义共和国、卡累利阿 - 芬兰苏维埃社会主义共和国（后撤销）。

6 冯建逵（1918—2011），1942 年毕业于北大工学院建筑系，后留校任教。1943 年底任讲师期间曾受时任北大教授的朱兆雪之邀带领部分学生对北京故宫等古建筑进行测绘，并先后与建筑大师张镈多次合作实测了其他古建筑，为后来的古建筑研究作出了可贵的贡献。1945 年随沈理源转至私立天津工商学院执教，并在沈理源主持的华信工程司兼职建筑设计。1952 年院系调整，该校并入天津大学，冯先生即在天津大学建筑系任教、主授建筑设计，并指导研究生深入古建研究。他曾担任天津大学建筑系副主任、主任，天津大学建筑设计研究院总建筑师等职。在他指导下编著的《承德古建筑》曾获得 1982 年全国科技图书一等奖，此书后来被译成日文由东京朝日新闻株式会社出版。其他已出版的有《清代内廷宫苑》《清代御苑撷英》等多部专著。

7 卫星城，全称卫星型城镇，是指以大城市（在一定区域内起主导作用的城市，而不是在经济、政治或面积等仅单方面地位突出的城市）为中心、在地理空间上呈卫星分布状的城市或县镇。卫星城镇理论的渊源可追溯到 19 世纪末英国社会活动家埃比尼泽 · 霍华德（Ebenezer Howard，1850—1928）提出的“田园城市”，经历了附属型、半独立型和独立型等发展阶段。这种设想提出一种兼有城市和乡村优点的新型城市结构形式，在中心城市周围建立一圈较小的城镇，形式上有如行星周围的“卫星”。这是卫星城镇的思想萌芽。根据霍华德的设想，1919 年英国规划设计第二个田园城市——韦林时，即采用卫星城镇这个名称。第二次世界大战后，先是英国、瑞典、苏联、芬兰，后是法国、美国、日本等国都规划建设了许多卫星城镇。

8 国际生土建筑中心（CRATerre），成立于 1979 年，总部设在法国格勒诺布尔建筑学院，研究生土建筑技术，并致力于探索环境和世界遗产以及环境与人类住宅间的关系。

9 土牧尔台，位于内蒙古自治区中北部，隶属于察哈尔右翼后旗。境内为丘陵地区，总面积 560 平方千米。

10 该机运用杠杆原理，由操作者以手压制多种规格土坯块，砌块原料就是各类土并加入少量麦秆，其强度不比砖低，极适合廉价劳动力过剩而资金不足的地区。

11 庞志辉（1963—2003），男，1982 年进入天津大学建筑系学习，曾任天津大学建筑学院副教授。

12 该方案“生态居住建筑设计内蒙古乌兰察布盟土牧尔台镇发展构想”曾获台湾“财团法人洪四川文教基金会”1990 年“建筑优秀人才奖”、1992 年 AIA 国际合作奖，并在巴西里约热内卢世界环境大会上展出。

13 姜悦宁，邓林娜，《六十五载校园，回首仍念往昔——访荆其敏、张丽安》，刊《城市环境设计》，2017 年第 5 期，67-69 页。

14 徐中（1912—1985），男，江苏常州人。1935 年毕业于中央大学建筑系，获学士学位。1937 年获美国伊利诺伊大学建筑硕士学位。1939 年起任教于中央大学建筑系，1949—1950 年任南京大学建筑系教授，1950 年受聘任北方交通大学唐山工学院（即唐山交通大学，现西南交通大学）建筑系教授、系主任。1952 年，唐院（现西南交通大学）建筑系调整至天津大学，徐中先生随之前往天津大学，任建筑系教授、系主任，名誉系主任。主要作品有南京国立中央音乐学院校舍、南京馥园新村住宅、南京交通银行行长钱新之住宅、北京商业部进出口公司办公楼、对外贸易部办公楼、天津大学教学楼等。撰有《建筑与美》《建筑的艺术性究竟在哪里》《论建筑与建筑艺术的关系》《建筑风格的决定因素》等。

15 荆其敏，《浅谈美国的建筑教育》，刊《新建筑》，1987 年第 4 期，第 10-12 页。

16 全国建筑院系评估理事会（The National Architectural Accrediting Board，NAAB），又译作“国家建筑学认证委员会”，成立于 1940 年，是美国历史最悠久的建筑教育认证机构。NAAB 认证由具有美国区域认证的机构提供的建筑专业学位。目前，有 123 个机构提供 153 种认可的方案。NAAB 制定了适用于建筑师教育的标准和程序。这些标准是由建筑教育者、从业者、监管者和学生制定的。

17 国家建筑注册委员会（The National Council of Architectural Registration Boards，NCARB），是一家非营利性组织，其成员包括 50 个州，哥伦比亚特区、关岛、北马里亚纳群岛、波多黎各和美国维尔京群岛的合法成立的建筑注册委员会。通过与许可委员会合作，以促进建筑师的许可和认证。

18 建筑师协会中的建筑院校联合会（Association of Collegiate Schools of Architecture，ACSA），成立于1912年，是一个国际性的建筑学校协会，旨在提高建筑教育的质量，由10所学校组成。

19 荆其敏，《浅谈美国的建筑教育》，刊《新建筑》，1987年第4期，第10-12页。

20 荆其敏，《美国留学生设计教学随笔》，刊《新建筑》，1987年第1期，16-19页。

21 德中友协汤若望协会(Adam Schall Gesellschaft)，以科隆传教士汤若望命名，该协会以促进德中交流为目标。汤若望(Johann Adam Schall von Bell，1592—1666），字道未，德国科隆人，天主教耶稣会传教士。1620年（明万历四十八年）到澳门，在中国生活47年，历经明、清两朝，是继利玛窦之后最重要的来华耶稣会士之一。1983年，该协会成立。协会以发扬汤若望先生的精神为目标，为中国友人，特别是留德学生和学者举办了许多交流活动，包括讲座、研讨会、郊游、节日庆典等。协会提供机会促进中德友人的感情沟通和经验交流，帮助人们不加偏见地理解和评价中德文化的异同之处。所举办的活动促进交流，也极大地推动了中德文化的沟通和民族之间的互相理解。

22 施鹏嘉(Hubertus Sprungala)，时任德国汤若望协会主席，德国亚琛高等技术学校(Fachhochschule Aachen)建筑系主任，教授，研究方向为城市规划、建筑美术。

23 尚金龄(1936—2020)，1950年参加工作并当年加入中国共产党，1958年进入天津大学进修，1961年毕业后进入天津大学工作，从事外事工作至退休。

24 该小组学生包括兰剑、洪再生、徐苏斌、梁雪、赵晓东、林宁、刘冠华、庞志辉、靳元峰等9人。兰剑（1961—），男，1979年进入天津大学建筑系学习，为荆其敏先生研究生，曾任职于天津大学建筑设计规划研究院，于1993年去往日本东京工作生活，1997年至美国并加入美国国籍。于2010年回国，2013年于北京注册公司并任美国奥凯睿意（北京）建筑设计顾问有限公司总裁；洪再生（1962—2018），男，1980年进入天津大学建筑系学习，获学士学位并留校任教。1989年研究生毕业于天津大学建筑系获城市规划与设计专业硕士学位，并于同年留学日本，1996年获日本神户大学博士学位，毕业后返回母校任教。曾任天津大学建筑学院城市规划系副主任，天津大学城市规划设计研究院院长，天津大学建筑设计规划研究总院院长；徐苏斌(1962—)，女，1980年进入天津大学建筑系学习，获天津大学博士学位。任天津大学教授，清华大学博士后，东京大学生产技术研究所外国人博士研究员及研究员等，东京大学东洋文化研究所外国人研究员，国际日本文化研究中心（京都）客座副教授，日本学术振兴会外国人特别研究员及招聘研究者，西南交通大学客座教授，2006年9月开始任天津大学建筑学院特聘教授；梁雪（1962—），男，1980年进入天津大学建筑系学习，获硕士学位，现任天津大学建筑学院教授，曾任美国密歇根大学访问教授，长期从事设计与理论研究，承担并主持国家自然科学基金项目“当代西方建筑形态研究”的课题；赵晓东（1962—），男，1981年进入天津大学建筑系学习，获硕士学位，任澳大利亚柏涛设计咨询有限公司董事、首席建筑师；林宁（1963—），男，1981年进入天津大学建筑系学习，现居住于美国洛杉矶；刘冠华（1963—），男，1982年进入天津大学建筑系学习，毕业后留校，在建筑系建筑学教研室任教。现任欢乐谷集团董事长、华侨城当代艺术中心(OCAT)理事长、华厦艺术中心执行董事，深圳华侨城旅游景区管理有限公司执行董事；庞志辉，见注释12；靳元峰（1963—），男，1982年进入天津大学建筑系学习，任北方汉沙杨建筑工程设计有限公司（NHY）总建筑师。

25 亚琛，又译作阿亨，位于德意志联邦共和国的北莱茵 - 威斯特法伦州，与比利时和荷兰接壤，是著名三国交界城市以及旅游胜地。

26 亚琛工业专科学院，现为亚琛工业大学（RWTH Aachen），成立于1870年，位于北莱茵 - 威斯特法伦州，是德国最负盛名的理工科大学之一。

27 现为天津大学卫津路校区34斋宿舍楼。

28 荆其敏，《国旗与友谊》，刊《天津大学留学通讯》，1988年第2期，第48页。

李振宇教授谈参与和推动同济大学建筑与城市规划学院国际化发展的经历[1]

李振宇教授

受访者简介

李振宇

男，1964 年 10 月生，1986 年同济大学建筑与城市规划学院建筑学专业（五年制）本科毕业；1989 年同济大学建筑历史与理论专业硕士研究生毕业，导师陈从周教授，并留校任教。1997 年攻读建筑设计及其理论专业在职博士研究生，导师刘云教授；1999—2001 年，受中德政府奖学金联合资助，在德国柏林工大建筑系联培博士生学习，导师彼得 · 赫利（Peter Herrle）教授，2003 年获同济大学工学博士学位。历任教研室副主任、院长助理、副院长、校外事办公室主任；2014 年 1 月至 2020 年 11 月任同济大学建筑与城市规划学院院长。曾兼任德国包豪斯基金会学术咨询顾问，联合国教科文组织可持续发展教席顾问等职。

现为建筑策划与类型学研究团队责任教授，博士生导师；同济大学建筑设计研究院李振宇教授工作室主持人、国家一级注册建筑师。兼任第七、第八届国务院学位委员会学科评议组建筑学组专家、住建部科技委建筑设计专委会委员、中国建筑学会建筑教育分会秘书长、中国建筑学会建筑策划与后评估专委会副主任、中国建筑学会学生工委会副主任、上海市建筑学会副理事长、柏林工大客座教授、英国特许注册建筑师、《建筑学报》《时代建筑》等学术期刊编委。

长期从事建筑设计的教学、设计实践和研究工作。创建并主持“现代住宅类型学”“中德建筑比较”“共享建筑设计”等课程，教学中强调教研结合、与时俱进、国际化办学、People to People（人与人），指导硕博研究生约 100 名，多项教学成果（合作）获得国家级、省部级奖励，2018 年获得宝钢教育奖。学术研究专注于共享建筑学、建筑类型学、中外建筑比较研究，发表《迈向共享建筑学》《宅语: 类型学视角下的住宅形态设计探索》等论文 120 余篇，出版《空中读城》《城市 · 住宅 · 城市：柏林与上海住宅建筑发展比较 1949—2002》等著作十余部。设计实践坚持“白话建筑”“类型贡献”“共享建筑”，主要设计作品：海南陵水黎安国际教育创新试验区一体化设计、宁波奉化滨海华侨城“捧屋”与“雁屋”、常州皇粮浜学校、中国驻德国慕尼黑总领馆、同济大学嘉定校区留学生公寓、青岛湖光山色住宅区等。曾获建设部、中国建筑学会、上海市建筑学会等多项奖励。2018年被评为上海市杰出中青年建筑师。

采访者：钱锋、谭峥（同济大学建筑与城市规划学院）

文稿整理：钱锋、汪佳磊

访谈时间：2021年12月1日

访谈地点：上海市国康路李振宇老师工作室

整理情况：2021年12月4日整理，2022年1月25日定稿

审阅情况：经李振宇教授审阅修改

访谈背景：为迎接2022年同济大学建筑与城市规划学院70周年院庆，整理学科发展史的资料。李振宇教授在同济建筑系学习和工作，从2001—2020年一直参与和负责学院管理工作，担任过院长，对学院发展情况十分了解。因此采访者对他进行访谈，以了解历史状况。李振宇教授介绍的内容十分丰富而生动细致，从他在同济早年求学经历、工作经历、师从陈从周先生经历以及读博和留德经历谈起，一直讲到近20年参与和推动学院国际化发展的经历。本文因版面篇幅限制，节选了最后一段内容，以展现学院和学科近20年蓬勃发展的状况。

李振宇　以下简称李

钱锋　以下简称钱

谭峥　以下简称谭

钱　李老师您好！明年（2022）是学院70周年院庆，我们正在整理学院学科发展史的资料。您曾经在同济建筑系学习和工作，并且在2001—2020年这20年里一直参与和负责学院管理工作，还担任过院长。很想请您谈一谈学院学科发展的历史情况。请您担任学院管理工作以后，学院发展这方面有哪些重要的事情、重要的节点、变化的情况怎样？

| 李　这20年正是我积极参与的20年，我是亲历者。可能得这么讲：1952年院校合并[2]以后，我个人觉得（当然我也是听来的、读来的，并不是亲历）1952—1966年这一段时间同济是挺强的，强在多元开放，不是一个观点独大，来了一批相对来说比东南大学的老师年轻不少的人，比清华大学的老师也年轻、有活力，代表人物当然是冯纪忠先生[3]。

但是并不是说一支队伍全是这样的，因为教师中没有冯先生自己的团队和自己的学生，因此冯先生和其他的先生是在一种协商、平衡的过程当中推进他的想法。黄作燊先生[4]代表了精英，伦敦建筑联盟学校（AA）、哈佛设计研究生院（GSD）回来以后，进了圣约翰大学（St. John's），这是上海最精英的学校，有一点像燕京大学那种味道，全新的，非常洋派。能读St. John's的人，跟读其他学校的人不一样的，所以是有那种精英治学的味道。

冯先生不一样，他是奥地利现代主义[5]。冯先生自己亲口跟我讲，他在柏林待了一年，一年以后因为他姑父（姓王）从柏林使馆被排挤到奥地利去，他是跟着他姑父出国的，所以也改到了奥地利。奥地利的建筑相对来说细腻一点，嗲一点，更加注重形式一点。所以冯先生先到柏林再到奥地利的经历对他来说，我觉得非常重要。而奥地利产生的艺术的想法、技术的想法跟以柏林为中心的包豪斯（Bauhaus）有点不一样。比如说我们讲维也纳分离派、青年风格，奥地利的青年风格跟德国的不一样，奥地利的青年风格更加柔美，更加强调形式的表达，而柏林的青年风格更加强调革命性，打翻一个系统。苏联的就更厉害，所谓的革命性更强，大概有点这个味道。

当时学校里有一批老先生，黄家骅[6]，谭垣[7]，吴景祥[8]，包括陈植[9]，我们入学的时候这些老先生已经见得很少了。我们觉得冯先生是绝对的精神贵族，但是仔细看，冯先生一直在扮演一个协调人的角色，要在协调的过程中把自己的理念放进去，而不是说统一的。比如冯先生要建规划系，其实就跟很多老先生的观念不同。

“十年动乱”咱们不讲，改革开放以后有两大事件，第一大事件我觉得是罗（小未）先生[10]做的后现代主义研究，这是革命性的。当然后现代主义研究造成的结果是有用得好的地方，也有用得不好的地方。但是不管，后现代主义的打开之门是在同济，而最早研究后现代这里面有一个很长的故事，我也听到了很多的故事。我今天不讲了，一个是时间原因，一个是觉得我是道听途说的，说出来不负责任。第二个我觉得是我们的基础教学改革，这两件事情是让同济在80年代初领先的。

如果再讲第三件事情，那就是冯先生的松江方塔园北大门。北大门这两片东西是当时很多青年学子竞相模仿的对象，就是什么是中国的又是现代的，它是从中国的建筑形象里面提炼出来，也有结构，又不是做一个真的大屋顶。今天王澍、崔愷他们说起这个事来，还会说到当年北大门一出来，全国的建筑学子激动啊，王澍为什么跑到同济来？是对同济寄予很大希望的。

关于21世纪，我觉得1999年新班子[11]上任非常重要，他们有一个得天独厚的基础，就是同济这个氛围与土壤，同济的氛围土壤从来都是开放的。所以这样说起来，有两个人我觉得非常重要，90 年代中为 2000 年以后的改革打下了基础，一个罗小未先生，一个郑时龄先生[12]。郑时龄老师，他是个非典型性的好学生、好老师。他是去意大利留学的，52 岁拿了博士学位，这些东西都是为后面的厚积薄发做的积累。

我们有郑老师打开了对欧洲的大门，而罗小未先生则去了美国进修。那时候是80年代初，大概1982年，我印象中罗先生回来的时候做关于菲利浦·约翰逊、罗伯特·文丘里、迈克尔·格雷夫斯，还有查尔斯· 摩尔这几个人讲座的时候，窗上爬满了人，我们也听不懂，自己也去爬。这非常重要，奠定了一个国际化的好的脉络和基础。同济一直有这个渠道，一直没有封闭，而且这个渠道是一代一代接力的。比如冯先生，在国际建协作报告，冯先生他们每人只能放 5 张幻灯片，介绍松江方塔园何陋轩设计，最终拿了一个 UIA 的奖，后来他被 AIA 评为荣誉会士。这些说明我们对世界的窗口一直开放的。所以 90 年代的第一个特点是我们保留并再疏通了对欧和对美的渠道。

90 年代还有一个发展特点，我们获得了物理上和体系上的一个基础。就是 90 年代我们扩招了，八六年变成学院，我们有了新的红楼。红楼也很了不起，我们建了一院两系的制度，我们班级变多了，体量变大了，这也很重要。

90 年代第三个特点，我们几任领导大胆地引进和启用引进人才，郑时龄院长一心想把项秉仁老师[13]引回来当院长，项老师已经去香港了，去美国了。同时刘云[14]、陶松龄[15]这些领导也都在广泛搜罗人才，把吴志强老师[16]动员回来了。吴志强回来的时候给了非常好的政治待遇，他一回来就是校务委员会委员。他 1960 年生，1996 年回来的，36 岁就当了校务委员会委员。我到 46 岁离开外办时，跟学校书记说我也可以做校务委员，他说你不行，你资格不够。我觉得我已经有很多本事了，他还嫌我资格不够（笑）。吴老师回来时也就是初出茅庐，而且唐子来[17]也回来了，这步棋是走对了。

第四个特点就在教育上坚持以环境观为导向的教学方法，积蓄了力量。

另外还有第五个特点，就是职业化（professional），老师们全面地介入和参与到火热的建设当中，大家实践能力都很强。

我们创建了规划院；那时候虽然还不叫都市院，但是我们创立了海南分院、深圳分院、厦门分院，每个老师都很能干，都是职业建筑师，老师都在扮演一个职业建筑师的角色。所以 90 年代五大特点，一个是恢复了对外的渠道，第二个是扩大了整体体量，第三个是引进了高水平青年教师，第四个是坚持以环境观为导向的方法，第五个就是投身到火热的建设当中，跟浦东开发开放的背景相应。

1999 年换了新班子，这是学院破天荒，全部是由恢复高考以后毕业的年轻人来担任院领导，两位建筑专业：王伯伟[18]和伍江[19]；两位规划专业：周俭[20]和吴志强。王伯伟院长是一位好大哥，宽容，不计较，虽然看上去很严肃，但内心很温暖。而吴志强有很多招，视野开阔，国际化，他能够把在德国 6 年学到的东西都用回来。伍江后来到上海市规划局担任政府职位，他让我们学院和学校校部，以及和上海市之间第一次建立了这么全面的连接。而周俭在实践、在跟地方政府沟通、在学院的产业发展等方面都作出了相应的贡献。

这就是新的情况，如果要讲新一辈的理念，我是全程参加的。我 2001 年从德国回校，先做了 8 年院长助理、副院长，然后做了学校的外事处处长。第一步就是拓宽国际合作的渠道和方法，做高端的国际合作。在这方面当时有几件大事，第一件就是召开了世界规划院校大会。这个大会很了不起，竖起了大旗，团结了全世界的规划院校，把我们的国际合作推到一个新的高度。全世界的规划院校都知道同济大学，很多都认可我们的教育理念和方法，知道我们的培养质量和规模，更羡慕我们的师生有那么多实践的机会。

第二件事是“同济 100”，这是吴志强老师派给我的任务。那时候我们每年出去进修的学生就三五个，是偶尔发生的，他说要达到 100 名。那时候有了电子邮件，还有我回来了，就跟吴老师说，达到这个目标关键是德国。德国是很讲社会公平的，德国的教授说了算，德国人不跟你讲钱，所有的交流都不要钱，德国人好办。而英美体系是要收板凳费的，板凳费我们当时根本付不起。他听后就紧盯着我，说“同济 100”，给你两年时间实现。这个目标我一年就达到了，学院出国研修学生人数从个位数一直上升到 100。

第三件事是双学位，这事对我们的发展影响很大。这又要感谢 Peter Herrle 教授[21]。吴老师是在柏林工大读的博士，我又是柏林工大的联培博士，我们跟 Herrle 教授进行了深度的合作，拿到了教育部“共同学习、共同研究”的项目，是给全额奖学金的，硕士双学位联培班。这个硕士双学位联培班可了不得，每个人给 1000 欧元的奖学金，10 个人，另有 10 个人拿 DAAD 奖学金 600 欧元，硕士生，不收学费，还给找房子，给全额奖学金。这样的情况下，我们就打了一个漂亮仗。然后又建了一个跟魏玛包豪斯的联培班，魏玛包豪斯很热情，数量上他们来的学生比我们去的学生还多。然后又跟波鸿鲁尔大学建了双学位，是风景园林。然后又跟夏威夷大学建了硕博的联培。所以这 4 个双学位一建，格局一下子就有点“一骑绝尘”的感觉，在国内比较领先。国际合作是以吴老师为主，我来辅助，蔡永洁[22]、王志军[23]等也都参加了。

我们对德合作那不是跨一个等级的，是跨两个等级的。你想德国学生 10 个 10 个地来读我们的学位，我们的学生 20 个 20 个地去读，而且我们还强调各种方法。比如说我们派出的参访小组（Execution 小组），有一年的暑假，我们同时派出 14 个团队，只要愿意接触的，我们都跟他联系，什么东北下萨克森州立技术学院我们都合作，只要你请我们的人去，我们就派，还有到伯尔尼工专，我们也派，都是德语国家为主，德语国家好商量，不收钱，说话也比较算数。然后郑时龄老师又促成了与意大利帕维亚大学的合作，之后还有米兰理工的等，很快从 4 个变成 14 个，14 个变成 19 个，现在一直稳定在 20 个左右。

与加泰罗尼亚理工（UPC）、马德里理工（UPM）的合作是我当外办主任期间建立的，之后又有阿尔托大学，王骏阳老师[24]负责查尔姆斯理工大学，李斌老师[25]负责大阪大学和名古屋工大，都很厉害。维也纳工大是冯先生的母校，也是我牵的线，签的协议。现在由孙彤宇老师[26]负责双学位。

学院在新世纪还有一个非常重要的发展，就是吴志强提出了生态城市、绿色建筑、数字设计、遗产保护四大方向，非常先进。2019 年宾夕法尼亚大学的院长施泰纳（Frederick Steiner）来访，我跟他讲了我们 15 年前提出的这四个方向。他想了想说："你们真了不起，15 年前就讲了。"他说这 4 个方向现在也不过时。

2007 年是同济百年校庆和我们学院的 55 年院庆。我们办了一个盛会，请来了很多的合作大学（Partner Universities），有斯图加特大学、柏林工大、维也纳工大、佐治亚理工，还有法国的学校，真是高朋满座。魏玛包豪斯和德绍包豪斯之间一直有点矛盾的，吴老师把他们的领导拉在一起拍照。三个包豪斯，我们是上海包豪斯，在一起。

我觉得国际化、制定新的学科方向、扶持年轻人很了不起。

90 年代是启用年轻人，而 2000 年以后，这十年是培育年轻人，我们叫迎老送青。我跟吴老师一起商量，引进国外的老教师来发挥余热，送出去很多年轻人，其中李翔宁[27]去了 MIT，他拿的叫波特曼基金，王方戟[28]去西班牙，还有袁烽[29]、王一[30]、庄宇[31]、杨贵庆[32]等一大批。现在院里活跃的这些人都是当时送出去的，就是要走出去，关在家里不行。

所以这个十年我觉得最重要的三件事，国际化是跨越两大步，就是后面加了两个 0，国际化以双向双学位为代表，然后每年的国际讲座 100 场，一个学年有五十多个联合设计，这个联合设计还要感谢王伯伟 90 年代带进来的。我们 90 年代开始就做三校联合设计，先是耶鲁、港大、同济，然后新南威尔士、普林斯顿、同济，反正联合设计很热闹。

几乎所有的知名的国际大师都来过，库哈斯、罗杰斯、文丘里、安藤忠雄、伊东丰雄、柯里亚、格雷夫斯、黑川纪章，都来了。我是见证人。这十年我觉得国际化布局、定方向，这四个方向定出来才会有袁烽，才会有常青[33]，是不是？

这四个方向中，我们绿色建筑弱一些，但是我们数字建造不用说，生态城市方面吴志强自己就是代表，我们在遗产保护大方向上还出了李翔宁这样的青年才俊，所以我觉得这是一个关键性的转变，我是与有荣焉。我一开始参与进去的原因，就是觉得我两年在德国的学习收获很大，所以跟他们年轻人说，无论如何要出去看一看，不管以什么形式，开卷有益。

我们还有一个事情——世博会，一直延续到后面的阶段。但是到了后面的十年我又是亲历者，接下去我就跳到自己当院长的时候。

其实对于我当院长，我自己曾反省或回顾过自己的作为，认为我有五大贡献和三大不足。第一大贡献就是正式把我们民主管理的体系理顺。现在我们的工作方法，比如说院长是什么角色，各个委员会是什么角色，院长就是一个拿出动议来的，就是有一个提案（proposal），然后去游说学术委员会、学问委员会，游说党政联席会，按我的提案做，大家同意了我就去做，不同意我再回去重新修改。有9个委员会管着我，这是我自己起草制定的。如果我不往这里走，往别的地方走也可以，但是我认为这样做更符合我们同济建筑与城市规划学院（CAUP）的价值观，更符合同济的传统和血脉，也更符合我们管理的效率，看似麻烦了，其实更简单。

我上任的第一件事就是削权，自己削掉自己的权，这个权不要在我，在你，但是一旦你同意了以后，执行权就在我。这个是很多的老师并不知道的，甚至于我们有的同行，也不知道这个东西有多好。我有很多动议被否定过，但我高兴的是还有很多没被否定，而且做成了。

所以第一大贡献就是民主管理，以后有机会我们再具体讲民主管理，我跟彭震伟书记[34]的合作非常好。我们两个人其实是不同的人，思想方法完全不同，他说以前就是这么做的，我说以前这么做，只是我们有一个好的机缘，不该说以前的事，我们现在要做的，是要在以前的基础上往前进。这是第一条。

第二大贡献，这是我跟吴志强老师的区别。区别在于时代不同。吴老师一直在跟我出主意，他说还是定方向最重要，要布点。我觉得现在靠布点已经不行了，因为现在知识全部是信息化、透明化的，你想布的点，人家早看到了。我觉得要创造好的氛围，让年轻的老师自由生长。都靠我们自己培养，像今天开始培养李振宇去做数字建造，成功率绝对低于10%，布点很难的，必须是发展和他自己的学习、学业的兴趣，他的动力、环境和机缘结合起来才可以。

所以我是反过来，我们要以人为导向，是给这个人更多的机会，是要看到有价值的这个人，去支持这个人，才是支持这个方向，而不是支持这个方向来选拔人，现在不行了。袁烽是布点布出的吗？不是，他其实入这个行很晚，他是2006年才开始感兴趣，然后〇七、〇八年去美国，一下子进去以后，发展得特别好。他不是布点布出来的，当然也受吴老师那四个方向的影响，但是吴老师肯定没有说选袁烽来做这个事情，是他自己有兴趣。李翔宁的建筑批评，也是他自己的兴趣发展起来的。

每一个年轻学者的成长是要靠他的自身努力和机缘，章明[35]原来是基础团队，应该去研究海杜克，研究ETH体系、德州骑警体系[36]，但是你看他现在做景观建筑学，做黄浦江北外滩景观设计了，这样机缘长出来的。陈从周先生[37]也是机缘长出来的，李振宇也是机缘长出来的。童明[38]学规划怎么变成建筑师了，都是要发展自己的兴趣，就是要有好的氛围，好的环境，好的机制。

所以我的第二大贡献就是制定机制，为什么搞“蓝皮书”（教师学科贡献排名评价表[39]）？有些老师当时都不理解，以为蓝皮书是管、卡、压。不对，蓝皮书其实是为有发展、有特色的人保驾护航。我从来都不要罚懒，罚懒不是我的职业，我的职业是奖勤，是让那些有苗头的人冒出来。一个学校的水平肯定不像人家说的是木桶理论，低的板不决定一个学校的研究水平，一定是以高板决定的。

爱因斯坦在普林斯顿，所以普林斯顿牛，普林斯顿也不是每个老师都好；你说耶鲁大学、伯克利里面有没有差一些的老师，肯定有，你不能拿那个东西讲，当然也不叫差，就是现在成果不丰富，这是因为种种原因造成的。我们要创造一个机制让好的老师冒出来，这是我第二个强调的地方。

所以第二个贡献就是为年轻一代的成长创造了一个好的氛围、土壤、环境，所以我们才有同济八骏，还有我们建筑系 70 后三李一袁，李翔宁、李麟学[40]、李立[41]加袁烽。李立能拿到浦东博物馆，是我们组织了青年竞赛，青年竞赛的第一名直接进入决赛。李翔宁做上海城市空间艺术季的策展人，是我们投票投出来的，就是给人创造机会。袁烽，为了袁烽的事情，我愿意奔走，例如跑去找肖绪文院士[42]，跟中建合作做“十三五”课题，真是一关一关攻下来的，没有一个东西是天上掉下来的，好东西你要推荐，我觉得这是第二条，创造好的氛围。

第三大贡献就是通晓国际国内竞争格局。比如说我们的老师，在我接手当院长的时候，还有一些人不清楚自然基金，不知道什么是长江、杰青、“十三五”重大课题、重点基金、省部级、人才计划等等，我们加强了这方面的普及和动员。

那么我觉得在 2000—2010 年这段时间，我当助理当副院长的时候，我们也有缺陷，没有对国内竞争格局做充分研究，在这上面我们虽然布了点，但是我们没有布战术，没有战略、没战术，没有意识到什么长江学者、院士计划，这些计划要是要长期做准备的，在国内竞争格局当中准备不足，在国际竞争格局当中准备也不足。所以我们第三个就是加强了通晓国际国内竞争的规则，在这一点方面我觉得我们是进步了。

第四个贡献，就是建立了国际国内合作的机制，就是在这个十年，我们是真正在国际上有了一定的地位，80 年代是打开窗户，90 年代是重开跑道，2000 年代是战略提升，就是这个十年，2010—2020 年，我们确实大大提高了国际学术地位，可以和世界一流学院平等相待了。我请你们到这儿来，还有一个原因就是我这一墙的照片，我见过很多的院长，我基本上觉得能跟他们平视，当然人家有很多地方都很强。

比如说我现在跟康奈尔和宾大，就是康奈尔当时的院长叫克莱曼，我跟他在聊天的时候，康奈尔多好的学校，我觉得自己一点压力都没有。宾大也是这样，我跟宾大的施泰纳院长说，我有很多很强的年轻人，在国际上出头露面，在冒出来。耶鲁的正院长一直没见过，正院长是斯特恩对吧？我去耶鲁访问的时候，他让秘书给我一封信，说因为有项目要去做不能来，委托阿兰 · 普拉图斯全权代表，普拉图斯陪着我们在整个校园里面看，然后给我们仔细地讲解介绍，还带着我们去见了苏必德（Peter Salovey），耶鲁的校长，是偶尔见着的，正好碰上。他掏出来中文的名片给我，然后在他们的教师俱乐部吃饭。并不是因为你是发展中国家来的，对你优惠，真的是很好。

然后到哈佛去，跟哈佛（GSD）院长穆斯塔法维（Mohsen Mostafavi）很正式地见面。哈佛当时的系主任伊纳吉 · 阿巴罗斯（Iñaki Ábalos），他跟李麟学很熟，所以到他房间里坐下来喝茶。然后去了哥伦比亚，那时候阿穆尔（Amale Andraos）刚上任，她说很对不起，这几天我都待在会议中心，我们在会议中心见面可以吗？我就去会议中心和她见面，也很友好。然后到了佐治亚理工，就像到自己家里一样，斯蒂文 · 弗伦奇，跟我们好的不得了，他很热情地要跟我们加强联系，共建实验室，说他们老院长阿兰 · 巴富尔一直和我们关系很好。实际上能搞好跟美国名校的联系是很不容易的。

然后去伯克利，与珍妮弗 · 沃尔琪（Jennifer Wolch）一开始还不太熟，最后她跟我说有事情随时随地联系，你请我，我肯定来。后来我们评估，她就来了。然后像密歇根大学的院长，也很认可我们。还有米兰理工的斯坦法诺 · 博埃里，维也纳工大的克劳斯 · 森姆斯罗特（Klaus Semsroth），马德里理工副院长叫曼努埃尔 · 布兰卡（Manuel Blanco），还有 UPC，后来都和我们很好。UPC 是高迪的母校，到他们图书馆看到了高迪的手稿。我们在世界上真正获得了别人的尊重，这在中国的同行当中很领先。

能赢得尊重是为什么？我觉得第一是我们有理念，第二我们有队伍，第三我们有资源，第四我们有市场。我和很多院长交流过，拍过照，这一墙的照片都是记录。然后还有一些学校，比如说澳大利亚新南威尔士的两任院长，前一任艾瑞克，后来海伦（Helen），我们跟他谈得都很好，像雷蒙德（John Redmond），悉尼大学的院长，墨尔本大学的副校长，墨尔本大学的汤姆斯 · 克万（Thomas Kvan）。全世界很多厉害学校厉害的人，你要跟他坐下来，说我要约你谈一谈，他不会说我没时间，一定说好，我们赶紧谈谈，基本是这样的。

国内方面，我当院长期间也是把跟国内老八校的关系，合作竞争做到了很好的程度。我当了院长以后，约了庄惟敏，去拜见他，请我们校友傅国华陪着一起去，傅国华和庄惟敏年轻的时候关系很好，所以他就做一个桥梁。去了以后庄惟敏其他事情都放下，跟我一起来谈，我们谈合作、谈互相支持。后来清华的张利院长也是一样。其他像东南的韩冬青院长和张彤院长，天大的张颀院长和孔宇航院长，华南的何镜堂院士和孙一民院长，哈工大的梅洪元院长和孙澄院长，重大的赵万民院长和杜春兰院长，西建大的刘克成院长和刘加平院士，都很合得来，合作加竞争。

我们跟校友的联系在这些年也大大加强了，建立了学院校友理事会，每年一度校友论坛，一个主论坛加四个平行论坛；评选 65 年来杰出校友等等。我们的校友有很多有意义的捐赠，例如学院奖（华建集团、上海规划设计院、同济建筑设计院，同济规划院）、在路上欧洲写生奖学金（高崎、杨福田）、骏地美国旅行奖（胡劲松、郑士寿等）、UA 艺术旅行奖（陈磊等）、风语筑国际建造节赞助（李晖）、全筑数字建造资助、全筑室内设计教席（朱斌、蒋惠霆等）；最有意思的是李德华 - 罗小未教席教授资助，是胡金华、笑寒校友夫妇捐赠的，每年请两个知名建筑师来指导设计课，一个国外的，一个国内的，至今已经五年了，很有影响。

最后一大贡献就是为学院的发展争取更多的资源。因为我了解学校，在我担任院长期间，我们的双一流经费第一次超过了土木工程学院，我们双一流的经费拿了 2400 万元，土木拿了 2000 万元。给我们看到的项目基本上都没跑掉，我们还是很负责的，只要给我们看到了，精心准备，认真筹划，反复斟酌，认真答辩，基本全拿下了。你看我们“111”引智计划、上海市高峰学科等等，都拿下了。现在我们赢得了大满贯：三个一流学科、三个学科评估 A 类学科、四个一流本科专业（建筑学、城乡规划、风景园林、历史建筑保护工程）、三个博士后流动站。这是在老八校里唯一的。

我再说说过去十年发展不足的地方，不足有三点。

第一，我觉得缺乏理论建设，我们有哪些理论，我们对于整个建筑学的发展，全中国在建筑理论上基本上都处于一种第二等级、第三等级的状态。你想不管是比如说凯文 · 林奇的城市意象，然后全球城市，或者是拼贴城市，或者是批判的地域主义，这些理论的贡献，跟我们无缘。如果你说我是中国名校，没问题，如果你是世界名校，我就问你哪个理论同济大学是源头？理论方面还有不足。

第二个不足就是硬件的发展，这十年有点停滞，尤其在我手上停滞，之前 2012 年在吴长福老师手里有了 D 楼，但是 2012 年以后我们就没有新增加空间。

第三个就是我们的青年人才计划。青年人才计划很重要，普遍来讲，我们还不具备培养新人的方法模式，既没有一个针对我们国内培养人才，所谓“戴帽子人才”的那种方法，也没有一个我们不拘一格培养人才的方法。当然我可以强调很多原因，比如我说了校长也不听，人事处也不听，但是总而言之在你手里没有做成。在人才竞争当中没方法，不能做到不拘一格。同济的多元，兼收并蓄，博采众长这个风格怎么能够延续，这是对我们提出的一个新的挑战。

最后我再回答你那个问题，有没有同济风格？我说有。同济风格在中国非常鲜明，在世界也能算一个。我们是三大结合，我一直跟外国人说我们的四大特点，第一个就是学风民主、多元开放；第二个是紧紧把握时代的发展，生态智慧城市、绿色共享建筑、遗产保护利用、数字设计建造四大特点，尤其是数字设计这一块，袁烽给我们举起了一面大旗。第三是理论联系实践，“大运动量”训练；第四就是国际化办学，兼收并蓄，博采众长。

同济风格，有两个事情，一个就是张利教授写的那篇文章，《世界建筑 · 同济建筑学人专辑》的卷首语——《同济，一枚开启中国建筑现代性的钥匙》。这枚钥匙不仅是这扇门，不仅是输入还是输出，就是从国外拿进来东西还能输出到别的学校、别的地方。我很佩服清华老师就直接这么写，有气度。我也在大会上问过同事，一枚开启中国建筑现代性的钥匙，有我们在座的各位的功劳吗？没有，这是前一辈人的功劳，是冯纪忠、金经昌[43]、李德华[44]、戴复东[45]、罗小未、董鉴泓先生[46]他们这辈人。

第二个，那么我们这一代同济人的功劳在哪里？我们讲了那么多，回过头来想想，我们现在功劳有三个，一个就是制定了学科发展的方向，生态智慧城市、绿色共享建筑、遗产保护利用、数字设计建造。第二个就是我们积蓄了体量，进行了综合资源配备。我跟老外讲我们的理论联系实际，这是全世界做得最好的。联系实际，我们有足够的 practice（实践）来支撑，这个是别人比不上。我们还有一个国际合作与竞争，同济现在在国际“建筑与建成环境”学科 QS 排名第十三也不是空穴来风。当然有些地方被高估了，有些地方被低估了，总的来说是我觉得差不多，在 10 ~ 20 之间都是正常的。能进 20，时光倒退 30 年，是想都不敢想的。1995 年，李德华先生曾写过一篇文章，说我们敢不敢提自己要跻身世界一流学院之列。那时候是敢不敢提，现在的问题是跻身第几。我们希望在未来的十年，能够进入世界建筑学院第一集团的第一方阵。

最后讲一讲那个困扰了我 40 年的问题，我现在可以解答了。就是张永和老师讲杨廷宝的那篇文章，它里面讲杨廷宝和贝聿铭一样，都是把 professional（职业化）放在 academical（学术）之前。我不知道别人看了有什么感受，但这句话对我意义很大：我们到底要培养什么样的人？到底是培养 professional 还是 academical 的人？我觉得两头都要，但不是说在一个人身上同时要两头，我们是两种人都要培养。Academical 的典型是张永和、王澍。他们做一个设计，不是从一个职业建筑师的角度去思考；他们是建筑教授，考虑的是怎么做一个教科书式的东西，探究一些新的东西，不管这个东西是不是能迎合大众。但我们还有大量的人把 professional 摆在 academical 之前，这也非常重要。像那些大院总建筑师，如我们的校友沈迪[47]、邵韦平[48]这样的，他们肯定是把 professional 放在前面。这两种人同样重要，两头我觉得都不能放，片面地强调一种，而说另一种不对，都不可取。

那么同济应该怎么办？我那篇文章里面也提到，同济应该发挥大的特点。同济很大，不应该是训练出某一种模式去教学生，而是要发挥各个老师的作用。我们现在四年级的教学改革就是这样，好比你条件不太好的时候只能吃套餐，我给你搭配好，荤素搭配一块肉一块鱼，一棵青菜一碗汤，一碗饭，每人都吃一样的。条件好了就做自助餐，让学生根据自己的兴趣去尝试。西餐厅里面有这样一个说法，就是它有一个 big menu（大菜单），好的西餐厅可以开出 1000 种菜来，你点什么我都有，我觉得同济就有条件形成 big menu，这些人的菜都开在那儿，有了这样的模式，我们就能进一步发展。

所以我们的教学要注意到新的五个转变，一个叫现代与当代，当代和现代不一样了，当代就是它一直在变的，只要现代里没有出现的东西，新的出现都是当代。我觉得我们要加强当代性；第二个专属与共享，这是我一直在关注的；第三个就是美学与社会；第四个，体验和算法；第五个，建造与环境，环境当然很复杂了。所以这五个转变是我们建筑学教育所要面临的新的转型。

我想今天很不好意思，跟你讲了将近三个小时。

谭 我再补充一个问题，在后疫情时代，怎么持续推进国际化合作，我们现在其实国际化合作已经不像以前推起来那么容易了。

| 李 我只想过一点，我现在已经不在岗，当然还关心着，但是我觉得我不能过度关心，这不好。我现在是集中精力在做创作，最近做的这些东西我自己还挺喜欢的。

有一招，吴志强说我们应该建一个在线课堂，通过同济的号召力，把最精彩的、最有名的大师变成同济课堂，一个人讲 18 分钟，就 regular（规则化），然后这个里面通过人工智能同声翻译，成为一个同济传播知识的平台。但是我想这跟我们的地位、跟我们现在发展相比，我们的力量和水平还有一定的差距，你能想到，但你能做到保证稳定的质量吗。不过我觉得一定是有招的，但所有的招都要耗能，要花很大的力气，这就得靠你们这一代人的努力了。

钱 好的，非常感谢您的介绍。

”

1 本文由国家自然科学基金资助（项目批准号：51778425）。

2 1952 年全国高等院校调整时，新成立的同济大学建筑系主要由原圣约翰大学建筑系、之江大学建筑系和同济大学土木系部分教师合并而成。除此之外，组成人员还有交通大学、复旦大学、上海工业专科学校部分教师以及浙江美术学院建筑组学生。

3 冯纪忠（1915—2009 年 12 月 11 日），籍贯河南开封，圣约翰大学土木工程系肄业，1941 年维亚纳工业大学建筑系毕业，获建筑师文凭。1947—1952 年任同济大学土木工程系教授，1949—1955 年任上海市工务局都市计划委员会委员，上海市市政建设委员会顾问。1952 年以来任同济大学建筑系教授、系主任，国务院学位委员会第一届学科评议组成员，中国建筑学会理事等，是美国建筑师协会荣誉资深会员（1987）。论著有《武汉医院》《建筑空间组合设计原理述要》《组景刍议》《横看成岭侧成峰》《上海城市发展纵横谈》《屈原 · 楚辞 · 自然》《方塔园规划》《城市旧区与旧住宅改建刍议》《人与自然——从比较园林史看建筑发展趋势》《“何陋轩”答客问》等。

4 黄作燊（1915 年 8 月 20 日—1975 年 6 月 15 日），广东番禺人（生于天津）。建筑师和建筑教育家，中国戏剧家黄佐临之胞弟。1937 年英国 AA 建筑学院学士毕业，1941 年美国哈佛设计研究生院（GSD）研究生毕业，1942 年创立上海圣约翰大学建筑系，1952 年“院系调整”后任教于上海同济大学，历任副系主任。

5 冯纪忠先生毕业于维也纳工业大学。

6 黄家骅（1900—1988）字道之，1900 年生于江苏嘉定，1988 年 11 月 8 日病逝于上海。1924 年毕业于清华学校，1927 年毕业于美国麻省理工学院，获学士学位，此后曾在芝加哥工作，1930 年回国，在上海英商公和洋行任建筑师。1932 年在上海东亚建筑公司任建筑师。1933—1935 年担任上海沪江大学建筑系主任，1937 年后任重庆中央大学建筑系教授，1943—1945 年兼任重庆大学建筑系主任。1939 年 7 月在重庆创办大中建筑师事务所。1945 年后历任中央信托局地产处建筑师，并在重庆、上海开办中央建筑师事务所，大中建筑师事务所，1951 年与刘光华等合办文华建筑师事务所，后任同济大学建筑系教授；九三学社会员；曾参与指导了同济大学大礼堂的设计（1960—1961），在 70 年代末和 80 年代，致力于指导研究生，从事教学与科研工作，参与编撰《辞海》和《土木建筑工程词典》（1991 年版），任副主编以及建筑与建筑设计分部的主编。

7 谭垣（1903—1996），1903 年生于广东省中山县，1996 年病逝于上海。早年在美国宾夕法尼亚大学建筑系读书，1929 年获学士学位，1930 年获硕士学位，回国后参加上海范文照建筑师事务所。从 1931 年起兼任南京中央大学建筑系教授，从 1934 年 2 月起任专职教授，1937 年随中央大学迁重庆，并兼课重庆大学建筑系，1947 年到上海之江大学任教。从 1952 年起任同济大学建筑系教授，晚年致力于研究纪念性建筑，提出了“轴线分析法”等独特的教学方法；50 年代主持设计的“上海人民英雄纪念碑”和“扬州烈士纪念园”获设计竞赛一等奖，1983 年设计的“聂耳纪念园”方案获设计竞赛一等奖，1985 年设计“西安英烈馆”获优秀设计奖。著有《纪念性建筑》（上海科学技术出版社，1987）。

8 吴景祥（1905—1999），1933 年获法国巴黎建筑专门学校建筑师学位，1934 年任中国海关总署建筑师，是中国建筑师学会的成员之一。1949 年任之江大学教授，1952 年任同济大学教授，1953 年任同济大学建筑系主任，1958—1981 年任同济大学土木建筑设计院院长。曾任中国建筑学会第二至六届理事（1957—1983 年）、上海建筑学会第五届理事长、第三届全国人大代表、第四至六届全国政协委员。译著有《走向新建筑》（1981）。

9 陈植（1902—2002），字直生，生于浙江杭州；1923 年毕业于清华学校后，留学美国宾夕法尼亚大学建筑系，1927 年获建筑硕士学位。求学期间得柯浦纪念设计竞赛一等奖。1927—1929 年在费城和纽约建筑事务所工作。1929 年回国后，任东北大学建筑系教授。1931—1952 年同建筑师赵深、童寯在上海合组华盖建筑师事务所，设计工程近 200 项。1938—1944 年兼任之江大学建筑系教授。在华盖建筑师事务所期间，三人合作设计了南京外交部大楼、上海浙江兴业银行大楼、大上海大戏院（今大上海电影院）等建筑。陈植的代表作是上海浙江第一商业银行大楼和大华大戏院（今新华电影院）等。中华人民共和国建立后历任之江大学建筑系主任、华东建筑设计公司总工程师、上海市规划建筑管理局副局长兼总建筑师、上海市基本建设委员会总建筑师、上海市民用建筑设计院院长兼总建筑师。参加了上海展览馆的设计，设计了鲁迅墓、鲁迅纪念馆，指导了闵行一条街、张庙一条街、延安饭店、锦江饭店会堂和苏丹国友谊厅等工程。曾任中国建筑学会副理事长，第三、四、五、六届全国人大代表。

10 罗小未（1925 年 9 月 10 日—2020 年 6 月 8 日），1948 年圣约翰大学工学院（私立）建筑系毕业，1948—1950 年任上海德士古煤油公司助理建筑工程师。1951—1952 年任圣约翰大学院建筑系助教，1952 年起历任上海同济大学建筑系助教、讲师、副教授、教授。中国建筑学会理事、国务院学位委员会第二届学科评议组成员、上海市建筑学会第六、七届理事长、中国科学技术史学会第一届理事、上海市科学技术史学会第一届副理事长、全国三八红旗手、中国民主同盟盟员、国际建筑协会（UIA）建筑评论委员会（CICA）委员。著作有《外国近现代建筑史》《外国建筑历史图说》《现代建筑奠基人》《上海建筑指南》《西洋建筑史概论》《西洋建筑史与现代西方建筑史》等。

11 新班子指 1999 年起担任学院领导的四位老师，院长王伯伟、副院长吴志强、伍江、周俭。

12 郑时龄，1941 年 11 月 12 日生于四川省成都市，在上海就读小学与中学，1965 年毕业于同济大学建筑系，分配在第一机械工业部第二设计院从事建筑设计。1978 年回同济大学建筑系就读硕士研究生，师从黄家骅和庄秉权教授，1981 年获得工学硕士学位，并留校任教。1991 年起攻读博士学位，师从罗小未教授。1992 年担任同济大学建筑与城市规划学院院长，1994 年获工学博士学位，1984 年至 1986 年在意大利佛罗伦萨大学建筑学院任访问学者，1989 年在美国伊利诺大学艺术与应用艺术学院任乔治 · 密勒讲座教授。曾应邀在意大利、美国、德国、希腊、西班牙等国的大学讲学，1993 年起任同济大学教授。

1994 年起担任国际建筑评论委员会委员，1995 年担任同济大学副校长，1996 年 2 月当选为上海建筑学会理事长，同年当选为中国建筑学会副理事长，1998 年当选为法国建筑科学院院士，2000 年担任同济大学建筑与城市空间研究所所长，2001 年当选为中国科学院院士；主要论著有《建筑理性论——建筑的价值体系与符号体系》（1997）、《黑川纪章》（1997）、《建筑学的理论和历史》（译著，1991）、《上海近代建筑风格》（1995、2020）等。

13 项秉仁，1944 年 1 月出生于浙江省杭州市，5 岁时跟随父母移居到上海，1961 年 9 月进入南京工学院（今东南大学）建筑学专业，1966 年毕业；1978 年入南京工学院建筑系攻读硕士研究生，是“文革”后的首批研究生，于 1981 年完成了关于赖特的学位论文并通过了答辩；之后成为童寯先生的博士研究生，童寯去世后由齐康继任博士生导师，曾在刘光华教授的帮助下翻译出版了凯文 · 林奇的《城市的印象》，1985 年 10 月完成博士学位论文，并通过答辩，成为内地第一位建筑设计专业的博士生；后进入同济大学建筑系任教；1990 年代主要在境外工作，1989 年至 1990 年在美国亚利桑那州立大学建筑与环境设计学院作访问学者，访问了赖特的西塔里埃森设计营、建筑师保罗 · 索莱里（Paul Soleri）在菲尼克斯城北荒漠中兴建的城市实验室“阿科桑蒂”（Arcosanti），后在旧金山布朗 · 鲍特温事务所（Brown Baldwin Associates, San Francisco）和 TEAM 7 建筑师事务所参与当地各类设计实践；1992 年去香港工作，1999 年回到上海，后成立上海秉仁建筑师事务所，同年被同济大学建筑与城市规划学院聘为教授和博士生导师，任建筑设计方法学科组责任教授；2012 年入选“当代中国百名建筑师”。

14 刘云，1964 届同济大学建筑系毕业生，1965 年入同济大学建筑系执教，历任讲师、副教授、教授，曾任建筑与城市规划学院党总支书记（1985—1988）、副院长（1986—1998）。

15 陶松龄，同济大学建筑与城市规划学院教授、博士生导师，1990—1992 年任学院院长，曾任同济大学海峡两岸城市发展研究中心名誉主任、建设部特许城市规划师等。

16 吴志强，1960 年 8 月 1 日出生于上海市，城乡规划学家、工程创新教育学家，德国工程科学院院士、瑞典皇家工程科学院院士、中国工程院院士，同济大学建筑与城市规划学院教授、博士生导师；于 1978 年考入同济大学城市规划专业，先后获得学士、硕士学位；1985 年硕士毕业后留校执教；1988 年赴德访学；1994 年获得柏林工业大学博士学位；1996 年回同济大学任教；1997 年至 1999 年担任同济大学建筑与规划学院城市规划与建筑研究所所长；1999 年至 2009 年担任同济大学建筑与城市规划学院副院长、院长；2009 年担任同济大学校长助理，兼任设计与创意学院院长；2011 年至 2021 年担任同济大学副校长；2016 年被评选为全国工程勘察设计大师；2017 年当选为中国工程院院士。著有《城市规划原理（第四版）》《上海世博会可持续规划设计》《中国人居环境可持续发展评价体系》《上海世博会建设丛书：上海世博会规划》《上海世博会建设丛书：上海世博会景观绿化》，*Globalisierung der Grossstaedte um die Jahrtausendwende*（《千年纪之交的大都市的全球化》）等二十多部中外文专著，译有多部国际城市规划著作，在中国国内外学术杂志发表论文 200 余篇。

17 唐子来，同济大学建筑系 1981 届城市规划专业毕业生；后任同济大学建筑与城市规划学院教授、博士生导师、城乡规划系系主任、世博会城市最佳实践区总策划师；中国城市规划学会常务理事、上海市规划委员会咨询专家（城市空间与环境专业委员会主任委员）、《城市规划学刊》编委会副主任、《城市规划》编委、英国 Planning Practice and Research 国际顾问委员会成员；在国内外专业刊物上发表约 60 篇学术论文，主要研究方向包括城市规划国际比较研究、经济全球化与城市和区域发展、城市政策分析和评价、城市空间结构及其演化、城市开发和规划控制等。

18 王伯伟，同济大学建筑系 1982 届建筑学专业毕业生，后入建筑系执教，1999-2003 年任建筑与城市规划学院院长，著有《建筑人生：冯纪忠访谈录》（上海科学技术出版社，2003）等。

19 伍江，1960 年 10 月出生于江苏省南京市，1983 年毕业于同济大学建筑系建筑学专业，1986 年同济大学建筑理论与历史专业研究生毕业，获硕士学位，同年留校任教；1987 年攻读同济大学建筑历史与理论专业在职博士研究生，1993 年毕业获博士学位；1993—1994 年赴香港大学做访问学者；1996—1997 年赴美国哈佛大学做高级访问学者；曾任同济大学建筑与城市规划学院副院长、同济大学校长助理兼人事处处长，2003—2008 年任上海市城市规划管理局副局长，2009 年回到同济大学任建筑系教授，2010 年 1 月任同济大学副校长兼联合国环境署 - 同济环境可持续发展学院院长；2015 年当选法国建筑科学院院士，2016 年任同济大学常务副校长。长期从事西方建筑历史与理论的教学和上海近代城市与建筑的历史及其保护利用的研究；著有《上海百年建筑史》《上海弄堂》《历史文化风貌区保护规划编制与管理》《历史街道精细化规划研究》等多部专著，发表专业论文 50 余篇。

20 周俭，1984 年获同济大学城市规划专业学士学位，1987 年获同济大学城市规划专业硕士学位，2003 年获同济大学城市规划专业博士学位，1987 年后在同济大学城市规划系任教；1993 年赴日本联合国区域发展中心研修城市历史文化遗产保护；1994 年赴加拿大 UBC 进修计算机辅助城市设计；1999 年 7 月起任教授；2001 年，德国柏林工大访问学者；任中国城市规划学会历史文化名城学术委员会副主任委员、中国城市规划学会理事、中国城市规划协会理事、上海城市规划协会副会长、上海城市科学研究会理事、上海人类居住科学研究会常务理事、上海市历史文化风貌区及优秀历史建筑保护专家委员会委员、上海市城市规划专家咨询委员会规划实施专业委员会委员；出版著作《城市住宅区规划原理》等；2020 年 1 月，获全国工程勘察设计大师。

21 Peter Herrle，在柏林工大担任教授二十余年，共培养和指导毕业生 600 余名，学生来自世界各地。作为同济大学和柏林工大在建筑和城市设计领域的交流合作的关键人物，在他的积极推动下，柏林工大建筑系与同济建筑城规学院的教学和科研合作成为院际合作的典范。从 1999 年起，他先后指导李振宇、左琰、蔡琳等多名同济教师进行博士论文研究；三十多位同济教授和青年教师曾在他的教席进行短期研究访问；他也组织了二十多位柏林工大教师来同济交流访问，派出了三十多位柏林工大学生在同济完成学习和交流计划。此外，Herrle 教授还与同济合作组织了多次重要的国际学术会议、展览和报告会。由他担任德方主任的同济 - 柏林工大“城市设计”双学位联培研究生班创立于 2006 年，至今已有多届学生毕业，共培育了超过 120 位中德学生。这是中德间第一个建筑学领域的双学位。2011 年 4 月 29 日，在同济大学举办“柏林工大日”期间，Herrle 教授被授予“同济大学国际合作特别贡献奖”。

22 蔡永洁，1986 年于同济大学建筑系获学士学位，1993 年于德国多特蒙德大学建筑工程系获硕士学位，1999 年于德国多特蒙德大学建筑工程系获博士学位，曾任同济大学研究生院副院长，同济大学建筑系系主任，研究领域包括建筑设计、城市设计，研究重点是建筑与城市公共空间，欧洲传统城市空间；著作有《城市广场：历史脉络 · 发展动力 · 空间品质》；获奖：《创立我国建筑学教育中人文素质培养体系》获上海市教学成果二等奖（2005，排名 2）；《多重混合策略下的城市空间—丽水市水阁商贸中心城市设计》获中国管理科学院人文科学研究所的首届“中国科学发展与人文社会科学优秀创新成果一等奖（2008）；《以双学位为核心的全方位研究生国际合作培养体系》获上海市教学成果二等奖（2013）；“北川地震纪念馆”获上海市建筑学会第五届建筑创作奖优秀奖（2013）；都江堰水文化博物馆建筑设计及水文化广场设计，获上海市建筑学会第五届建筑创作奖佳作奖（2013）。

23 王志军，同济大学建筑系 1986 届建筑学专业毕业生，后入建筑系执教。

24 王骏阳，1960 年出生，1982 年于南京工学院建筑系（现东南大学建筑学院）获工学学士学位，1984—1986 年攻读瑞典查尔摩斯技术大学建筑学院研究生课程，1995 年于瑞典查尔摩斯技术大学建筑学院获工学博士学位，归国后曾就职于同济大学博士后流动站，后任南京大学建筑研究所教授及同济大学兼职教授。著有 *Substance or Context — A Study of the Concept of Place*，《理论 · 历史 · 批评（一）：王骏阳建筑学论文集 1》《阅读柯林罗的 < 拉图雷特 > 王骏阳建筑论文集 2》《理论 · 历史 · 批评（二）：王骏阳建筑学论文集 3》，译著有《建构文化研究》等。

25 李斌（1967 年 10 月—2020 年 10 月 5 日），1991 年毕业于清华大学建筑学院建筑系本科；1994 年赴日本大阪大学留学，获工学硕士、工学博士学位；2000 年起，任大阪大学助理教授；2004 年起，任同济大学建筑与城市规划学院教授、博士生导师；主要研究方向为环境行为学，设计方法论，比较文化论；*Architectural Science Review* (ASR) 编委成员、中国环境行为学会（EBRA）副会长、上海高校特聘教授（东方学者）、全国无障碍环境建设专家委员会成员、中国工程建设标准化协会养老设施专业委员会委员、无障碍建设工程联合研究中心管理委员会委员及专家委员会成员及副秘书长；主要著作有《空间的文化：中日城市和建筑的比较研究》等。

26 孙彤宇，1984—1989 年于同济大学建筑系攻读学士学位，1989—1992 年攻读硕士学位，1992 年 3 月硕士研究生毕业，留校任教，历任建筑设计基础教研室副主任、建筑设计基础学科组责任教授、建筑系主任助理、教学主管；在职读博，期间两次赴德国访问，著作有《以建筑为导向的城市公共空间模式研究》《建筑徒手表达》等。

27 李翔宁，1991 年入同济大学建筑系学习，先后获学士、硕士、博士学位，2006 年美国麻省理工学院访问学者，讲授中国当代建筑与城市课程。2009 年美国洛杉矶 MAK 艺术和建筑中心研究员，达姆施塔特技术大学欧盟 ERASMUS MUNDUS 客座教席；曾在哈佛大学、普林斯顿大学、南加州大学和加拿大建筑中心等学术机构做演讲；担任 2007 年深圳双年展策展顾问、歌德学院系列论坛和展览的策展人，以及上海当代建筑文化中心馆长；2020 年底任同济大学建筑与城市规划学院院长。

28 王方戟，同济大学建筑系博士，后留系任教，2007 年开始，与伍敬一同创办上海博风建筑设计咨询有限公司，开始建筑设计的实践工作。专业兴趣集中在建筑设计教学、设计评论、教学与实践之间的关联互动等方面，著作有《小菜场上的家：同济大学建筑与城市规划学院 2010 级实验班 2012 年秋季作业集》等。

29 袁烽，1989 年于湖南大学获工学学士学位；1996 年于同济大学获建筑设计及其理论硕士学位；2003 年于同济大学获工学博士学位；现为同济大学建筑与城市规划学院建筑系教授。教学与研究主要方向：建筑设计与理论、数字化设计方法、数字化建造技术、性能化设计、生态与低碳建筑设计、大型公共建筑设计、观演建筑设计；曾任麻省理工学院（MIT）客座教授、弗吉尼亚大学（UVA）杰弗逊教席教授（Thomas Jefferson Professorship）；专注建筑数字化建构理论、建筑机器人智能建造装备与工艺研发，并在多项建筑设计作品中实现理论与实践融合，推广数字化设计和智能建造技术在建筑学中的应用，其设计屡获国际、国家级各类奖项，作品被纽约现代艺术博物馆（MoMA）等多个博物馆收录为永久馆藏。

30 王一，1995 年获同济大学建筑系建筑学学士；1997 年获建筑学硕士；2002 年获博士学位；1995 年来一直从事建筑学和城市设计方面的教学、研究和实践工作，近年来发表学术论文数十篇，出版专著、教材《城市设计概论：价值、认识与方法》《城市地下公共空间设计》（章节撰稿）、《建筑学专业英语》等。主持和参与大量城市设计实践项目，获省部级设计奖项十余项。目前担任建筑系副主任，中美生态城市设计联合实验室执行副主任。

31 庄宇，1990 年于同济大学获建筑学学士学位；1993 年获建筑学硕士学位；1996 年赴意大利帕维亚大学参加“城市更新与文化保护”研修；2000 年于同济大学获工学博士学位；2000 年受邀赴法国参加“50 名建筑师在法国”总统项目，在法国南特建筑学院、AIA 建筑师事务所和夏邦杰建筑师事务所研修 “城市更新框架下的创作”；2009 年任同济大学建筑与城市规划学院建筑系教授，都市建筑设计分院空间环境艺术研究中心主任；2010 年任同济大学建筑与城市规划学院城市设计团队责任教授。博士生导师。

32 杨贵庆，1966 年 8 月生，毕业于同济大学，城市规划博士，美国哈佛大学城市设计学硕士，英国、德国访问学者，曾任同济大学建筑与城市规划学院规划系主任；主要著作有《乡村中国》《城市社会心理学》《城市化与城镇规划建设》；国家自然科学基金重大项目“可持续发展的中国人居环境的评价体系和模式研究”获教育部科技成果一等奖。

33 常青，1957 年 8 月生于西安，1982 年获西安建筑科技大学学士学位，1987 年获中国科学院硕士学位，1991 年获东南大学博士学位，历任同济大学建筑与城市规划学院博士后、副教授、教授、建筑系系主任（2003—2014 年）。现任同济大学学术委员会委员、城乡历史环境再生研究中心主任，《建筑遗产》和 *Built Heritage* 主编。2009 年被美国建筑师学会评选为荣誉会士（Hon. FAIA），2015 年当选为中国科学院院士；兼任中国建筑学会城乡建成遗产学术委员会理事长，中国城市规划学会特邀理事、上海市规划委员会专家咨询委员会成员、上海市建筑学会常务理事、历史建筑保护专业委员会主委、上海市住建委科技委副主任、建筑设计与保护专业委员会副主委；长期从事建筑学的理论与历史研究与教学，并与保护工程设计实践相结合，领衔创办国内第一个历史建筑保护工程专业；主持完成 5 项国家级研究项目，先后获教育部和上海市科技进步二等奖，出版专著、编著和译著十余部，发表论文 70 余篇，主编“城乡建成遗产保护与研究丛书”。

34 彭震伟，1964 年出生，1982—1986 年于同济大学建筑系城市规划专业学习，获工学学士学位；1986—1989 年于北京大学地理系人文地理专业学习，获理学硕士学位；1997—2003 年于同济大学城市规划专业博士研究生（在职），获工学博士学位。1989 年入同济大学城市规划系任教，历任助教、讲师、副教授、教授，1995—2008 年任同济大学城市规划系副系主任，2008—2009 年任同济大学城市规划系副主任、同济大学党委组织部副部长，2009—2010 年任同济大学党委组织部副部长、同济大学建筑与城市规划学院党委副书记（主持工作），2010—2020 年任同济大学建筑与城市规划学院党委书记，2021 年起任同济大学党委副书记；兼任中国城市规划学会常务理事，中国城市规划学会小城镇规划学术委员会主任委员，中国城市规划学会城市经济与区域规划学术委员会委员，中国城市经济学会大城市专业委员会委员、《城市规划学刊》杂志编委等职。著有《区域研究与区域规划》《上海郊区城镇发展研究》等。

35 章明，同济大学建筑与城市规划学院景观系主任、教授、博导；同济大学建筑设计研究院（集团）有限公司原作设计工作室主持建筑师。同济大学建筑系本、硕、博，师承郑时龄院士；公派日本短修，师承安藤忠雄；公派法国 1 年，师承保罗 · 安德鲁。主要从事建筑设计和建筑理论的教学工作，主讲国家级精品课程《建筑评论》。《建筑设计资料集》（第三版）总编委会委员，《既有工业建筑民用化改造绿色技术规程》主起草人。曾获中国建筑学会青年建筑师奖，上海青年建筑师新秀奖，“中国 100 位最具影响力的建筑师”，全球华人青年建筑师奖，“AD100 中国最具影响力建筑设计精英”。

36 德州骑警（Taxes Rangers，1951—1958）指 1950 年代美国得克萨斯大学奥斯汀建筑学院的一批具有先锋思想的年轻教员系统发展起的一套现代建筑教育的理念和方法。这些教员包括勃那德 · 赫伊斯利（Bernnard Hoesli）、柯林 · 罗（Colin Rowe）、约翰 · 海杜克（John Hejuk）和鲍勃 · 斯卢斯基（Bob Slutzky）等。

37 陈从周（1918 年 11 月 27 日—2000 年 3 月 15 日），原名郁文，晚年别号“梓室”，自称“梓翁”。浙江杭州人；1938—1942 年就读于之江大学文学系，获文学学士学位；1942—1949 年任杭州、上海等地高级中学、师范学校国文、历史、教育史、生物学教员；1950 年任苏州美术专科学校副教授，并执教于圣约翰大学；1951 年任教于之江大学建筑系，兼任苏南工业专门学校副教授；1952 年于同济大学建筑系任教，1955 年任历史教研组组长；1978 年任同济大学建筑系教授；1985 年受聘为美国贝聿铭建筑设计事务所顾问；1989 年被聘为台湾《造园》季刊顾问，并获日本园林学会海外名誉会员称号；中国著名古建筑园林艺术学家，上海市哲学社会科学大师，擅长文、史、兼工诗词、绘画；著有《说园》等。

38 童明，1968 年生，1990 年东南大学建筑学专业本科毕业，工学学士；1993 年东南大学建筑学专业研究生毕业，建筑学硕士；1999 年同济大学城市规划专业研究生毕业，城市规划博士；1999 年在同济大学从事城市规划专业教学、科研工作，历任讲师、副教授、教授；2020 年 11 月起任东南大学建筑学院特聘教授。研究领域涉及建筑设计理论与方法；城市设计、城市更新、城市公共政策理论与方法等。先后主持国家自然科学基金项目 2 项，发表学术论文 100 余篇，著有《政府视角的城市规划》《中国当代城市设计读本》《城市政策分析》，译有《拼贴城市》《明日之城》《中国城市密码》《造园的故事》等。

39 “教师学科贡献排名评价表”是同济大学建筑与城市规划学院每年年底教师考评时对每一位教师根据其该年教学、科研、社会服务等各方面成果进行的评分及排名的表格。

40 李麟学，同济大学建筑与城市规划学院教授，上海市第十五届人民代表大会代表；主持麟和建筑工作室，将“系统建构”作为实践策略，建成杭州市民中心、四川国际网球中心等多项建筑作品，获得国内外近二十项奖项；基于热动力学生态系统研究，发掘能量与建筑本体互动的新范式，以城市高层建筑综合体为载体，形成其研究与教学的理论主线，并通过与哈佛大学等的前沿合作，成为生态建筑与当代城市建筑研究领域的重要力量；2006 年获“第六届中国建筑学会青年建筑师奖”。

41 李立，1973 年 5 月生于河南省开封市；同济大学建筑与城市规划学院教授、博士生导师，若本建筑工作室创始人、主持建筑师。1994 年于东南大学获得建筑学学士；1997 年、2002 年于东南大学获得建筑学硕士、工学博士学位，师从齐康院士。2003—2005 年于同济大学建筑学博士后科研流动站工作，2005 年至今执教于同济大学建筑与城市规划学院；曾获得中国建筑学会青年建筑师奖、中国建筑学会建筑创作大奖、上海市建筑学会建筑创作奖、全国勘察设计行业奖一等奖、教育部优秀勘察设计一等奖、国家优秀工程设计铜奖等重要奖项。

42 肖绪文，1953 年 4 月 13 日出生，陕西商洛市山阳县人，中国工程院院士，1977 年毕业于清华大学工业与民用建筑专业；现任中国建筑股份有限公司首席专家，中国建筑业协会副会长，中国建筑业协会建筑工程技术专家委员会常务副主任，中国建筑业协会绿色建造与施工分会专家委主任、常务副会长，同济大学双聘院士。

43 金经昌（1910—2000），生于武昌，后迁居扬州。1931 年 9 月考入同济大学土木系，1937 年毕业。1938 年秋去德国达姆斯塔特工业大学深造，先后就读道路及城市工程学与城市规划学，1940 年春毕业。1940—1946 年任德国达姆斯塔特工业大学道路及城市工程研究所工程师，1946 年底回国，任职于上海市工务局都市计划委员，参与完成当时的上海市“都市计划总图一、二、三稿”。1949 年后，继续担任上海市建设委员会及规划管理局的顾问等职务。1947 年起于同济大学土木系任职，较早在国内开出“都市计划”课。1952 年院系调整后入建筑系，成立由其任主任的国内最早的城市规划教研室，成为中国城市规划教育事业的奠基人。主要论著：《城市规划概论》《上海大连西路实验小区规划》《城市道路系统的规划问题》《城市规划的目的是为人民服务》等。

44 李德华，1924 年生，1941 年 1 月—1945 年 1 月就读于圣约翰大学（私立）土木工程系、建筑工程系，获学士双学位。1945 年 4 月任上海市工务局、上海市都市计划委员会技士，1947—1951 年在鲍立克建筑事务所、时代室内设计公司工作。1949—1952 年任圣约翰大学建筑工程系教师，1952 年起历任同济大学建筑系讲师、副教授、教授、系主任，苏南工业专科学校兼课教师。1986—1988 年任同济大学建筑与城市规划学院院长。著作有《城市规划原理》（主编）、《中国土木建筑百科辞典》（主编）、《英汉土木建筑大辞典》（副主编），作品有（上海）姚有德住宅（与鲍立克、王吉螽）、同济大学教工俱乐部（与王吉螽等）、波兰华沙英雄纪念碑国际竞赛二等奖（一等奖空缺）方案（与王吉螽）等。

45 戴复东（1928 年 4 月 25 日—2018 年 2 月 25 日），汉族，生于广州，安徽省无为县人，抗日名将戴安澜之子。1952 年 7 月，毕业于南京大学建筑系（现东南大学建筑学院），1952 年入同济大学建筑系任教，历任讲师、副教授、教授；1983—1984 年，美国纽约哥伦比亚大学建筑与规划研究院访问学者；1988 年任同济大学建筑与城市规划学院院长；1999 年当选中国工程院院士；主持设计近百项工程：武汉东湖梅岭工程、北京中华民族园及园内布依寨建筑、山东省烟台市建筑工程公司大楼、河北省遵化市国际饭店、同济大学建筑与城市规划学院 B 楼、同济大学研究生院大楼、河北省北戴河朱启钤先生纪念亭、上海市中国残疾人体育艺术培训基地、杭州浙江大学新校区中心组团建筑群等；开展了轻钢轻板房屋体系及其产业化研究开发；多次获得国内外建筑设计竞赛奖；撰写论文 110 篇，著有《国外机场航站楼》《石头与人——贵州岩石建筑》等 7 部；译著《中庭建筑》。

46 董鉴泓，1926 年生于甘肃天水，同济大学教授，博士生导师。曾任城市规划教研室主任、建筑系副系主任、城市规划与建筑研究所所长、中国建筑学会城市规划学术委员会副主任委员。现任《城市规划汇刊》主编、《同济大学学报》编委、中国城市规划学会常务理事。著有《中国城市建设史》《中国东部沿海城市发展规律与经济技术开发区规划》等。

47 沈迪，1960 年 1 月生，上海现代建筑设计（集团）有限公司副总经理兼总建筑师，上海市建筑学会第十届理事会常务理事。2016 年 12 月 30 日，入选住房城乡建设部第八批全国工程勘察设计大师名单。

48 邵韦平，1962 年生，国家一级注册建筑师，教授级高级工程师，北京市建筑设计研究院有限公司执行总建筑师。毕业于同济大学建筑学专业，硕士研究生学历；1984 年进入原北京市建筑设计研究院工作，历任助理工程师、工程师、第四设计所副所长、副总建筑师、执行总建筑师；2021 年 4 月 23 日，入选中国工程院 2021 年院士增选有效候选人名单。

“

聚落营建与地方遗产

王渺影老人谈汉协盛营造厂小木作分包商：王根记（赵逵、邢寓）

侗族掌墨师陆文礼谈从业经历与《鼓楼图册》编绘（蔡凌、廖若星、王雅凝、郭世含）

谱系视角下黄河晋陕沿岸风土建筑的匠作技艺口述：万荣县上井村王吉中、王山海访谈记录（林晓丹）

侗族木构建筑营造技艺传承人杨孝军口述（吴正航、尹旭红、冀晶娟）

马来西亚槟城华侨建筑墙壁抹灰工艺：与萧文思和陈清怀匠师访谈记录（陈耀威）

那日斯先生谈天津原英租界民园体育场改造项目设计（向彦宁、卢日明）

”

王渺影老人谈汉协盛营造厂小木作分包商：王根记

受访者王渺影

来源：张钰摄

受访者简介

王渺影

女，生于1926年，宁波奉化县西坞镇浦口王村人，是王根记的创始人——王根寿的小女儿。

采访者：赵逵（华中科技大学建筑与城市规划学院）、邢寓（东南大学建筑学院）

文稿整理：邢寓

访谈时间：2018年8月24日，2018年9月1日

访谈地点：湖北省武汉市王渺影老人家中

整理情况：2018年9月由邢寓整理，经赵逵修改，形成初稿；2021年11月由邢寓修改；2022年3月由邢寓和赵逵修改，完成定稿

审阅情况：初稿经受访者及其家人审阅

访谈背景：汉协盛营造厂由沈祝三创建于清光绪三十四年（1908），在汉口众多营造厂中最负盛名的，承接当时较为复杂的大型工程。在汉所建知名建筑有捷臣洋行、汇丰银行、保安保险大楼、台湾银行、中孚银行、武昌第一纱厂、汉口总商会、景明洋行、信义公所、宁波里、浙江实业银行、金城银行、国立武汉大学部分建筑、璇宫饭店、四明银行等；其他小工程遍布武汉三镇。在汉协盛营造厂名下，还有很多分包商与它一起，建成一个又一个经典的历史建筑工程。王根记是其中的一个分包商，主要做小木作，即建筑内部的各种木质家具、木质门窗，同时还做建筑的楼壁板。获悉王根记创始人王根寿的女儿还健在，并且就居住在武汉，采访者通过多方渠道联系到她，并进行了两次口述访谈。

王渺影 以下简称王

赵逵 以下简称赵

邢寓 以下简称邢

汉协盛营造厂在武汉施工建造的部分现存建筑信息

建筑名称	现用途（业主）	层数	结构形式	面积（平方米）	建成年份
捷臣洋行	武汉市卫生局	4	钢筋混凝土	不详	1908
保安保险大楼	中国人民银行 武汉营业部	5	钢筋混凝土	不详	1914
台湾银行汉口分行	中国人民银行	地上5层 地下1层	钢筋混凝土	3000多	1915
汇丰银行	中国光大银行 武汉分行	地上3层 地下1层	钢筋混凝土	11656	1917
中孚银行	武汉电信局公用分局 计费器维修中心	4	混合结构	不详	1917
武昌第一纱厂	Big House 当代艺术中心	3	混合结构	3000多	1919
汉口总商会	武汉市 工商业联合会	4	混合结构	不详	1921
横滨正金银行	中信银行	地上4层 地下1层	钢筋混凝土	不详	1921
景明洋行	张学炼传统 医学研究所	地上6层 地下1层	钢筋混凝土	不详	1921
信义公所	武汉市基督教协会	地上6层 地下1层	钢筋混凝土	7000多	1924
宁波里	住宅	2	砖木	不详	1924
浙江实业银行 汉口分行	中国工商银行 汉口支行	地上5层 地下1层	钢筋混凝土	不详	1926
盐业银行	中国工商银行 武汉江岸支行	5	钢筋混凝土	6699	1926
日清邮船公司大楼	商用	4	钢筋混凝土	不详	1928
金城里	武汉美术馆（住宅、 街面底层为商店）	3	砖混	不详	1930
金城银行	武汉美术馆	4	钢筋混凝土	2198	1931
汉口商业银行	武汉市少年儿童 图书馆	5（局部6层）	钢筋混凝土	4730	1931
国立武汉大学 科学会堂	武汉大学理学院	3	钢筋混凝土	10120	1931
国立武汉大学 文学院	武汉大学数学与 统计学院	4	钢筋混凝土	3928	1931
国立武汉大学 男生寄宿舍	武汉大学 樱园宿舍	5	钢筋混凝土	13773	1931
璇宫饭店	商用	5	钢筋混凝土	不详	1931
四明银行	中国人寿信托 投资公司	地上4层 地下1层	钢筋混凝土	不详	1936

资料来源：
[1] 武汉市优秀历史建筑网站 [EB/OL].http://119.97.201.28:7500/index.aspx.
[2] 尚筱婷．武汉近代营造业转型研究——以汉协盛营造厂为例 [D]. 武汉：华中科技大学，2018.
[3] 刘文祥．国民政府时期的国立大学新校园建设 [D]. 武汉：武汉大学，2017.
[4] 徐齐帆．武汉近代营造厂研究 [D]. 武汉：武汉理工大学，2010.
[5] 陈彬．时间性的思考 BIG HOUSE 当代艺术中心 [J]. 室内设计与装修，2016，(09):114-119.

汉协盛营造厂与沈祝三

赵 您好，今天很高兴可以有机会向您请教有关于汉协盛营造厂和王根记的问题。先问问您，汉协盛营造厂当时在汉口哪里？

| 王 当时沈祝三一家住在六合路上的三多里，三多里是汉协盛营造厂建造的住宅区。

汉协盛营造厂的办公地点也在六合路上，和三多里在同一侧，距离很近。

赵 汉协盛营造厂的这个办公地点，主要负责什么事务？

|王 主要是账房和办公室。

赵 汉协盛营造厂有没有仓库？

|王 当时汉协盛营造厂的仓库在武汉女子中学旁边，靠近平汉铁路[1]。汉协盛营造厂的对面就是当时英国人开的和记蛋厂，是六层楼的水泥房子，没有门面和店面，全是开有高窗的房子。

赵 想请您再介绍一下沈祝三的事情。

|王 沈祝三是宁波鄞县人[2]。沈的第一任夫人是宁波奉化县西坞镇人。当时宁波有这样的风俗：在外地去世的宁波人的棺材不能够被放进祠堂。所以他夫人的棺材只能暂时停靠在祠堂外面，于是沈祝三自己出资修建了一个祠堂停放夫人的遗体。

武汉女子中学是汉协盛营造厂在建完武汉大学后做的工程，位置在汉口的麟趾路上。当时的校长李玉英是沈祝三第二位夫人的同学。学校后来被日本人占领。二战期间由于珍珠港事件，为了报复日本，美国轰炸机在汉口日租界丢下了很多燃烧弹，这所学校也受到燃烧弹的牵连。沈祝三的续弦生育了两个儿子，小儿子当时在重庆读大学并且成绩非常优异，蒋介石还送了一把锁（也有可能是钥匙）给他。

邢 关于汉协盛营造厂，您还有什么记忆深刻的事情？

|王 汉协盛营造厂做的房子都会在外墙上砌刻一个牌子，上面写有“汉协盛”和该建筑建成的年份。有的建筑用红砖，砖上也会有“汉协盛”三个字。这是汉协盛营造厂过去就有的做法。

王根记的历史掠影与工匠技艺

赵 王根记与汉协盛营造厂是什么关系？王根记经营的业务主要是什么？

|王 它是汉协盛营造厂下面的一个分包商，主要做小木作，比如建筑内部的各种木质家具，木质门窗，同时还做楼壁板。当时江汉路上的人民银行、青岛路上的人民银行，里面的家具都是王根记做的。还有武汉大学图书馆（老图书馆）里面的一些木椅子、木窗也是王根记做的。

赵 王根记就是您父亲创办的？

|王 是的，是我的父亲，王根寿。

邢 您的父亲是怎么到汉口白手起家的？

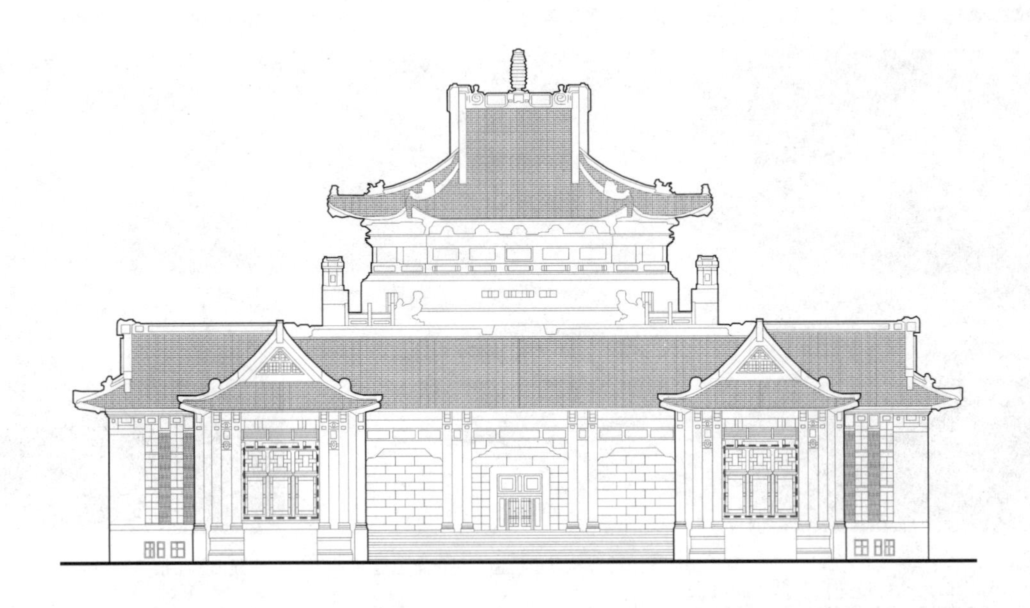

武汉大学老图书馆正立面中王根记做的木窗

来源：邢寓绘

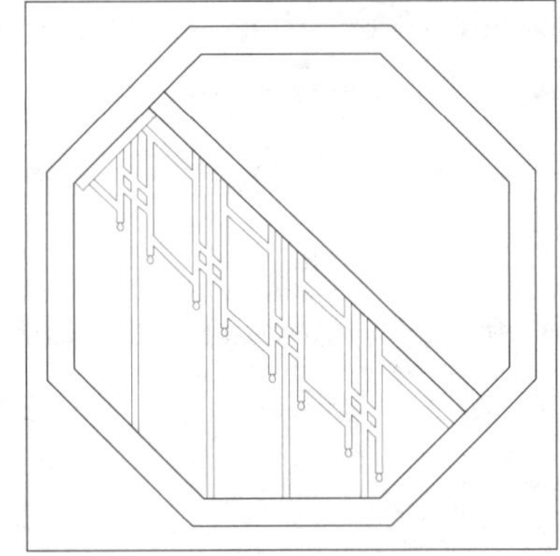
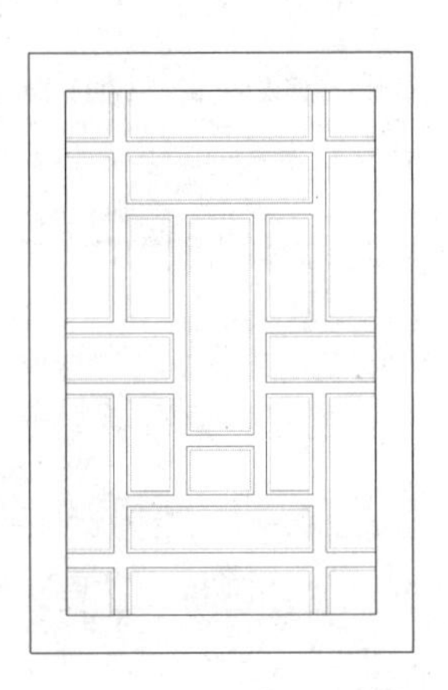

王根记给武汉大学老图书馆室内做的木窗样式（从左到右依次为：方形套八边形花窗、八边形镂空栏杆花窗、长方形直条窗）

来源：邢寓绘[3]

| 王　他在宁波镇海学的手艺，之后去天津打工，后经同乡的商人建议去汉口发展。于是他去庙里求签问路，到底是留在天津还是去汉口，最后求签得到的答案是汉口，于是就到汉口谋求新发展。

赵　王根记当时在汉口的什么位置？

| 王　王根记也在六合路上，处在三多里和汉协盛营造厂的中间，位于德国租界内。有两个两层楼的房子，王根寿和家人住在一楼，二楼是做家具的场所。王根记开始给汉协盛营造厂做分包商的时候，并不挂招牌。

赵　王根记当时的经营状况如何？有哪些重要的历史事件？

王根寿旧照（拍摄于1940–1950年代，年龄大致为50岁）

来源：受访者提供

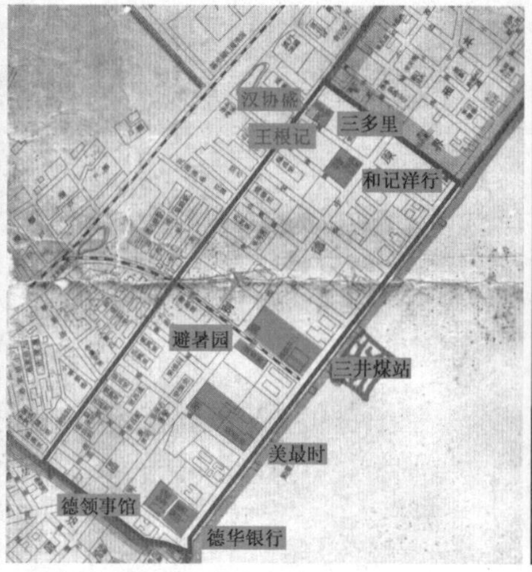

汉口德租界主要建筑及汉协盛、王根记位置示意图[4]

来源：改绘自1926年《武汉三镇地图》

王文显旧照（拍摄于1940–1950年代，年龄大致为30岁）

来源：受访者提供

| 王 父亲他不会画家具设计图纸，所有的家具都是由外国人设计的，他拿着外国人给的图纸施工和制作。后来父亲病重回老家，于是尚未完成的武汉大学的工程就交由我三哥——王文显代为管理。其中有一批家具的竞标是由他用四角号码做的竞标工程报价，包括武大老图书馆里的木椅。在武大的建设工程中，由于漏算了开山修路的成本，汉协盛亏损了，王根记就陪同汉协盛一起承担工程的亏损。

我三哥是在武昌十五中读的书，这所学校一开始是德国人开的博文中学。他同沈斌记（音译）的三儿子胡斌（化名，后担任上海交通局局长）是同学。沈斌记也是汉协盛营造厂下面的一个分包商，主要经营大木作，如木柱子和装修结构中的木作。沈斌记当时的厂址和房子在五福路上。

邢 王根记经营到什么时候？

| 王 三哥1937年进入海关工作，王根记就暂时停止生产和制作了。他是在上海参加胡

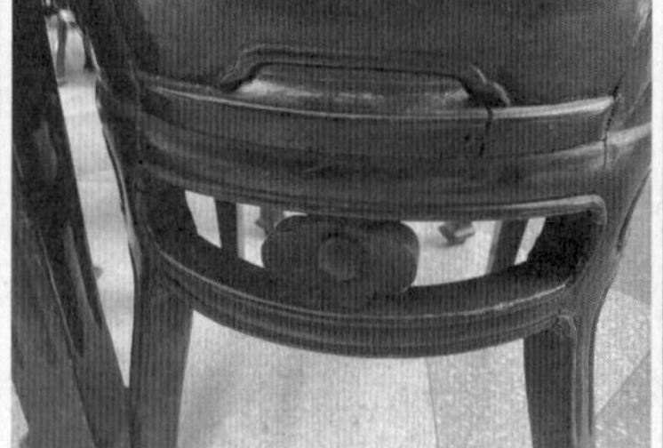

王根记给武大图书馆制作的木椅

来源：邢寓摄

王根记所做的木椅子

来源：邢寓摄

斌追悼会的宴席上吃饭时，不小心将假牙连同食物一起下咽，噎住去世的，那一年他 83 岁。在抗日战争时期王根记都没有继续生产营业。抗日战争后，我的二哥——王华定重新经营起来，还延续着王根记的招牌，武汉八一幼儿园的木马等家具就是那时做的。那个时候家具验收的程序还有点像现在的抽样破坏性试验，随机选几个凳子，将它们从二楼丢下去，如果完好无损就判定合格。

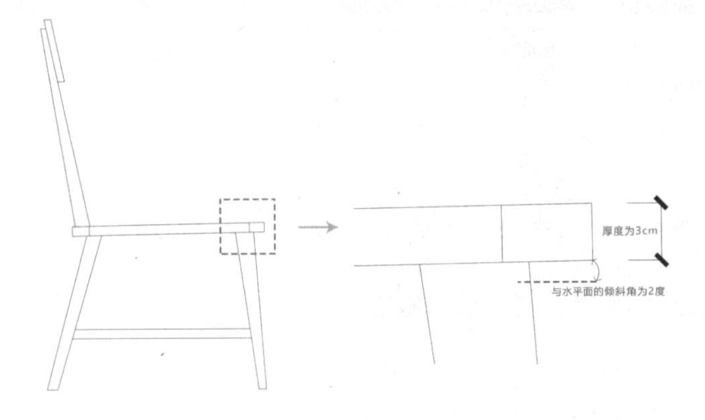

椅子立面及细节放大图

来源：邢寓绘

赵 您家里的这木椅子和木圆桌看起来特别精巧，是当时你们王根记自己做的吗？

| 王 是的，这些都是当时做的，一直留存到现在，70 多年了。

邢 这椅子在制作的时候有什么特别的设计之处吗？

| 王 这个椅子坐垫位置的木板非常轻薄（经采访者测量，厚度为 3cm），但是很坚固，并且与椅背形成略微的倾角（经采访者测量，与水平面的倾斜角为 2 度），人坐在上面的时候，会有一种陷在椅子里的感觉，非常舒适，就算坐久了，也不会觉得累。

邢 这些木家具用的是什么木头？制作有哪些流程？

| 王 主要用的都是柳木。需要经过木头分解、长达半个月的晒干、制作加工这三道工序，最后会经过一次保护处理。所以非常耐用，可以保存很久，这些椅子和桌子就是一直流传下来，并且使用到现在的。看这个椅子的表面，还是非常光洁亮丽的，也没有腐蚀。

王根记所做的木圆桌

来源：张钰摄

有关汉口城市形态与汉口宁波帮商人的其他历史瞬间

赵 您对当时住的汉口城市片区还有什么比较深刻的印象吗?

丨王 当时的汉口有日本、俄国、德国、法国、比利时[5]和英国租界。根据京汉铁路线分为铁路内和铁路外两大区域[6]。铁路内主要有三条街（街道旧称均为当时的宁波口语音译）：河街，就是最靠近长江的一条街（也就是现在的沿江大道）；中街（是现在的胜利街）；还有一条外街（是现在的中山大道）[7]。

邢 您在汉口居住的时候，有经历过战争吗?

丨王 有的，那是我十六七岁的时候，每当听到轰炸机来的声音，立马领着侄女、侄儿们躲在桌子底下。恐惧惊慌中，也顾不得身体有没有完全躲进来，只要确保头在桌子底下就行。1945 年听到抗战胜利的消息时，真是喜出望外，那种兴奋在以后再没有一件事可以比[8]。

赵 您对当时宁波帮商人在汉口的经营状况有了解吗?

丨王 除了宁波里[9]，还有前花楼街和后花楼街，都住着很多的宁波人。宁波人当时在汉口除了最负盛名的建筑业外，还有叶开泰大药房，叶和泰红木家具，西装店等，当时在吉庆街上就有一家宁波人开的西装店。在当时的汉口，武汉本地人统一称上海帮和宁波帮的商人为下江帮，意思就是来自于长江下游地区的商帮。

邢 当时汉口有宁波人建立的会馆吗?

丨王 有的，宁波人当时在汉口建立的会馆叫“四明会馆”[10]，专门处理宁波人遇到的各

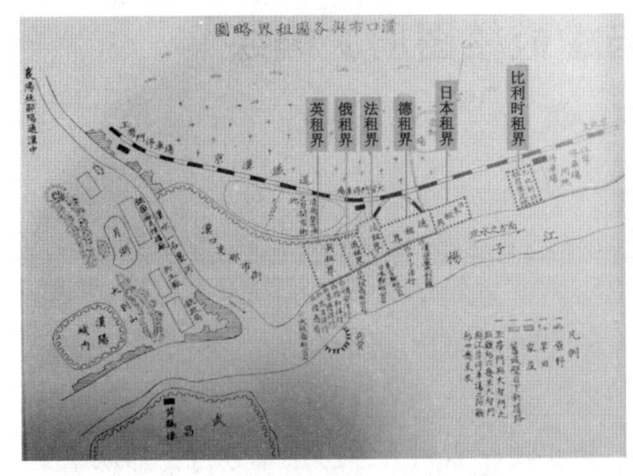

汉口租界位置示意图

来源：改绘自 1908 年《汉口市与各国租界略图》

汉口租界区主要街道示意图

来源：改绘自 1938 年汉口地图

种大事情。诸如宁波人去世后的棺材都要通过四明会馆再运回故乡。

赵 特别感谢您今天给我们分享这么多有关汉协盛营造厂和王根记的故事，祝您身体健康！

邢 谢谢您[11]！

1 “平”指当时的北平，“平汉铁路”即从北平到武汉的铁路线。

2 今宁波市鄞州区。

3 木窗样式主要依据武汉大学老图书馆现存的木质旧窗样式来绘制。

4 在受访者所描述的汉协盛、王根记位置的基础上，结合 1926 年《武汉三镇地图》，标记了汉口德租界这一片区比较主要的建筑名称及位置，有文中所提及的三多里，还有和记洋行、德领事馆、德华银行等。

5 受访者记忆或表达错误。比利时曾提出在汉口设立租界，但最终未能建立。

6 这条铁路线的位置就是现在的京汉大道。

7 根据当时汉口居民对街道的俗称可以窥见，对汉口方位感的认知从那时就开始了并沿袭至今。即越靠近长江的方向叫往内，远离长江方向叫往外，顺着长江下游走叫往下，逆着长江往上游走叫往上。

8 王渺影老人为我们演示了她记忆中，盘旋的巡逻机和投炸弹的轰炸机在飞行时两种不同的声音。讲到这时，还能明显地感觉到她的恐惧感。说到抗战胜利的时候，她忍不住掩面啜泣。历史如镜，岁月如歌，这都是亲历者带给我们最真切的家国情怀。

9 宁波帮在当时的汉口有着举足轻重的影响，当时的宁波里就是因为很多宁波人来了汉口以后才发展起来的。

10 宁波人在外地建立的会馆之所以取名“四明会馆”，很有可能是因为在宁波当地有一座“四明山”。

11 特别感谢王渺影老人的亲人们，为这两次口述访谈作出贡献，在这里一并表示感谢和敬意。他们分别是：王华英、王承权、张绮、姜修策、茅良芳、王继业、王东方、王东喻、易佳乐。

侗族掌墨师陆文礼谈从业经历与《鼓楼图册》编绘[1]

受访者简介

陆文礼（1940年3月15日—2021年6月8日）

男，侗族，贵州省黔东南苗族侗族自治州黎平县肇兴镇纪堂村人。1962年8月，师从掌墨师陆培福[2]学习木工。1981年12月，独立掌墨建造了职业生涯中第一座鼓楼——肇兴镇肇兴大寨礼寨鼓楼[3]。其木构营造技艺娴熟，掌墨作品覆盖鼓楼、风雨桥、戏台、寨门、凉亭、游廊、住宅等各种建筑类型；在鼓楼方面，有正方形、六角形等多种鼓楼造型。作品遍及从江、榕江、锦屏、三江、融水、绥宁等侗族、苗族聚居地，并远播北京、深圳、杭州等地民族风情园。肇兴礼寨鼓楼和师徒合作复建的纪堂鼓楼，现已成为贵州省级文物保护单位，主持复建全国重点文物保护单位——黎平县地坪乡地坪风雨桥。2006年，贵州省人事厅评定为“高级工匠师”；2007年，获中国文学艺术界联合会、中国民间文艺家协会颁布的首批“中国民间文化杰出传承人”；2010年入选贵州省非物质文化遗产侗族木构建筑营造技艺代表性传承人；2016年，获贵州省民族宗教事务委员会、贵州省文联授予的首届“贵州省民族建筑工艺大师”称号。

采访者：蔡凌（广东省文物考古研究院），廖若星、王雅凝（广州大学建筑与城市规划学院）

2021年3月，蔡凌采访陆文礼（左起：蔡凌、陆文礼、陈小铁）

来源：郭嘉岐拍摄

访谈时间：2020年6月27日，2020年8月2—14日，2021年3月27—29日

访谈地点：黔东南苗族侗族自治州黎平县肇兴镇纪堂村陆文礼家中

整理情况：廖若星、王雅凝、郭世含整理，邓毅校对

审阅情况：未经受访者审阅

访谈背景：2020年6月，受黎平县肇兴乡纪堂村的侗族著名

掌墨师陆文礼师傅委托，代其整理毕生心血的结晶——一套他亲手绘制共有146页的《鼓楼图册》，进行勘误、校正、注释，并电子化。《鼓楼图册》缘于陆文礼师傅独立执业后，深感鼓楼营造技艺传承面临的困难，遂下定决心结合自己的实践“做出一本鼓楼施工全图册”。他构想了一幢15层檐的单宝攒尖顶假八角鼓楼（即底层平面为正方形，从第三层檐开始，转换为八边形平面的变角鼓楼），从1987年3月开始手工编绘图册，历时6个月基本完成。之后又不时地对画册中的图样、数据进行调整和修改，直至生命的最后时刻。

《鼓楼图册》以手绘平面、剖面和构件画样为主体，辅以构件尺寸标注和文字说明，详述鼓楼从平面布局、大木构架、构件分件制作，到榫卯、蜂窝（斗栱）等的做法及构件名称、尺寸、用料，并附材料明细表和估算表等，是第一部由侗族工匠编撰的、系统且专业的民间营造图集。此前由湖南省侗族木构建筑营造技艺代表性传承人李奉安编写的《侗族传统建筑鉴》（2015），以文字为主，仅为木构营造技艺的一般性知识介绍，未涉及鼓楼营造的核心技术——鼓楼匠师的设计思维，匠杆、竹签与墨师文[4]的实尺营造，榫卯节点的制作以及建筑装配技术等。其他关于侗族木构建筑营造技艺的专著，多由民族学、建筑学学者撰写，未及全面记录鼓楼营造细节的深度。

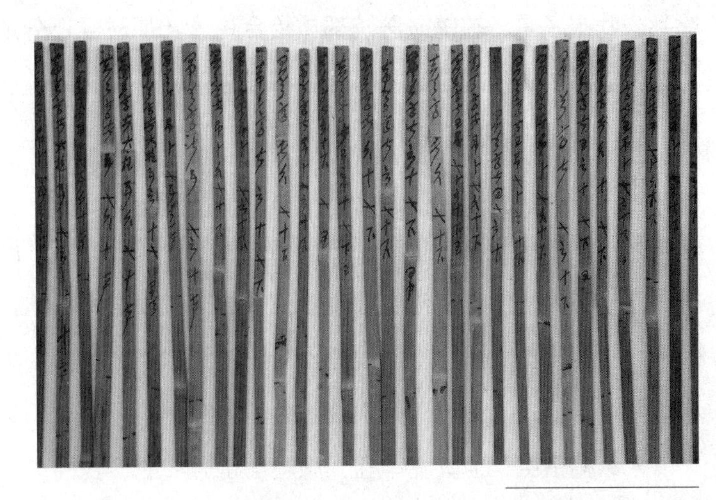
竹签正面标记的墨师文

蔡凌　以下简称蔡

陆文礼　以下简称陆

廖若星　以下简称廖

王雅凝　以下简称王

拜师学艺

丨陆　现在我跟你们几个讲，（我）今年（2021）虚岁是81，现在的脑子记性不好。这边的耳朵几年没听到了，右边这段时间又差点。有时候人家打电话来我都听不到，声音大点才听到。想跟我说话，你就像现在接近这边（右边）耳朵就听得到，你在左边我听不到。老了，活一天就少得一天了。八十多岁的人，我们在肇兴读初中的同学基本上都去完了。之前身体还强点呢，两条腿走路没得问题，但是现在走路就（会）弯腰，但是没痛。去年和今年（一直）到现在一颗药没吃，一针不打。吃饭吃一点点，一天吃两餐三餐，都是香的，没得问题。

蔡 那挺好的，身体挺硬朗。

丨陆 我是1940年3月15日生的，我们经过千锤百炼，走过来。在五几年，大炼钢铁、过粮关啊，什么事我都经过，那时候比现在苦得多。

蔡 我们都是广州大学建筑学院学建筑学的。我是2002年开始做侗寨的研究，在写博士论文的时候，您就很有名了。（那时候）我在纪堂这边，专门来找您，结果家里人说您去岩洞乡的竹坪了，帮他们做一个鼓楼，就跑到那边去找您。但是您在工地上很忙，我稍微问了一些问题，就在那里看您做鼓楼。

丨陆 我这个人的性格（是这样），我介绍自己开始搞木工的情况。在纪堂（侗寨）读小学的时候，两个同学上山养牛。他衣服口袋里面有颗铁钉。到山上就捡个石头来雕刻，他长大了就当了石匠师傅，就是这样子。我跟他到山上，放牛的时候，就砍那个木杆拿来做穿斗，搞屋架模型、鼓楼、花桥这些。然后到肇兴，五八年考取肇兴初中，五九年老师号召参加志愿兵，我报名了，在肇兴医院都体检合格了。那时候还分地主富农，（我）跟老师讲我成分不好，老师讲（他）忘记了，那就不要去了。

蔡 哦，就没去成是吧？

丨陆 到六一年初中毕业的时候，我（的成分）是地主富农，不允许往上（高中）考试，那我又没得办法，就来跟舅姥陆培福，他是修鼓楼、修民居等建筑的老师傅。我那时候跟他搞了二十多天。但是我本爱好（修鼓楼），就经常偷看他。我看他的一举一动，他说那个柱眼啊、竹签啊怎么（画），他没有画全图纸，就画一边都可以。要是像现在我这样子搞也可以。我跟两个师傅，（另）一个叫陆牧之，他脾气不好，（不会）修鼓楼，专门修民居。

人家搞错点，他就发牢骚，满脸都是通红的。我们三个徒弟，一次一个徒弟搞错了，他责问那个徒弟，恶得大火[5]，我就知道不行。现在他一个（徒弟）都没培养出来。我六一年下半年才开始跟陆培福。那时候只是冬季搞，夏天要（准备）材料。六二年我就跟陆培福修上寨鼓楼，我当他的徒弟，也帮他画墨。六三年，我就自己设计，自己带徒弟，修我自己的房子，立屋架。

蔡 是这个房子吗（采访所处位置）？

丨陆 就是这个。我没学多久时间就自己能够搞了，先带徒修自己这个房子。然后六三年时，我初中的班主任，他讲你是我的学生，今年有机会了，我保送你到黎平去读师范，一年两个学期，毕业回来就教书。我想原来参军没要我，毕业以后又没准我们往上考试，现在又培养了，怕今后又有什么运动来，又把我们排除了，我就不去了。我最喜欢的就是搞木作工程，刚才讲过连放牛的时候我都学搞模型。从那时候起，我就给人家修民居。七一年肇兴礼团要修鼓楼，礼团人那还没晓得我修鼓楼，他们想来请陆培福，陆培福不在家，（他们就说）那你先来开工。我讲，我还怕培福来。他讲，你来开工就不会又喊他来，我不通知他了。我就在肇兴礼团自己设计、自己带徒搞。然后，要起（立起）的时候培福来了一下，从那时候起修鼓楼我就带徒了。讲句吹牛的话，我比他们对鼓楼要熟悉得多。就拿过来当徒弟的说，我看他爱好我就指导他，介绍给他听。从那时候就逐步这样子搞了，到今天已有十个（徒弟），能接班。就是十多年，我一边搞也一边介绍徒弟搞。从2005年起我就没搞过了，人家喊我去我就叫徒弟去，他们都懂得，我只去旁边指导，看着他们搞。

蔡 您说您最开始是做礼寨鼓楼吗？也知道肇兴本来有五个鼓楼[6]。五几年的时候，因为“破四旧”，就拆掉了。到七八十年代的时候，又开始把它们恢复起来。之前那个老的鼓楼是什么样子您见过吗？

丨陆 见过。一个人搞的话，（外形）基本上都是同样的。但是从外面看，有的协调有的不协调。像七一年我在肇兴礼团搞的时候，对门是仁团，那边的师傅是堂安的。

蔡 陆继贤师傅？

丨陆 对，陆继贤，但是他搞错了。他提前（搞）的，我12月8日去开工，他就那天出去（不在），然后我在桥头这边看。结果呢，我在施工，搞了一两天，中主柱搞起来了，他那徒弟来看，告诉给他，他才晓得自己搞错了。然后又申请鼓楼的老人和群众，增加两层，原来是搞九层嘛，然后又搞高两层。（高了）两层的话，他又修中主柱，然后他就晓得了（修正好了），要不然他那个还丑。说起来也等于是我教他的，是不是？他没看见我搞的话，就那样了。

蔡 我看纪堂还有一个更大的鼓楼，那个鼓楼（下寨鼓楼）[7]一直是那个样子吗？

丨陆 下面那个鼓楼是11层，我们这里是9层。那个鼓楼呢，现在那些师傅都不在了。那时候我小，听我父亲讲的。上面那个斗栱搞错了，那个架子是他搞的，上面那个斗栱是上面（寨子）的师傅跟他搞的，现在那些师傅都去了，那时候我才生呢。那个师傅，听我父亲讲，姓李，叫李开培。

蔡 所以其实您小时候就看到那个鼓楼了？

丨陆 小时候我都没晓得，我就晓得那是本寨的鼓楼，是在解放前，我也是解放前出生的嘛。我一生下来，那里就有鼓楼了。那鼓楼我记不到，它可能是有百多年了。

蔡 您知道上寨那个只有四根柱子的小鼓楼吗？它也是纪堂的[8]。

丨陆 纪堂的？

蔡 嗯，那边远一点那个。

陆文礼编绘的《鼓楼图册》封面

来源：廖若星、郭世含扫描

陆文礼掌墨修建的第一座鼓楼——礼寨鼓楼（现为贵州省文物保护单位）

来源：陈小铁摄

陆文礼掌墨复建的地坪风雨桥（现为全国重点文物保护单位）

来源：陈小铁摄

丨陆 也是我们上寨村的，那个是五层檐。那个很老了。

蔡 您刚开始其实是自学的，那时仔细去看了这些鼓楼吗？对您有启发吗？

丨陆 我没去看，我就跟陆培福老师傅。他修鼓楼的时候，我就从旁边偷看他怎么一举一动的。看了以后，我也钻研做得出来。

《鼓楼图册》编绘

丨陆 我想让（更）多人来搞（鼓楼），就自己搞出一本《鼓楼绘图册》。搞出来的时候，我的老师，就是刚才讲的初中的班主任调到（黎平县）文物管理所，他晓得我搞的书，就通知省设计院总工程设计师李多扶，还有省文物处工程师罗绘仁。他通知他们来看我那本书，将我们的书拿到贵阳去看。他拿去五六个月，看不懂，因为那里面还有些代号。我也感谢浙江的一个（人），也到这里来采访，像你们一样。开始我搞的时候敞开肚子开门见山，他很关心我，讲陆师傅你这样子搞，今后可能你没得名誉。你要搞出代号来，人家看不懂了，就来找你。人家拿你的去看懂了，就是他们的了。我讲这个也好，相当关心我，然后我就编了三四十个代号，他们拿到贵阳去看五六个月都看不懂。

蔡 那是哪一年的事？

丨陆 那有七八年了。

蔡 您那么早就已经编了图册？

丨陆 嗯，那时我心想，“文化大革命”运动中，把侗族鼓楼列为四旧，许多侗族村寨、鼓楼被毁掉，也停建了十多年。1978 年改革开放后，不但恢复侗族鼓楼文化，而且还把侗族鼓楼文化列为国家非物质文化遗产、重点文物保护单位。我爱好木作专业，回忆我们纪堂寨修鼓楼的师傅祖祖辈辈只有一个传一个，修鼓楼师傅随手画出简易图，自己可按图纸施工，但没有施工全图册很难学。心里想，按我的实践、理论知识做出一本鼓楼施工全图册，有依据、易学、易懂、易记、好传承，要巩固发展侗族文化建筑，让更多的爱好者都能修建古建筑物、鼓楼、花桥。

蔡 这本图册您后来又加工了吗?

| 陆 （实际上）我怎么搞，就怎么画。

蔡 就是您在现场的做法和图册一样?

| 陆 每一柱、每一块（枋）、每一个尺寸、每一个柱眼都有名称，就这样写。他们（李多扶、罗绘仁）两个看不懂，他们拿我的书到黎平县招待所，考我。考了七夜八天，没得一个地方答不出。反来我又考他，他答不出来。我讲你搞建筑的话，搞民居的时候，在山窝和山顶有区别没？他说没有，都是一个尺寸，山窝山顶都可以的。他问那你嘞？我讲有点区别。山窝，因为它两边深，有山挡住风吹，它就没雨飘进来。我要搞层高高点，空气流通，阳光充足。山顶本是阳光充足，我要搞层高低矮一点。矮一点的话，因为飘雨，要搞那个出水枋稍微长点，就没雨飘进楼。在冬天的话，山顶放矮一点就会暖和点。他俩都（表示）有道理。人家也会搞，说不出理论。他讲我们两个到省里面，让一些申请（名额）到乡里，乡里面填意见，再拿到县里面填意见，拿到贵阳，我们两个给你办职称，办证书。我讲我文化少，办了做哪样，就没办。到 2006 年，没晓得哪个跟贵州省人事厅讲了，他们就拿给我高级工匠师这个证书。他们讲呢，因为你没经过学校上课，自学成才的就写高级工匠师；要经过学校的，那就是高级工程师；都是一样的，他们就跟我这样子讲。

蔡 陆师傅您这个是讲《鼓楼历史文化》吗？（指陆文礼师傅撰写的一册《鼓楼历史文化》）

| 陆 这个嘞，原来我们寨上有几位老人，天文地理都熟悉，我去了解他们。现在我走到哪个地方去修鼓楼，（都会）问那寨上有哪些老人，我就会打听他的消息，登记起来。为什么要搞这个呢？搞有什么作用呢？我登记这个就去了解他们。我还有一本木工简历，没晓得现在放在哪里了，（写）我从头到尾搞的木工（项目）。

蔡 你要把它出（版）出来就好了，让更多的人知道。

| 陆 前两年的话，我又搞鼓楼图纸（他们）说要（出版），就拿给黎平县民宗局。他就拿给一个姑娘用电脑打，错别字多，那图纸也画得弯弯扭扭。我还跟他们计较，不要拿我这个图纸去出版，那败坏我的名誉了，错误太多了。

蔡 这个方便借给我们或者是拍照吗?

| 陆 可以，我一点都没保守，保守那个有什么用？我不保守，讲远一点呢要为国家

争名誉，六几年喊这鼓楼（文化）是四旧，“破四旧”，把肇兴的鼓楼全部拆了。到七八年的时候又恢复，叫国家文物保护、重点文物保护单位，反正又恢复了。各地都去搞民居和鼓楼，那段时间一恢复起来，各地方都踊跃搞，那段时间修鼓楼的特别多。想要我修民居修鼓楼啊、花桥啊、凉亭啊，我数都数不清。我巴不得有人都知道，如果我搞不对，他们看到以后要纠正我，跟我讲也可以。（我跟他们说）你去了解他们（鼓楼）的话，（来跟我讲）陆师傅是这样子搞，但是还没完哦，我们要补。他跟你讲，那你要跟我讲。为侗族争名誉、争光彩嘛。

鼓楼设计过程

王 师傅，请问您的鼓楼设计的顺序是什么样的呢？[9]

| 陆 你在那个地方搞的时候，（村里）要给你基地平面图，而且还要告诉你搞多少檐层。先安排地平面，如果地平面小，（村里）想搞檐层多了，也不合适；地平面太大，想搞小点的鼓楼，你就凭自己的技术跟他们解释，鼓楼底层大，搞的檐层少也不好看（应该搞大鼓楼）。或者他跟你反映要搞多少层檐，你自己先以地平面和这个檐层（数）设计。

王 是先设计中柱圈的大小，还是先确定檐柱圈的大小？

| 陆 当地平面、层檐数、层檐大小已经落实了，中柱的位置应该打开点或者收进点，你来定。定好中柱了，其他的就好办了。要画多少层檐，边柱的距离也要讲究。

王 是不是檐层越多，边柱距离中柱就越远？

| 陆 反正要布满这个场地。但是中柱的位置，按檐层的（要求），稍微进出点都无所谓。有些鼓楼想搞高点但是没那么长的柱子，里面还要加瓜柱继续伸上去，主要看结构怎么样做比较牢固。

廖 中柱距离多少怎么确定呢？

| 陆 要看情况。比如中间这里烤火，就要考虑人家坐不坐得下了，太近了热得很，场地够大就要往外面（扩）。（纪堂鼓楼）大概有 3 米，如果场地够宽，搞到 4 米也可以。如果里头中柱圈大了，外面挤了也不好看，还是要回来调整里面。只要根据场地安排里面，剩下的就给外面。如果场地太大，里面做 4 米的正方形，达到能烤火目的，外面就宽点。里面最大就是 4 米，不然坐在这里就烤不到火；长超过 4 米，上面这些枋也要宽大，才受得到力。最短不过 3 米，再往里面就不行了。同时也要看里面与外面相称，如果里面大了外面太小，也不好看。里面大外面也要宽点，要相称，那才可以。

王 中柱和边柱都确定好了，您会画平面图吗？

| 陆 那是地底的平面图，肯定要画啊。没画平面图的时候，心里面准备好怎么落实落地柱，最好画个草图，这些距离都写上尺寸。写了尺寸就跟甲方说明一下，满意不满意。而且甲方看你如果没布满这个场地，他们还要叫你放宽点。或者你太宽了，他们觉得不必要，收点也可以。这些平面图，肯定要通知他们的。

王 等他们确定了，就可以画角图、剖面图？

| 陆 对。比如假八角形就要画出对角的一半。一般我不画全，就画一边。全八角的鼓楼画一角就可以，每一个角都一样。（假八角鼓楼）没落地的一角也要画，一共画两个图。假角出水要砍短点，要不然它从第三层变八角会超出下面屋檐，就不好看了。所以从上面画（假角曲线）下来，要稍微往回收一点。里面的围枋都是一样的，就是外面的挑枋（变化），（对角）长，（假角）稍微短点，所以一排下来，看起来就陡点。一般人没注意的话，就以为每一个角度都是一样的，这不可能的。

王 鼓楼曲线要怎么画呢？

| 陆 边柱和中柱都定位了，就从上画个曲线下来。鼓楼曲线的样式看各人，有的陡，有的斜点，自己定怎么美观。有一次我做鼓楼，他们说增冲鼓楼好看，我没见过，就拿（照片）出来。我把我的鼓楼图纸和照片摆在一起，他们觉得增冲鼓楼好看。我说你喜欢增冲，我就按照增冲鼓楼来搞图纸给你施工；如果你喜欢我这个图纸，我就按照这个图纸给你施工，随便你。当时有几个老人在那里，（说）不要按照那个（增冲鼓楼）修，那个不协调，然后就按照我这个了。那个鼓楼是古代的，四九年前修的，年代很久，但是样子不协调。

王 所以您的每一层檐的间距是一样的吗？

| 陆 下面两三层（要高点），但是他要有点区别。

王 我看您的剖面图上，中线到中柱的距离，首层和顶层的数字不一样，是这根柱子有稍微往里面倾一点点吗？

| 陆 我们称为收山，往里面一点，有时候会画在图上。收山的时候，下大上小，所以中柱距离中线要短一点。

王 师傅，我们还想问一下关于匠杆的问题。匠杆是做一根很长的木头，将所有柱子的尺寸都标在上面吗？

| 陆 柱子的长度，每一根都要点在上面。

王 柱眼的位置也要写在上面吗？

| 陆 比如第一层的某个枋是 30 公分，就在对应的位置标出 30 公分的厚度。按照自己

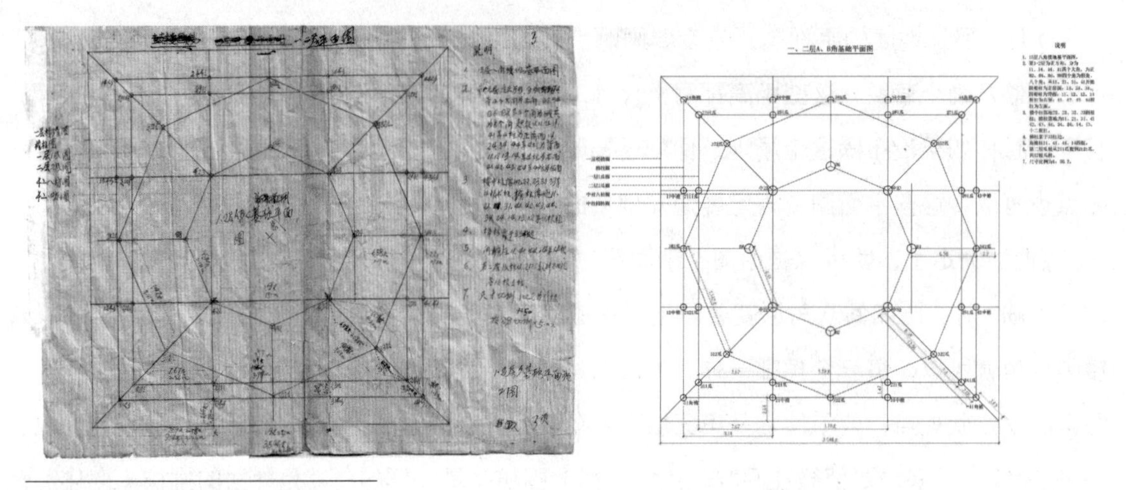

《鼓楼图册》一层平面图原稿与重绘，第 3 页

的习惯，怎么好记就怎么记，一般我们搞的话就直接画。比如这上头的枋要小点，这个是 30 公分，上面是 28 公分，一直到 20 公分，每一层都画一个格。这里是挑枋，围枋可以设计在这块挑枋的上面或下面，但是在匠杆上要写个号。如果是水枋就写个水枋，一层二层、一水二水，这样子写上去。围枋就写一层围枋、二层围枋，或者画个圈圈写个一、二，都可以。

王 那瓜柱的长度怎么标呢？

| 陆 剖面图上面都标好了。就写一瓜、二瓜、三瓜。瓜柱头伸高有 50 公分，出水枋就伸出来 100 公分。瓜柱头高 20 公分，这里就要 40 公分；我们有个规矩，屋面做 1:2。出水端头达到这个线（鼓楼曲线），然后就安排里面瓜柱的长长短短。出水如果挑出去太长它受不了，所以对出水的长度要心里有数。瓜柱的距离太密了也不好看，太挨近里面出水端头受不了要沉下去，那就要把水枋伸到这根柱子（里面的瓜柱）它才有力。如果出水留太长了，但是里面瓜柱太密了，可以适当地（把瓜柱）往外面推出去点。瓜柱太往里面，出水枋上盖瓦重了，就往下沉，会从里面抽出去（水枋内外长度相差太大，容易脱落）。

鼓楼定位系统

| 陆 我们这些鼓楼叫假八角鼓楼[10]。它有四角不落地，他到第三层的檐以后要加角，（所以）喊叫假八角。

蔡 就是它底下是正方形，然后到第三层檐开始变成八角形？

| 陆 诶对，这些瓜柱、枋的话都是一样的。但是那个屋檐的话，那边（假角）稍微要短点。

蔡 那您做这个八角形的时候是正八边形吗？这边是135° 吗？

丨陆 假角的话，稍微短点的那个角更加钝，它角度稍微（变化一点），正角就尖一点。正角、假角的角度稍微差点，是不同的，但它里面的（结构）是相同的。就是檐口的围枋与檩方有点不一样。

蔡 就是他可以往里面（缩），（或者）他的（正）角会长一点？

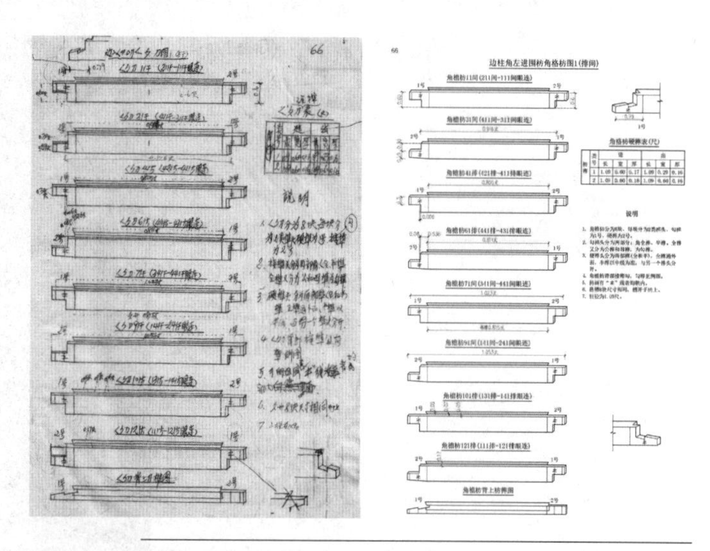

《鼓楼图册》边柱角左进围枋角格枋图原稿与重绘图稿，第 66 页

丨陆 从这里（假角）转出去它要伸出去老远的，所以在外面的话，要收进来点。

蔡 要收进来，还是要往里面推？

丨陆 那你问，我就不怕你偷我的师了，我开门见山，讲实话给你。（众人大笑）

蔡 一般都是按这个图（平面图）[11]，中间有4个大柱，然后边上12根柱子。到了上面就开始加（配）柱转成八角形。然后您在写墨师文（的时候），是“前后左右”这样写吗？

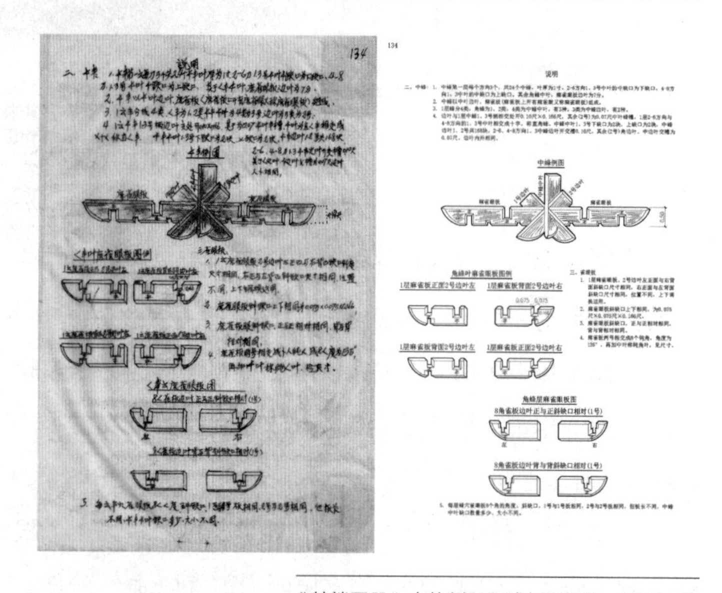

《鼓楼图册》中蜂例图原稿与重绘图，第 134 页

丨陆 不是，我用的是数字，1、2、3、4、5、6、7、8、9。

廖 师傅，您在外面的这一列柱叫什么？您是怎么对构件进行定位的？

丨陆 我跟你讲，你说这里是外面，（指着最左一纵列）那一排是不是？就（叫）一排、两排、三排、四排（从左至右）。按排数喊，一排一柱、一排二柱、一三柱、一四柱（指着图从前往后数第一排四根柱）。

廖 （指平面图正面，图纸正下方）这是前面，然后我们叫（指平面图横方向的柱列）干（间）是不是[12]？

丨陆 嗯，比如从（图纸最前一横列柱往后）这边喊过去，就是一间、二间、三间。（横

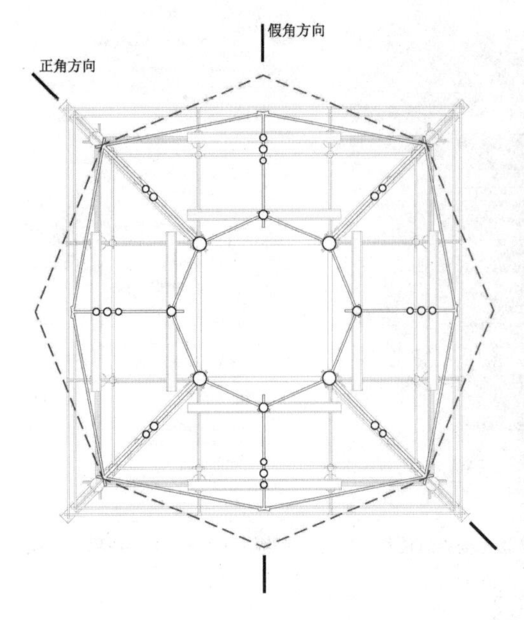

《鼓楼图册》鼓楼三维建模第三层檐剖切平面

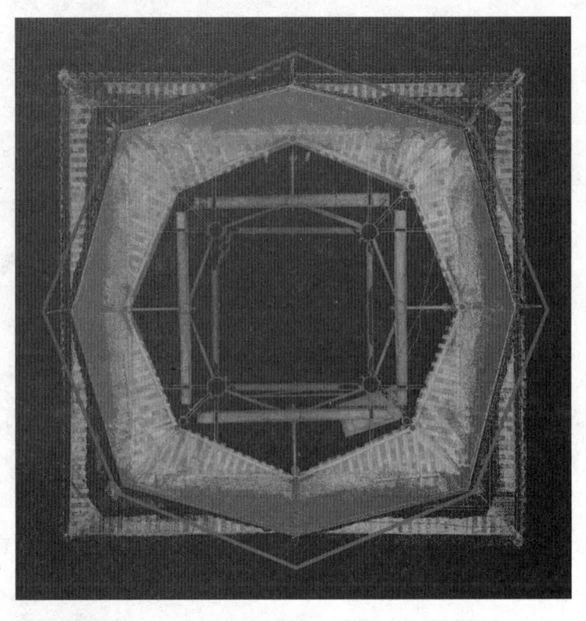

礼寨鼓楼第三层檐三维扫描点云切片（《鼓楼图册》鼓楼三维建模和礼寨鼓楼实测均可显示陆文礼缩短了假角方向的出水枋长度，使得第三层屋檐边线围合的图形不是正八边形，以此解决假角方向屋角突破第一层屋檐边线的“屋角冲边”问题。）

向从左往右数第一间四根柱）就是一间的第一柱、第二柱、第三柱、第四柱。你写的时候，等你要做竹签的时候，搞这根的话呢，（写）“第一排第一间”。这里是一眼，就是这根柱子，从下数上去第一个柱眼。这一根在这里的话，你起（头）在这里是吧？数眼（卯眼）就是从第一排第一柱从下面数，从下往上的第一个柱眼。

廖 哦，所以这叫111柱眼？

| 陆 对，这个（眼叫）211，就是二排一柱第一个眼，是从下面（往上）数第一个眼。就是这（两）块枋料（插）的这里叫111（间）眼，就是211间（眼），那么这块枋相料（插）的话呢，这块枋的名字就是111干（此处师傅口误，实际上图册中是“角檐11间”）。我们喊干就是间，这块就是211间（眼）、311间（眼），就是这两块枋相料（插）起来取的名字。晓得吗？

廖 晓得了。

| 陆 这个呢，这个11呢，11间就是数到这边。11排从下面（数上去）这个柱眼就是111排、112排，这个排（字）我简写了。121排、131排、141排这里排就是排眼[13]，从下面写下去这就是枋眼。这个也是111眼，这里也是111眼，但是有区别，这个是排（眼），简写是“方”，这个是间，写“干”，简写要快一点。

蔡 您这种方法我是第一次看到，用数字编的。

丨陆 我写的这个就是1、2、3、4、5、6、7、8、9，就像我们打手机一样的。

蔡 但是很多师傅不是这样，很多师傅用前后左右，左前、右后的（方法）。是您自己这样写的，还是陆培福师傅是这样写的？

丨陆 陆培福师傅也是这样写的，我讲那个陆牧之就写前后左右，有的还更复杂，所以人家认识不到，跟他学也没得劲头，学也学不懂。我只跟他做了十多天，我就看他，合不合我心里面的意，以后我都没跟他了，我跟培福师傅的时间要多点，久点。

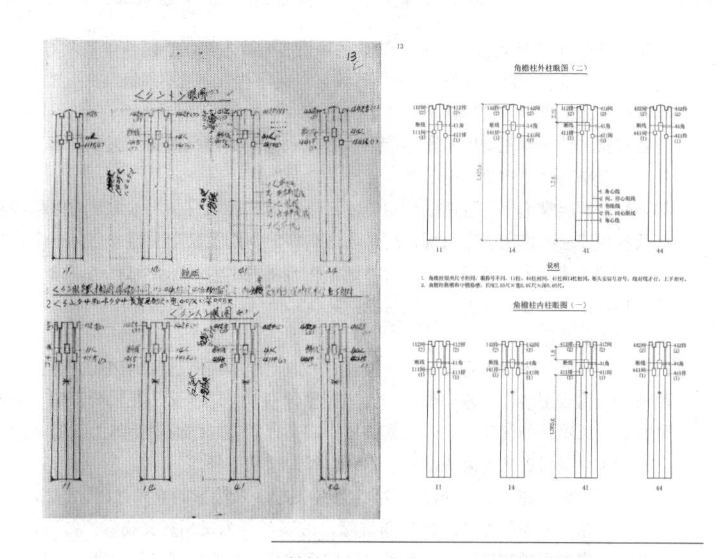

《鼓楼图册》角檐柱外柱眼图原稿与重绘，第13页

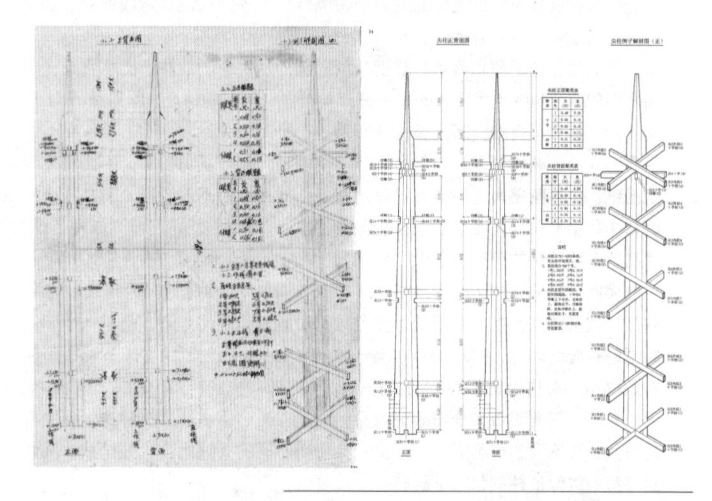

《鼓楼图册》尖柱正背面图原稿与重绘，第54页

1 本研究获得2017年度国家社会科学基金项目《侗族木构建筑匠作体系及其传承研究》（项目批准号17BMZ049）资助。

2 陆培福（1930—1989），黔东南黎平县肇兴乡纪堂村人，是掌墨师陆文礼的舅公和师傅，代表作品为本村纪堂上寨鼓楼（1962年师徒共建，贵州省文物保护单位）。

3 礼寨鼓楼，位于贵州省黔东南苗族侗族自治州黎平县肇兴镇肇兴大寨礼寨村。鼓楼始建于17世纪，复建于1981年，是陆文礼独立掌墨后修建的第一座鼓楼。

4 墨师文是侗族掌墨师在营造活动中自创，用竹笔蘸墨书写在大木构架构件和榫头、卯口及匠杆、竹签上的字符和符号。符号起着标识作法的作用，字符标记用来表达构件的类别及其空间定位。每一个匠师团队甚至掌墨师个人有一套专用的字符，以团队内部（或个人）能够识别、容易记忆、方便使用为最主要的原则。由于这些原因，长期以来墨师文呈现出纷繁多样的表象和神秘色彩，在一定程度上使得墨师文犹如“天书”一般难懂，客观上起到了防止核心技艺外泄的作用。

5 火气很大的意思。

6 改革开放以后，肇兴大寨开始了一段复建“文革”中被毁鼓楼的热潮，而且是在较为集中的一段时间内复建起来的。肇兴大寨五个大房族都请匠师修建鼓楼，五座鼓楼分别以“仁、义、礼、智、信”命名，主要由三组匠师团队修建：一是以纪堂村陆文礼为掌墨师的团队，修建礼寨鼓楼；二是以堂安村陆继贤师傅为掌墨师的团队，修建仁寨鼓楼、义寨鼓楼、信寨鼓楼；三是以本村张根银师傅为掌墨师的团队，修建智寨鼓楼。

7 纪堂下寨鼓楼始建于1813年，现为11层檐四边变八边形的变角鼓楼。1928年将原歇山屋顶改为攒尖顶，据陆文礼及村中老人回忆，相传掌墨师姓李。1978年维修，1982年评为贵州省文物保护单位。

8 上寨小鼓楼为纪堂村最老的一座鼓楼，建于清代，为5层四边形非变角鼓楼。

9 鼓楼曲线是鼓楼各层檐连接而成的外轮廓线，掌墨师在设计阶段就会在图纸上确定各层檐的出水长度，以此形成的曲线优美与否是掌墨师重点要考虑的因素。

10 假八角鼓楼，分正角和假角，是指八角形部分从平面上的八个出水方向，一个出水方向称作一个角。正角是指和平面四边形同方向的四个角，支撑正角的是中柱和角檐柱，两柱均落地。假角是不同于正角的另外四角，支撑假角的是假柱和三层瓜柱，均被抬枋抬升不落地，因此被称为假角。

11 掌墨师在设计鼓楼时，会绘制鼓楼的“平面图”和“正角图”。平面图反映鼓楼中柱、檐柱和瓜柱的位置以及相关横向构件的图纸，正角图是表达鼓楼斜对角剖面各层檐和柱关系的图纸。陆文礼还绘制“假角图”，表达有别于四个正角的另外四个假角中各层檐和柱关系的图纸。建造鼓楼时，只需要竹签和匠杆对鼓楼各个构件信息做记录。在设计和实际施工中不需要《鼓楼图册》中绘制的分件图来做指导。

12 在鼓楼四角部分，陆文礼称鼓楼平面X轴方向为间，Y轴方向为排，一层平面中的柱位可以用“数字+排+数字+间”确定。在柱位的基础上，加上卯眼从下往上数的层数和卯眼的方向，就是一个卯眼的编号。到了八角形部分，则从“11柱”方向开始逆时针旋转编号，对八个方向编号1～8角，卯眼位置编号同下层四角部分方位。

13 在鼓楼中一根柱上的不同方向会插入不同的横向构件，如出水方向插水枋，柱与柱之间插着围枋。安装时枋头和卯眼需要一一对应，需要对每一个卯眼进行命名。施工时，掌墨师会在柱身上弹画多个方向的墨线，以确定柱的朝向和卯眼在柱身上的方向。在不同的柱类型上，陆文礼会使用不同的墨线组合，如排线、间线、心线、围线、内角线、外角线等指示不同方向的墨线，以保证柱的朝向不旋转。

谱系视角下黄河晋陕沿岸风土建筑的匠作技艺口述：万荣县上井村王吉中、王山海访谈记录

受访者简介

王吉中

男，1951 年生，山西省运城市万荣县里望乡上井村人。自幼学习木工，参与过乔家大院、洪洞大槐树景区、晋城青莲寺等多项古建筑修缮项目。

王山海

男，1947 年生，山西省运城市万荣县里望乡上井村人。《山西日报》社记者，现已退休。

左：王吉中 / 右：王山海

采访者：林晓丹，江攀，王瑞坤（同济大学建筑与城市规划学院）

文稿整理：林晓丹

采访时间：2021 年 6 月 24 日

采访地点：山西省万荣县里望乡上井村王吉中家

整理情况：整理于 2021 年 12 月

审阅情况：未经受访者审阅

访谈背景：陕西关中与山西晋南的风土建筑渊源深厚。从历史背景看，明初关中地区陕西商帮因边境贸易急剧兴盛，在明一代其势力曾凌驾于山西商人之上；进入清代，晋商因票号的雄厚实力后来居上，在民间建筑中影响尤大。从地理环境看，关中地区位于陕西省中部，是夹在北部黄土高原与南部秦巴山区之间的渭河谷地；晋南地区位于山西省南部，与渭河谷地相连，是夹在北部阴山与南部秦岭之间的汾河谷地。黄河两岸密切的人流往来将关中与晋南密切联系起来，形成相互影响并向周围发散的匠作谱系。

旧时各地工匠总结实践经验，用歌诀等形式记忆和传授技术。从风土建筑的结构类型及各种标准化构件的使用，可以辨识出各地匠系对木结构的不同构架搭接传统。众所周知，在结构

左：受访人（左起王吉中，王山海）/右：采访人（左起：江攀，林晓丹）

类型上，北方官话区的风土建筑，多为与官式抬梁式构架体系相关的做法，相比南方各方言区来说较为统一，地域性变化较小，呈现一定程度的趋同现象。目前北方所存风土建筑以明清遗构最为普遍，做法大多与清代官式做法近似，且遵循《明会典》所载“庶民所居房舍不过三间五架”，均采用三架梁或五架梁形式。然而在关中及晋南地区的民居，普遍存在运用叉手、驼峰以及丁华抹颏栱等更古老的宋代官式抬梁做法，可见陕西关中及晋南地区有着独特的风土特征。

在调研过程中，当地许多百姓提到“万荣出工匠”，并且指出山西晋南的万荣县里望乡上井村是目前从事古建筑维修工作的聚集村。在韩城的修筑堡寨的碑刻中，也发现来自河对岸的万荣、河津的工匠领工建设的记载。因此，我们走访山西万荣县上井村，试图了解万荣县的匠作传统。幸运的是，我们在村中找寻到曾经是报社记者，并对古建维修感兴趣且有一定研究的王山海先生，在他的引荐下访谈到村中从事多年木匠工作的匠人王吉中老先生，了解到很多地方做法。

林晓丹 以下简称林

王吉中 以下简称中

王山海 以下简称海

江攀 以下简称江

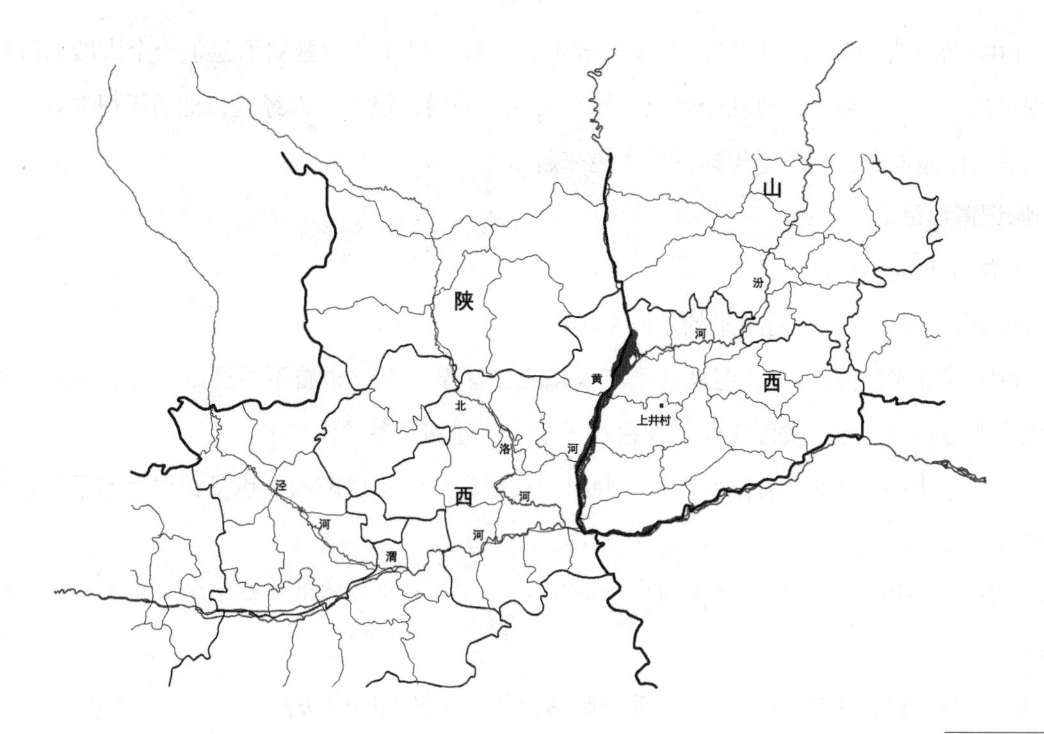

上井村区位示意

谱系及区域背景

林 王先生好！我们想要了解一下咱们当地建筑的做法以及建筑构件的叫法。比如万荣的做法和韩城的、西安的，还有太原的是不是不一样？

丨中 大体上来讲，整个山西是有一种做法，但是民间的这些古村子、古院子一类的，基本上一地一个风俗，大体上看着是一样，但是细看就能看出很多不同。是（20 世纪）90 年代造的，还是 80 年代造的，一眼就能看出来，2000 年以后的仿古建筑是怎么盖的，也都能看出来，民间的都能看出来。但单说古建筑（指官式建筑）的话，山西几乎都是差不多的。

林 那和陕西有区别吗？

丨海 他们问，咱们山西和黄河以西的有什么区别？

丨中 哎呀，咱主要在山西，没在陕西那边干过活。山西宋代的，或者明清的，叫法基本和你们书本上学的差不多。

林 书本上是官式做法，咱们民间有没有什么特殊的叫法呢？

丨中 山西基本上就是宋代的，还有明清的。

林 我们还想知道，比如咱村子里，再早您师傅那时候，是怎么学的木匠。

丨中 原来都是跟老木匠学。改革开放不久，我们村在太原晋祠承包了一个大殿的翻修工程。当时去了很多人，有几个老汉，没有文化，凭借自己的个人经验，把活干得很好。从那以后，慢慢发展，村子里干这活的人越来越多。

林 您记得那是哪一年？

丨中 应该是八〇年。

林 那八〇年之前，咱们村子里的木匠多不多？

丨中 木匠倒是多得很，但就几个老汉懂点古建筑，不过也看不懂图纸。之后年轻人有文化，慢慢开始，通过实际操作，现在村子里干古建的可多了。

林 对，我们每次调研，都有人提到上井村。就是说八〇年以前木匠也多，但大量干古建筑修缮是在1980年以后？

丨中 是，以前的木匠不做古建，就做民房。以前大部分都是既会木工，也会瓦工，连木带瓦。

林 那咱们有没有一些口诀一类的？就是师傅流传下来做活的口诀？

丨中 大部分还是全国通用的一些东西。比如说，打个叉叉，这个线画错了，两道线，拿笔打个叉叉，打个对号。

林 那木匠是不是有能够画线的大师傅，还有其他的，分开的？

丨海 一般都是师傅传下来的，当你会放线了，就像飞行员可以单独放飞了，可以领出去干了。

丨中 原来干这个（的师傅）都没有文化，没有图纸，画个小样。七几年的时候，永济的发电厂招工，去挣工分，打土坯，很简单的，但看不懂图纸，不认识是啥。

林 我们特别想要了解，山西南部这边，大家都说，万荣出工匠，从明代到清代，一直延续下来，万荣有没有特别出名的，像现在这种古建队一样的匠人的帮派和组织？

丨海 没有的。

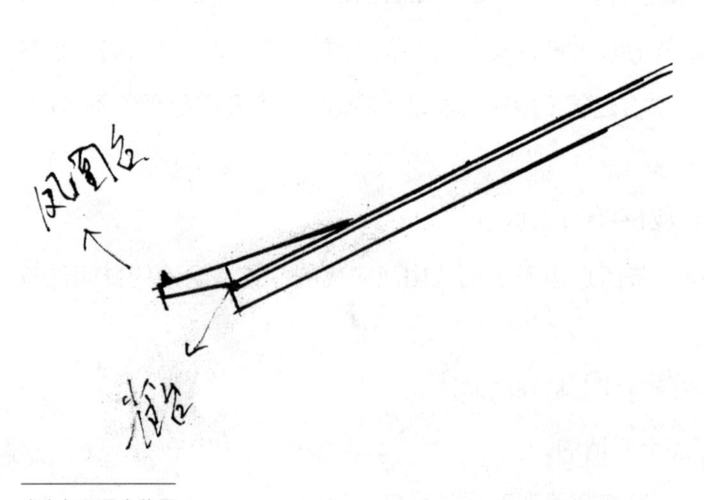

雀台与凤凰台位置

木构架细部做法

林 咱们这边有没有什么特殊

左：丁村梁架照片 / 右：蓝田民居梁架做法照片

的形式？

| 中 知不知道什么叫雀台？麻雀的雀。什么叫凤凰台？

江 不知道。

| 中 我给你们简单地画一个。雀台就是椽头和连檐这个距离。为什么叫雀台呢，就是麻雀可以站着的地方。屋檐的椽子上面不是有飞子吗，就是飞椽，飞子头和连檐之间，就叫凤凰台。

林 嗯，那它们和瓦的交接是怎样的？

| 中 椽子上面先有一层望板。

林 望板上面不是还有一些泥？

| 中 对，上面是泥，还有三道工序。先是泥背，然后护板灰，这是白灰，然后是清灰背，然后是麦草泥背，然后是瓦，一共四道工序。

江 瓦是直接放在泥背上吗？不用钉到椽子上？

| 中 放到泥上，要拍打的。一般打一遍，如果要好一般要三遍，打一遍，再过一遍泥，再打。一般是一遍就行了。

林 那大爷，您看这张照片（襄汾县丁村某宅）是我们昨天在丁村看到的民居，想知道各种构件在当地的叫法。

| 海 横着的是大梁，上面是余栿子，和余栿子组合在一起的叫叉手。

林 山西这边也叫余栿子？我们在韩城调研发现那边也叫余栿子。

| 中 对。你这张照片里的是三架梁。为什么叫三架梁，因为担着三个檩条。如果两边各再加一个檩，那就成了五架梁了。最上面的是脊檩，脊檩下面有个斗，斗下面接着余栿子，余栿子两边叫骑栿板，学名叫角背。

林 骑栿，“栿”指的是梁吗，还是柱子？我们就是想知道一下咱们当地老百姓怎么叫。

左：万荣县太赵村李家老宅照片 / 右：蓝田民居中补间斗照片

丨中 余楸子的学名叫瓜柱，脊瓜柱。我们村里叫余楸（余柱）。

林 那咱们把两边的叉手叫啥呢？

丨中 就叫叉手。

林 叉手两边，还有两个托着上面脊檩的构件，当地叫什么呀？这张照片（陕西蓝田民居）是我们在蓝田的时候拍的。

丨中 脊檩下面是一个大斗，大斗与叉手相交。

江 那大梁上面的花叫什么呢？

林 咱们这边有蓝田照片上这种做法吗？我看咱们这边主要是用角背的方式。

丨中 咱们万荣这边没有这种做法，陕西可能有。

林 咱这边还是大梁上面中间一个柱子，两边放角背？

丨中 对，咱这边都是用角背，余楸子直着下来，然后叉手一插就对了。

林 您看，这张照片（万荣县太赵村李家老宅）上有叉手嘛，叉手上面，插在余楸子上沿着开间方向通长的这个构件叫什么？

丨中 这个叫梁脊板。

林 就是在这个梁脊板底下写字？

丨中 对，梁是大梁的梁，脊是屋脊的脊。咱这有这个做法。叉手两边进深方向的这个构件叫天平板，都是老百姓的叫法。

林 对，我们还看到挺多这种做法的。大爷您说的是不是沿着进深方向与叉手插在一起的这根？这是咱们这边蛮常见的做法？它有什么作用呢？

丨中 对，天平板。起固定作用。

林 大梁上放得这个雕刻的花墩叫什么呢？

丨中 就叫墩，荷叶墩，替代了余楸子。

林 大梁底下的铁花是干嘛的呢？挂灯的吗？还是干什么用的？

| 中 这就是个装饰品。

林 您像这张蓝田民居照片，是脊檩下面的一个构件，咱们当地怎么叫？

| 中 这个构件叫补间斗，还可以叫中堂、垫板。

林 我们画一下。

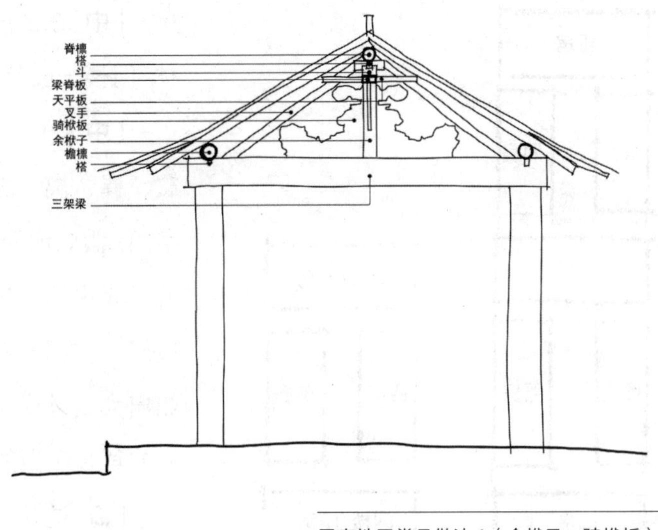

晋南地区常见做法 1（余栿子 + 骑栿板）

四合院布局

林 我们还想知道，咱们这个民房，这边的四合院的做法。

| 海 你给他们讲一下咱们这边的四合院，北房应该是怎么回事，西房应该怎么样，东房应该怎么样，南房应该怎么样，门怎么开，应该开什么门。

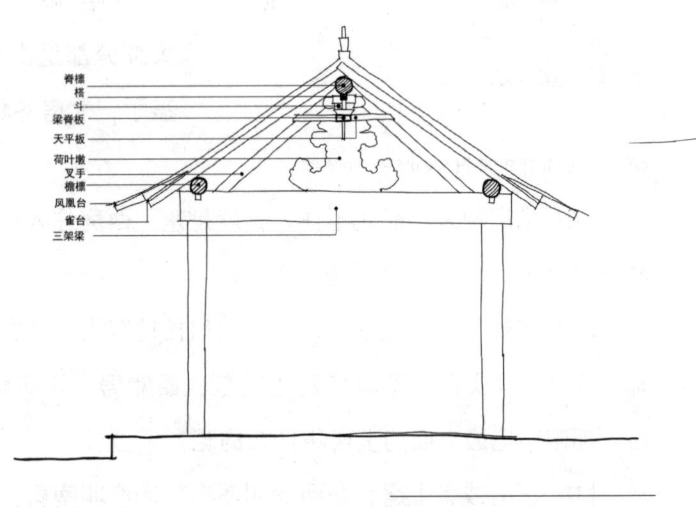

晋南地区常见做法 2（荷叶墩）

| 中 哦。咱们这边大部分都是两进院、三进院。一个四合院最上面是北房，两侧有东西厢房，若盖庙两侧是配殿，老百姓的房子就是厢房。中间有个过厅，后面一个院，前面还有个院，两进院，最南面是门楼，也叫南房。两边院墙上也会开门，可以去隔壁院子，一般是下人走，下人不能走正门，只能走偏门。老百姓大部分都是住一进院。

林 对，是的，您好好给我们讲一下一进院，咱这边北房是不是不住人？

| 海 过去是这样不住人。现在都住。

林 对，我们想知道过去是怎样的。

| 中 对原来的北房都不住人。

| 海 过去的上房是先人、老祖先住的。

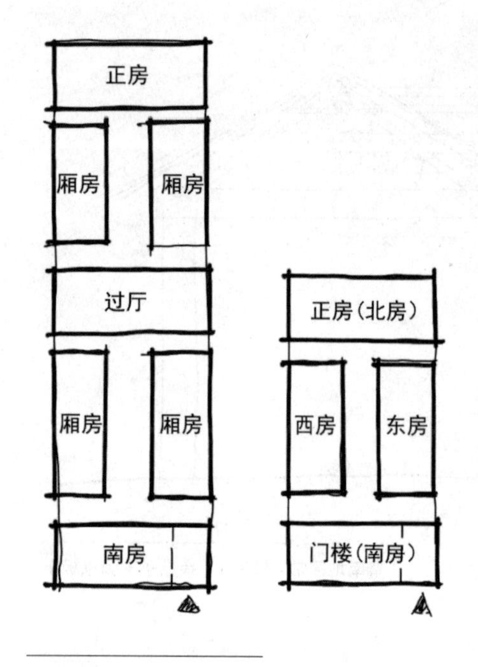

两进院与一进院平面示意图

| 中　东西厢房、南房，都不连。

林　门楼一般就是开在一边，还是开在中间？

| 中　开门有讲究，你懂八卦吗？乾、坎、艮、震、巽、离、坤、兑。开在东南角的东南门就是巽字门。假如说西南角做个门，就是坤字门。一般来说，就是巽字门（东南角开门）和坤字门（西南角开门）最好。中门一般的人家不做，家里边出了什么人，如出大官才做。你到陕西韩城，现在才盖的，七代人的县长家做的中门。

| 海　这个门很有讲究。

| 中　乾为天，坤为地。正房不住人，不做灶房，大部分都是供奉祖先，人住东、西房。现在都重新盖了，北房冬暖夏凉，所以都改了。

林　那咱们南房住人吗？

| 中　南房原来一般也不住人，就是东、西房住人。

林　那南房子不住人，用来干嘛呢？

| 中　如果是大户人家，财主，南房接待客人，作客房。

林　所以，其实自己家就住两边的东、西厢房，正房就是住祖先，南房（倒座位置）是待客。那咱们把最上面的上房叫什么房呢？

| 中　正房或者上房，东西房叫厢房，倒座叫南房。

林　咱们有没有把正房叫厅房一类的？大厅的厅，因为我们调研韩城那边是叫厅房。

| 中　没有，咱们这边没有这种叫法。

林　这个厢房也不叫厦房？

| 中　不叫。

林　那咱们这边的厢房修半坡吗？

| 中　对，都是一坡，一跌水。

| 海　一坡水的原因，是因为后面可能还有人家。北房如果后面还有人家，也要一坡水，要看四周环境。

| 中　巽字门（东南角开门），西南角是厕所。如果坤字门（西南角开门），东南角是厕所。

林　那灶房一般在哪儿呢？就是做饭的地方。

丨中 原来做饭在院子里，原来都是大家族，有专门做饭的院子。

林 要是这种一进院呢？这种小户呢？一般在哪里做饭？

丨海 一般在厢房，厢房一边是土炕，土炕下面做一个灶台，做饭时的烟就去土炕里去了，做了烟道。

洞槽照片

丨中 大家族会有一个专门做饭的院子，比如乔家大院。

林 那大爷，咱们家里最高等级的长辈，就是他们家里最大的那辈人，是住在哪里？

丨中 一般是住东房。

林 那是住东房靠上房那边，还是靠门房这边？

丨中 靠上房（正房）。

林 为什么咱们这边上房不住人呢？我们到晋中那边看，它就是上房住长辈嘛。那咱们这边为什么上房不住人呢？那么大的空间。

丨中 上房不住人，住祖先，放牌位。过年了，要在里面磕头。

丨海 上房与东西厢房之间的区域，搭一个房子住人，不搭房子，也要做一个洞槽。

丨中 叫洞槽或接水、排水。

丨海 就是为了让北房房檐上的水流下来，要接住，不至于直接流到东、西厢房的山墙上。

林 那大爷，咱们一个四合院是先修哪个房子？有没有顺序？

丨中 一般是先盖北房。

林 那他如果没有钱盖北房呢？我们之前调研合阳那边，有的家就是没钱盖北房，先盖两边厢房住人。

丨中 也有先盖西房，那就把这个地方（北房位置）留下了。

铺瓦及山墙做法

林 那屋面铺瓦有什么讲究呢？

丨中 铺瓦，从一边开始，一路铺到另一边，有时候会差了一点瓦，没那么合适，匠人

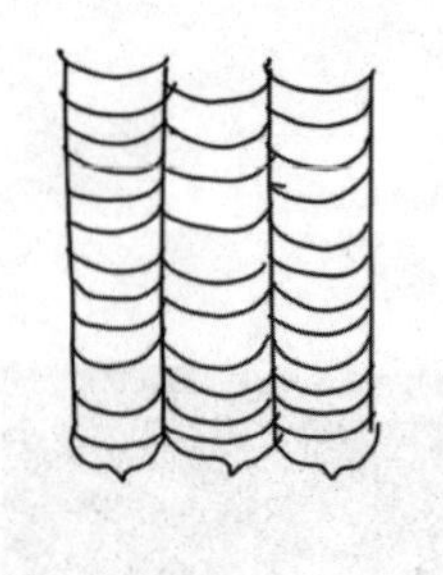
干槎瓦

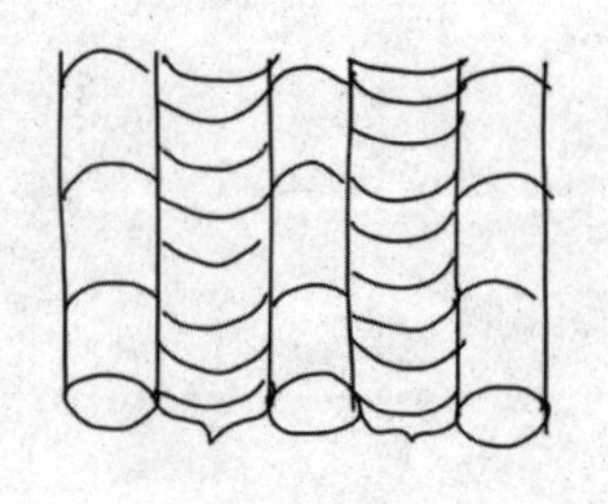
筒瓦包沟

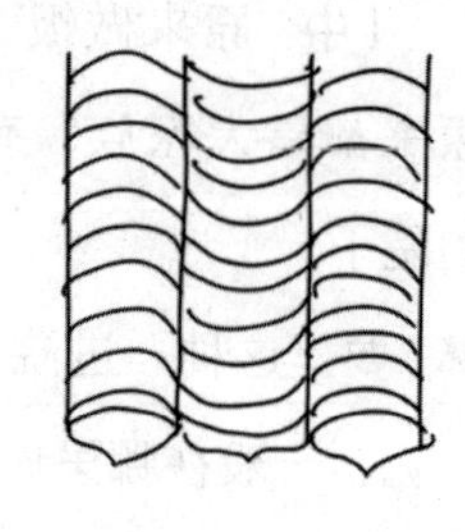
合瓦屋面

瓦的做法

就会在过程中把瓦赶过去一些，这是匠人的智慧。

丨海 不能让主家看着觉得不好看，所以要遮丑，要排均匀。所以匠人干这个活的时候，通过抬沟瓦，水在缝隙这里就流不下去。

丨中 全都是板瓦仰铺叫干槎瓦。板瓦上下铺叫合瓦屋面。老百姓把瓦当叫猫头，滴水就叫滴水。板瓦与筒瓦交替铺叫筒瓦包沟。

林 咱们这边好像干槎瓦做的比较多。

丨中 对，大部分是干槎瓦。

林 刚刚您还说，普通人家，有的包三个沟？

丨海 有的是三沟，有的是五沟。

丨中 边三沟，边五沟。

林 是有钱人会筒瓦包沟，没钱的边三沟吗？

丨中 一般是老院子会用筒瓦包沟，新院子都是边三沟，边五沟。

林 哦，边三沟反而是比较新的？

丨中 老院子，一般都是筒瓦包沟。

林 我们去韩城那边，比如党家村，好像都是边三沟，筒瓦包沟比较少见。

丨中 小建筑用边三沟比较多，原来都是民房，一般家庭买不起。

林 您觉得陕西那边和晋南这边有没有差别？

丨中 陕西那边有个党家村，我去了。稍微有点差别，但大部分差不多。

林 那您觉得，党家村那边和晋南这边，还有晋中太原，比如曹家大院、王家大院那些，哪个和咱们更接近？

丨中 墀头上部叫鹅项（e hang），大白鹅的脖子，土话这样叫。咱万荣这边大部分做法，戗檐砖都是齐的，曹家大院和咱这边不一样，越到北边，戗檐砖就会变成斜的。到临汾就已经和咱这边不一样了，运城的戗檐砖是齐的，到临汾是斜的。

林 我们看到很多戗檐砖下面有一种卷的装饰。

|中 这个卷叫锄勾砖。

林 哦，这个当地叫法真好，我要进去画一下，让爷爷再明确说一下。

|中 鹅项下面还有一个，叫对子杆。就是鹅项下面出来这么一点，这个叫对子杆。对联的对。

左：万荣县上井村墀头做法 / 右：榆次区常家大院墀头做法

林 哦！对子！

|中 对子杆下面，卷下来的那个东西。

林 哦！像卷对联的那个轴！

|中 对，像是对子轴一样。

林 哦，您说卷下来的叫锄勾砖，鹅项下面的叫对子杆。

|中 对子杆或者对子轴，挂画用的。沿着屋脊线的叫博风。

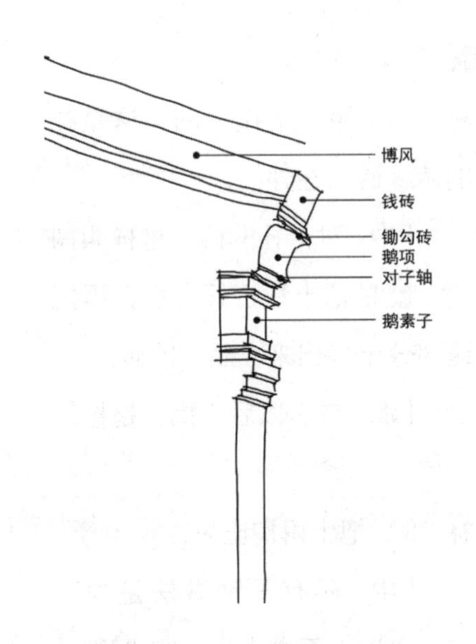

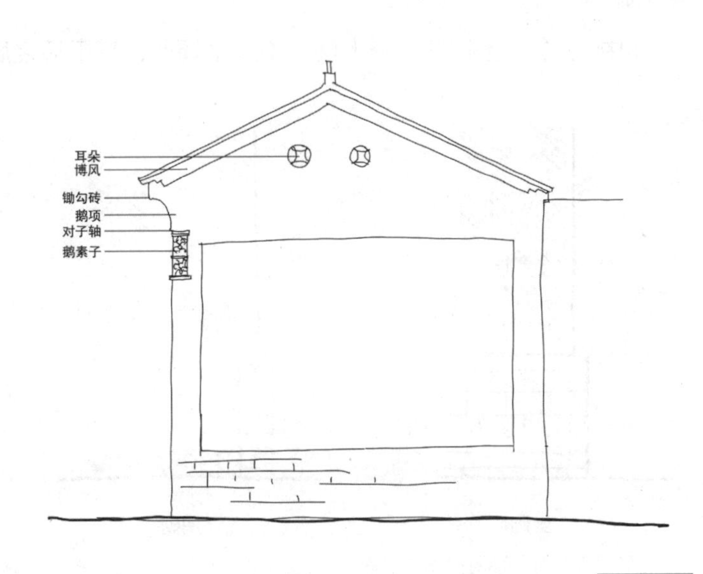

山墙面做法

林 博风？是不是就是博风板？砖博风。

丨中 对。

林 那咱们这边屋顶上的烟囱，以前有吗？还是后来加的？烧炕用的烟囱？

丨中 老早以前就有的，建房子的时候就有的。

林 对，我们看新的房子都有，就是想问明清的时候有没有？我们在韩城那边没看到有烟囱，所以觉得有点特别。

丨中 有的。这个是一八几几年盖得，至少 200 年了。

林 那咱山墙上两个漏气的孔叫什么呀？就山墙上那两个洞。

丨中 那就叫山花。

林 有的洞是通的，漏气的吗？

丨中 老百姓的土话叫耳朵。是通的，外面喊叫，里面就能听见，叫耳朵（ri tuo）。原本会做个卍字，如果堵实了外面喊听不见，做成通的，这样外面喊就能听见。

丨海 后来演变成装饰了，实际上是起通气的作用。这都是智慧，通声、通风的作用，有个火灾啊那些能用到。

墙体维护结构

林 那大爷，咱们这个砖墙，大约砌到哪里，就开始用土坯砖，有讲究吗？

丨中 原来是没有钱，买不起砖，拿土坯垒。

林 哦，如果有钱，就全用砖？

丨中 这个是土打下的夯土墙，不是土坯砖，打下墙之后，后来补的砖。

坐砌

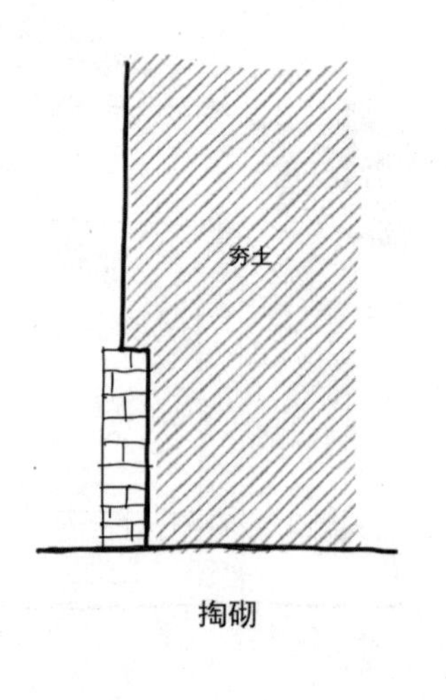

掏砌

墙体做法

林 哦，用土直接夯的。这是补的砖，砖只在外面。

丨中 对，补的砖。这样叫掏建。就是把土坯打好之后，再把这部分土掏出来，后补的砖。

丨海 夯实以后，掏，是挖的意思。

林 哦！把土再掏出来。

丨中 还有一种做法是先打砖，之后上面做土坯，叫坐建。

林 就是先打砖再在上面打土坯，叫坐建。然后先打土坯，打好之后，再挖一块把砖再塞进去，叫掏建。

江 很形象。

|海 这样做的原因，就是防止雨水流下来的时候溅到山墙上，起防水作用。

|中 这两种就叫掏砌和坐砌。

林 还有，咱们这边的大梁，是直接就落到柱子上吗？还是？

|中 是落在墙上，一般先立架，后立墙。一般有后墙的，要先立架，再上墙。

林 后面的墙是先立好了？

|中 墙是墙，柱是柱，但是这个柱就埋到墙里了。

林 那这个墙，是先修好墙，还是？

|中 先修好墙。

林 后墙，是先修好墙？

|中 先打土坯墙，先打墙，然后扒一个槽子，然后把柱子塞进去。再用泥平，里面是平的，不显柱子。

用尺禁忌

林 有没有用尺的要求？

|海 到底门开多大，窗户开多大，这都有讲究，现在人只是赶时髦，不在乎这些了。我们以前建门，要走哪个字，是当官的，还是大夫，还是普通老百姓都不一样。

林 要押那个吉字是吧？

|中 对，就是（鲁班尺上的）财、病、离、义、官、劫、害、本。

林 我们听过，但是不太会算，就是咱们那个门光尺。

|海 你今天可算找对人了。

|中 这八个字，老百姓就财、义、本三个字能用，其他如官、害、病、劫、离都不能用。

林 那大爷，咱们这个尺寸，是指门窗的小尺寸，还是指咱们房屋的长和高，都压这个尺寸吗？

|中 内径为准，不管窗框多宽，都以内径为准。一个字按照五公分（5 厘米），比如五尺一，五尺四，这都是财字。原来的鲁班尺一寸八分（5.994 厘米），乘以 8。

江 为什么要乘以八呢？

|中 八个字，每个字一寸八分（5.994 厘米）。你看，老尺一尺四寸四（48 厘米）。

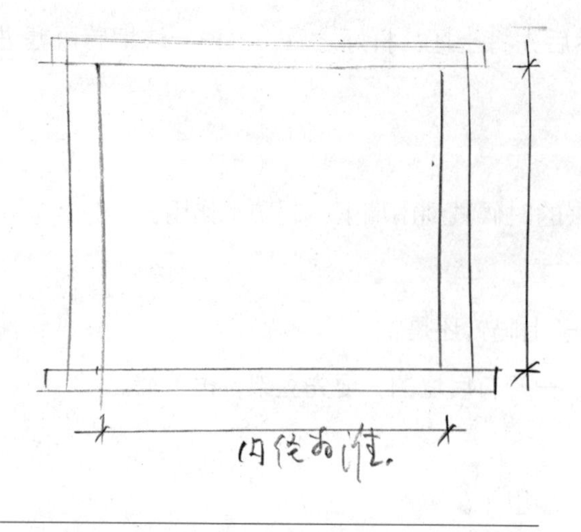

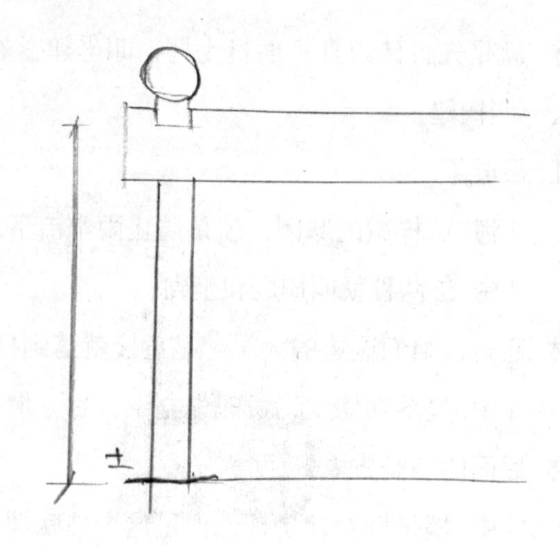

左：王吉中匠师手绘（尺寸内径为准）/右：匠人手绘（起架高度）

林 咱们有没有老尺啊？就是木匠的。

丨中 没有，老尺子比咱们这种小尺子差五寸（3.33米）。

丨海 到我那去，我那有一个，一会儿让小姑娘见识一下。

江 那大爷，这些房子的尺寸怎么定呀？就是它做多宽，多深，多大？

丨中 做多大，要看地方有多大。

丨海 小伙子，房子做多大，一般是看地基大小。还有一个讲究，就是北房盖多高，西房盖多高，南房盖多高，他有一个讲究，要做哪一个字。比如说这个北房，是以一六为水，南房二七为火，西房四九为金，东房三八为木。

林 哦，也是要押数字。我们上次在合阳的木匠，也是给我们写了一些数字。

丨中 北房，一般要高点，要凑一和六，一丈一尺六（3.867米），一丈一尺一（3.7米），或者九尺一（3.033米），九尺六（3.2米）。

江 那这个尺寸是到梁底吗？

丨中 不是，是到楸的顶，就是到大梁的顶，以楷这个构件为标准，楷就是托着这个檩条的这个垫块。从±零（指建筑地坪标高）到楷下面，叫起架。北房要凑一和六，柱子高加楷到梁底的高度，就是起架高度。所以如果起架高九尺六（3.2米），楷到梁底的高度是六寸（20厘米），刨掉六寸（20厘米），就是柱子的尺寸。如果起架高九尺一（3.033米），那减过六寸（20厘米），柱子的尺寸就是八尺九（2.967米）。明白吧？

丨海 起架就是匠人的行话，你起架多高？

丨中 对，一般说，起架多高，就是按照这个尺寸算，就是算到楷下面。

林 这个尺子有五尺这么长？你以前看到的是这样的吗？让大爷给咱们讲一下。

木工尺（调研实拍）

江 没有，这个好大。

|海 你看这个，财、病、离、义、官、劫、害、本……这就是那个，做这个门窗的字。这上面就是这尺寸，你门要做哪个字，就按照这个尺寸，明白了吧？我家老人原本是木匠。你们看这个槽是干什么的？

林 啊，这有个槽。

|海 过去的古人，没有现在的红外线，老百姓，你这个地基平不平，把尺子放在这里，封起来，水放在槽里面，看这个平没平，垫起来，平底子的。这是老人的智慧。这叫分尺，木匠如果出门干活的话，直接挑上，既能防贼，五尺防贼，三尺防身。还有一种和这个一样的，只有三尺，中间有个钉子，拉开是五尺，折叠是三尺。人走的时候拿上，可以防身的。

林 那这个尺子，这一格是多少？

|海 是一寸。

林 黑色画的这个是什么？

|海 这是一尺半。

林 不同的木匠，尺有没有不一样？比如说，这个师傅带的木匠，用的尺和另一个师傅带的，不一样？

|海 没有，都一样。

林 那有没有给每个房子设计一个尺？因为我们在南方看到，比如说给最大的房子，设计一个尺子，尺子就放在那，等他们修房子的时候，直接就用尺子上的尺寸来修。咱们这边有没有这种？

江 就是丈杆。

丨海 没有，就用这一种，整体换算出来。有的工匠不地道，会做骑门连檐（将檐檩的接缝放在门上方），顶门椽，不好的。

林 感谢您二位的介绍，让我们对黄河晋陕沿岸风土建筑的匠作特征有了进一步的了解。

”

侗族木构建筑营造技艺传承人杨孝军口述[1]

受访者简介

杨孝军

男，侗族，1965 年出生于三江侗族自治县林溪镇平岩村平坦屯，侗族木构建筑营造技艺柳州市级代表性传承人，柳州城市职业学院客座教授。初中学历，1980 年跟随父亲从事木构行业，2015 年参加中央美术学院第二届“非遗保护与现代生活——中青年非遗传承人高级研修班”；2016 年参加广西民族大学主办文化部、教育部“中国非物质文化遗产传承人群研修研习培训计划：广西木构建筑营造技艺传承培训班”。主要代表作品为广西民族大学相思湖风雨桥、三江风雨桥第一方案设计图、三江鼓楼广场长廊、平坦鼓楼以及桂、湘、黔三省侗族村寨上百座的吊脚楼、门楼、戏台、风雨桥、鼓楼等。其中，作品《侗族琵琶》荣获第六届柳州市工艺美术作品展铜奖；作品《程阳风雨桥》获广西壮族自治区工艺美术作品“八桂天工奖”金奖，并入选广西壮族自治区成立六十周年文化艺术作品展，作品《四角侗族鼓楼》获广西工艺美术作品“八桂天工奖”铜奖。

采访人：吴正航（桂林理工大学土木与建筑工程学院）

文稿整理：吴正航（桂林理工大学土木与建筑工程学院）、冀晶娟（桂林理工大学土木与建筑工程学院）、尹旭红（桂林理工大学艺术学院）

访谈时间：2021 年 8 月 18—19 日

访谈地点：三江侗族自治县古宜镇江峰街河西汽车站旁杨孝军家与公司

整理情况：2021 年 8 月 29 日吴正航初整理，2021 年 11 月 20 日冀晶娟、尹旭红修改和定稿。

审阅情况：经受访者审阅

访谈背景：侗族鼓楼、风雨桥

吴正航（左一）与杨孝军（右一）在杨孝军公司合影

等木结构建筑，继承了我国南方古代“干栏”式建筑的传统，其建造技术和手法通过一代代匠师的传承和发展，最终形成别具一格的侗族木构建筑营造技艺。广西三江侗族自治县是侗族木构建筑营造技艺的主要流传地区，从现有研究来看，学者们多以文献研究和田野调查方法关注具体的营造技艺及其文化内涵，对于匠师（传承人）的生活经历和建造活动的关注较少，且尚未有应用口述史研究方法的先例。杨孝军是第一批将侗族木构建筑营造技艺带向外界的杰出匠师代表，其通过建立木构建筑公司，长期奔走各地主持木构工程，积累了丰富的营造技艺、知识与经验，为侗族木构建筑营造技艺的保护与传承作出重大贡献，成为柳州市级侗族木构建筑营造技艺代表性传承人。笔者到广西三江县拜访杨孝军师傅，两次口述史访谈，时长总共 6 小时，从口述史的视角呈现木构匠师的从业经历以及三江县侗族木构建筑营造技艺的历史发展。访谈用桂柳话，整理时略有调整。

吴正航　以下简称吴
杨孝军　以下简称杨

结缘木构——机缘巧合的木匠之路

吴　杨叔叔，您好，我是桂林理工大学土木与建筑工程学院的硕士研究生，听说您是柳州市级侗族木构建筑营造技艺传承人，特此前来跟您学习有关侗族木构建筑营造技艺方面的知识。

　　|杨　嗯嗯，没问题，我也只是略懂，来吧。

吴　您是什么时候开始从事木构行业的呢?

　　|杨　我是 1980 年开始做木构的，当时初中未毕业，我跟父亲杨永荣（1946—）学的木构。我们属于家族传承，据父亲说，我们家族的木构技术已经传了十代了。我家里 5 个兄弟姐妹，三男两女，男的都会做，平常也接一些木构的活，但是只有我是专门做这个的。当时我接触木构也是一个机缘巧合，记得 80 年代林溪大队、人民公社解体之后，我们村开始分田到户[2]，村民们都得到土地自主使用权，许多集体的猪牛栏等设施也都分了，本来设施是集中设置的，分下去之后，一家分到几根柱子、栏杆，拆散了之后各家需要自己组建猪牛栏，因此我爸爸就带我们几兄弟一块去学做木构了。从那以后我渐渐对木构产生了兴趣，平时就去买点木构工具回来自己琢磨。一开始就先做点家具、玩具之类的，几年后开始跟随父亲接触一些木楼工程，慢慢地我就将父亲的技艺传承下来了。

吴 您和杨似玉[3]、杨求诗[4]等传承人都是从林溪镇出来的，你们年轻的时候有在一起做木构吗？

| 杨 有的，与我合作最多的是杨求诗，他是国家级传承人，我们共同注册了一家公司（三江侗族自治县亚苗楼桥设计建筑有限公司）[5]。记得当时公司的木构工程，都是我主要负责去谈项目，他负责整个工程施工，分工十分明确。三江县里像他和杨似玉这样大师级别的师傅，我都认识，我们是第一批将木构从侗寨中带出来，走向世界的。

吴 您从事木构行业多年，中途有没有做过其他职业呢？

| 杨 有的。因为工程项目不多，我们也转行去做过其他的事业。以前在林溪，一个寨上一年没得几家要起房子（新建民居），鼓楼、房子好好地在那，没有几个人会去动它，除非家里有小孩需要分家，房子不够住了，或者被烧了才新建。而且大家基本都会自己建木构房子，只是看你做得快慢、好坏而已，所以木构行业市场不太好。我们被迫转做其他如挖机、食品加工等工作。2003 年，因为国家加大对侗族传统建筑文化的保护力度，我自己也有将一门手艺、一种文化传承下去的想法，于是重返木构，正式从事木构行业。

挑起大梁——接过“掌墨师”的接力棒

吴 从您成为“掌墨师”[6]到现在做了多少木构工程了，是做鼓楼、风雨桥多一些，还是民居多一些？

| 杨 可能有上百栋建筑了吧，鼓楼、风雨桥、民居等各种建筑类型我都会做，作品数量差不多，因为技术是相通的。

吴 完成一个侗族木构工程需要哪些步骤呢？

| 杨 做一个木构工程总共需要以下步骤：①建筑选址、师傅带队场地勘测；②方案设计（有的做模型）；③上山选木备料；④制作香竿[7]、竹签，画墨线；⑤木料加工；⑥筑基、安装、立架、钉枋条；⑦上梁（上梁仪式）；⑧盖瓦；⑨装饰雕刻。

吴 那我按照这个工程步骤向您了解，以鼓楼为例，选址是如何考虑的？

| 杨 现在的鼓楼，尤其是外面的工程基本上不强调选址了，都是主家佬（户主或老板）定好的。以前比较讲究，比如建寨必建鼓楼，鼓楼的选址位于村寨中央，高于任何其他建筑。当一个寨子里有多个姓氏，每个姓氏都要建一座自己的鼓楼，作为村寨或族姓的标志。

吴 您做鼓楼需要提前做一个模型吗，需要画图纸吗？

| 杨 我们一般不做，做那个其实很费工的。我们都是用香竿、竹签来把握尺寸并下料，但有时候也需要做模型。比如 2020 年我们在融水接到 17 层鼓楼的大工程，那就是用棒棒草（巴茅草杆）来插（制作）模型。因为用小杉木再开洞眼（榫卯口）太麻烦了，插棒棒草模

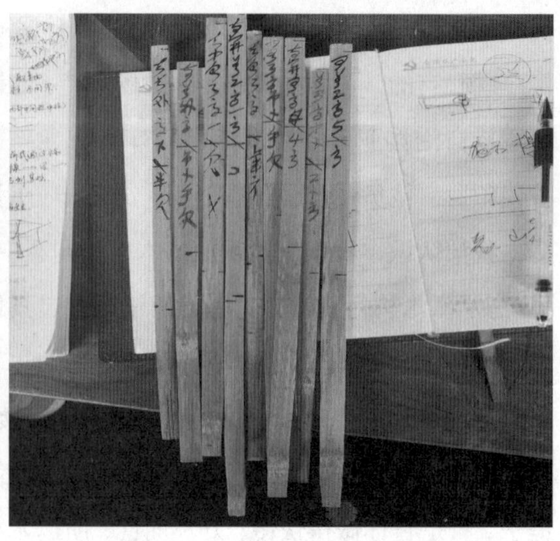

左：香竿 / 右：竹签

来源：吴正航摄

型又方便又快，也是为了保证施工的万无一失。现在我们也画图纸，尤其是政府的大工程需要备案，图纸是必不可少的。

吴 您经常上山选木料，在选择杉木的时候有什么诀窍吗？

丨杨 诀窍主要是看怎么选材。比如我现在做一个戏台，宽度 10 米，看需要什么木头，大的小的。一般油杉比糠杉要好 [8]，油杉的树干韧性强、密度大。一棵 12（厘米，指横截面直径）的油杉质量大于一棵 30（厘米）的糠杉的质量。还有就是看上山伐木时木头有没有裂纹，有损伤的可以做私人民房的柱子，但不能拿来作梁，大工程也不能用。杉木防潮、防霉效果最好，用来做家具对人体也好。

吴 对于香竿、竹签的使用您能说一下吗？

丨杨 香竿、竹签是侗族木构中最关键的工具，它的主要作用是丈量木头的尺寸。香竿以前是用竹子做的，现在很多用小方（木）条来做，因为过去方条不好刨，没有竹子好用。但现在方条好做、又不缺，而竹子不好找，上山找时间长、距离又远。竹子好用是因为本身是圆的，破开之后的半圆可以和圆木更加贴合，测量时更加稳定方便，方条是方的，容易滚歪抓不稳。香竿一般选楠竹，尺寸要求不高，如果挑选的楠竹重了，就破开三瓣或四瓣用作香竿。竹签尺寸较小，表面画三横，中间那一横代表柱子横截面中线，一般用一横再加一撇表示这个中线位置。上下两横之间的距离代表柱子大小（直径），字体内容写的是"锁香颈前二檐一方"（侗族墨师文，表示柱子标识），也就是代表这是哪根柱子、方条的尺寸，每根柱子、方条上都画有和竹签对应的尺寸。它们一一配对，拼装屋架时，有檐柱、前后二柱、

“回形中心柱型”鼓楼结构

吴正航摄

中柱、边柱、前后檐柱等，我就会指挥徒弟们将相应位置的柱子和方条进行连接。

吴 现在你们做鼓楼的结构主要以哪种为主?

丨杨 很久以前我们接触过独柱鼓楼。独柱鼓楼是中间一根柱子直贯顶部，下方依次用穿枋四面贯穿柱子，但这种结构形式太占空间了。现在都做“中心柱型”鼓楼之“回”形鼓楼，也就是四根柱子作主承柱，以穿枋连接成井架，再在其四周用穿枋连接外面的檐柱。底部檐柱称为外环柱，再在顶部有中间设雷公柱（作为攒尖顶支承顶尖的支顶柱）。然后利用梁枋一层层向内收，并用檐柱、瓜柱支撑，层层挑出楼檐，就形成从下往上层层内收的枋、柱网结构。这种鼓楼结构不仅内部的活动空间较大，且结构稳定性较强[9]。

吴 鼓楼您比较喜好做哪一种屋顶形式，例如歇山顶、攒尖顶等?

丨杨 按传统来说，鼓楼也分阴阳公母，歇山顶就是阴的，攒尖顶就是阳的。因为从视觉上来看，歇山顶是平顶，一般层数不高，代表女性的柔和；攒尖顶是尖顶，层数较高代表男性的挺拔。比如我们平坦寨和平寨，它们属一对，平坦是阳，以攒尖顶为主；平寨是阴，以歇山顶为主。还有马鞍寨和懂寨（程阳八寨[10]里的两个寨子）的鼓楼也是一对，我们都按照寨子的阴阳论来确定屋顶形式。不过现在也不讲究了，大家都喜欢外观挺拔的六角、八角攒尖顶。

吴 您能介绍一下侗族木构工程的上梁仪式吗?

丨杨 大梁是整栋建筑的吉祥物，传说那根梁是由姜公接管的（大梁上题写“姜公在此，上梁大吉”）。以前经常发生火灾，据说是晚上有外山人（外星人）经常用锅头在大梁上煮麻拐（青蛙）吃导致的火灾，所以上梁仪式得到重视。上梁仪式会进行踩歌堂[11]、抢粑粑等活动，村寨的人会一起去凑热闹，代表着吉祥、喜庆，就像侗族百家宴一样。

吴 您做过这么多木构工程中，哪个让您印象最深刻?

丨杨 有一个是在2012年建造的广西民族大学相思风雨桥。相思风雨桥位于广西民大东校区四坡的相思湖上湖，我是以三江县传统木构建造手法结合现代建筑材料，以及贵州黔东南侗族地区的营造技艺设计的。我带着几位木匠师，仅一个星期的时间就建好了雏形。全桥长约40米，宽5.6米，当时考虑到桥基的固定，相思风雨桥的设计并不全部是木结构，桥基是钢筋混凝土结构，但桥身的木结构部分全部以榫卯相接。桥身由3亭、2廊、96根亭柱和40根廊柱构成。建好框架之后我请助手杨涛前来主持上梁仪式。他腰间系着红带，在桥上摆设祭台，放了一些糯米饭、猪肉、封包（红包）、茶叶、钱纸硬币等。红梁（用作大梁的木头用颜料染红）上要挂红布（制作侗族服饰的布）和禾槁（尚未割除的水稻茎秆）等。待杨涛师傅祭拜天地，并唱《颂梁歌》（侗族方言歌曲，歌颂好日子、好彩头）后，我们几个师傅配合用绳子往上缓缓抬起红梁，将其拉上亭顶。随后，我们站在木架上把事先准备好的糖果撒向众人，这意味着如意吉祥。风雨桥中亭高12米，中亭顶层做双层顶，并且楼颈[12]不做常规的卷棚式[13]，均采用蜜蜂窝形式[14]。这种形式在贵州黔东南侗族地域盛行，是当地鼓楼宝顶的典型造型风格。左右亭高9米，除中亭外其余两个塔亭呈对称形，均为歇山顶。为了使得风雨桥更壮观、炫丽，屋檐的封檐板处画满红、黑、蓝、青等颜色的图腾，主要以龙、牛、猪、多耶活动[15]、浪花等作为图腾原型，主要也是学习贵州黔东南一带的侗族鼓楼绘画技

杨孝军与广西民族大学相思风雨桥合影

来源：杨孝军提供

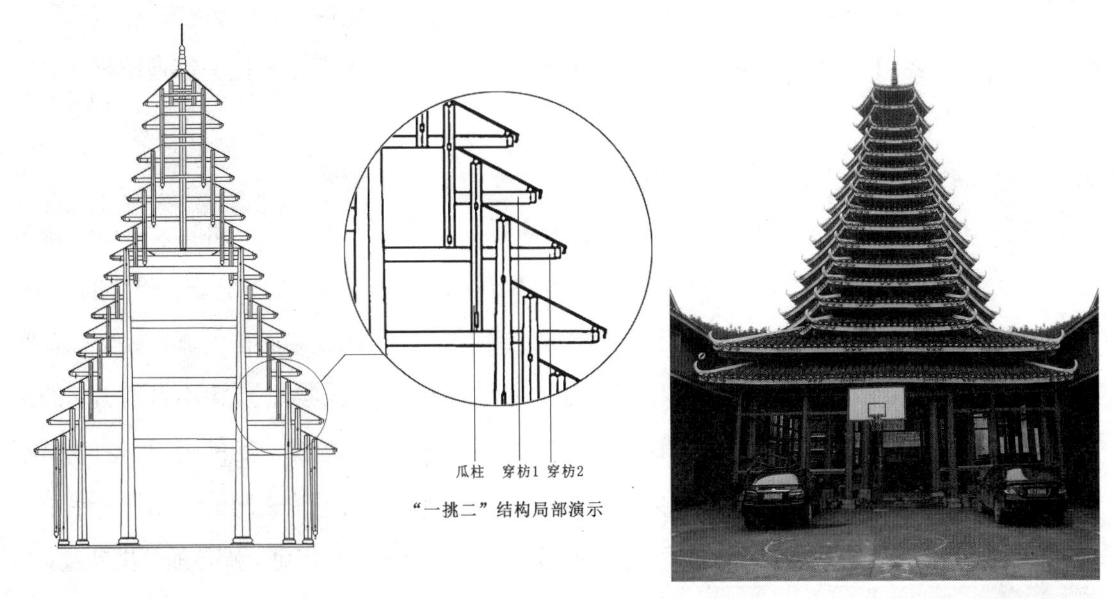

林溪镇平坦鼓楼“一挑二”结构图与外观

吴正航绘、摄

术[16]。当时我作为工程总设计师，应邀参加了广西民族大学成立60周年新建“相思风雨桥”木构工程评审会。

技艺创新——破解技艺的传承困境

吴 您在设计鼓楼的结构的时候，有过自己的创新吗？

| 杨 有的。大家生活好了，对生活空间的要求也变高了，我当时觉得自己作为传承人更要承担起创新传承的责任。2013年，我设计的林溪镇平坦鼓楼就与众不同，全侗族这种结构的鼓楼只有一个。平坦鼓楼重檐从四角变六角，共17层，27米高，大小总共32根柱子，6根柱子落地，抓地特别稳。我在传统的结构比例上进行创新，原来10.06米场地宽度，按照传统比例只能做9层，因为按照穿枋和柱子的配比，9层之后顶部就交叉了。但是现代鼓楼就是要高耸、气势宏伟，象征一个寨子的繁荣发展，很少人愿意建小型的鼓楼或凉亭。于是，我突发奇想在传统结构的基础上进行创新，创新结构简称为“一挑二”，即一根瓜柱挑两层穿枋，减少了进深方向的瓜柱数量，这样就可以做到少瓜柱、多层数，将鼓楼高度抬高，且刚好是两倍的关系，本来是传统的9层鼓楼变成17层鼓楼（底层固定不变）。

吴 除了鼓楼、风雨桥等技术创新外，在侗寨中其他建筑上也进行过尝试吗？

| 杨 有关侗族民居的改良也是我率先提出的。我首先在程阳三中建的六柱民房，即用六柱代替传统的五柱吊脚楼，进深方向中间留出一个过道，将中柱一根变两根，中间隔1.6

米至 1.8 米，在中上方再加短柱，其他柱子不变。这种做法稳定性不亚于五柱，也节省了中柱的材料，因为中柱的杉木是最长的，也最难找，随后程阳很多新建的民房都是按照六柱的方法做的。

吴 在具体的传承过程中，您教授徒弟时有没有一套自己的方法呢?

丨杨 其实我做工程是不论师傅徒弟的，大家都平起平坐。因为一个团队大家都会做木工，只是掌墨师负责画墨而已，木料加工都是小木工（徒弟）在做，最后孔眼（榫）的方圆、大小还是看小木工怎么加工。所以，真正掌墨的人手工不一定比徒弟厉害到哪去。一栋楼的好坏关键还看这几个小木工，徒弟的手艺对这个师傅的影响力也很大。徒弟不是教出来的，而是自己跟着练习、多问，自然就会做了。但徒弟想成为掌墨师需要一定的胆识，新手是不敢去画墨的。比如一根大的鼓楼柱子要几万块，学徒是不敢轻易下笔去画的，如果搞错了一个榫口，安装起来就全坏了，他们赔不起，也有损名誉。那些徒弟想出师，就必须得做实物（实际现场掌墨），但又怕搞坏了承担不了后果，所以我们就用这个 1:10 的小模型来给徒弟试验，这样大家都敢下手了，一根柱子几毛钱，按照这种方法传承技艺最有效。

坚持梦想——公司经营与未来展望

吴 您当时为什么想要成立木构公司呢?

丨杨 我的公司叫作三江侗族自治县亚苗楼桥设计建筑有限公司。当时主要是为了接三江县风雨桥、龙吉大桥等大工程。2002 年我出来做木构的时候，我们县招标大型木构工程，杨似玉他们会做，但是他们不钻研图纸、工程预算等内容，只会做个小模型，后面县里的招标很多给了湖南的公司，因为他们的图纸、标书、工程预算做得非常全面。当时我们县委书记看不下去了，觉得侗族木构建筑营造技艺的两个国家级传承人都在我们县里，工程还由外人接手。但由于市场需求，大型的木构工程必须要出图纸，而我们从侗寨出来的匠师大多没有学过电脑，工程自然接不到。所以我从那时开始自学电脑绘图，通过建立自己的木构公司去接触大工程，放在工作室的电脑就是我 2006 年成立公司时买的。我通过自己一点点摸索，慢慢掌握了电脑制图技术。记得当时成立公司的时候需要 20 万元固定资产，杨似玉的公司也是 20 万元资产，资金不够的话我们就拿工程去抵押，所以当时的木构公司只有两家，杨似玉公司（三江县似玉楼桥工艺建筑有限公司）[17] 和我各一家。

吴 能谈谈您的公司现在的发展吗?

丨杨 成立公司之后，过去的十年里每年都有接到一些工程。尤其是在 2010 年后，我县又新建了几个大木构工程，基本上由杨似玉的公司接了下来，而我通过自己学习的绘图、工程预算能力，让自己的公司也为那几个工程作了贡献。从那以后，我们公司定位也比较清晰了，主要负责制图与工程预算这一块，比如三江县平坦风雨桥、华练培凤桥修复等项目，都是我们做的图纸设计。但是现在，我们公司的固定员工就只有我和杨求诗等五六个人，他们年纪都和我相仿，为了公司的发展最近也招了几个年轻师傅。因为这两年工程较少，公司非固定的员工，都在外头自己找兼职挣钱去了，毕竟要养家糊口嘛。我觉得趁现在我们几个师傅还能做，我还是要争取多接一些鼓楼、风雨桥等工程来做。

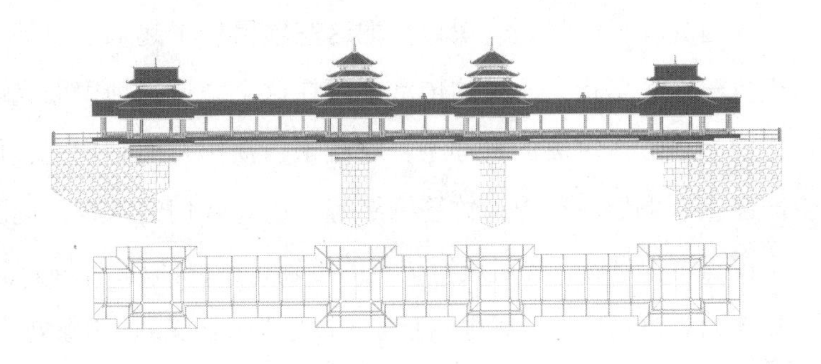

三江县独峒乡华练培凤桥立面图、屋顶平面图

杨孝军提供

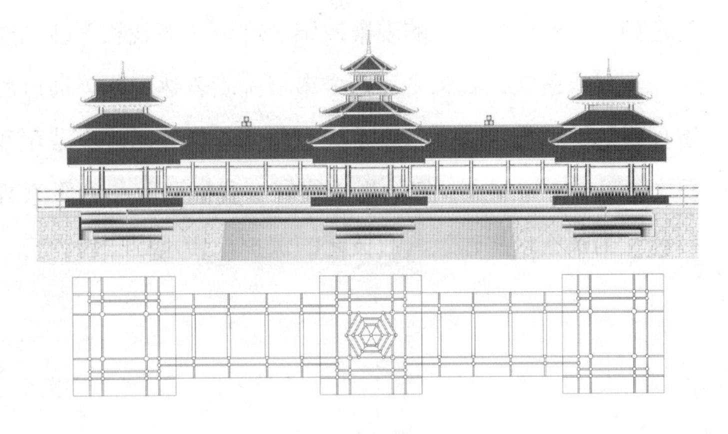

三江县林溪乡平坦风雨桥立面图、屋顶图

杨孝军提供

吴 获评“柳州市级非遗传承人”对您的木构事业发展有没有影响呢?

| 杨 有的，会有很多徒弟慕名来找我拜师，其中还有一个贵州的博士来我家做客，向我请教木构做法。我也得到一些证书、称号，比如之前拿了一个鼓楼模型到柳州去参展，拿到工艺美术大师的称号，有成就感。但对于我们木构师傅来说，评为传承人对自己的木构事业促进不大，工程量还是和以前一样的。

吴 您对于三江县侗族木构建筑营造技艺未来的发展有什么期望呢?

| 杨 有的，我有一个琢磨了十年的梦想，一直落实不下去，希望能借助你们年轻一辈完成这个梦想。现在国家促进非遗传承的经费下来，很多传承人的做法是利用经费开一个培训班，但是时长大多为一个礼拜，学员们短时间内根本学不到真正的技艺。我觉得既然三江目前有六十多项非遗项目，数量在全国排得上号，何不建立一个三江县非遗传承基地（也可以叫非遗村或非遗寨），将侗族木构建筑营造技艺与其他非物质文化遗产结合起来共同传承下去。

首先在三江县划一块地，把这些项目集中起来，对基地进行功能分区，为每一个项目设立一个服务点，所有的传承都可在这个非遗基地里面完成，大家共同分红。基地在接待方面有侗族百家宴的打油茶、吃糯米；演出方面有侗戏、侗族大歌、彩雕、芦笙踩歌堂；产品上有侗绣、侗锦、竹签编制等；还有我们的木构、侗医等服务项目。这样一来，木构不仅有工程可做，还可进行更多的培训、研修活动，同时与其他非遗项目也可以共同发展。其次为表演项目提供场地，打造一个类似张艺谋的“印象刘三姐”的侗戏“印象莽子和程杨梅”品牌，吸引其他地区的非遗文化和民间艺术家，为三江旅游大县增加一个亮点。我打算将这个点设置在老堡镇，三江口的位置（三江县都柳江、榕江、寻江交汇处），将风雨桥等建在三江口上，也达到更好的观景效果。这个方案我和三江非遗办那边提过，他们也支持，但就是一直没有落实。我想先写一个申报说明表达意愿，通过后由我的公司承接下来，将预算、工程量等资料报上去。我也希望有像你一样的年轻一辈帮我一起落实下去[18]。

吴 谢谢支持与配合，您的想法很好，我们团队非常愿意帮助您实现创建三江县非遗基地的目标，为侗族木构建筑营造技艺的保护与传承尽一份力！

”

1 广西哲学社会科学规划研究课题：广西侗族木构建筑营造技艺的数字化保护与活态传承发展研究（批准号：21FMZ039）

2 1984 年人民公社制度取消，中共中央、国务院联合发出《关于实行政社分开，建立乡政府的通知》，三江县各地响应号召，取消人民公社和大队、生产队体制，建立乡政府工作，实行“包产到户、分田单干”。政社分设后，农村经济组织的形式和规模可以多种多样，不再自上而下强行推行某一种模式，既调整了生产关系，又改进和加强了农村政权工作。

3 杨似玉，林溪镇平岩村人，2006 年获评第一批侗族木构建筑营造技艺国家级代表性传承人，杨似玉从小跟随其父亲学徒，由于深得祖传技艺，加之勤奋、有悟性，手艺日精，成为侗族木建筑大师。他共设计吊脚楼 100 多座，大型风雨桥 6 座，小型风雨桥 300 多座，一般鼓楼 6 座，27 层鼓楼 1 座，大小凉亭 20 多座，风雨桥、鼓楼模型 3000 余座。

4 杨求诗，林溪镇平岩村人，2017 年获评第五批侗族木构建筑营造技艺国家级代表性传承人。杨求诗出生于木匠世家，从小着迷于木匠工艺，12 岁自学安装家中的门板，他叔叔杨明安是木匠师傅，见他好学便带他学艺。1988 年正式拜杨明安为师学艺，由于深得祖传技艺，加之勤奋好学，悟性高，手艺日精，很快成为当地有名的木匠师傅。他建造的木构建筑有鼓楼、风雨桥、吊脚楼、戏台、寨门、凉亭等，创立了自己别具一格的木建筑工艺体系。

5 三江侗族自治县亚苗楼桥设计建筑有限公司，于 2006 年 9 月 13 日成立，注册地位于三江县古宜镇江峰街（富景苑 4 号楼 03 室），法定代表人为杨孝军。经营范围包括民族楼桥纯竹木结构建筑设计、施工服务，民族工艺品制作，石木雕刻、装潢装饰服务，土木建筑材料等加工与销售。

6 掌墨师，意思是掌控墨线的师傅，即在侗族木构建筑建造时全程主持建设的总工程师。包括从堪舆选址、规划设计、地基开挖、来料加工到掌墨放线、房屋起架、上梁封顶等一系列活动。早期侗族传统建筑没有现代的设计方法和完整的图纸，完全靠“掌墨师”凭着自己的建造经验并结合户主的意愿在大脑中确定方案，并组织队伍完成整个建造活动。

7 香竿：或称“丈杆”，用半边楠竹刮去表皮后制成。香竿的长度，以该座木建筑最长的一根柱子的长度为准。一座木建筑通常用一根香竿。在香竿上，绘制有整座木建筑所有构件的尺寸和所有柱子、瓜筒上每个榫眼的位置和尺寸。香竿通常是掌墨师在丈量地基后根据地形确定建筑物的基本构架（纵、深、高度）后制作的，制好后，整座建筑物的蓝图便在掌墨师的心中耸立。

8 杉木分油杉、糠杉、线杉三类。油杉木质十分细致，坚实而耐用，硬度适中，干后不开裂，耐水湿，抗腐蚀性能较强，供建筑、制家具及工业原料之用。

9 蔡凌，邓毅，《侗族鼓楼的结构技术类型及其地理分布格局》，刊《建筑科学》,2009 年第 4 期，总第 25 期，20-25 页。

10 程阳八寨，是侗族千户大寨，由马鞍寨、平寨、岩寨、平坦、懂寨、大寨、平埔、吉昌等八个自然村寨组成，俗称“程阳八寨”，拥有保存完好的侗族传统文化和生活习俗。

11 踩歌堂，侗族民间的一项祭祀和歌舞活动。侗族人民聚集于“圣母祠”（圣母是他们所崇拜的最高神灵），男女分队，列成圆圈，进行吹芦笙、唱歌、跳舞。

12 鼓楼楼颈，鼓楼顶层屋檐与下一层屋檐之间的部位，包括窗棂、蜜蜂窝（或卷棚）两个部分。

13 “卷棚”式楼颈，是在鼓楼楼颈处设置的一种曲面结构体系。在鼓楼屋顶檐口处与颈部花窗之间以用小锯子锯成曲线形的弯条进行连接，再在弯条内部布置一层曲面的薄板（可弯曲的薄木板），一般会在薄板上刷一层白色的油漆。

14 “蜜蜂窝”式楼颈，是为完成鼓楼宝顶外扩出挑的造型而设置的，由五六层单朵斜栱向外层层出挑组成坚固的、具有装饰性的环状空间网格结构体系。

15 多耶，侗语音译，“多”为含有“唱”“舞”意义的多义词。“耶”为侗族民歌中集体边唱边舞的品种，“多耶”即“唱耶歌、跳耶舞”，表示侗族人民的歌舞活动。

16 吴琳，唐孝祥，彭开起，《历史人类学视角下的工匠口述史研究——以贵州民族传统建筑营造技艺研究为例》，刊《建筑学报》，2020 年第 1 期，79-85 页。

17 三江县似玉楼桥工艺建筑有限公司，团队始于 1997 年三江县民族建筑工程队，公司于 2006 年 06 月 06 日正式成立，注册地位于三江县林溪镇平岩村岩寨屯，法定代表人为杨似玉。经营范围包括鼓楼、风雨桥、吊脚楼、凉亭等民族文化景观的设计、施工；民族展厅设计、旅游景点策划、设计、施工；各种木制模型手工艺品设计制作；室内外装潢设计等。

18 张赛娟，蒋卫平，《湘西侗族木构建筑营造技艺传承与创新探究》，刊《贵州民族研究》，2017 年第 7 期，84-87 页。

马来西亚槟城华侨建筑墙壁抹灰工艺：与萧文思和陈清怀匠师访谈记录[1]

受访者简介

萧文思

男，1966年出生，福建晋江东石镇萧下村人，16岁随名师黄世清之子黄仲坡师傅学习剪黏[2]、彩绘和园林设计。1992年首次到马来西亚霹雳太平青厝区承建协天宫李王府牌楼，并于2005年在马来西亚正式成立文思古建有限公司。先后修复槟城龙山堂邱公司、马六甲青云亭及槟城潮州会馆等四十多座华侨建筑。槟城邱公司龙山堂修复工程获得2001年马来西亚建筑师公会古迹修复奖；马六甲青云亭主殿修复工程（2002年）、槟城潮州会馆韩江家庙修复工程（2006年）及大伯公街福德祠（2021年）获得联合国教科文组织亚太区文化遗产保护优秀奖。

陈清怀

男，1979年出生，中国福建晋江东石镇埕边村人，16岁师承父亲陈永宝，学习世家传承的古建手艺。2000年首次到马来西亚参加文思古建修复工程，先后参与修复马六甲青云亭、槟城龙山堂邱公司、潮州会馆、本头公巷福德正神庙、大伯公街福德祠等华侨建筑。现为文思古建主要负责人，主持华侨建筑修复工程。

采访者：陈耀威[3]（华侨大学建筑学院）

访谈时间：2004年，2008年，2018年，2021年

访谈地点：马来西亚槟城

整理情况：陈耀威对萧文思和陈清怀的访谈和录像资料初步整理于2021年，由涂小锵做最

左：受访者萧文思（2019年12月15日）/ 右：受访者陈清怀（2018年3月22日）

后整理和注释，文中释义主要以微信线上访问陈清怀做进一步补充。访谈时多处用到闽南语，整理时略有调整。

审阅情况：经受访者审阅

访谈背景：传统建筑墙壁采用石灰（白灰）沙石浆抹壁对古砖墙或土墙的保护非常重要，能“呼吸”的抹灰材料不仅有利于保护墙体，优良的抹灰技术还对建筑美感起作用。然而随着时代以及建筑材料的改变，尤其是改用水泥砂浆抹灰后，运用白灰沙石浆抹灰的技术迅速失传，对古建筑亦造成相当程度的损坏。文思古建工程的萧文思和陈清怀拥有三四十年的泥水作经验，他们在马来西亚修缮古迹时，陈耀威多次到施工现场请他们深入讲解抹灰的方方面面，从材料的取得、抹灰层数、打磨技术到水分的控制等，还对马来西亚石灰岩石灰与中国壳灰作比较，以求记录和传承墙壁抹灰的经验。

萧文思　以下简称萧

陈清怀　以下简称怀

陈耀威　以下简称威

灰的种类和制作

威 想请你谈谈，传统建筑中墙面抹灰使用的灰通常叫“石灰”。石灰来源分为石灰岩的灰和贝类的灰两种，你们常用的叫什么？

　　|萧 我们用的是壳灰，就是贝类的灰，是用海里的蚵壳煅烧出来的白灰。不过煅烧出来的白灰是生石灰，需要浸水让它发[4]，变成熟石灰才能用。

威 请问在中国福建壳灰是怎样煅烧出来的？

　　|萧 会在一个圆形的坑里，底层铺上稻草，将生的蚵壳叠在上面，几层蚵壳之间放上薄薄的散煤烧两天，将烧好之后的蚵壳放在很大的石磨上，用牛拉石轮碾磨[5]（闽南语为“lún”）。在碾磨的过程中撒少许水在灰粉上，不可太干或太湿。一盘200公斤左右的灰要磨2～3小时，磨到变成暗色。再筛选出不同规格的粉，上层筛出的细粉是最好的，叫“上粉灰”，然后将灰收到石湖[6]里浸泡。

威 在石湖里如何浸灰？

　　|萧 将水灌到石湖里，水漫过灰一些就可以先捣，然后浸灰，隔天就会变成更白的白灰，

很黏。一定要有水铺在里面是最好的，让它慢慢饱和。用铲切下去看，如果这边没有吃到水，就会是粉粉的，里面就会有很多小孔洞（闽南语为 tshàu-kháng）。因为它里面还有没化的生石灰，没有湿透的话就会粗粗的，不会有光面。

威 浸水需要浸多久？

| 萧 浸水泡灰也叫养灰（闽南语为“kao hue”），浸泡 10 天到一个月可达到较好的质量。浸水约 10 天就要去捣动捣动，能放整个月，放越久越好，但是超过半年就会变质。

威 对蚵壳等原材料有什么要求吗？

| 萧 蚵壳一定要活的，才有胶质，死的蚵壳没有胶质。如果是小壳，烧出来的品质会比较差，颜色灰暗；如果是大壳，品质会比较高，颜色比较白，质感细滑。

A1牌石灰与壳灰的比较

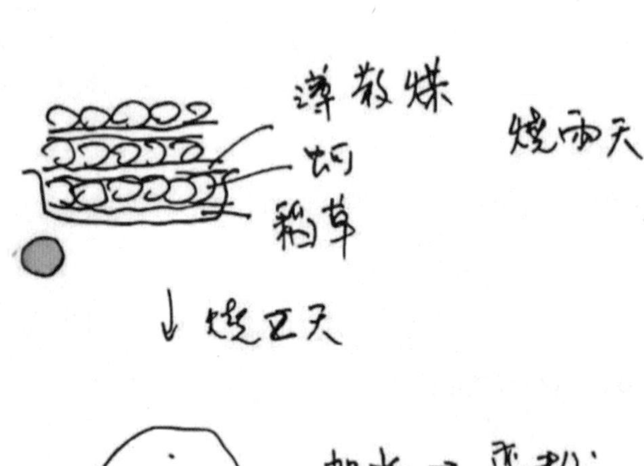

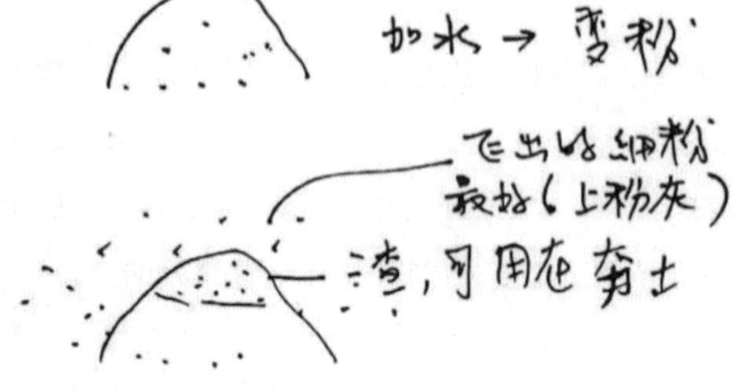

白灰的制作示意图[7]（2019 年 12 月 15 日）

上：生蚵壳（2003 年 3 月 2 日）
下：白灰（2003 年 3 月 2 日）

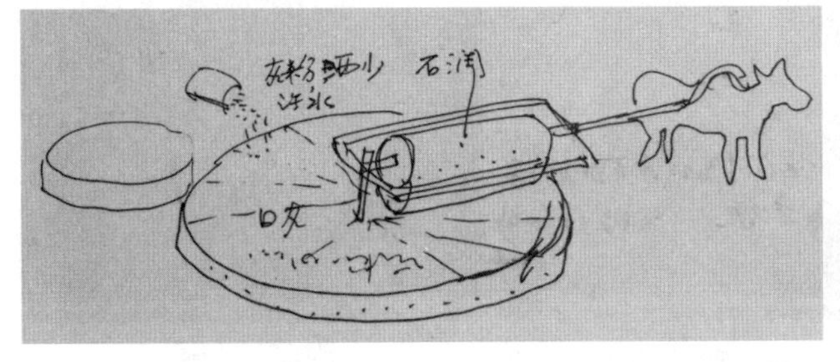

碾磨白灰示意图（2004 年）

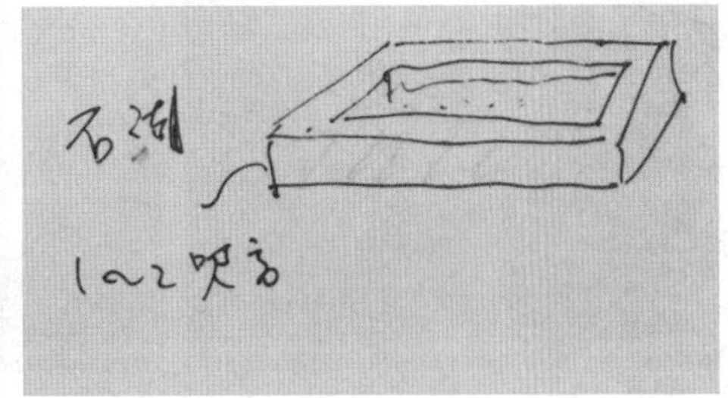

浸灰和养灰石湖示意图(2003 年 3 月 2 日）

左：养灰（2003 年 3 月 2 日）/ 中：A1 牌白灰（2003 年 10 月 1 日）/ 右：石灰块（2003 月 10 月 1 日）

威 在本地（马来西亚）你们也用过A1牌白灰，那是石灰岩煅烧出来的生石灰，请问你可以比较它和壳灰的异同吗？

| 怀 A1 牌白灰需要滚（泡灰），得有一个蒸发的过程。在养灰的时候，第一次放水一定要足够，放水之后它的温度很高，就会一直滚。滚的时候吸了足够的水分，已经饱和了。而中国的壳灰不一样，淋水浇水的时候它不会滚，但是会慢慢吸收水分，只需要确保一直有水就可以。所以说 A1 牌白灰制作的速度会比较快，壳灰的时间需要比较长一点，因为它反应的速度比较慢。

墙面抹灰的层数

威 一般墙面抹灰会分几层？分别怎么叫法？

| 怀 墙面抹灰通常分三层，第一层叫“打底灰”，打底灰也可以做两层，主要是为了铺平凹凸的墙面。第二层叫“抹平面”，这一层不能太干，会开裂，如果裂缝太大就要敲掉重新抹，不然下一层抹上也会空鼓。第三层叫“盖面”，最好是等第二层干透一到两天后才抹。盖面要用力推，推出灰油来，可以使墙面更光滑，如果用沙，得用很清洁的白沙。

威 第一层打底灰到第二层抹平面要相隔多少天？

| 怀 室内要等 2 ~ 3 天或一星期以上，外墙就要等一个多月。

威 那第二层到第三层盖面要相隔多少天？

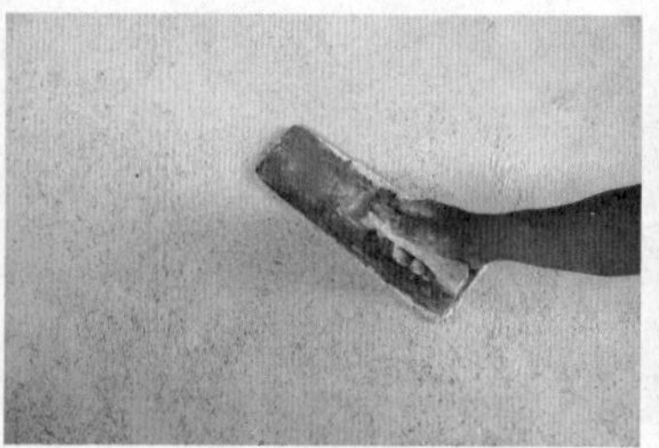

左：第一层“打底灰”（2018 年 3 月 1 日）/ 中：第二层“抹平面”（2018 月 3 月 11 日）/ 第三层“盖面”（2018 年 3 月 12 日）

丨怀 三四天就可以。

威 在中国也是这样吗？

丨怀 在中国不全一样，特别是抹盖面的时候不能分段，得找够工人，即使到半夜也得挑灯做完盖面，盖面做完就收工了。一般要五年之后，外墙墙壁粗糙或是脏了才油灰水漆[8]。这里（马来西亚）的工人盖面经常还没完成就休息喝咖啡，这样分段盖面会有断缝，接痕就很明显，所以墙面抹好之后就会马上再油一遍灰水漆。

抹灰的工具

威 抹灰的工具在不同层抹灰时使用上有区别吗？

丨怀 有，打底灰的叫材尺，或者叫木尺（闽南语为“tsâi-tshioh”），用杉木制作的，约 1.5 米长。抹平面和盖面用的抹刀以前也是木制的，现在多用金属的。至于尖头的灰匙是用在墙角落或墙面较细密的地方。灰盘（也叫灰托）是用来盛灰的。

抹灰时打磨的重要性

威 我注意到在抹灰时，都要用力推或打磨，这动作很重要？

左：材尺（2018 年 3 月 12 日）/ 右：灰匙、抹刀和灰盘（2018 年 3 月 12 日）

|怀 对，我们在粉墙的时候需要重复打磨，就是要把壳灰的那个油脂推到表面，形成保护层，因为油脂可以在海里保护蚵壳。如果没有经过彻底的打磨，单纯地把白灰粉上去，表皮就很松软，很容易脱落，要是沾到水或受到外来的冲击力，都会很容易破坏它的表面。

威 是不是第二层抹平面才需要重复打磨？

|怀 对，第二层需要重复打磨。抹灰后的墙，有一部分会干，有些不会干，会干的就要加水，不会干的话就要天天看，太湿了也不能推，必须要等它差不多干的时候，喷一点水再重复打磨。第一层打底灰就不需要，第一层主要让它和砖咬合就可以，你越打磨的话，那个砖的杂质会被越拉出来，当白灰抹上去的时候，红砖的杂质和白灰混合在一起，白灰就不会白。

威 第三层盖面要打磨吗？

|怀 也要重复打磨，把那个粗面的空洞[9]全部填满。

威 第二层跟第三层打磨有什么不一样吗？

|怀 第二遍打磨就是让白灰的那一层油脂全部推出来，不断去打磨就会很亮很光滑，形成很坚硬的保护层，就算外面的一层被水冲掉也不会损伤到里面，所以说重复打磨是最好的。

威 是不是要越光滑越好？

|怀 对，它一定是越光滑越好，越薄越好。尽量用力去推，可以推到厚度少于1毫米，因为它只是填补这些空空洞洞而已。越薄的白灰砂浆附在砖墙上面，墙的承受力就越轻，如果越来越厚的话，会增加砖墙吸住这个白灰表面的重量，会增加砖墙的负担。建筑表面这个砖有的已经100多年了，表面的张力明显不太够，而且砖的氧化会产生一些粉末，如果厚的灰压在它身上会增加砖底的重量，容易脱落。并且墙底[10]如果可以接受倾斜一点的话，也不建议粉太多的灰出来，我们会建议跟着墙面走。外观看着有点倾斜，可能很多人会觉得不美，但是我认为墙面负担灰的力量越少，就越容易减轻损坏。

沙的应用

威 前面讲到的三层抹灰分别用的是什么沙？

|怀 第一层用的是粗沙。因为粗沙的空隙比较多，经过重复打磨、填补，可以让每一个空隙都填满灰。这样整体的张力就足够，不会因为有一个缺口就断裂。第二层用的是中沙，如果用细沙跟粗沙混在一起也是可以的，中沙和粗沙其实是一样的作用，在打磨的时候顺便填补。第二层的中沙可以整面均匀地粉下来，哪怕有一点凹进的地方也可以用中沙去填补。然后第三层就是盖面，可以重复一直打磨，直到整体比较光滑。

威 第三层也是粗沙？

丨怀 也是粗沙。一定要用粗沙，我个人就比较反对用细沙。因为细沙比较密，稍微有点裂痕就会使整面墙裂开。粗沙有一定的空隙可以透气，透气的程度比细沙好。当然，如果整个砖墙很美很平的话，也不一定要分第一层、第二层，第一层上了一天左右就会差不多干了，第二层就要接着上。因为混合的是粗沙，如果让它干透了再上第二层的话，墙的厚度会增加，加厚就会影响整面墙。

威 墙灰的掺沙比例是怎么样的？

丨怀 抹墙灰的掺沙比例可以是灰 : 沙 =1:3，但是现在掺杂白土的白灰品质差了很多，需要 1:1 的灰沙比。最后一层抹灰要加细沙，有细沙才硬，灰沙比是白灰 : 细沙 =10:1。

纸棉的应用

威 请问纸棉[11]是什么，有什么作用？

丨萧 纸棉是 1960 年代的产物，再早以前是用竹筋，可以增加韧性，而且比较不容易开裂。现在的纸棉厂商为了增加重量加了白土，强度比较弱。

威 请问白灰和纸棉的比例是什么？

丨萧 以前 100 斤白灰是加 5 斤纸棉，现在要加倍到 10 斤。纸棉只需要在抹灰最后一层盖面的时候使用，第一和第二层不用。

上: 河沙(2004 年 10 月 1 日)
下: 纸棉(2004 年 10 月 1 日)

威 抹灰如果白灰掺纸棉的话，会是怎样不同的做法？

丨怀 白灰掺纸棉的话，不管是有空洞还是平的墙面，都会凸出原有墙面，形成比较厚的灰砂层，所以就很容易损伤，稍微用力一刮它就损坏了。盖面的时候如果白灰掺纸棉，不需要用沙，墙面就很白。

威 掺纸棉的灰浆，主要适合用在室内而不是室外？

丨怀 在外墙抹灰的话，就不适合用纸棉。因为用纸棉的话，厚度比较厚，容易吸水。吸水过后里面就会产生一些空洞，一旦墙面抹灰有空洞就会潮湿，容易生霉菌；生霉菌后就又会容易吸水，导致里面和旁边会一直长霉菌，白灰层比较容易脱落。所以，外墙一般需要用细沙掺白灰，尽量让灰层薄一些，跟第二层的抹灰层融合在一起，盖面就不容易受损。有时候看墙面是平的，但是里面全部是空洞，一旦有缺口进水就容易长青苔，青苔在空洞中滋生翻腾，还会吃掉里面所有养分，导致墙体里面变松软，松软后积水就会更严重，产生更多的霉菌，从而导致白灰层松垮脱落。

抹灰时水分湿度的控制

威 我们知道砖墙壁抹灰时是需要浇水先弄湿砖面，请问为什么要这么做？

| 怀 一是因为浇水可以清洗砖墙的杂质，二是因为红砖很会吸水，抹白灰砂浆需要一定的水分才能黏在砖墙或其他层的灰壁上。

威 请问水分比例的关系如何？

| 怀 第一层的浇水一定要喷足，把它的杂质冲掉，保证每个空洞里面都能吸到水分，让第一层的水完全融合在这个砖墙里面。但是也不能喷太多水，水太多的话灰层黏不住。砖墙吸水够不够主要看第二层抹得厚不厚，如果第二层抹得比较厚的话，水得适当减少。

威 第二层抹的厚度是如何决定呢？

| 怀 如果砖墙第二层抹灰还是不平滑，需要比较厚的灰面来补墙底，喷水量就会适当减少。因为水量大，太湿的话，白灰砂浆太厚就容易脱落。如果说这个墙底很平，第二层只需要很薄的白灰砂浆，水分一定要冲够。如果不够的话，水分就被墙底吸走，那部分的灰就抹不上去，推也推不下去，会产生一个凹凸面，整个墙底看起来比较不平。所以，第二层很薄的时候，我们的建议是水分一定要充足，让它可以轻易重复推，这个白灰面才会平。第二层抹完后如果看到有裂缝，这个地方要用锤子敲，然后再补一点细沙，重复打磨，喷点水打磨几次。喷水就是让缺口能连接在一起，然后中间填补的部分比较干，所以多等几分钟稍微干了再来推一两遍，使填补的部分与原有墙面结合在一起。

威 是把它敲凹进去吗？

| 怀 是的。要是敲到凹进去，代表里面有空洞。

威 这个要在几天之内完成？

| 怀 墙底粉刷过后，主要还是确定这个墙干透了才好。如果确定干透了，建议再喷一两遍水，让它保养。保养过后底下砖和灰层不容易脱落，因为太干的话容易产生分层脱开，所以会适当喷一点水进去，让它在里面更能融合，更加保护和发挥白灰的作用。如果还没全部干透的话可能这部分的墙比较湿，在上面泼水可能会让另一边的白灰变烂了。所以一定要等到整片墙彻底干了才能喷水。

威 墙壁抹灰是否也要看时间？

| 怀 是的，中午两点多跟下午五点多粉墙是有区别的。中午的时候天气比较干燥，粉

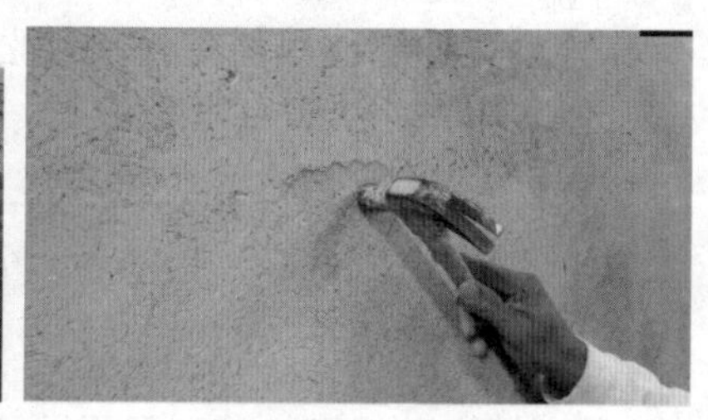

左：砖墙体喷水（2017 年 4 月 12 日）/ 中：第二层抹灰前喷水（2004 年 10 月 1 日）
右：用锤子敲，然后再补一点细沙，重复打磨（2004 年 10 月 1 日）

的墙底很容易就被整个墙吸收。五点多的时候差不多太阳下山，温度没那么高，粉同样厚度的墙就不容易干，需要第二天早上再检查，稍微再打磨一次。

红土沙和白灰沙的区别

威 请问红土沙可以用来抹灰吗？

丨怀 这不适合粉墙，红土适合在屋顶上做屋脊盖瓦。由于它的可塑性很强，密度低、比较黏，可以叠很高。我们做屋脊、盖屋瓦都需要一个弧度，如果单纯用白灰跟沙的话，密度高容易沉淀，叠不高。而且砖遇到白灰砂浆的时候，瓦片吸到它的水，就黏不住了。但是红土有一定的含水量，它吸收水分后还是可以从下面一层一层地叠上来，高度越高水分越多，瓦片放下去还可以上下调整，但是白灰跟沙就不能，它上面的水分被吸走以后就压不下去了。做屋脊（翘脊）的时候还要跟着它的线条来调整，如果只用白灰跟沙，望砖那个尺砖一放下去它的水分就吸走了，没办法敲下去，硬敲它的话就会脱层，所以很怕屋脊会倒。

白灰沙的高度最多可以放到 2 寸到 2 寸半（5.08 ~ 6.35 厘米），红土的高度可以放到 5 寸（12.7 厘米）。在修补屋脊脊头的时候，因为有弯度，用加了红土的砂浆砌筑还可以慢慢调整到理想的形式，因为泥土没有那么容易干，而且红土沙的空隙比较多，可以往下压，要多下一寸还是一寸半都可以，白灰沙就不能。

威 什么地方的红土比较适用？

丨怀 山坡的土层里面是没有杂草的，比较适用。如果是种庄稼的那一层土就比较松，而且种子很多，比较容易长杂草。

威 请问什么是三合土？

丨萧 三合土是白灰加红土和沙混合的灰土，它的比例是白灰 : 红土 : 沙 =1:2:3，再加红糖一碗，半公斤草，草要泡烂或用竹筋。三合土一般是用在编竹夹泥墙 [12] 上。

结论

威 总结起来就是墙体抹灰并不一定要三遍，而是视墙底的状况而定，此外，灰沙比也不一定是1:3，而是视灰的品质去调整。抹灰时打磨很重要，水分的控制也要有经验来把握，购买灰的品质好不好都重要，对吗？

丨怀 对。

威 如果是用福建的壳灰，就得掺纸棉添加物，用本地的石灰就只用沙，尤其盖面时要用很细的玻璃沙。

丨怀 对。

威 请问为了不让灰壁长青苔，你们会添加什么东西吗？

丨怀 最主要的就是要保持平面干燥光滑，不然的话会有空洞。不管是白灰也好，水泥也好，只要有空洞都比较容易积水，积水过后就会长青苔。尤其是在墙面比较低的部分，地上的杂质都会跑到墙上来，有养分的部分就比较容易生青苔。

威 不管是壳灰还是别的灰？

丨怀 对，如果潮湿的话，壳灰最外面那一层油脂也会被水分破坏，墙壁变成粗面就会产生空洞。

威 谢谢。

”

1 国家自然科学基金面上项目：闽南华侨在马六甲海峡沿线聚落的历史变迁及其保护传承研究（项目编号：52078223）；闽南近代华侨建筑文化东南亚传播交流的跨境比较研究（项目编号：51578251）。

2 剪黏，是流行于中国福建南部、广东北部潮汕地区、台湾西部和越南等地的一种传统建筑装饰工艺，以颜色鲜艳、胎薄质脆的彩瓷器（如碗、盘、壶等）或残损价廉的瓷器为原材料，使用粗钳、铁剪、木锤、砂轮等工具将其剪、敲、磨成形状大小不一的细小瓷片，进而贴雕人物、动物、花卉和山水等，并装饰于寺庙、宫观等建筑物的屋脊、檐角、照壁、墙面和门窗框、门窗楣等部位。

3 陈耀威（1960—2021），华侨大学建筑学院博士研究生，华侨大学兼职教授，陈耀威文史建筑研究室主持人，曾任国际古迹遗址理事会及马来西亚理事会会员，马来西亚文化遗产部注册文化资产保存师。从事文化资产保存，文化建筑设计以及华人文史研究工作。著有《槟城龙山堂邱公司历史与建筑》《甲必丹郑景贵的慎之家塾与海记栈》《文思古建工程作品集》《槟榔屿本头公巷福德正神庙》，Penang Shophouses—A Handbook of Features and Materials 等著作。主持槟城鲁班古庙、潮州会馆韩江家庙、潮州会馆办公楼、本头公巷福德正神庙、大伯公街福德祠等华人传统建筑修复设计，两次荣获联合国教科文组织亚太区文化遗产保护优秀奖（2006 年、2021 年）。

4 浸水是指将水加入生石灰里。发，就是生石灰遇水产生化学反应变成熟石灰，从而释放热能。

5 壳灰在加水前一定要用力碾磨。闽南有句话翻译过来就是说“灰无磨不值土”，意思是壳灰不磨的话比土更差。

6 石湖现在也称作灰池，以前在中国是用石头砌的围墙所以有叫石湖的说法。

7 文中图片均为陈耀威绘制或拍摄。

8 灰水漆，指的是将白灰放入搅拌桶中，搅拌而成的白灰水。

9 空洞指的是墙面局部空鼓的情况。

10 墙底指的是墙体的基底或基层。

11 纸棉是一种掺混在白灰的纤维材质，可增加壳灰的硬度和韧性。

12 编竹夹泥墙的做法是先用竹子编成镂空的骨架，再用黏土、稻秆等混合成的泥浆涂抹于两面，最外一层涂上三合土，具有防水效果。

那日斯先生谈天津原英租界民园体育场改造项目设计

那日斯个人照

受访者简介

那日斯

男，1966年出生。1989 年本科毕业于西安冶金建筑学院（现西安建筑科技大学）建筑系。1995 年硕士毕业于天津大学建筑学院。1995—2000 年天津高等教育建筑设计院副总建筑师。2001 年至今天津市博风建筑工程设计有限公司总裁及总建筑师。天津市城市规划委员会委员，天津城市建筑艺术委员会委员，天津历史风貌保护委员会专家，中国建筑学会天津建筑学分会委员。作品曾获国家詹天佑大奖、金拱奖、广厦奖、世界华人建筑师协会优秀设计奖、天津市优秀设计特等奖、一等奖、二等奖、三等奖等。作品在《世界建筑》《城市环境设计》《中国建筑作品年鉴》《天津大学建筑学院校友作品集》等多家纸媒发表。

采访者：向彦宁、卢日明（宁波诺丁汉大学建筑与建筑环境系）

文稿整理：向彦宁、卢日明

访谈时间： 2021年7月15日

访谈地点：线上（疫情期间）

整理情况：2021年12月5日整理，2022年4月3日定稿。

审阅情况：2022年4月3日经受访者审阅

访谈背景：本文是笔者针对在博士研究期间与导师合作延伸出关于建筑、体育和城市身份认同的主题研究所进行的采访。这个采访主要围绕天津市原英租界五大道街区更新开发的核心之一民园体育场2012年改造项目，对项目主持建筑师那日斯先生进行了访问，希望能有助于了解更多设计细节以及当代中国建筑师对租界建筑改造的理解和思考。

向彦宁 以下简称向

那日斯 以下简称那

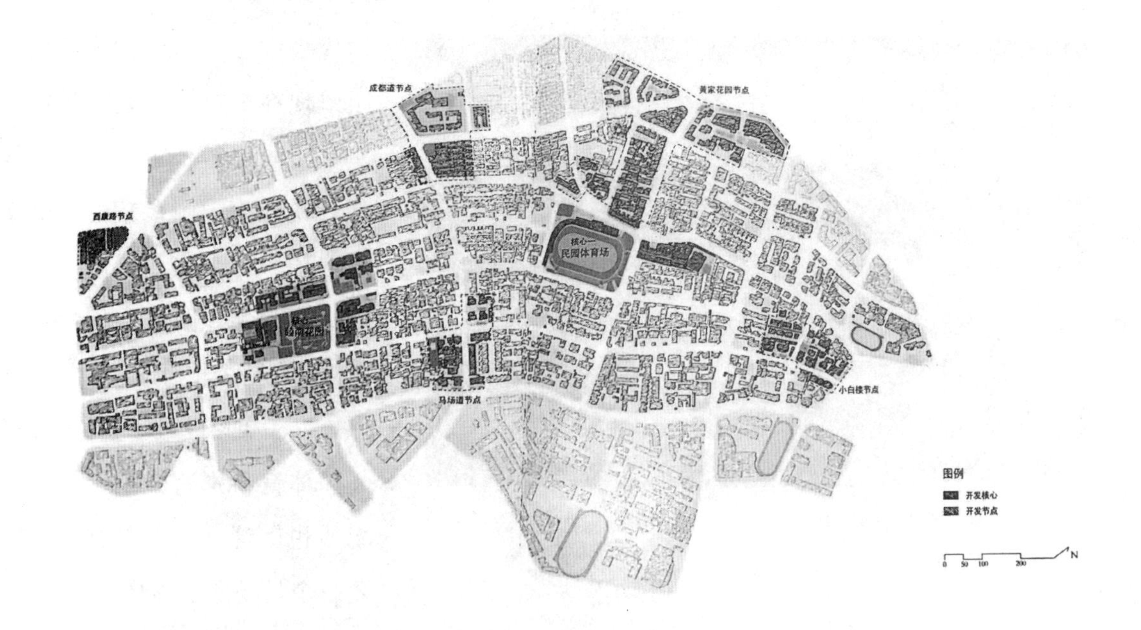

五大道开发核心示意图，核心一为民园体育场

来源：朱雪梅主编的《中国·天津·五大道历史文化街区保护与更新规划研究》

民园广场与五大道

杠言摄，笔者改绘

民园体育场与天津人的集体体育记忆

向 那老师您好！第一个问题是比较宏观的：2012年民园体育场的改造在当时引起了很多人的关注，您觉得对于五大道、甚至整个天津，或是对于您自己个人而言，民园的独特性和重要性体现在什么地方？

|那 民园对于天津而言确实是个大型的重要场所。首先它在1930年代的英租界就是一个公共场所，而且这里还出了一个名人李爱锐[1]。李爱锐当时在民园训练，曾参加奥运会[2]，

1995 年民园体育场门口张贴“天津欢迎北京球迷”横幅

张轶提供

是代表中国的，没代表英国。所以现在史料上记载中国第一次参加奥运会不是 1984 年，是李爱锐代表中国参加的，好像还得了个什么奖。那件事让民园比较有名。刨去这种特殊的事件，在整个租界时期（1860—1945），实际上像民园这样的天津体育特别有代表性的开放场所也就这一个。跟它呼应的还有个马场道上的马场[3]，它同样在英租界里，更高级点，是马会。

民园在四九年前就是很有名的体育场所了。好多像包括英联邦的运动会都在这举办过，所以当时很有影响力。四九年后，它一直是天津两件事的主场。一是天津市全市人民看运动会的地方；另一个最最让人们能记忆的是天津足球队的主场。天津足球在中国足球一直挺有名，包括后来好多国家队成员都是从天津队出来的，他们就是在民园锻炼的[4]。而且一直到我们改造之前，它都是实际使用的足球场主场，所以天津足球队跟北京足球队的好多比赛都在这儿。因为这两个队是“世仇”，比赛的火药味特别足，每次北京队来民园周围警察就站满了。

所以民园一直是动态富有活力的。

民园体育场的历次重建和风格选择

1953 年重建后的民园体育场门口，摄于 1970 年代

新浪 @ 威廉－少爷提供

向 之前看老图片，民园在1953年和1979年各有一次重建，1998年泰达俱乐部进行了内部设施改造，2000年后有一次立面改造，您能大致讲讲民园在2012年之前的改造经历么？1953年那次改造外立面是受苏联风格影响？

| 那 对，那时候拿砖砌的。50 年代全中国建筑都受苏联影

响，砖砌完之后有一点苏联风格的砖花，会做这些花纹啊什么的。但没过多长时间又被改造了。

60 年代后相当于带看台的大操场。

真正开始完全封闭是在改革开放以后有的甲 A 联赛，之后不就有俱乐部了嘛，不像过去省队、市队。有了俱乐部之后就变成天津泰达队[5]。泰达集团帮着投钱给装修了一下，换成塑料座椅，红红绿绿的比较现代。

1965 年天津市体育运动大会在民园体育场举办

杨克摄

2000 年左右有次亚洲财长会在天津举办[6]。河北路旁边最主要的地方是财长会行进路线必经之路，沿途都得整治一遍。那时候民园做一次大整治，就把它弄得欧式。其实也是我们做的。但那次我们没在意，因为那次仅仅就是立面改造，就是打扫卫生，把地面弄干净点，财长过的时候城市好看点。就是按照他们的要求，说因为在英租界里（所以弄得欧式化）。

向 感觉比起前两次重建，2006 年这次立面改造对于2012年重建影响更大，很多建筑形式被沿用，当时为什么选用了这种欧式古典主义风格呢？

丨那 在天津，人们老觉得租界就是欧式的。从领导到老百姓都有这种概念：只要是租

1998 年后泰达俱乐部对民园体育场内部进行改造

出自微信公众号“天津体育”

2006 年立面改造后的民园体育场鸟瞰图

来源：吴延龙主编的《天津历史风貌建筑公共建筑卷 2》

界就是欧式，意大利租界、英租界、法租界，他们就觉得都统一叫欧式。而且在他们的印象中，欧式就是罗马柱、拱券，分不了这么细。那次改造就按照这种方式，弄了些柱子搁上去了。我们看着挺不伦不类的，但也没太在意，总觉得是临时的。这次改完之后就停了将近十年，里面还是泰达队的主场。等最后这次彻底改造之前，欧式形象已经深入人心，从老百姓到城市管理者到球队的人都觉得这就是泰达足球场，这就是民园应有的形象。

所以为啥后来这东西出来，我作为它的直接设计者是不喜欢的，觉得这是不对的。中间我花了两三年的时间给大家讲英租界是什么样的风格：那应该是 30 年代现代风格。那个时代的英租界就相当于咱们现在的开发区，那些人跨过大西洋来到中国，都带着最先进的思想。英租界里头有很多风格，包括现代风格都有。但是他都认为这儿就变成只一个欧式风格了。最后长这样子，也是综合了好多人的意见，最后变成这种带有柯林斯柱式的（风格）也很无奈。但是建成之后老百姓都很喜欢，就想那也行。

向 民园的前两次重建分别由于战争和地震导致损毁，那么最近这次的重建原因是什么呢?

|那 最后这次改造主要原因是泰达足球场主场从这个场地搬到开发区了[7]。现在足球发展，看的人太多了，而且对交通的要求也不一样。五大道道路很窄，窄的密网形，公共交通不好开展。要是开车去的话，又根本就没地方停。它实际上不能满足足球比赛的（需求），所以就搬到开发区去。搬到开发区后也为足球场专门修了轻轨，这样我们球迷来就方便了。

但是泰达搬走之后，是民园球场真正的第一次衰落，完全没功能了。我看市里那时候还组织一些汽车比赛呀，一些民间活动呀，那么待了两三年。但是有这么大一家伙在租界里头又不能用，成“毒瘤”了，市里领导跟我们也一起策划商量怎么办。

向 当时为什么完全拆除整个体育场呢? 有没有想过要保留一部分?

|那 最早的想法能保留的部分都保留，在保留的基础上改造，最早是这样。

但在实际勘查过程中，你看它从开始建设就是临时的，好几种临时，好几个时期的临时建筑凑成这么一个结果。我们进去看的时候，它已经绝对危楼了，都不用去鉴定。我们在那看的时候都特别悬。墙也都塌了，看台什么好多东西都已经掉下来。所以我觉得那个已经完全不安全了。

最后也找了天津市房屋鉴定建筑设计院给鉴定，基本安全性没有了。而且从建设标准和建设质量，包括保护程度来看，也没有保护的价值。

向 因为也不是历史风貌建筑对吗?

|那 嗯，对于民园，“历史风貌”就是那块场地。周围的建筑都是隔一段就拆，没有连续性。

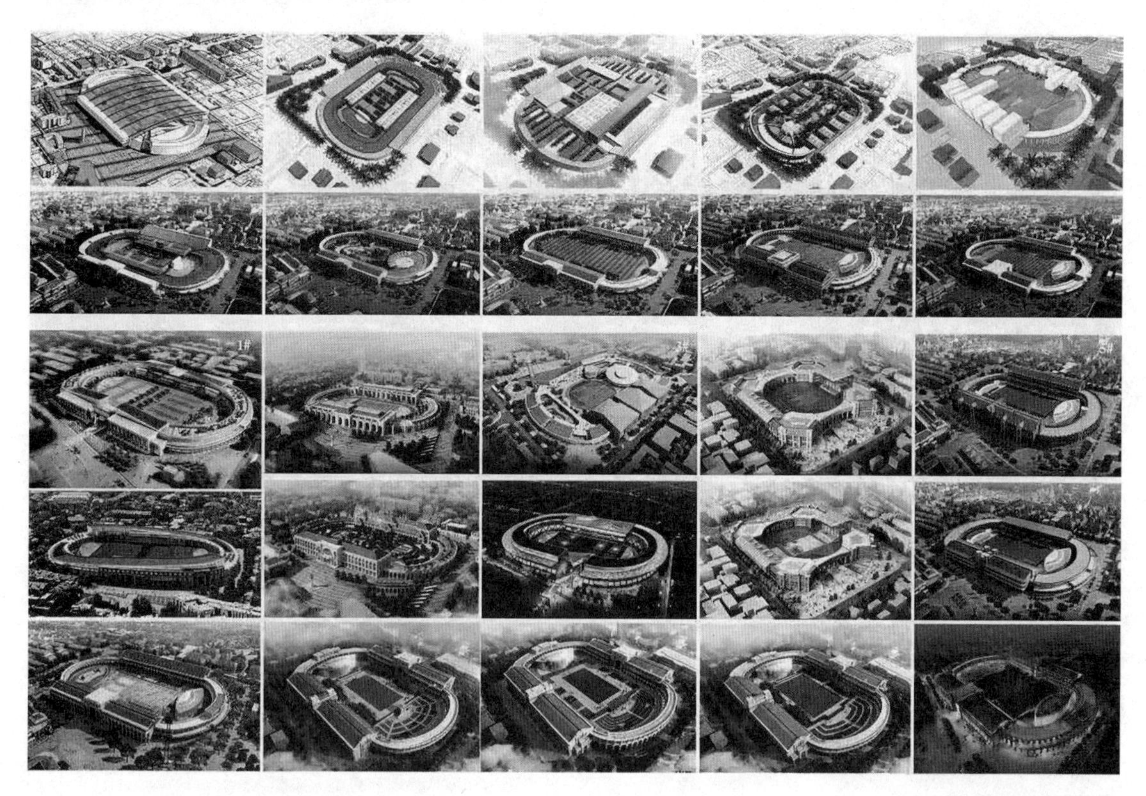

新民园广场设计草稿

出自天津市博风建筑工程设计有限公司微信公众号“BF 论坛”

向 实际上您是想把这种持续的、四面围合的形式保留下来？

| 那 对，就保留下这么一个空间状态。

新民园广场中的“保留”与“开放”

向 您能讲讲新民园广场设计的大致思路吗？设计过程中有遇到什么困难么？

| 那 最早的主意是要把它变成一个天津市的“城市客厅”。然后在这个主意下大家商量：第一条是要开放，把它变成开放的体系。

第二条是要保留，绝对保留民园的城市记忆。所谓城市记忆就是足球和田径场地。作为一个城市的体育记忆好像在整个天津还没有能超过民园的，因为它对城市的影响特别大。

所以我们就开始改造，光方案就做了三年。（公众号推文中展示的方案草稿）那只是一部分，还有好多呢。为什么做这么多呢？主要原因就是拿不定主意。到底是商业化到什么程度，开放的程度，文化、体育到什么程度，要不要完全室内化，这些东西都要考虑。

向 设计中您最满意的部分是什么？有没有觉得不如人意的地方？

| 那 我自己比较满意的地方是它的开放性，保留了跑道，保留了完整的草皮足球场。

新民园广场鸟瞰图

枉言摄

这些是我非常满意的地方，我觉得整个设计完全达到预期中开放城市客厅和保留城市记忆的目标了。

只是立面长相我觉得有点太“古”了。其实有更好的办法，但是没能实现，反正最后结果也是大家平衡的结果。人们也都比较喜欢，这是我们比较安慰的地方。

向 原本有一些问题是关于您对古典风格建筑具体选择的原则和意图，比如凯旋门式入口、地下十字街拱廊与立面装饰，因为它在视觉上占很大比重，但实际上更多是一种无奈的选择是吗？

丨那 其实我是很排斥的，因为实际上这个东西哪个地方都没有。科林斯柱式、大拱券

新民园广场（左）与周边既有建筑的材料呼应

截取自百度街景

什么的在民园是不存在的，而且尺度那么大，那是古典时期、罗马希腊时期的作法。

如果让我按照自己的思路做，我不会选择这样。比如说，我会选择一种主要材料砖，因为那个地方最有特征的材料就是砖。用砖来把新老房子感情上的、视觉上的、包括空间的因素，能完全串在一起。

· 新民园广场铁艺拱廊与街区的互动性

笔者自摄

然后，我会用更多的过渡空间来完成这么大一家伙跟周围小房子的衔接。实际上过渡空间 60% 都做出来了。河北路（开放拱廊）和（衡阳路）铁廊那头，实际上能跟城市非常好（融合）了。我原来想在重庆道正面广场也用一些第二级层次的灰空间，那个就很舒服，能有一个长廊。而且我特意用了几种材料，砖、铁艺，这些东西能把过去跟现在穿起来。只是最后用了更过去的形式，感觉固定在某一个时代了。

我设想的是它还是现在的嘛。用最现代的办法，但是用砖和铁艺这两种材料去实现，这会更有意思。比如说我们做的棉三创意街区（简称棉三）[8] 就很折中，我觉得至少应该达到棉三那种状态。而且实际上，民园广场这种空间性更好的场所，应该用更现代的办法。

（关于具体古典风格建筑部分）古典大拱门是财长会议那次改造的时候贴了一个圆拱门的符号，待了十几年，一下就变成老百姓心目中的绝对符号了：民园就长这样，我们也就把它保留下来。

棉三创意街区

出自天津市博风建筑工程设计有限公司微信公众号“BF 论坛”

我最早想把十字街给定成户外状态，你看它的立面都是跟建筑外墙似的。实际上，那个符号性弱很多。十字街的状

上：民园地下一层十字街
中：东侧阶梯广场
下：西侧带有弧形玻璃幕墙的剧场

态，我觉得比楼上的状态稍微好一点，只是尺度上没达到我们的要求，我原来是希望更加开放一些。现在也还行，只是没完全按我们的做，原来在中间还有个小椭圆形广场，（比现在）尺度更大一点。我原本希望像真正的一条户外街，尤其长街的两头（东西两侧）有两个小的公共开放空间，（东侧）河北路这边是很受欢迎的、下沉式的、草皮跟石铺面结合的阶梯（广场），平常人特别多；然后那边（西侧）是剧场，玻璃的那个部分搁在那块，然后两边做一点西班牙广场台阶，希望人坐在这儿。我最早是希望十字街两边的商业是都是小型店铺，都向街开，比如说有咖啡什么的。人们就坐在一条街上，两头就和（两个）广场联系起来。你想这是一个多好的场景。

向 我看到设计描述里面提到其实设计时分析了一些国内外案例，那么是受哪几个（案例）影响呢？

| 那 比方说英国阿森纳海布里球场，也是老场地改成新场地，和我们很像，但是最后把它变成一个住区，一个特别安静的状态了[9]。类似这样的我们考虑和参考了一些。

但是在世界上好像这类把球场、运动场大规模地改造成一种民用状态、商业状态还不是很多，也没找到什么。建成以后好多人来民园广场参观，为此在全国各地帮助咨询了好多旧球场的改造，他们引以为鉴。

向 您设计的时候有考虑过融合中西文化吗？比如说一些天津本土特性。

| 那 当时考虑的不少啊，但是后来一个也没留下来。我们当时做的时候，玻璃房西侧

的广场我们想让它西化，然后靠河北路的广场想要它中式化，我甚至在那个入口的地方做了个中国印。西侧是玻璃房子，东侧是个中国印，而且中国印底下跟了一片金属和灰砖的直墙跟中国印结合。由于在英租界，比较想强调一下中国文化，觉得就是这一点点就够了。

棉海布里广场（Highbury Square），前身为海布里球场（Highbury Stadium）

Dennis Gilbert 摄

但是最后的审批当中不知道什么原因把印拿掉，好多人觉得特别漂亮，觉得很可惜。你想围着那个广场坐的时候，那个（印）就是一个中心性的东西嘛，而且在那个足球场草皮上，两头都有界线。

我现在也想不起为什么拿掉了，可能怕引起不好的解释，因为这一点去掉了。

向 很感谢您这么认真地对待我的问题，最后我想再以一个比较宏观的问题作为结尾：您眼里的五大道文化是什么样的呢？

丨那 对五大道我有明确的认识。我觉得五大道应该是一个一百年以来活着的街区。

现在大部分在五大道里的建设都把它当作“尸体”来看待，这样看待不对。首先把它当作一个死的东西，然后又把它当作古典风格的死的东西。我觉得这两个认识全都是错误的。

实际上就我对五大道的研究来看，我觉得五大道是非常有活力的。从 1930 年代开始一直到现在都是在动态当中生长的，每个年代都有东西，而且每个年代的东西还都有自己非常棒的特点。所以我觉得一定要用动态的方式看待五大道。但是怎么能让它更好地往前发展呢？我觉得首先要研究五大道的整个动态过程。要找见五大道自己发展的脉络，然后把着脉络，结合自己当代的发展来更新，发展五大道，才能让五大道更有价值。这就是我对五大道的认识。

向 这是否意味着您认为历史跟现在要进行对谈，产生一种超出仅作为被观看者的意义，而不应把历史和这样一个街区博物馆化？

丨那 对。但同时，现在的这种更新也好，或者说改造也好，都必须小心把握程度。态度一定是谦虚的态度，不能盲目地去改变。必须在它自我生长（的脉络上），比如说马会长成马，牛会长成牛，你不能非得让马长成牛的状态，这肯定不行。我觉得就在马自己的这种脉络上去找见马的状态，而且越靠近当代的东西（改造项目），就越应该在这种历史街区也保持谦虚的姿态。

”

1 李爱锐（Eric Henry Liddell），1902 年 1 月 16 日出生于天津，苏格兰田径运动员，基督教新教传教士。李爱锐曾在 1924 年巴黎奥运会上摘得 400 米跑金牌并打破世界纪录。大学毕业后返回天津任教，同时还参与了天津民园体育场的设计和改建。1929 年，在天津民园体育场举办的万国田径赛上，李爱锐在自己的传统优势项目 400 米跑项目中摘取金牌，这是他一生中所获得的最后一块金牌。1992 年，李爱锐的侄女代表李爱锐的女儿将他生前所获的最后一枚金牌及一座参加比赛所获得的银盾奖杯和书籍捐赠给他曾经执教过的新学中学（现天津 17 中）。总结自每日新报新闻《奥运冠军天津当教员》：http://news.sina.com.cn/c/2007-08-17/074912400139s.shtml.

2 指万国田径赛，详见尾注 5。

3 马场道，和平区与河西区的分界街道，原系英扩展租界，1901 年随建赛马场而建，故名马场道。1900 年，赛马场被义和团焚毁。

4 “1957 年，苏永舜、曾雪麟、严德俊、李元魁等 14 名队员组成的中国足球队白队来到天津，民园体育场成为他们的主场。1958 年，他们代表天津获得了联赛和足协杯的双料冠军。”引自“天津记忆”团队《民园简史之图说（第二版）》，来自微信推文：https://mp.weixin.qq.com/s/dGRSmUopWejqxWn7PZkdbQ。

5 已于 2021 年 1 月 20 日改名为天津津门虎足球俱乐部。

6 指 2005 年 6 月 26 日在天津举行的第六届亚欧财长会议，详见解放日报《亚欧财长今天聚会天津》：https://news.sina.com.cn/w/2005-06-26/10106271631s.shtml.

7 现主场为天津泰达足球场，位于天津市滨海新区。

8 指棉三创意街区，前身为始建于 20 世纪 20 年代的天津第三棉纺织厂，于 2015 年改造，方案设计由博风建筑工程设计有限公司负责。

9 海布里球场，位于英国伦敦，曾是英超球队阿森纳（Arsenal）的主场，于 2009 年改造成高档住宅街区，具体改造介绍详见：https://www.e-architect.com/london/highbury-square.

“

口述史工作经验交流及论文

”

乡土营造匠师口述史的两个重要问题探讨[1]

刘军瑞

河南理工大学建筑与艺术设计学院

摘要：文章探讨了乡土营造民间匠师口述史的两个具体问题：一是提高匠师采访效率和质量的策略，包括合理的问题次序、完整的现场记录、合适的测绘精度和顺序、测绘数据的营造尺复原等。二是讨论了口述史料的知识产权问题，提出了用知情声明代替采访合同以保障受访者知情权的可行做法，论述了口述史料引用和发表时要注意保护受访者隐私、明晰资料来源和展现采访者立场的具体做法并进行了举例。

关键词：乡土建筑 营造技艺 匠师口述史 采访效率 知识产权

1 引言

乡土营造口述史理论体系大致包括：学术史回顾、核心概念界定、研究对象特征、样本选择方式、核心议题类型、经验总结，以及针对具体问题的探讨等。笔者在《中国建筑口述史文库第三辑：融古汇今》所发表的《"口述史"方法在乡土营造研究中的若干问题探讨》（李浈，刘军瑞）一文中探讨了相关的核心概念、口述人群的特征和口述史料的辨析方法；在《中国建筑口述史文库第四辑：地方记忆与社区营造》所发表的《沟通儒匠——乡土建筑匠师口述史采访探析》（刘军瑞）一文中论述了口述史方法研究乡土营造的意义，建构了口述史大纲的设计原则。本文将继续探讨提高口述史采访效率和质量的策略、口述史成果的引用及发表规范性两个重要的理论问题。

2 匠师采访方法和经验

为了提高现场采访的质量和效率，降低后期口述史料整理的时间成本，就需要采访者能够积极主导采访现场，包括制定合理的现场工作规程、掌握人际沟通的常见技巧与方法，最重要的是采访人要能够根据现场情况随机应变和追踪提问。

2.1 排次序，讲效率

采访者可以通过熟人引荐、上门自荐、赠送礼品、巧设问题等方法激发受访匠师的谈兴。

在具体访谈中，宜首先进行术语的访谈，并且有意识地将访谈到的术语运用到后续的提问中。这种做法能表达出采访者的诚意，有效拉近采访者和受访者的距离，加深采访者对乡土营造的逻辑和智慧的理解。在采访过程中还要注意以下提高采访效率的途径。

2.1.1 先评测，后访问

先测定受访匠师的技能水平、语言能力和身体状况，然后决定采访的问题设计、具体内容、提问顺序和节奏。从数量上看，乡土匠作组织是金字塔结构，高水平匠师是少数。以河南省周口市民居营造为例，当地有“七忙八不忙，十二个人盖瓦房”的俗语。十二个人中，能够知晓全部技能的只有领头及其副手 2 ~ 3 人而已。从全国范围来看，不同地域乡土建筑匠师人数不均衡，技艺相差悬殊，甚至有些特色乡土建筑文化圈的匠师实际已经出现断层。从时间上来看，除少数交通不便的山区，1985—2015 年是我国城市化进程发展最快的时期，城乡建设主要是钢筋混凝土砖瓦房子，传统营造所占份额较少。可以大致推算，假定匠师 15 岁开始学手艺，5 年后在 1985 年出师，到 2022 年至少也是 57 岁了。因此在许多地区年龄在 57 岁以下的匠师对传统营造知识掌握情况可能并不乐观。

匠师技能测评的方法常见的有五类：一是口碑法。在一个区域的匠作群体中，匠师们对各自的技艺水平高低是心知肚明的。当多个匠师同时在场时，直接询问谁是水平最高的师傅（不一定是项目负责人），一般都能得到正确的答案。优秀匠师的名声和轶事甚至一般民众也会耳闻。二是试探法。如果在陌生环境中遇到单个匠师，他通常会对自己的技艺水平有所浮夸，这时候就需要采访者用其他方法对其进行技艺评估。直接向匠师询问核心问题，例如，难度最大的问题是行话、营造尺长、建筑尺度设计，其次是工艺流程、材料类型和用工时间等，最后是匠俗和民俗等问题。一般来说，在一个营造团体内部，能答难度大的问题则能答难度小的问题，反之则不然。该方法高效但突兀，可能会让匠师有不适感，甚至部分匠师会直接拒绝采访。这是因为营造技艺是一门谋生的本领，向陌生人随意透漏营造的秘密，有违匠师行规和处世习惯。三是立场法。趋利避害是人的本性，一般的匠师都符合这个规律。在涉及匠师业务能力高低、职业道德水平高低、屋主的营造动因和主匠关系与口碑等话题时，要注意口述人背后的经济和口碑的立场。这类问题判别的基本经验是“自我夸奖不可信，自我贬低可信；夸和自己有血缘、师承关系的人不可信，夸和自己没有血缘、师承关系的可信；当面夸不可信，背后夸可信；当面骂可信，背后骂不可信；强调唯一性的不可信，强调多样性的可信。”四是观察法。采访者通过观察受访者的神情和语气，可辅助断定其口述内容的可信度。如《周易 · 系辞传》记载，孔子对人言语时的观察“将叛者其辞惭，中心疑者其辞枝，吉人之辞寡，躁人之辞多，诬善之人其辞游，失其守者其辞屈。”言为心声，言有是非，故应听而别之。受访匠师在讲述自己熟悉的技能和知识时，语气会坚决而肯定，而自己不熟悉的知识，往往会思考或者重新组织而表现出犹豫、迟疑，甚至前后矛盾的现象，这就需要采访人借助其他材料进行验证。

2.1.2 先公开，后隐私

中国传统社会是熟人社会，不熟悉的人之间往往心存戒备。因此有必要借鉴博弈论方法对问题次序进行设计，对于一些可能引起受访人情绪对立、尴尬或敏感的问题应放在后面，实在问不出也不影响已问成果。例如，在陌生的环境进行匠师采访时上来就问匠师的年龄、职业和住址很容易引发受访人的警惕、而拒绝接受采访。因此，首先访问一些不敏感的公开信息、一些建筑技艺层面的知识暖暖场，在一场愉快的访谈结束的时候索要受访者个人信息或签名，受访者一般都不会拒绝。值得注意的一个采访细节是，关于匠师年龄的调查精确到生年就可以，并且记录时宜采用公元纪年，这样可以避免采访时间和出版时间，实岁、虚岁的差别等带来的问题。如果感觉访谈中直接询问生年太突兀，可问年龄，然后结合属相进行微调。最后，尽量使问题之间有系统性，并且能够相互印证。

在田野调查前应做好案头工作，有条件时要先参观当地的博物馆、图书馆了解地方历史沿革、物产状况和风土人情。在村落采风时要注意收集现场信息，如门牌号、街道名称、村落告示牌、村落介绍等，在采访时相关问题就不用反复提问。在工匠较多的村子要注意收集匠师姓名中的辈分排行、师承关系等信息。最后，还要充分利用实物、模型、照片和图纸等启发匠师思路。

2.1.3 先师承，后技艺，再习俗

经过测评后发现水平较高的匠师往往需要安排充裕的时间专门采访，这时提问方法宜不同于技能测评的模式。常见的顺序是：首先梳理匠师谱系，包括匠师的师承和授徒状况、从业经历、活动范围和代表作品，进一步查明周围是否有其他高水平匠师；然后采访营造技艺，一般是先采访术语，然后关注材料加工和运输、建筑形制和工艺、结构和构造，要特别注意地方营造尺的尺长和尺法的调查；关注匠师在材料和经济不受限的情况下的理想建筑原型；最后，要注意建房过程的程序、仪式、仪文、房屋的日常使用功能和产权继承等问题。

2.2 多方式，求全面

资料收集和呈现是营造和建筑史研究的基础，学者有义务真实记录各类史料的收集过程。具备条件的应该在公共图书馆、档案馆存档，并对一定范围内的人员开放，这也是提高口述史料可信度的重要途径，其意义可以类比餐饮界的“明厨亮灶”活动。口述史大纲、访谈笔记、音像文件和采访手记等共同组成学术研究的实证材料，也是后期治学术史的材料基础。口述史研究成果常见的是图文格式和音像格式。各类成果形式对于匠师口述史料有不同的呈现方式，采访现场中应特别注意以下方面。

2.2.1 笔记

对于特别重要的匠师，首先“要认真、仔细，对匠师的抄本及口述做法一定要记录原文、原话……”这样可以保证基础资料正确，也可以供其他研究者参考，方便大家日后相互援引，减少重复劳动。其次，一般匠师现场笔记宜以尽量详细的要点式记录为主，以利于后期整理和对采访过程中的线索进行追问。切不可只录音而不记录，后期整理会非常耗时间，且因脱离现场而无法就有价值的问题进行追问。采访中要特别注意收集匠师手绘图，认真辨别其图线、文字和符号的原意，注意匠师的思维过程。在具体的提问中要注意尽量不打断受访者思路，注意记录过程中的疑问并进行编号，以备最后再统一补充发问。采访手记应包括采访的主体、时间、地点和受访、采访双方人员概况，还应包括受访人的基本信息介绍以及受访人在口述过程中的精神状态等。

其中文字形式的采访成果有三种呈现方式：一是问答式。这类文本能够保留口述史一问一答的形式，有较强的现场感，适合于重要匠师或重大问题的记录。二是提要式。择要记录营造知识要点，特点是简洁明了，适用于一般匠师。三是自述式，研究者按照口述人语气整理研究成果，隐去了问题，一般用于重要人物或重要问题的后期整理成果表达形式。

2.2.2 录音

录音的主要作用是备份和实证，当笔记速度跟不上或有遗漏时，可以用录音来查漏补缺。现场记录完整性和详细程度对于后期史料整理非常重要。为了方便后续资料整理，可以借鉴新闻报道的方式，开篇之前访问者先进行简要自我介绍和课题介绍。例如，“今天是XX年XX月XX日XX时，XX访谈者与XX师傅在XX县XX村（街道）所做的关于XX的访谈……”，这有助于后期材料的分类和整理。现场至少准备两套录音设备，同时要注意录音设备的内存和电量足够。要注意尽量选择安静的环境以避免噪声影响录音品质。另外，在采访过程中，为了保证录音材料本身的品质，采访者宜借助表情和受访者互动，不宜过多用“嗯、啊”等口语。

2.2.3 摄影和录像

访谈现场的照片或录像是口述史工作最重要的实证材料，其本身也有一定的艺术和历史价值。在当今的数字技术发达的条件下宜尽量将采访过程进行摄影和录像。遵守现行社交礼仪的照片和录像更容易让人赏心悦目。摄影时要注意整体感，采访者要进行适当的场景布置和座位安排。通常包括杂物移除和垃圾处理，摄影和摄像工作面的预留等。2019 年华侨大学第二届中国建筑口述史学术会议中同济大学出版社的江岱编辑对采访现场照片拍摄做出了精辟的指导意见："受访者为主，采访者为次；年长者为主，年幼者为次；职位高者为主，职位低者为次；女性为主，男性为次。"主要人物一般要有正面或侧脸，一般不宜展示多数人的后脑勺。除了采访现场以外，还可以录制一些受访人的建筑现场讲解和制作工艺的音像资料。

2.3 巧测绘，现规律

尺度权衡是营造设计法则的重要内容。良好的测稿有助于显示建筑对称性、验证数据的重复性和大小的对比性，是重要的访谈辅助资料。测稿绘制要注意以下方面。

2.3.1 精度恰当

测稿是重要的口述访谈辅助资料。精度恰当、顺序合理的测稿有助于呈现建筑的尺度规律，同时又能方便验证受访者所述的法则。在乡土建筑测绘中测绘精度的依据是建筑的施工精度，另一个指标是测绘工具的精度。测绘精度要满足营造尺法验证的需求，过于精细亦无太大必要。不同地域乡土建筑测绘工具的控制精度略有不同，但是差别不大。根据笔者调研和以往学者研究统计，木工乡尺最小尺长在福建省三明市沙县区林寿儿匠师口述中为 27.0 厘米，最大尺长是抚州市金溪县双塘镇吴康予匠师口述尺长 36.7 厘米。根据匠歌"泥匠不差寸，木匠不差分"，其最小精度分别是 2.7 毫米和 3.7 毫米，目前测绘通用的钢卷尺和激光测距仪精度均是 1 毫米，比所有的营造尺精度都高，能够满足要求。

结合中国营造学社图纸的精度和当前测绘工具的特点，乡土营造测绘中以下的精度是符合营造实际的：首先，整体尺寸：> 3000 毫米的数据，以 1 厘米为精度，宜用皮尺或经纬仪测量；其次，控制尺寸：3000 毫米 $\geqslant a >$ 200 毫米以 5 毫米为精度，宜用皮尺，手持激光测距仪，测绘竖向或洞口尺寸，如檩底、层高、门窗洞口等，宜采用"二舍三入法"进行处理，即①末位是 1，2，省略；②3，4，5，6，7，统一归为 5；③8，9，进一法，归零；最后，细部尺寸：≤ 200 毫米，以 1 毫米为精度，用钢尺测量。

2.3.2 连续规律读数

中国营造学社测绘经验表明，测绘时连续读数可以减少用尺次数，能有效地避免误差积累。笔者进一步细化了该方法：在选定的参考面（线）上采用连续读数的方法可以及时校核被测物的对称性等。主要参考面（线）如下：首先是明间。建筑的开间宜以明间为基准向左右两侧连续读数测量，可以及时校对建筑左右的对称性。其次是 ±0.000 平面是建筑竖向高度的基准，一般无柱结构常以室内地面为基准，有柱结构一般以柱顶石为重要参考平面。再次是栋柱（脊檩）。穿斗结构以栋柱为前后分界，抬梁结构以脊檩为前后分界，在测量柱网间距和檩条步架时沿着扇（梁）架向前或向后连续读数，测量柱网间距和上部的檩条步架，可以及时进行对称性校验。最后是竖向尺度。在栋柱上定位各穿枋、斗枋的位置；结合楼地面确定门窗洞口位置是符合营造逻辑的。

2.3.3 测绘数据的营造尺还原

确定地方营造尺基准尺长的常见方法有三种：一是口诀换算。例如，江西省吉安市安福县洋门乡上街村木匠刘仁增先生口述换算口诀：“一老尺等于一市尺再加一公分”，即 1 营造尺 =33.3 厘米 +1.0 厘米 =34.3 厘米。二是营造尺实物测量。例如，河南省濮阳市清丰县固城乡东郭村瓦匠李长根所用五尺，实测 1600 毫米，换算得：1 营造尺 =160.0 厘米 ÷5=32.0 厘米。三是文献和实物结合推算，与匠师口述验证。一些地方文献，如志书、碑记和契约文书等常常会记录一些重要建筑尺度。由于匠师和屋主双方均知晓他们约定俗成的营造尺长，出于集体无意识原因这些文献往往不记录营造尺基准尺长，故需要研究者结合文献描述的建筑实物进行推算。

在知晓营造尺基准尺长的基础上，对主要测绘数据进行营造尺还原，可以展现乡土营造的数学之美，探明或验证建筑的用尺方法。常见的用尺方法有两种：一是“整数制”，即建筑的开间、进深和竖向柱高、脊檩上皮高度等主要控制尺寸均为整数尺，或 0.5 尺、0.25 尺、0.75 尺等；二是“压白制”，常见的有门光尺压白和营造尺压白。即匠师往往赋予尺寸数字以吉利或不吉的寓意，在具体使用中喜好趋吉避害，各地有不同的压白尺法，这也属于非物质文化遗产。门光尺压白主要用于门窗尺度确定，在《鲁般营造正式》和程建军教授《风水与建筑》及其他多本书中已经有详细介绍，此处从略。营造尺压白包括尺白、寸白和分白三种。压白部位是平面尺度中的开间、进深，竖向尺度中的栋柱高度，也包括门窗洞口的宽度和高度。例如，福建省南平市邵武市金坑村危功从师傅讲，本村建筑以“生、老、病、死、苦”循环对应“1，2，3，4，5，6，7，8，9，0”，但一般只用“生、老”，即“1，2，6，7”为吉数，主要用于建筑的平面尺度。

3 口述史料的知识产权问题

3.1 确保受访者知情

知情原则和不伤害第三方原则是口述史采访的基本原则。在这些原则下，西方社会由于有契约传统，往往采用合同、协议书等方式确定受访者和采访者的各项权益。西方的法律合同、授权书等适合于文化素质较高的学者或传承人访谈，但是不符合中国民间社会文化传统，如果不能变通则导致工作无法进行。中国乡村社会是熟人社会，陌生的双方要建立起信任需要中间人担保或者较长时间共事磨合。人们之间良好的关系是靠信任和友谊，而不是靠法律来保证。如果有条件首选找熟人引荐，不得已可以自荐。双方在见面之后，采访者向受访者介绍来意，访谈过程中进行笔记、录音，条件具备的进行录像。例如，笔者在山东省济南市长清区孝里镇岚峪村做为期两周的田野调查。课题组有足够的时间让受访人知晓研究的意义和用途，但是在江西省吉安市的调查中，一天要走两到三个村子，这时一旦提及签署采访协议的话题，受访人就会担心采访会给其带来不良影响，往往会采用“多一事不如少一事”的策略拒绝接受采访。

鉴于乡土营造研究一般不涉及重大经济利益，也不是采访重要人物，笔者采用变通的方式来获得实证材料，可供大家借鉴。如果受访人是不具备识读能力的匠师，那么课题组首先口头说明研究的意义，工作流程以及需要对方配合的内容，得到许可后再进行访谈。如果对方有识读能力，则提前给予对方一个简要项目调研说明的纸质文件，包括访谈目的、内容、流程、成果形式和用途等；然后通过采访过程中的现场照片、录音和录像，并在访问结束后请受访者在采访笔记上签名等作为实证材料。

3.2 保护受访者隐私

乡土营造研究不涉及重大政治问题和经济利益，受访匠师大多数也没有知识产权意识，但是采访者还是要遵守规范，以避免后期发生纠纷牵扯不清。在成果发表的各个阶段都要避免受访人个人信息泄露或者给受访者生活、工作带来不必要的干扰。常见的方法有以下两种。

3.2.1 隐藏受访者部分个人信息

在成果发表时要避免泄露他人隐私，常见的处理方法是隐藏部分信息。隐藏部分受访者的个人信息，如姓名、年龄、籍贯、住址、联系方式等的一项或几项。例如朱晓明教授在《二门 · 主席像——基于口述史的湖北黄石华新水泥厂“记忆之场”研究》一文中，将受访人姓名写作“胡 X 元”，并且隐藏了其联系方式。

3.2.2 隐去受访者和内容的对应关系

受访匠师是否从业对采访工作也有影响，因为从业的匠师往往会担心商业秘密被泄露以及对人员的褒贬会引发矛盾而采取保守态度；如果叙述的是陈年往事，特别是有关当事人已经过世就从容很多。这类匠师的采访资料一般只呈现口述内容，而不呈现匠师个人信息。例如，同济大学建筑与城规学院张昕博士在《晋系风土建筑彩画研究》中故意隐去匠师姓名和口述内容的对应关系，以避免信息泄露给匠师带来不必要的麻烦。

3.3 成果发表明晰资料来源

3.3.1 确认匠师对口述史料的学术贡献

一般认为受访者和采访者共同拥有营造技艺访谈资料最终的知识产权。具体来说，营造技艺是匠师本人熟知和传承知识，因此对口述史料有知识产权。研究者采用口述史方法系统整理传统营造知识，其贡献主要在于技艺记录和规律研究。“口述史”的方法可以使原本没有书写能力、没有书写意愿、没有书写时间的匠人及其技艺能够在历史长河中有一席之地，研究者至少要在学术史料层面确认匠师对营造研究的贡献。对此，石宏超先生提出建筑史研究中应该关照个人匠心，认为目前研究的缺陷是“在这些研究中，找不到单个匠师的名字，研究成果中匠艺在某种程度上被看作成一个区域的标准模式”。口述史方法引入传统营造研究可以为“见人见物”的建筑历史书写奠定基础。

3.3.2 区分匠师口述和学者研究内容

英国人类学家布罗尼斯拉夫 · 马林诺夫斯基（Bronislaw Malinowski）提出，民族志的书要区分哪些来自土著人口述，哪些是作者的研究和推理，乡土营造研究也是如此。“语气、语言结构、语义都会显示地方的地域文化性格……只调取我们需要的建造信息，会丢失较多的族群文化信息。”在乡土营造研究中，应区分哪些是工匠口述的内容，哪些是学者的学术研究和推理，明确各自的学术责任和权利。若有更多的细节展示，可以展现研究的丰富性，可以让后人从各个角度来理解和诠释。建筑史学家陈明达先生认为在民间建筑研究中务必确保第一手资料的准确和详实，便于学者间相互引用，其意义甚至大于现在研究者书写的水平。

3.3.3 展现采访者立场

口述史成果是采访者和受访者共同努力的成果，采访者是观察者和见证人。采访者对于口述史料的分析评价也有一定的价值。建筑史学家刘致平先生在《四川住宅建筑》中给出良好的示范，口述材料类型主要有三类：一是匠师和采访者有歧义的材料，真实记录双方各自的内容和理由，真假优劣由读者自行判断。例如，坪上张宅，“主人坚持说是明代造的……笔者以为此宅不能早过清初。”二是对片面的材料，指出自己的疑惑之处。例如，威远严家坝郭宅，“承宅主郭学林 1945 年 12 月 5 日函告数事，虽所述修造原因未必确切，但也相当重要……”这表明刘先生对于地方大户“慈善营造”的故事并不赞同，但认为这些史料也反映出重要的信息。三是对于可信的材料要给予积极的确认。例如，“……清宣统元年傅樵村氏曾著《成都通览》一书，内容很丰富而且记载详确。傅氏是成都人，据他的自序知道他大半生的精力耗费在修造的监工及著述此书上，所以他对于当时的工料价值等方面的叙述是很可靠的。”

4 结语

本文主要探讨了两个民间匠师口述史问题：一是匠师采访技巧，指出通过合理的问题次序设计，包括先测评后访问，先公开后隐私，先师承后技艺再习俗，多种方式全面记录现场人员和建筑的信息，分别提出笔记、录音、摄影和摄像的要点和注意事项。另外，还论述了建筑测绘精度、读数方式、营造尺基准尺长和尺法的问题。二是讨论了乡土营造匠师采访的知识产权问题，提出适合中国国情的保护受访者知情权的方法，举例说明保护受访者隐私、明晰资料来源和展现采访者立场的具体做法，提出了匠师和采访人共同拥有营造技艺研究最后成果的观点，可供相关研究人员参考借鉴。

1　国家自然科学基金：传播学视野下我国南方乡土营造的源流和变迁研究（项目编号：51878450）

参考文献：

[1] 李浈．营造意为贵，匠艺能者师——泛江南地域乡土建筑营造技艺整体性研究的意义、思路与方法 [J]. 建筑学报，2016(2):6.
[2] 刘军瑞．乡野求“礼”——基于“口述史”方法的乡土营造若干问题探讨 [D]. 上海：同济大学博士学位论文，2021: 118-120.
[3] 李浈，刘军瑞．“口述史”方法在传统营造研究中的若干问题探析 [M]// 林源，岳岩敏．中国建筑口述史文库第三辑：融古汇今．上海：同济大学出版社，2020：214-216.
[4] 刘军瑞．沟通儒匠——乡土建筑匠师口述史采访探析 [M]// 赵琳，贾超．中国建筑口述史文库第四辑：地方记忆与社区营造．上海：同济大学出版社，2021.
[5] 陈耀东．《鲁班经匠家镜》研究——叩开鲁班的大门 [M]. 北京：中国建筑工业出版社，2010：199.
[6] 孔子．论语 [M]. 肖卫，译注．北京：中国文联出版社，2016：339.
[7] 许雪姬．台湾口述历史的理论实务与案例 [M]. 台北：台湾口述史学会，2014.
[8] 朱光亚等．建筑遗产保护学 [M]. 南京：东南大学出版社，2019：05.
[9] 冯骥才．传承人口述史方法研究 [M]. 北京：华文出版社，2016.
[10] 张昕．晋系风土建筑彩画研究 [M]. 南京：东南大学出版社，2008：263.
[11] 张昕，陈捷．传统建筑工艺调查方法 [J]. 建筑学报，2008（12）：26-28.
[12] 石宏超．从整体的匠艺探寻到个体的匠心关照——传统匠师营造“口述史”研究探微 [M]// 传统民居与当代乡土——第二十四届中国民居建筑学术年会论文集．北京：中国建筑工业出版社，2019：164.
[13] （英）马林诺夫斯基．西太平洋的航海者 [M]. 梁永佳，李绍明，译．北京：华夏出版社，2002.
[14] 吴琳，唐孝祥，彭开起．历史人类学视角下的工匠口述史研究——以贵州民族传统建筑营造技艺研究为例 [J]. 建筑学报，2020（1）：85.
[15] 陈耀东．怀念陈明达先生 [J]. 建筑创作，2007（8）：132.
[16] 刘致平．中国居住建筑简史 [M]. 北京：中国建筑工业出版社，1990：126，159，180，191.
[17] 李浈，刘军瑞．“一地多尺”现象和用尺习俗——近年传统营造用尺制度研究的一些心得 [J]. 建筑史学刊，2022，3(1):54-59.

基于口述史方法的使鹿鄂温克族传统聚落空间结构研究[1]

朱莹 张远晴 李心怡

哈尔滨工业大学建筑学院，寒地城乡人居环境科学与技术工业和信息化部重点实验室

摘要：使鹿鄂温克族具有悠久的历史文化传承，形成独具特色的民族聚落形态，留下在严寒地区与自然共生的生态智慧、与环境共适的营建模式。然而，自1950年代逐步实施定居政策至2003年整体“生态迁移”以来，使鹿鄂温克人一直处于“游”与“定”、传统与现代挣扎徘徊的现实窘境中，其传统的生存模式、生产方式、文化习俗濒临消失。该民族只有语言，尚未形成本民族文字，口述历史是研究其传统聚居文化不可替代的方法。本文通过实地调研、口述访谈，逐步还原、层析“人-自然”维度下的生存空间、“人-社会”维度下的生产空间、“人-文化”维度下的生活空间原型及模式，运用口述询证的方法复原其传统聚落历史空间原型，探寻其最根本的“时间-空间”演进逻辑。

关键词：使鹿鄂温克 口述史 传统聚落空间结构

1 概述

据考古学、人类学考证，鄂温克族可追溯至公元前 2000 年前贝加尔湖沿岸地区的先民，距今已繁衍生息四千余年[1]。该民族没有文字，其文化传承主要依靠代际间的言传身教，其文脉延存至今仍然保持本民族特点殊为不易。口述历史作为重要的记录、传承方式，目的就是延存民族文化、民族脉络和民族特色。近年来，少数民族口述历史的搜集、整理和保护工作日渐受到重视。口述史料作为我们研究的重要方法之一，承载着历史人文最本真的面貌，阐释着自主的科学态势和活态的阐释价值[2]。

鄂温克族是中国“人口较少民族”之一，又列入“黑龙江四小民族”[2]“东北渔猎民族”[3]。关于其起源，学界主流认为其祖先与“北室韦”及唐“鞠国”有紧密联系[3]，他们长期游徙于贝加尔湖地区及其东南部。其中，勒拿河一带的鄂温克族“家畜鹿如牛马”[4]，在狩猎之余兼营饲养驯鹿。17 世纪中叶以后，由于沙俄入侵，鄂温克族陆续迁至今大兴安岭西北、额尔古纳河右岸的高山密林中。长期的地理隔绝使得该民族分化为三支，分别是索伦部、通

古斯部和使鹿部[5]，其分布与特征如下（表1）。

表1 鄂温克各分支民族起源、分布与经济形态

民族	起源	分支	分布	经济形态	
				古代民族初始—20 世纪 40 年代	20 世纪 50 年代至今
鄂温克族	东北古老民族室韦的后裔	索伦部	扎兰屯、阿荣旗、莫力达瓦达斡尔族自治旗等	原始游猎	农业生产
		通古斯部	陈巴尔虎旗、鄂温克器锡尼河流域		畜牧业生产
		使鹿部	内蒙古根河敖鲁古雅自治乡		采集、游猎、旅游

其中，“索伦部”分布于今呼伦贝尔扎兰屯、阿荣旗等地，生产以农业种植业为主；“通古斯部”分布于现陈巴尔虎旗等地，生产方式以畜牧业为主；“使鹿部”现存人口最少，且长期保持着森林狩猎、牧养驯鹿的传统生产方式，被称为“中国最后的驯鹿部落”[4]。使鹿鄂温克人有着在长期的森林狩猎游牧中，形成以“驯鹿—游猎—聚落”相关联的森林牧鹿游居型的聚落结构和组织模式，其特殊的聚落组成模式，是渔猎民族特色的聚落遗产，也是中国建筑遗产中的珍贵内容。20 世纪中叶以后，使鹿鄂温克族逐渐定居于内蒙古根河市西郊，畜养驯鹿于阿龙山等地，少数族人仍然过着“游”与“定”的二元生活模式[6]。随着现代化、城镇化、新农村建设、旅游开发等建设的强势作用，鄂温克族传统聚居文化、营建智慧濒临消失，保护迫在眉睫。

我们从 2016 年开始对鄂温克族传统聚居模式进行研究，同时在 2019 年出版的《中国建筑口述史文库第二辑：建筑记忆与多元化历史》[5] 中发表《渔猎之音——口述史视野下的鄂温克族居住空间探究》。2019 年 9 月底至 10 月初我们前往内蒙古自治区根河市和敖鲁古雅民族乡，针对内蒙古根河市福利院院长及院内居住的老猎户、敖鲁古雅民族乡乡长、国家级非物质文化桦树皮制作传承人、省级非物质文化遗产鄂温克神话故事传承人、自治区级熟皮子非物质文化遗产传承人进行了访谈。本文以内蒙古自治区根河市格列斯克、安道 · 古、张艳秋和敖鲁古雅民族乡张景涛、张万军、得克 · 沙等人的采访为主要内容，基于口述史的研究方法记录濒临消失的聚居文化，层析其传统聚落空间结构原型，探析其传统聚落空间最根本的“时间 - 空间”演进逻辑。

1.1 民族视野下的口述史研究

在长期的生产实践和文化交流中，鄂温克族在特定的自然和文化场域中融汇形成独特的传统聚落空间结构和文化景观。该民族现有多项国家级、自治区级和市级非物质文化遗产项目及其相应的传承人。传承人多年事已高，后继者不仅人员稀少，且业已年近半百。如鄂温克族桦树皮制作技艺（国家级）已经“没有年轻人做”[6]，鄂温克族非物质文化遗产项目传承面临严峻困难[8]。口述史方法在民族学视野下的少数民族研究中发挥了十分重要的作用，对于没有文字只有语言的使鹿鄂温克族来说应是必要途径。

1.2 使鹿鄂温克族口述研究过程

首先是对鄂温克族及其“使鹿部”历史文献的搜集整理。通过查阅历史资料，如《鄂温克族简史》[7]《鄂温克族精神文化》[8]《鄂温克族社会历史调查》[9]等，加深对该民族的认识，并以此为依据从建筑学研究视角出发确定口述访谈的问题。根据研究内容、前期文献研究确定口述访谈主要涵盖如下五个方面：①民族起源及自然环境；②森林牧鹿狩猎生产方式的具体细节；③传统聚落迁徙模式和依据；④单体建筑类型及其营建；⑤风俗信仰、节庆活动及其文化空间反映。访谈问题从自然环境维度、社会组织维度和文化习俗维度，围绕该民族传统聚居文化展开，依照实地调研的个案例证、口述访谈的询证、文献研究佐证的循证体系，全面复原其传统聚落空间结构及其组织模式。

访谈对象多为中老年人，且访谈环境复杂多变，其记忆力、主观判断、表达等各方面受到一定限制，表达词语和方式存在一定的不准确性和片面性。为了尽可能地保证访谈的完整性和真实性，我们在口述者叙述的基础上，通过补充提问对其表述不详细的方面进行问题扩展与整合，并进行记录，减少碎片叙述；通过录音、视频摄影的方式对访谈对象及访谈内容进行存档，在后续审核中对记录的文字进行校对，将口述访谈对象用方言表达的个别词汇单独注释，以方便读者理解、并确保对访谈对象想要表达的内容有清晰完整的记录。

此次采访的口述访谈对象多是经历过传统游猎牧鹿生活的鄂温克族老人或非物质文化遗产传承人（表2）。

2 三重维度下的使鹿鄂温克族传统聚落空间结构探究

使鹿鄂温克聚落系统与其他聚落或村落不同，其多样性更高、流动性更强的特点使得影响聚落系统空间格局变化的因素呈现出多层级、非线性的特征。其聚居文化主要体现为自然、社会、文化三个层级的要素递进，由物质文明层面渐入精神文化层面。以气候环境、地理条件和资源要素等为依托的自然环境是聚落赖以生存的基础，塑造了人与自然相互依存的聚落空间格局；以“氏族 - 公社 - 家庭”为根本的社会层级组织是聚落形成的脉络框架，形成了建筑单体（“撮罗子”个体空间单元）、建筑组团（“乌力楞”[10]家庭组团）和建筑聚落（“奥毛克”[11]聚落群体）的空间架构；以萨满信仰、艺术文化和民俗民风为主题的文化形式则串联成聚落空间之灵魂。

表2 使鹿鄂温克族访谈对象基本信息

姓名	简介	出生年份	受访年龄（2019年）	采访时间	采访地点
 安道·古	猎民（鄂温克）	1930 年	89 岁	2019 年 9 月 27 日	内蒙古根河市福利院
 格列斯克	猎民（鄂温克）	1936 年	83 岁	2019 年 9 月 27 日	内蒙古根河市福利院
 张艳秋	根河福利院院长（汉）	1960 年	59 岁	2019 年 9 月 27 日	内蒙古根河市福利院
 张万军	敖鲁古雅民族乡乡长（鄂温克）	1947 年	72 岁	2019 年 9 月 27 日	敖鲁古雅民族乡
 张景涛	安塔·布之夫（安塔·布为自治区级熟皮子非物质文化遗产传承人，采访时以张回答为主）	-	-	2019 年 9 月 30 日	敖鲁古雅民族乡
 得克·沙	猎民（鄂温克）	-	-	2019 年 9 月 30 日	敖鲁古雅民族乡
 吴旭升	国家级非物质文化桦树皮制作传承人（鄂温克）	-	-	2019 年 9 月 30 日	敖鲁古雅民族乡
 金雪峰	省级非物质文化遗产鄂温克神话故事传承人（鄂温克）	-	-	2019 年 9 月 30 日	敖鲁古雅民族乡

2.1 人与自然——自然要素与聚落空间格局

“鄂温克”一词的原始含义为“住在大山林中的人”或“住在山南坡的人”或“从高

山峻岭下来的人们”，可见使鹿鄂温克族与自然之间的密切联系。气候、地理、资源等自然要素的多重耦合作用，构成了其得以生存的特定地域环境，也塑造了民族聚落最初的形态。而后聚落的生成、 演变、迁徙都与自然的变化息息相关，族人们与自然相依相存，形成以自然资源为主要导向的，动态化的居住模式（图1—图4）。受“大分散，小聚居”聚落分布形态和地理环境影响，各个地区的鄂温克人中只有“使鹿部”中的一部分至今仍然生活在森林之中。族人居住在由几十根粗细不同的木料作为骨架，根据季节不同采用不同材料做成围子的“撮罗子”，其构造与蒙古包有些类似，同样是由木头为骨架，外覆围子（覆盖材料）。

图1 集体狩猎[8]
图2 迁徙[8]
图3 夏季迁徙[8]
图4 冬“撮罗子”[8]

问 你们以前都住在哪?

| 安道 · 古 山上的撮罗子现在都不住了。撮罗子就是用桦树盖的，方便搬（家）。

问 那从前住撮罗子的话一年要搬多少次（家）?

| 得克 · 沙 那就不计其数了，比如说尤其是冬天，三五天就搬一次家，一年（里的）这四个月（得）搬多少次啊。夏天也是，我这个地方待了十多天，这地方（水和草）脏了，我就要换地方。驯鹿不愿意在脏地方，所以说你要是想统计一年搬多少次家，这个不计其数。脏了就搬，脏了就走。冬天搬是为了打猎，因为这一块我打（得）差不多了，要换地方了。我走到这个沟，这个沟没啥猎物，也许第二天就搬，搬家就是这样的。

问 冬天主要都打些什么动物维持生活?

| 格列斯克 打犴、狼、野猪、灰鼠。灰鼠国家来收，两块钱一个。

问 咱们驯鹿养鹿有多久了? 鹿怕不怕人?

| 格列斯克 我养了三十多年了，从贝加尔湖的时候就养了。没训来的鹿怕（人），训练了就不怕。

问 每次搬家的地方有好多个沟塘子，从这个沟塘子到那个沟塘子，他是有几个比较固定的地方，是这样是吗?

丨张艳秋 他（猎户）搬家得有驯鹿吃的地方，还得有小河近，你得吃水，鹿也得喝水。得找个小河边上，离小河不远的地方，驯鹿有吃的。苔藓不是哪儿都有，有的地方多，就得找那个苔藓多的，鹿能吃的地方，待十天二十天，跟前都被驯鹿吃完了，没有了，驯鹿就得走到远处去，人就得搬家，随着那个驯鹿搬家。

问 他们走的时候会特意往哪边走，还是比较随机的，找到了就停下，找不到就继续往前走？

丨张艳秋 他得去找驯鹿吃的苔藓多的地方。不是（随机走），因为（猎户）在这森林里生活400来年了，他都知道哪块有，基本上围着圈走。围这个圈，在这个位置这个地方。打个比方，我们15个猎民点，有8个猎民点在阿龙山，阿龙山那一片山里头，你今天在这个沟塘里了，明天上那沟塘。基本就是轮着走，当时这个猎民点没分这么多，大概就三四个或四五个，不超过五个。那时候几家都搁到一个猎民点里头，大家就讲什么时候搬迁，怎么搬迁，知道吧，是这个地方熟。他不是说像别的地方，这个你想搬可以，去哪都行，大家征求意见想去哪。

问 他可以到去过的地方，也可以去从没去过的地方是吗？

丨张艳秋 对，主要还是围着鹿走，鹿想去哪基本就去哪个位置。

问 那猎户们到新的地方就是怎么开始布置，是先开始搭撮罗子，还是先做什么？

丨张艳秋 （到了新地方）第一要看看苔藓，第二个看看水源地怎么样，附近有没有水。大概一米宽的小水流就够用。再一个是看"葬干"（数量）就是死树。像这些树在夏天绿的时候，这叫活树，活立木。"葬干"就是不长树叶，立着的死树。（搭撮罗子）就上"葬干"多的地方去。因为（根河的）冬天很长，冬天的根河是全国最冷的地方，基本上24小时都得点火。点火就要烧柴，所以说得选个"葬干"多的地方，有水的地方。

问 那他们打猎的时候，过去一年四季都打么？

丨张艳秋 对啊，一年四季。打猎是主业，我们〇三年搬迁到这儿，那时候都是主业。那时候驯鹿不值钱，鹿茸也不太值钱，就没人（要）。原来计划经济的时候，你产多少鹿茸，国家就收购多少，假如说今年产了一千斤，国家全给收走了。等到计划经济放开，变成市场经济之后，知道的人少。而且像同仁堂是大药店，就是搞中成药，中药这些大集团，他们的鹿茸基本上从俄罗斯进，俄罗斯便宜。因为俄罗斯现在都不锯（鹿）茸，就等中国人每年6月份左右到那去锯鹿茸。这样就把我们根河市敖鲁古雅乡的驯鹿茸价格压得很低，根本就不值钱，所以说还是以打猎维持生产生活。

问 咱们这一年四季打猎的东西有什么区别？

丨张艳秋 冬天打猎主要是貂皮，紫貂，这个在清朝的时候都进贡。就是咱们看的那个清朝的服饰，一些宫廷剧貂皮基本都产自大兴安岭，也有小兴安岭。一个好的猎人一个冬天能打一千张这个貂皮，两三千张灰鼠皮，还有黄鼠狼皮、雪兔皮，其他都没法计数了。

问 搭建撮罗子的过程，您能简单说一下么?主要是用桦树吗?

丨张万军 它主要是先放树，那树全是鲜木。鲜木多粗的呢，大概就是底下直径 10 公分左右或者 15 公分；最底下直径，最粗的地方就是底下，因为树是从根往上越来越细。根的部分，大概是 10 到 15 公分直径，就是说基本上一个撮罗子砍 20 根到 30 根左右的鲜木（图 5, 图 6）。因为现在有森林法，全国禁伐以后，基本不搭鲜木的撮罗子了。不（用桦树），用松树、落叶松。桦树搭不了，桦树是鄂伦春人搭的，他们用桦树搭。

图 5 “撮罗子” 骨架 [7]
图 6 “撮罗子” 内部结构 [7]
图 7 传统民居 “撮罗子” [7]

问 那他搭的顺序是一根一根搭么?

丨张万军 先是搭三根树干。因为这树就跟笔似的，它是（从下往上）越来越细的，所以这三根树干最上面的杈是要需要保留的，三根就这么（相互支撑）立在一起。立的这三根树干互相交叉，这几个树杈不就可以咬合（固定）了吗，这样一搭。当三根基础牢固之后，再把其他（部件）往上围。而且在树尖，就是最细的地方，它必须得砍出来三角形，因为它（树干横截面）是圆的，得把两边各砍个面。这样砍出平面，（搭在一起后的每根树干）就不（转）动了。（所以）必须砍两面砍成一个楔子形，之后一搭就搭上了。大概树的高度需要 3.5 米到 4 米那样，基本都（是）那个高度（图 7，图 8）。

问 每到一个新的地方就得重新砍树（搭撮罗子）？ 一般需要几个人来搭?

丨张万军 对，都是要直的（树），歪的都不要，这拐弯的（树），带树杈多的都不要。一般一个或者两个人，一个人是伐树的，另一个人就是说得去扛啊，或者给树扒皮这样。等到搭三根的时候必须仨人了，因为一人一个杆，先两个插到一块，第三个再插上就完事了，剩下的基本俩人就完事了。

问 这围一圈撮罗子大概需要多少根木头?

丨张万军 一圈是二十多根吧，25 到 30 根。分大小，如果一家人都在一起住的话，有可能 30 根都不够。那时候也没有计划生育，人可能比较多。如果人少的话就是有个 20 根左右，

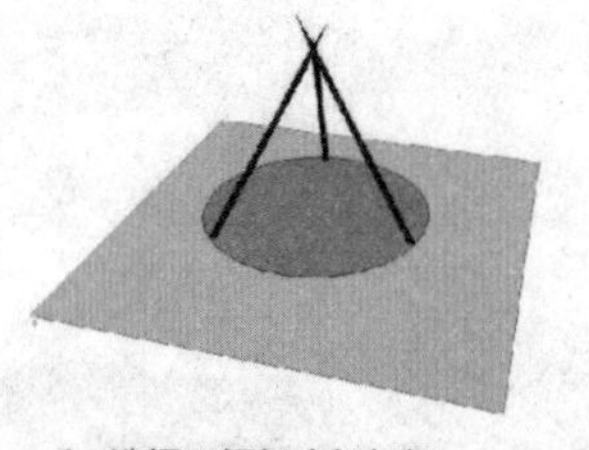

1、选择三根长度粗细相近的树枝搭建支点

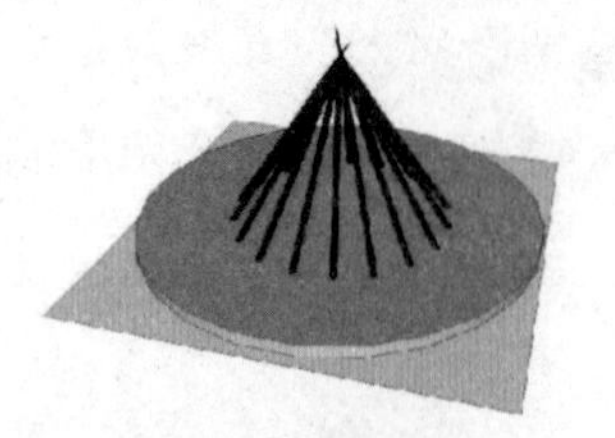

2、转圈搭接处撮罗子骨架，顶部有三支树枝伸出

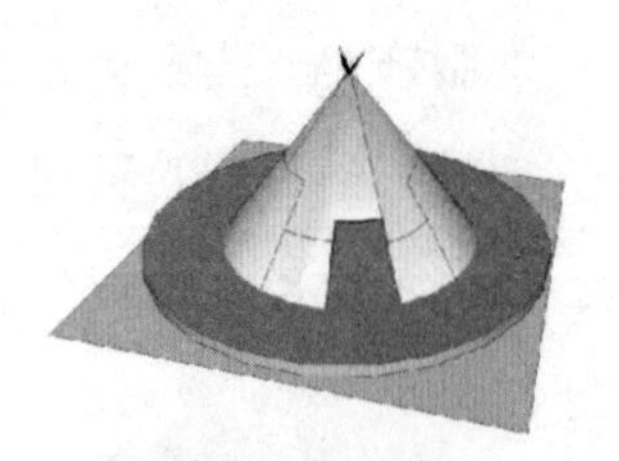

3、外部覆盖兽皮或兽皮材质的围子，围子留有洞口

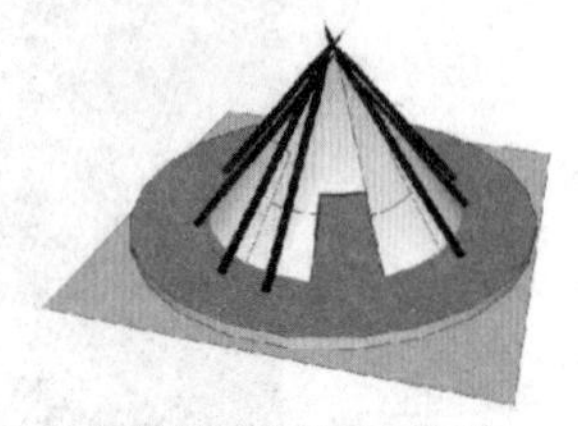

4、在围子外部用几根木头压住围子，增加撮罗子的稳固性

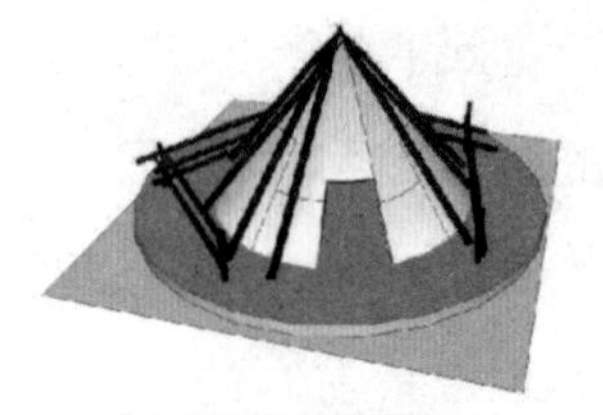

5、在撮罗子外部搭建五边或者六边围栏防止驯鹿破坏

图 8 “撮罗子”搭建过程示意[8]

或者 25 根左右就能用。你看它（平面）基本上就是个圆的嘛。

问 撮罗子在搭建的时候是怎么选地的呢？会选择在河边这种位置（方便捕鱼或取水）吗？

| 张万军 撮罗子必须搭个平的地方，要不你睡觉没法睡，原来没有床，直接睡地上。必须找平的地方。基本很少在河边，一小河沟子都可以，因为水总淌着（流着）。它那水是纯天然，没有污染的，就有饮水的地方就可以。大河边很少，基本不在大河边。

问 冬天和夏天的撮罗子，选址上有什么区别吗？

| 张万军 基本上就（在）离公路近的地方，因为他在森林里养驯鹿嘛，不能总在离公路很远的地方，（离公路近一些）来人也好，搬运什么米面油也好（方便些），你不能离公路太远。原来 30 年前，基本离公路也很远。（因为那时）没有公路，就是走的驯鹿走那小道，就这么宽（两人并行），在森林原野（里）走，你想想。

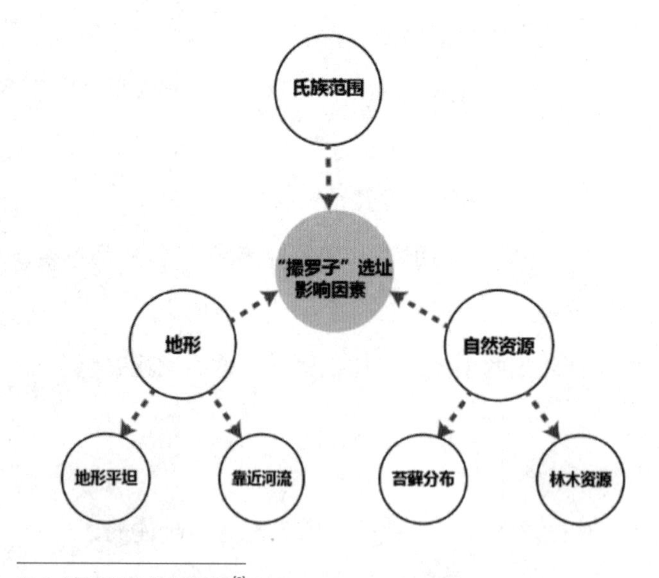

图 9 “撮罗子”选址依据[8]

有时候一走走大半天才到你们家，就没有路，所以说很不方便的。后来慢慢就全部是（去）往公路附近，都没有超过一公里，越近越好（图9）。

问 一年四季的撮罗子，是不是都不太一样?

丨张万军 （四季的撮罗子）没有啥大区别，夏天最早是用桦树皮，因为当时没有布，也缺衣少药，缺日用品。所以只能直接把桦树皮在大锅里煮七天七宿，把它基本煮软，要（不）煮的话它软不了，没法卷。之后大概是一尺或者半米长左右就裁两个，拼成一个大的扇（形），之后再缝起来。

问 咱们夏天和冬天用的遮盖物相同吗?

丨张万军 冬天原来是（用）兽皮，兽皮包的撮罗子。兽皮也裹到撮罗子上，包上去，就是材质不一样。

问 在拼成扇（形）的遮盖物时，它拼很多片吗?

丨张万军 它是一卷一卷的，卷完之后，就跟这张纸似的，它一卷卷到撮罗子里头，就卷上了。如果这个不够，再拿下一卷。这一卷卷的，是从桦树皮（做来）的，如果是后来衍生到咱们用帐篷布，就那种的。你们记着帐篷布就行，所以基本就是四片。底下两片是粗的（宽的），大的；长点的，高点的，也是两片。从这个门开始，一圈转到后头是二分之一。后面再搭到一起，上面（两片）是两个小一点的，就把上面那一层给包上了，也是两片。

问 这样一块一块的就不会被风刮跑吗?

丨张万军 不会。森林里基本没有那么大风，除非秋天，才有这么大风。平时还拿杆压到撮罗子的布上（所以不会被风吹走）。（撮罗子）光里面一层二三十根的树干，外面还压个三四个杆，这样一压就行，它就没那么大风。撮罗子是圆锥形的，圆锥形本身受风的面积就小，它不像楼房会挡风，风怎么刮都是从两边走，这样是很合理的。

2.2 人与社会——点线面的聚落空间层级

由于游猎民族生产方式的特殊性，其传统民居呈现出与其他民居之间极大的差异。游

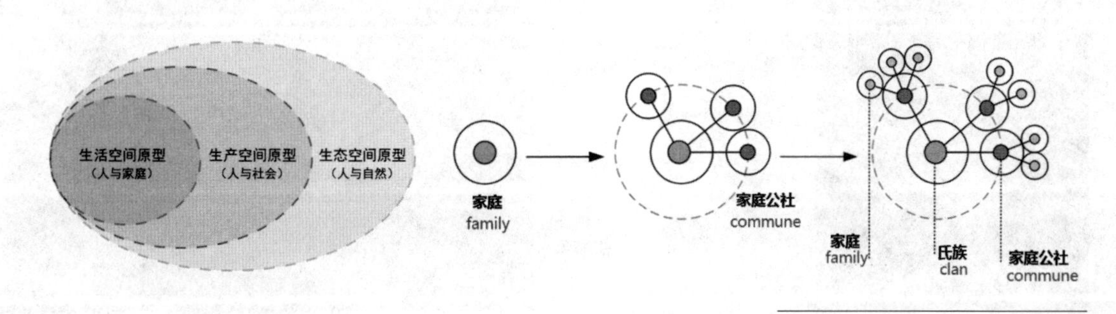

图 10 空间层次的架构 [8]
图 11 传统社会层级构成 [8]

猎是使鹿鄂温克人最主要的生存手段，因此其社会组织规模不能太大，且需具备流动性。在民族生成之初，家庭是最基本的生活单元，随着人与人在不断的生产交往中建立起层层社会关系网，随时间绵延与自然环境形成家庭、家庭公社、氏族三个社会层级（图 10）。以建筑视角看待人与社会组织的关系，则表现为建筑单体、建筑组团和建筑聚落的空间建构，形成“撮罗子”家庭单元—“乌力楞”家庭公社—“奥毛克”氏族三个递进层级的组织系统（图 11）。以个体家庭的“点”的要素，建构公社群体中“线”的空间，不同点线关系最终形成氏族聚落空间面域关系。氏族这一层面中不仅仅是形成一处领地、一个猎场的面域，也是一个整体聚落空间在各种复杂信息的共同构成下所生成的原型空间。聚落不同层级的文化空间中，点线面层层嵌套、相互关联，这种层级关系中蕴含了少数民族聚落的文化演变的信息流，是民族的文化基因。正是文化基因层层累加，凝练呈现出一个完整的渔猎民族聚落生存空间格局。

作为使鹿鄂温克人重要的聚居方式和社会组织单元，“乌力楞”家庭公社通常是由 4 ~ 8 个有血缘关系的家庭共同组成的。无论是生产狩猎还是举行活动早期大多是以“乌力楞”为单位进行的，基于单体建筑“撮罗子”的集聚和构成之上的“乌力楞”建筑组团是聚落的重要空间。这种公社组团的社会组织方式已经绵延千百年，直到 20 世纪 50 年代，使鹿鄂温克人的“乌力楞”还有 9 个[10]，之后随着家庭经济的发展和定居的政策出台，这种社会组织方式才逐渐减少到现在近乎消失，结束了这一延续千年的原始社会组织形式。

问 乌力楞一般由几户人组成？这些人打到猎物之后是平均分配吗？

| 格列斯克 五六户吧。不是（平均分），（有）队长，还有工作组，人民公社里头（依次分）。

问 这个靠老宝[12]（图12，图13）在转移居住地的时候还带走么？如果不带走的话，那留在原地的靠老宝还继续使用吗？

| 张景涛 不带。这个东西是固定的，就是你的靠老宝在哪个位置，大家都知道，上那

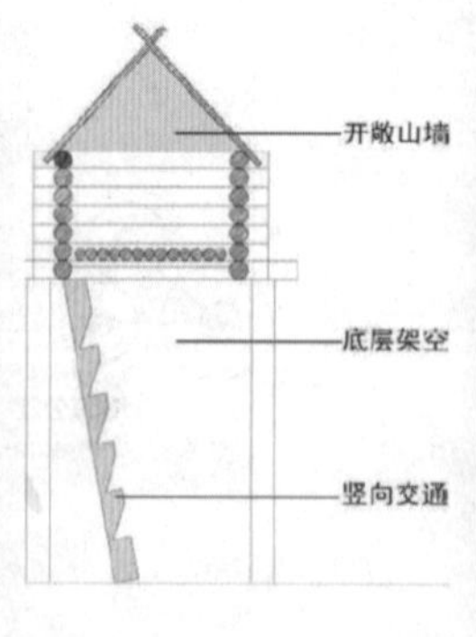

图 12 靠老宝建筑 / 图 13 靠老宝剖面[7]/ 图 14 “撮罗子”与鹿圈[7]

去取，取了就完了，就跟咱们那现在寄存东西是一样的。

问 靠老宝如果别人临时拿来用，或者是拿里面东西吃也是可以的吗？山间树林中是不是有很多靠老宝呢？

丨张景涛 可以拿里面的食物，但是吃完之后必须保证它（里面还有）吃的东西（留给别人用），等你不饿的时候，或者有粮的时候再把它补上，让靠老宝里始终是一年四季都有吃的。林子里是挺多的，但是你一般找不着，就算告诉你在这个山的哪你也找不着。这么大树林，你上哪找去。几万公顷的地方，好几万平方公里。

问 以前除了撮罗子、靠老宝和灶，（在树林中生活的时候）还有什么要搭的东西？

丨张景涛 鹿圈。秋天的时候鹿圈（很重要），尤其是这个母鹿下的这个小鹿，也怕大鹿去霍霍（伤害）它。如果有很多当年的鹿，当年怀孕明年下崽，这样导致这个鹿的种群质量下降。也就是说它没到性成熟时期就跟公鹿交配了，这样不好。母鹿基本应该是两岁到三岁以后长成大鹿了，这才让交配。所以就搭一个圈，一家（的鹿圈）假如说当时有大的圈得一圈（直径）200 米左右吧，小的圈有个（直径）10 米到 20 米的圈，一般搭的时候（栏杆）三四层到五层（高），为了防止（鹿崽）跳出去（图 14）。

问 鄂温克人对动物是一种什么样的看法?

丨张景涛 我们是崇尚万物都有灵，动物也是有生命的，不到不得已我们不打它。而且我们打它时候也看季节。春天不打母鹿，秋天不打公鹿，因为公鹿要交配，交配之后母鹿在明年开春之后要下小崽，它是个延续。因为母鹿育崽子，不打母鹿。除非说是有特殊情况，如有人闹病了需要鹿胎。之后大家把那个鹿胎熬成鹿胎膏，这样治病救人，（否则）基本是不打（母鹿）。熊瞎子（熊）也是，我们基本不打熊瞎子，除非说它祸害我们的鹿才打熊。

问 据说在“乌力楞”家庭公社这个组织里，大家有时候会为了重大的事儿开个会商量一下，做决策的时候大家商量着来，是这样的吗?

丨得·克沙 必须的，大事儿的时候必须得商量啊。生老病死，像结婚这种大事儿或者是像合作社啥的，也都是找那个各家族的那个家族长一起看，现在怎么贯彻共产党（政策），都是这样的。为啥那时候意见不统一，有那个猎区工作组啊，猎区工作组（领导）也是几个大部落（领袖），一个一个地做，最后在这个期间成立的鄂温克民族乡，那就算是已经归到中华民族（大家庭）了。

问 一个“乌力楞”家庭公社不是由好几家组成吗，那一个公社就一直是这几个家庭（组成）吗?会有某一家换到别的乌力楞吗?还是这些家庭就在这个乌力楞里不换了？

丨得克·沙 也可以（换），很自由。比如说咱们三个是在一个部族的，你出去打猎，往漠河那头走得比较远，往回走赶上雪大，或者是水大，在索伦部落你也可以待。没事儿，哪都可以去，不排斥、不排挤、不欺负。

2.3 人与文化——聚落空间内核

一个民族从自然系统中形成，在社会系统中发展，在精神文化系统中传承。使鹿鄂温克族的渔猎游牧特征决定了其民族文化独特的一面，其衍生出的渔猎文化空间，即在长期历史发展中衍生出的独具地域特色的民族文化，是构成其聚落空间系统的一部分，也是聚落空间的精神内核，包括以信仰核心牵引、艺术文化继承、民居民风集聚的多重文化空间内容。

问 我想问您一下，鄂温克这个词，不同书里有不同解释，有说是住在山林里的，有说是住在山南坡的。你们自己觉得这个词有什么含义?

| 得克 · 沙 （我觉得）应该是山里的呗。我们平时就是山里打猎的，这个民族就是这个意思。

问 那咱们使鹿鄂温克人，是什么时候分出来的?是什么时候开始分成三个部分的呀?

| 得克 · 沙 这个“索伦”和“通古斯”，本身就是个草原上的民族，不是从我们部落分出去的，这样说不对。在区分定义民族的时候，当时可能一统计，在中国的版图上，可能有三个部落，都称自己是鄂温克族。可能就是因为这样的原因，就都把我们都归到一块儿了（统称为鄂温克族）。那两个是农耕，养牛羊，就是跟那个草地上的蒙古人差不多。而且我们在服装上、生活习惯上都是不一样的。我们是背枪打猎的，跟那个农耕的能一样嘛，那不一样。

问 民间故事这个传承是老人们往下讲的是不是?在咱们民间故事传说里边，有没有关于最早鄂温克人的发源的故事?

| 金雪峰 对，一代代讲下来的。因为这个民族光有语言，没有文字，都是言传身教。包括语言也是。（传承下来的）是神话故事，（关于发源的故事）没有，一般都是讲山上的神话，山神什么的，或者动物的精灵什么的，一般都是讲这样的故事或寓言什么的。

问 咱们这个民族有很多故事，都是关于一些动物，那有什么有关山神的故事吗?

| 金雪峰 应该是山里的（原因）呗。我们平时就是山里打猎的民族，就是这个意思。猎民崇敬山上所有自然的东西，动物、树、花、草。鄂温克人不崇拜山神，敬的是火神，玛鲁神[13]，信奉萨满教，供奉玛鲁神。

问 咱们是不是也有人就是信其他宗教?我看到有的撮罗子里面挂着小雕像。

| 金雪峰 有信东正教的，其实萨满教就是东正教的一部分么。玛鲁（神位）上挂圣母玛利亚、耶稣的像。撮罗子里面挂的是玛鲁神，每家的玛鲁神不一样，有萨满给你定的。

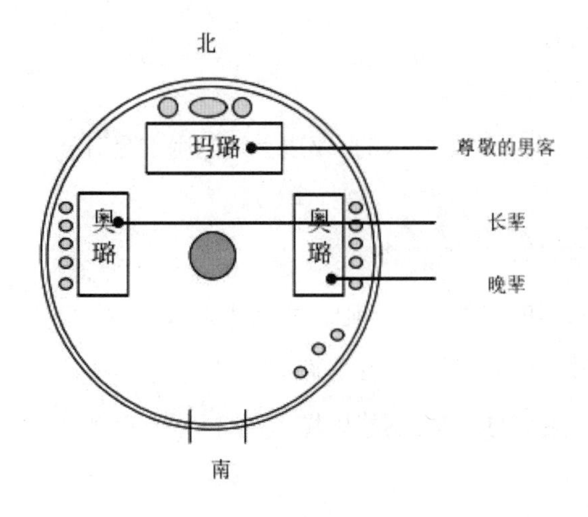

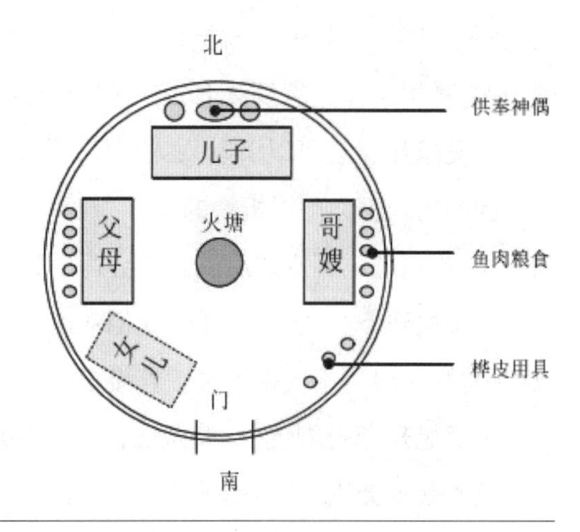

图 15 “撮罗子”内部空间划分[9]/ 图 16 “撮罗子”内部空间布局[9]

问 每家的玛鲁神不一样吗?供奉会把它挂在哪呢?

| 金雪峰 对，萨满说你家供奉什么东西，这个是你们家的玛鲁神。他指定你家的玛鲁神。指定你，说你（家的玛鲁神）是犴，你就供奉犴；说你（家的玛鲁神）是熊，就供奉熊，或者是小鸟或者什么的。（供奉神偶挂在）撮罗子的正位，正后位，对着门（图 15，图 16）。

问 想问一下您（传承）的非遗项目是什么?可以简单介绍一下吗?

| 吴旭升 是桦树皮制作技艺。具体是用桦树皮制成各种产品，6 月中旬开始扒桦树皮，扒下来就得做，放（久）了它就干了，干了就不能做了。这是我们传统的，我们民族的小伙子都会做。因为在森林里有这个环境才可以。就跟你们学英语似的，光学根本不会，必须得有环境说。现在的年轻人就都不会了。

问 这桦树皮一般都拿什么工具来做的?现在都可以来做什么（产品）?

| 吴旭升 就一个猎刀啥问题都解决（图 17，图 18）。现在很多东西都可以做，用的碗、盒、兜子都可以做。

问 除了桦树还用别的树么？

| 吴旭升 那个桦树能做盒（盛具）啥的，别的树就做房子。我们的撮罗子，是落叶松（做的）。樟松是做桦皮

图 17 剥桦树皮[8]
图 18 熟制桦树皮[8]
图 19 桦树皮船[8]

船的那个骨架（图 19）。材料不一样的，各有用途。

问 现在桦树制作还需要浸泡么，还是直接雕刻?有其他做法么?

| 吴旭升 （还可以）缝，女人们用的针线口袋，边用的是桦木的，仅边上缝的用的是犴皮，犴皮因为它软乎你可以折叠的。

问 那个桦树把它剥皮之后，它还会再生长出来是吗?长出新的需要多久呢?

| 吴旭升 对，它再长新的我们就再扒。（长新的需要）几年吧，六七年。

问 那桦树一般也不伐是不是，直接把它剥皮?剥树皮的时候有什么技巧吗?

| 吴旭升 对，剥皮，它有两层，里边还有一层保水的那层，不能破坏了，破坏了它就死了。像汉族人就不会扒（树皮），他们一扒（树）就死了。

3 总结

使鹿鄂温克族在悠久的历史长河中创造出极具特色的民族文化，其聚落空间承载着族群从古到今的集体记忆，是民族文化认同和身份建构的物质基础。但由于这些文化依附于经济形态、人口要素等，自身存续能力较弱，作为不足 300 人的微小民族，缺乏有力的文字传承，民族文化和传统聚落空间及其模式的延存十分脆弱。口述史作为代际传承、文化延存的重要纽带，在本研究中发挥着十分重要的作用，同时也为民族文化的延存留下珍贵材料。本文即基于口述史的研究方法从“人 - 自然”维度下的生存空间、“人 - 社会”维度下的生产空间、“人 - 文化”维度下的生活空间透过真实的口述访谈的“棱镜”解构了传统聚落的空间结构及组织模式，为更系统地深入研究奠定扎实基础，也为使鹿鄂温克族传统聚落“原生性”保护和“活态性保护”提供长期基础依据。

1　2020 年度黑龙江省高等教育教学改革研究项目：建筑学建筑史论课程“美育”体系的建构、融贯与实践研究（项目编号：SJGY20200224）；2020 年度哈尔滨工业大学教学发展基金项目（课程思政）

2　黑龙江四小民族：达斡尔族、鄂温克族、鄂伦春族及赫哲族。

3　渔猎民族发源于贝加尔湖附近，包括满人、锡伯人、赫哲人、鄂伦春人、鄂温克人及生活在俄罗斯境内的奥罗奇人、那乃人（都是赫哲人，即女真人的一支）、乌德盖人、乌尔奇人、雅库特、鄂罗克人、涅吉达尔人、埃文人、阿伊努人、堪察加人、爱斯基摩人、楚科奇人、科里亚克人。我国东北地区渔猎民族以鄂伦春族、鄂温克族、赫哲族为典型。

4　居住于敖鲁古雅的鄂温克人曾沿着勒拿河支流维吕河、维吉姆河游猎，并在与萨哈人长期接触过程中学会了如何驯养驯鹿，也就是现在常说的“使鹿”。D.O. 朝克：《鄂温克语研究》，北京：民族出版社，1995 年。

5　陈志宏、陈芬芳：《中国建筑口述史文库第二辑：建筑记忆与多元化历史》，上海：同济大学出版社，2019 年。

6　由国家级非物质文化桦树皮制作传承人吴旭升先生语述。

7　吕光天：《鄂温克族》，北京：民族出版社，1983 年。

8　朝克：《鄂温克族精神文化》，北京：社会科学文献出版社，2017 年。

9　内蒙古自治区编辑组：《鄂温克族社会历史调查》，内蒙古：内蒙古人民出版社，1986 年。

10　“乌力楞”是鄂温克语音译，由“乌力尔托”一词引申而来，指“子孙们”，“住在一起的人们”，通常“乌力楞”由若干有血缘关系的家庭组成，“乌力楞”是一个自给自足的基本经济单位，生产资料公有，资源按户分配。

11　“奥毛克”是驯鹿鄂温克猎民对“氏族”的称呼，是该族群绵延了上千年的基本社会单位，影响着聚落的分布，人口的交往，狩猎的区域，文化的传承等。

12　“靠老宝”是使鹿鄂温克族人用木头搭接而成的仓库，是每个“乌力楞”必不可少的固定建筑组成之一，几乎每个“乌力楞”都会在聚落附近建造若干个“靠老宝”。

13　使鹿鄂温克人将舍卧刻神（树木、兽皮制成的人偶）、舍乎神、阿隆神、熊神、乌麦神等共十二种神一同供奉，称之为“玛鲁神”。玛鲁神是“乌力楞”之神，会在每个“乌力楞”中供奉，猎民会将玛鲁神悬挂在“撮罗子”中供奉，遵从一定的供奉要求。

参考文献：

[1]　（苏联）列文 · 波塔波夫 . 西伯利亚民族志 [M]. 莫斯科 - 列宁格勒，1956:704.

[2]　杨祥银 . 当代美国的口述史学 [M]. 王俊义，丁东主编 . 口述历史：第一辑 . 北京：中国社会科学出版社，2003.

[3]　《鄂温克族简史》编写组 . 鄂温克族简史 [M]. 北京：民族出版社，2009：6-13.

[4]　（唐）杜佑 . 通典：卷一九九 [M]. 北京：中华书局，1988.

[5]　《中国少数民族社会历史调查资料丛刊》修订编辑委 . 鄂温克族社会历史调查 [M]. 北京：民族出版社，2009.

[6]　孔繁志 . 使鹿鄂温克族二元现象浅析 [J]. 黑龙江民族丛刊 ,1995(03):80-84.DOI:10.16415/j.cnki.23-1021/c.1995.03.029.

[7]　吕光天 . 解放前鄂温克族的社会经济与文化习俗 [J]. 北方文物 , 1983, (4): 57-67.

[8]　仵娅婷 . 使鹿鄂温克传统聚落空间形态研究 [D]. 哈尔滨：哈尔滨工业大学，2021.

[9]　李红琳 . 东北地域渔猎民族传统聚居空间研究 [D]. 哈尔滨：哈尔滨工业大学，2018.

[10]　满都尔图 . 鄂温克人的“乌力楞”公社 [J]. 社会科学战线 ,1981（1）: 208-216.

多视角口述历史下三线建设工业遗产基本价值梳理：以蒲圻纺织总厂为例 [1]

陈欣 黄之涵 马佳琪

华中科技大学建筑与城市规划学院

摘要：口述历史研究方法近年受国内学者关注，并广泛应用于多学科中，受访者的回忆也成为历史学与社会学领域的研究史料。工业遗产价值是近年建筑学领域学者关注的重点，口述历史的研究方法为还原历史真实性与价值研判提供了依据与参考。三线建设作为中国近代史与工业技术史重要组成部分，其建成环境、厂区形态以及社会群体均反映出不同价值，研究意义与内涵极为丰富。既有研究中价值研判多以专家学者视角出发，忽略不同社会身份对价值认知差异，多视角口述历史则为构建完善的价值体系提供更多依据并补充更新现有口述历史研究方法。

关键词：多视角口述历史 工业遗产价值 蒲圻纺织总厂

1 前言

现代口述史学研究中保罗·汤普森 [2] 指出："口述历史是围绕人民构建的历史，它给历史本身带来活力，拓宽范围，不仅允许英雄来自领袖，还允许英雄来自不被人知晓的多数平民。" [1] 通过口述历史采集不同社会身份与不同社会群体的历史记忆，能够还原特定时期的人和事。历史记忆不仅是"社会记忆"或"活的历史" [2]，更真实反映个人或特定群体情感认同、行为发生、记忆构建与社会结构、历史变迁之间的关联性。

2 三线建设与口述历史研究

三线建设 [3] 可以视作我国社会主义早期城乡建设过程中自我探索的重要组成部分，其发展演化深刻影响了中西部地区的城镇化进程，更是城乡遗产的重要组成部分 [3]。"备战备荒为人民"的思想下，先后有超过 1000 家工厂企业与相关配套设施在国内西南、西北深山峡谷中建成，其建成环境与空间具有物质、政治、经济和社会等多重属性 [4]。

2.1 三线建设口述历史研究

三线建设口述历史研究最早出现在2014年，多以具体地区[4]为研究对象，展开宽泛的概述性口述研究。2019年更多学者开始关注三线建设相关口述历史研究，胡开全等[5]以三线企业为对象展开研究；王锋[6]展开三线一代工人在单位制背景下的口述历史调研；周晓虹[7]以集体记忆与工业化为研究背景，以三线企业与工业基地为对象展开口述研究。

在建筑学领域，国内研究学者侧重探寻跨学科视角下口述历史方法的应用。如民居建筑技艺营造研究中，吴琳等[8]从历史人类学视角出发，将工匠这一群体作为口述对象。崔淮[9]等对现有建筑口述对象做出归纳，以人物传记式访谈与特定主题式访谈为主。已有成果尚未涉及口述历史方法在建筑学领域中三线建设建成遗产以及价值研判等层面的应用，该领域有待探索与深入研究。

2.2 三线建设研究的新视角

工业遗产价值是近年建筑学领域学者关注的重点，口述历史的研究方法为历史真实性的还原与价值研判提供了依据与参考。三线建设的建成遗产作为特殊的工业遗产，是中国现代史与工业技术史重要组成部分。该时期下建成环境、厂区形态以及社会群体从不同层面反映出遗产价值多样性[10]，而不同社会身份对价值认知具有差异性，研究意义与内涵极为丰富。因此，多视角口述对象的选择为口述历史研究方法提供新的视角，也为三线建设案例研究提供新的思路。

3 案例研究背景与概况

文章以蒲圻纺织总厂为研究案例，回顾其历史发展与社会变迁并梳理基本价值，以还原历史真实性为原则，构建三类代表不同社会群体的三线亲历者作为口述对象，通过口述历史研究方法进一步厘清价值构成，丰富与完善本案例工业遗产价值体系。

3.1 研究案例历史概况

蒲圻纺织总厂原名中国人民解放军第3110工厂，位于鄂湘交界的赤壁（古称蒲圻）荆泉山区，是三线建设时期中国人民解放军总后勤部为备战需要筹备的纺织面料生产基地。该厂依山就势，厂区范围达9平方千米，采用“大分散、小集中”布局（图1），马蹄形的主要道路将纺织、针织、丝织、服装、印染、热电等生产区与各生活区串联并相互分离，文教卫等设施配套也分布其中。依靠军队强有力的执行力，历时19个月建成投产，一举成为全国最大的化纤纺织联合企业，占地面积233万平方米，建筑面积达65.4万平方米，职工家属近3万人。鼎盛时期蒲纺厂曾跻身全国五百强，是湖北省首屈一指的利税大户。但随“双轨制”经济转型，蒲圻纺织总厂逐渐失去优势，最终于2004年宣布停产。

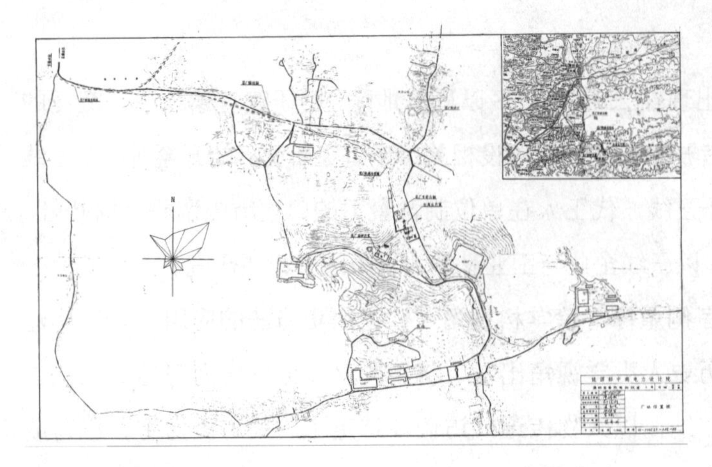

图 1 蒲圻纺织总厂总平布局

来源：蒲纺设计院档案馆

3.2 口述历史对象的选择

本文在口述访谈中，物质的内容更多关注受访者从建设过程、工艺技术、协同设计、空间统筹四个层面的历史回忆，非物质的内容则通过受访者情感记忆与建筑空间联系，进而梳理不同群体的情感价值认同。为补充与更新三线建设口述历史研究对象与方法[11]，在文章中构建决策者、建设者、使用者三类群体（图 2），经过前期充分的实地调研与大量的人物访谈，最终选取具有一定代表性的个体作为本文典型案例（表 1），通过多视角口述内容丰富并进一步解读蒲圻纺织厂的基本价值内涵。

4 口述历史回忆与内涵

经过与多名蒲纺建设亲历者的对话，从建设背景与建厂过程、技术应用与工艺流程、建筑空间与标准设计、生态应用与经济节约以及记忆空间与情感认知五个方面解读不同人物口述内容的内涵，作为口述历史下价值梳理的合理依据。

4.1 背景回忆与建厂过程

据决策者戴琰章先生回忆，蒲圻纺织总厂现址原为中南化工厂筹备处。1967 年随首批人马至此，下达征地搬迁命令并完成对基地的三通一平任务。由于基地条件得天独厚、靠山近水且隐蔽，总后与化工部交涉并征用原中南化工厂基地，于 1969 年 10 月 7 日成立 2348 第二工程筹建处，成为纺织面料生产的重要基地（2348 共设三大生产流：3101 长岭炼油厂、3102-3109 岳阳化工厂、3110 蒲

图 2 口述访谈部分人物肖像

圻纺织总厂）。蒲圻纺织总厂先后建设不同分厂并有各自代号：涤纶纺织厂（3552）、腈纶丝织厂（3553）、腈纶针织厂（3554）、3616 机械厂（3616）。

表 1 研究案例口述对象典型代表信息梳理

代表群体	社会身份	姓名	基本信息	
决策者	生产组	戴琰章	出生年月	1935 年 12 月（现 86 岁）
			籍贯	江苏南京
			教育经历	1957 于华东第二建筑工程学校（现扬州建筑工程大学）给排水专业毕业
			工作经历	1967 年分配到蒲圻筹建中南化工厂 1968 年 11 月担任 2348 第二工程筹建处生产组技术工程师 曾担任针织二厂党委书记与厂长 1979 年任湖北防止技工学校蒲纺分校校长 后任蒲纺子弟学校党支部书记 1982 年担任机械厂党委副书记 1985 年调至纺织二厂（原针织二厂）
设计者	设计师	翁新俤	出生年月	1945 年（现 76 岁）
			籍贯	福建
			教育经历	1968 年毕业于东南大学工民建专业
			工作经历	1970 年到蒲纺总厂基建处设计部 1972 年调至机械厂担任 105 基建科科长 1980 年调回蒲纺 2348 总厂设计院担任设计师 主持设计蒲纺热电厂扩建项目以及住宅、食堂、礼堂、托儿所等多种建筑类型设计建造
使用者	纺织工	金桂芬	出生年月	1956 年（现 65 岁）
			籍贯	江苏
			教育经历	初中毕业
			工作经历	1970 年随父母从郑州国棉三厂迁至蒲纺总厂 初中毕业后在纺织厂从事检验工作 2006 年退休

1969 年蒲纺招揽大批工人参与建厂，厂内实行部队管理模式，统筹集体建设活动。同年末建热电厂，作为动力站满足总厂水热电供应链需求，1979 年部分扩建，并分别设计热厂与电厂。据建设者翁新俤先生回忆，扩建后热电厂涵盖 4 个车间、5 台锅炉、3 台汽轮发电机组以及厂区门口冷却塔，建有铁路专线配合热电厂煤炭原料运输，规模极大。

4.2 技术应用与工艺流程

纺织行业专业性极强，生产设备的性能直接影响产品质量，需要决策者掌握专业技术与工艺流程、使用者对操作流准确熟练，更要求设计者在厂房及相关配套设施设计中做到工艺先行、二者并举。蒲纺建厂与生产过程中，真实地体现并还原了此产业在技术与工艺的多方协同。

蒲纺建厂初期要求使用最新研究成果与技术最先进的国内生产设备，成立专门生产小组并前往上海轻纺工业中心学习。“我们当时主要任务有三项，配合设备选型、配合设计院设计厂房和工艺、联系同行业厂家测试新设备工艺，”决策者戴琰章先生回忆道，“经过不断研发与测试产品参数，我们共同研制出可以生产混纺的 A186 梳棉机。”A186 梳棉机的研发与投入使用为蒲纺生产三元混纺布（代号 503317）提供了最佳的生产性能与条件，

图 3 蒲圻火车站

来源：书籍《代号 2348—从三线建设到国企改革》[13]

其他分厂机器设备的研发改进也都是在全国各机械厂的协助下完成的[12]。

生产小组不仅需要确定各厂设备选型，同时熟悉了不同工艺流程的操作顺序，编制成指导手册，返厂后培训厂内工人集体学习。根据纺织厂第一代女工金桂芬女士回忆，不同工序分别由单独车间操作完成，纺织厂共有八个车间，分别承担前纺、粗纱、细纱、准备（捻线、梳理、团线、整经）、织布、修布、整理、机修等功能。各车间工作相对独立但需相互配合，最终完成的成品运至各分厂或通过蒲圻火车站到其他地方印染军布（图 3）。

在与设计者也是建设者的翁新俤先生访谈中进一步了解到工艺与技术配合的重要性以及“工艺先行”的设计理念。除纺织专业设备的特殊性，热电厂同样需要工艺设计人员给定具体设备数据后才能进行厂房设计，进一步确定厂房不同区域占地面积与空间高度。如热电厂二、三、四层储存设备罐，此处楼板加厚以增强其荷载能力，内部空间隔断墙根据设备大小以及空间使用需求确定。此外标准化预制构件模数与尺寸也需要专门制作，热电厂柱间距为 6.5 米，是配合设备型号经过计算后最合适的跨度（图 4）。

4.3 建筑空间与标准设计

工艺先行原则贯穿结构到平面设计全过程，在纺织类、化工类厂设计中尤为重要。蒲纺设计中厂房结构与空间设计需要做到与设备、纺织工艺设计的协调统筹（图 5，图 6），纺织专业根据设备型号向水电气等专业提条件，且设备型号不同直接影响管道走线、工厂占地面积以及建筑结构柱跨。因此建筑设计后行，在满足各种温度湿度要求控制且包含所有设备管线工艺基础之上完成最后的设计。

设计与工艺协同进行时两方需求不同，目标一致但考虑角度不同，会在设计过程中产生矛盾，建筑方优先考虑资金，工艺方优先考虑效率，经过协商后达成多方共识的改善建筑空间设计方案。纺织厂为封闭式，灰尘对工人伤害较大，内部采用较强空调系统；后来丝织厂采用锯齿形天窗，既有阳光照射同时带来空气对流，设计中的人本主义精神体现更多。

标准化设计除与工艺设计联系紧密，标准设计图集的参考与实地参观也是辅助设计的重要部分。据翁新俤先生回忆，热电厂建设参考的原型与技术图纸是湖南怀化热电厂以及类似的厂房图纸集，工艺设计也有相应的标准化图集供工艺设计人员参考。在与第一代纺织女工金桂芬女士访谈中同样了

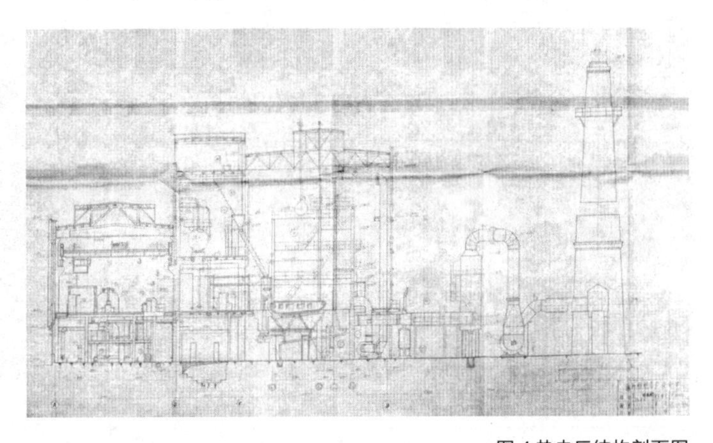

图 4 热电厂结构剖面图

来源：蒲纺设计院档案馆

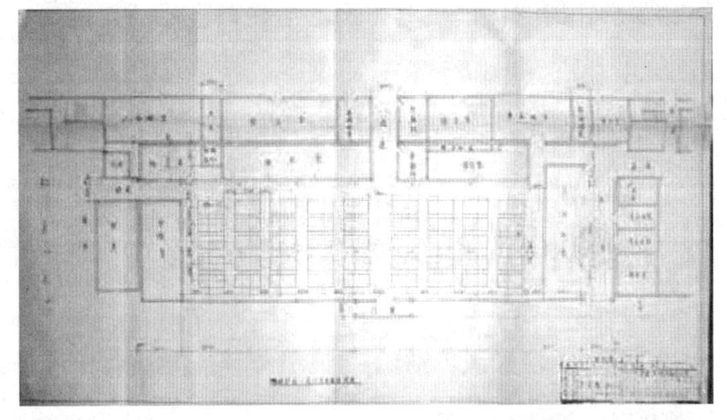

图 5 纺织厂扩建一层平面

来源：蒲纺设计院档案馆

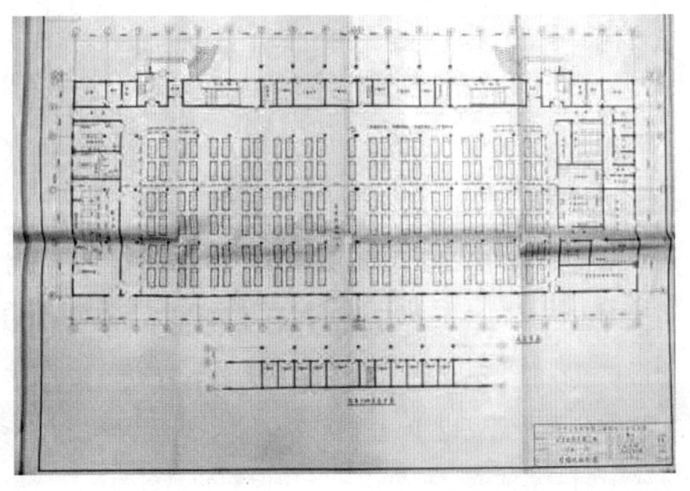

图 6 针织厂经编机平面排布图

来源：蒲纺设计院档案馆

图 7 热电厂厂区外设冷却塔鸟瞰图

来源：书籍《代号 2348—从三线建设到国企改革》

解到，生产前需要参观其他厂运行模式，厂房高度、通风、内部温度、湿度都需要达到一定要求才能够保证机器的正常运转与产品质量的达标率。

4.4 生态应用与经济节约

三线建设项目多为重工业，资源、能源消耗量巨大，蒲纺以纺织为生产主线，但热电厂为全厂正常运转供能，配备一系列大功率运作机器，能源耗费巨大，能源的节约也因此成为一大亟待解决的问题。而蒲纺在利用自然生态节约能源方面做出了示范性表率，是蒲纺集体智慧的体现。

"热电厂冷却塔（别称：101 冷却塔）放置在厂区外是有特殊原因的——冷却塔与纺织工艺相关，能够帮助车间保持恒定温湿度，"建设者翁新俤先生在访谈中提到（图 7）。建厂经费有限，无法同时满足所有车间安装大功率空调。基建处人员经试验发现泉门口山洞、山后山洞以及朝阳坪山洞相互联通，内部环境稳定，具备天然冷却管道的条件。因此经过工艺设计与施工方案的确定，架设管道于此，形成自然与工厂之间的冷却循环系统，有效解决工厂夏天大规模降温的问题。将生态与技术结合一体进行统筹设计对当时和今天同样具有重大的社会经济意义，帮助工厂节约的成本难以估量。

4.5 记忆空间与情感认知

不同身份的亲历者对蒲纺的记忆空间有一定的区域性，其情感认知与认同度也有不同。访谈中重点面向决策者与使用者两类群体，决策者戴琰章先生最强烈的情感记忆概括为两句话："我们'白干了'，但是我们没有'白干'。"蒲纺在社会主义大协作过程中形成，在社会各界力量帮助下建立起来，作为一所大学校为社会培养了各路高素质人才，是所有蒲纺人的自豪所在，也是三线建设时期的"风向标"。虽然蒲纺的衰退让亲历者倍感惋惜，但蒲纺一度跃身全国五百强的自豪感与成就感永远与蒲纺人共存。

蒲纺第一代女工回忆中，生产车间是记忆中最深刻的。作为一名“单位人”的辛苦与自豪并存的复杂情感与车间息息相关，而集体生活中的集体活动与六米桥影剧院形成了不可分割的联系。蒲纺人也是“单位人”，在“单位社会”下的生产与生活给予了他们极为深刻的情感记忆。

5 基于口述历史的价值梳理

徐苏斌教授指出，工业遗产的核心价值在于技术价值，因此应建立技术价值为主导，其他价值为辅的分级体系[11]。而著名经济学家大卫·特罗斯比（David Throsby）[14]以经济学视角提出文化遗产的四种资本，其中文化资本包含文化价值与经济价值，在工业遗产价值评价中对应本体价值评价与再利用性评价[12]。

蒲圻纺织总厂作为纺织类工业，生产纺织布料类型丰富，工艺流程完整，从厂房空间、建造技术等方面均体现出其特殊性。三线备战背景下采用因地制宜、就地取材的方式，本土性建造技术与材料的选择也体现当时的建造技术。蒲圻纺织总厂的兴衰历程是三线建设的缩影，作为三线建设典型案例，是具有研究与保护的意义的工业遗产。因此本研究案例价值梳理以技术价值为主导，通过上一章节多角度口述历史材料辅证，形成历史、科技、工艺、艺术、情感、社会等文化价值与经济价值并行[15]的基础框架（图8）。对基本价值的分级与分析既为后期价值体系的构建与评价提供基础研究，也为遗产保护策略提供指导意见。

5.1 文化价值

1）历史价值

蒲圻纺织总厂的成立过程与建厂历史映射了湖北地区在三线建设时期取得的历史成就，推动了地方城市经济发展（图9）。庞大复杂的纺织工业不仅体现三线企业发展史，社会变迁与企业改制历程中承载的历史背景、历史事件、历史人物等均是该厂在工业化与现代化进程中的反映。

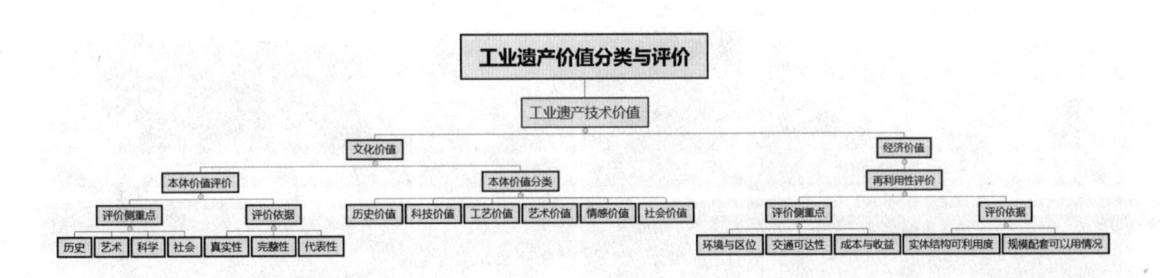

图 8 工业遗产价值分类与评价基本思路

来源：根据徐苏斌[16]研究内容自绘

2）科技价值

热电厂是蒲纺总厂重要厂房类型之一，采用预制槽型板、预制梁柱、预制钢桁架等形成钢筋混凝土大跨工业空间（图 13），是这一时期工业化预制技术实际应用的典型案例，反映当时较高建造技术水平。而除厂房空间，冷却塔、烟囱、除尘器等构筑物体量巨大，创造性地采用花岗岩砌筑，独特的建造方式与标志性的工业构筑物亦形成特色空间（图 12）。

3）工艺价值

纺织类工厂核心技术价值在于工艺流程，生产过程中从原料到成品的各项工序安排，包括生产原理、设备连接顺序和运行参数等[11]，生产厂房作为承载工艺流程与工艺设备的构筑物，间接体现工艺价值。蒲圻纺织总厂包括纺织厂、丝织厂、针织厂、印染厂、热电厂等分厂（图 10），工艺先行原则下体现了工艺技术协同设计过程与厂房空间和设备之间的统筹安排。

4）艺术价值

蒲圻纺织总厂建设基于三线建设对苏联建造模式的学习与本土化再创造，在先生产后生活、实用主义、因地制宜的思想背景下，形成干打垒住宅、工人俱乐部、公共食堂等具有代表性的建筑类型。这一时期建造思想与模式影响工艺材料的选择与建造技术的使用，进而体现在建筑外观，形成山区独特的工业景观，代表当时社会的艺术审美。

图 9 住宅区 / 图 10 厂区 / 图 11 热电厂

图 12 除尘器 / 图 13 结构 / 图 14 展览

5）情感价值

三线建设是政治意志影响下集体形制在物质、经济、政治、社会等层面的反映，因此建成空间与环境具有多重属性[4]。蒲圻纺织总厂是集体主义与社会协作的结果，“蒲纺人”作为该时期形成特定的社会群体，涵盖不同社会身份、承担不同社会责任，既是亲历者、也是建设者、更是历史变迁的见证者。他们参与工厂从无到有、由弱到强的建设，见证纺织企业的兴盛与衰落，群体情感价值在这一过程中汇聚为“三线精神”（图 11）。

6）社会价值

蒲纺成为三线建成工业遗产，三线社会集体主义与时代精神内涵以建筑空间与建造技术等为载体得到呈现与延续。通过建立档案库并展开工业遗产的研究，向社会展示三线建设并传承三线精神，提高公众认知与参与度，将遗产保护作为一项社会活动，为三线建设的保护、活化、再利用贡献力量（图 14）。

5.2 经济价值

三线建设不仅是工业迁移，还是中国社会经济建设运动。而工业遗产再利用性评价中更侧重经济价值研究，体现在建成环境、交通以及经济成本与市场收益等方面。在经济学领域提出的四种资本[17]中，自然资本是自然提供的可更新与不可更新的资源存量，包括调节它们存在与使用的生态过程[13]。且国内工业遗产保护有中国独特的土地权属问题，1949—1978 年之间城市土地归国家所有，但后来土地出让政策的出台导致了土地经济价值与其上工业遗产经济价值之间的巨大差异，增加工业遗产保护的难度。

蒲圻纺织总厂的选址与交通可达性具有地理优势，企业发展带动地方经济发展，热电厂制冷系统的建造利用自然环境生态效应，在当时从不同层面实现了三线时期“多快好省”的建设要求，且目前部分厂区结构保存完整，未来具有较强再利用性，从自然资本与国土空间角度出发，其经济价值不可忽视。

6 结论

文章通过空间组织、生产方式、人物记忆等内容阐释蒲圻纺织总厂作为“社会与思想凝聚器”的意义：承载蒲纺人“三线精神”、记录社会主流价值取向、展现三线社会集体意志。口述历史记忆的过程是口述者回忆经历并逐渐趋同所在群体价值的过程[12]，受访者因社会认同意识与从众心态而以群体价值观念去校正自我的价值认定，不同身份以及不同社会群体的记忆对历史真实性的还原度更高。因此多视角口述历史作为本文案例研究重要的研究方法，可以更加全面、直观地了解当时的生产生活，尽可能还原历史真实性，为判断基本价值与丰富内涵提供有力的辅证，从而帮助研究者后期构建完善的遗产价值框架与评价体系。而构建多视角口述历史对象以及将三线建设作为口述历史研究范畴为该领域研究方法与研究对象做出了更新与补充。

1　国家自然科学基金面上项目（项目编号：51778252）

2　保罗 · 汤普森（Paul Thompson），英国埃塞克斯大学社会学教授、英国图书馆国家声音档案馆国家生活故事收藏部创始人和英国口述历史学会官方刊物《口述史学》创办者。

3　基于 20 世纪 60 年代对国际形势的判断和战备的需要，中国于 1964 年在西南等内地开始大规模的国防、科技、工业和交通基本设施建设，称为三线建设。

4　2014 年至 2019 年，先后有学者以上海、安徽、贵州、六盘水、成都等地为例展开三线建设口述历史相关研究。

5　见参考文献 [5]，作者通过口述历史研究方法以成都三线企业为研究对象，深入了解三线建设用地开发、脱险调迁等问题。

6　见参考文献 [6]，作者以单位制背景为口述对象的选择前提，将三线一代工人以移民身份定义，通过口述方式研究当时社会情感认同。

7　见参考文献 [7]，作者通过洛阳与贵州三线建设基地工人口述回忆梳理新中国工业化进程中集体记忆建构逻辑并揭示命运共同体下工业化叙事历史意义。

8　见参考文献 [8]，作者着眼于探讨建筑营造技艺工程实践性，并从历史人类学视角出发，以少数民族地域文化为背景，建立基于历史观的民族工匠口述史。

9　见参考文献 [9]，作者基于中国当代建筑理论研究对建筑学领域口述历史方法做出研究。

10　三线建设建成遗产既有研究中，谭刚毅教授应用工业考古学方法梳理工业遗产为主题的文化线路、建成环境遗产、工业遗产、建筑景观等核心物质文化遗产以及相关非物质文化遗产，形成全面综合性价值认知研究，见参考文献 [10]。

11　三线建设研究范畴中，通常选择的口述历史对象倾向于建设时期重要代表或典型人物，如建筑师或企业领导。专业化的视角有助于了解更多建筑空间与建成环境历史信息，也忽略了不同身份个体或群体不同的价值认知。

12　上海二纺机厂生产袜机和 A511 型布机，上海七纺机厂生产经编机、经轴机，上海印染机械厂生产热定型机、经轴打卷机、经轴染色机，山西榆次经纬纺机厂生产 A512 型细纱机，青岛纺机厂生产 A272 并条机、A453 粗砂机，郑州纺机厂生产 A186 型梳棉机（见附录口述材料）。

13　该书由三线二代王老建通过拜访多位 2348 厂一代老人，整理编写，是一本蒲圻纺织总厂历史回忆录。

14　大卫 · 特罗斯比（David Throshy）在《经济学与文化》一书中提出经济学家可以运用经济学方法与工具对文化现象或文化遗产进行分析，引起了经济学领域对文化遗产价值问题的关注。

15　见参考文献 [12]，《实施 < 保护世界文化和自然遗产公约 > 的操作指南》是缔约国践行《保护世界文化和自然遗产公约》的根本依据和有效工具，具有随世界发展、理念变化而进行修订的特质。

16　徐苏斌教授带领天津大学建筑学院工业遗产研究团队，该团队基于学界对工业遗产价值评论三个争论焦点——经济价值认识问题、评价方法合理选择问题、评价流程问题——对工业遗产价值进行梳理，见参考文献 [12]。

17　经济学领域四种资本包括物质资本、人力资本、自然资本以及文化资本（由 David Throshy 提出）。

参考文献：

[1] 杨祥银 . 口述史学 : 理论与方法——介绍几本英文口述史学读本 [J]. 史学理论研究 , 2002, (4): 146-154.

[2] 杨秋濛 . 基于记忆理论研究的口述历史采访方法 [J]. 图书馆理论与实践 , 2020, (5): 31-35.

[3] 徐利权 , 谭刚毅 , 万涛 . 鄂西北三线建设规划布局及其遗存价值研究 [J]. 西部人居环境学刊 , 2020, 35(5): 109-116.

[4] 谭刚毅 . 中国集体形制及其建成环境与空间意志探隐 [J]. 新建筑 , 2018, (5): 12-18.

[5] 胡开全 , 王媛 ."成都三线企业口述史" 征集中以环境问题为中心的几点思索 [C]//2019 年全国青年档案学术论坛论文集 , 北京: 中国文史出版社 , 2019: 245-250.

[6] 王锋 . 单位制背景下第一代工业移民的身份认同 [D]. 东北师范大学 , 2020.

[7] 周晓虹 . 口述史、集体记忆与新中国的工业化叙事——以洛阳工业基地和贵州 "三线建设" 企业为例 [J]. 学习与探索 , 2020, (7): 17-25.

[8] 吴琳 , 唐孝祥 , 彭开起 . 历史人类学视角下的工匠口述史研究——以贵州民族传统建筑营造技艺研究为例 [J]. 建筑学报 , 2020, (1): 79-85.

[9] 崔准 , 杨豪中 . 中国当代建筑理论研究的口述历史方法初探 [J]. 城市建筑 , 2019, 16(2): 176-179.

[10] 谭刚毅 , 高亦卓 , 徐利权 . 基于工业考古学的三线建设遗产研究 [J]. 时代建筑 , 2019, (6): 44-51.

[11] 闫觅 , 青木信夫 , 徐苏斌 . 基于价值评价方法对天津碱厂进行工业遗产的分级保护 [J]. 工业建筑 , 2015, 45(5): 34-37.

[12] 于磊 , 青木信夫 , 徐苏斌 . 工业遗产价值评价方法研究 [J]. 中国文化遗产 , 2017, (1): 59-64.

[13] 徐苏斌 , 青木信夫 . 关于工业遗产经济价值的思考 [J]. 城市建筑 , 2017, (22): 14-17.

附：蒲圻纺织总厂建设记忆——三线建设亲历者访谈记录

受访者简介

戴琰章

男，1935年12月生，江苏南京人。6岁丧父。1957年华东第二建筑工程学校（现扬州建筑工程大学）给排水专业毕业，分配到太原化工厂。经业余大学自学五年获本科学历，后调到化工部第二设计院，1959年入党。1967年到中南化工厂（后来的2348工程部第二筹建处，即蒲圻纺织总厂），为最早一批“老中南”。1968年11月任技术员，1970年1月赴上海学习3年针织技术，成为经编技术工程师，任针织二厂党委书记兼厂长。后赴香港学习。1979年，任湖北纺织技工学校蒲纺分校第一任校长，后在小学-高中子弟学校任支部书记。1982年，任机械厂党委副书记，同年11月机械厂变更为印染厂后，又从印染厂调至纺织二厂（1985年后，由针织厂转成）。

采访者：陈欣，黄之涵，邓原（华中科技大学建筑与城市规划学院）

文稿整理：陈欣，黄之涵，邓原（华中科技大学建筑与城市规划学院）

访谈时间：2021年11月12日

访谈地点：湖北省赤壁市蒲圻纺织总厂旁的住宅楼

整理时间：2021年11月14日整理，2021年11月20日定稿

翁新俤

男，1945年生，福建人。1963—1968年就读于东南大学工民建专业；1968年底毕业分配到南京附近部队农场；1970年与两三名同班同学一起抽调到蒲纺2348总厂；1972年左右调到105机械厂担任基建科长，负责热电厂厂房设计；80年代机械厂完工到总厂担任设计师，参与住宅、食堂、礼堂、托儿所等多种建筑类型的设计与建造；曾任蒲纺设计院院长、2348工程设计师。

采访者：陈欣（华中科技大学建筑与城市规划学院）

文稿整理：陈欣（华中科技大学建筑与城市规划学院）

访谈时间：2021年7月7日

访谈地点：蒲纺设计院二楼办公室

整理情况：2021年7月15日整理，2021年8月6日定稿

金桂芬

女，1956年生，江苏人。1970年随父母到蒲纺支援三线建设（父母原在郑州国棉三厂工作），初中学历，在蒲纺纺织厂从事检验工作，属于蒲纺纺织厂一代工人，2006年退休。

采访者：李登殿（华中科技大学建筑与城市规划学院）

文稿整理：陈欣（华中科技大学建筑与城市规划学院）

访谈时间：2021年11月11日

访谈地点：六米桥三食堂（103食堂）门口

整理情况：2021年11月14日整理，2021年11月20日定稿

审阅情况：未经受访者审阅

访谈背景：曾担任蒲圻纺织总厂的决策者戴琰章作为最早参与建设的人员，经历了艰难的建设初期到繁荣发展的兴盛期再到最后的衰败期，在其视角下解读当时的历史文化内涵有着重大意义。经蒲圻纺织总厂基建处的工程设计师翁新俤回忆当时的建筑设计与建设情况，以了解特殊时期下的设计流程与建筑工艺技术。一代工人金桂芬回忆了三线时期其工作与居住生活情况，感受“艰苦创业、团结协作、勇于创新”的三线建设精神。

陈欣 以下简称陈

戴琰章 以下简称戴

邓原 以下简称邓

黄之涵 以下简称黄

翁新俤 以下简称翁

李登殿 以下简称李

金桂芬 以下简称金

生产组——决策者

陈 您当时是怎么来到蒲圻纺织总厂这边，这个厂是怎样建起来的？

丨**戴** 我们有一百多人是1967年一起来这里，来的时候这里还是中南化工厂筹备处，所

以我们应该是最早的一批人。我们主要从两个地方来：山西太原化工厂和甘肃兰州化学工业部第二设计院。筹建中南化工厂也是三线建设，当时我们几乎不参加社会活动，只顾建厂。建化工厂也是搞备战物资，因为天然橡胶不够用，所以做异戊橡胶[1]和顺丁橡胶[2]供应军需。后来中南化工厂没有建成，但初期搞征地搬迁，已经完成三通（通电、路、水）一平。后来总后勤部看上了这里，因为这里靠山（荆泉山）近水（陆水湖）扎大营[3]，符合当时靠山分散隐蔽的原则，总后就和化工部交涉，于1969年10月7日苏联革命节[4]把这个地方交出去了，正式建立2348第二工程筹建处。

陈 您能详细一点告诉我们，蒲圻纺织总厂具体的建厂顺序和相关信息吗？

|戴 一开始搞了五个厂，最先建立起来的是纺织厂，当时叫中国人民解放军第2348工程指挥部第二筹建处第一大队。纺织厂生产三元混纺布，这个布料是咱们厂技术人员自己研发出来的。第二大队主要生产人造毛皮，人造毛皮比较轻，可以减轻军队负重。第三大队生产雨衣绸，第四大队生产经编蚊帐。当时我们国家经编机没有比较完整的，只有上海有几台进口的经编机，但是噪声很大，产品质量并不高。所以在上海第七纺织机械厂专门设立一个部门，为我们厂研制出第一部比较完整的国产经编机，叫Z303经编机。第五大队就是搞机修的。因为有这么多厂，当时在全国范围内都算规模大的，并且蒲圻纺织总厂曾经是我们国家的500强[5]。除了生产厂，也有动力厂、自备电厂、水厂，所以第六大队就是搞水电气的，也是现在的热电厂。但在建厂时，总后考虑到人造毛皮遇火会与皮肤粘连，就取消了第二大队人造毛皮厂，又建了针织二厂。

陈 当时三线建厂都有专门的代号，蒲纺的各个厂代号是什么？

|戴 从中南化工转为2348后，生产流是这样的，石油冶炼后部分产品作为化工原料生产化工，然后到第三步纺织面料生产，三个大厂分别是3101长岭炼油厂、3102—3109岳阳化工厂、3110蒲圻纺织总厂（也叫2348第二工程筹建处）。各个分厂又有代号，3552涤纶纺织厂（一大队）、3553腈纶丝织厂（三大队）、3554腈纶针织厂（四大队）、3616机械厂（五大队）。

邓 您原是“老中南”，应该对口化学专业，纺织的专业性极强，您是如何掌握纺织专业相关技术和工艺内容的？

|戴 我原来在太原化工厂党委办公室干过，是管理生产的生产干事。后来去上海学习的时候，作为纺织厂第二车间处生产组的技术员，统筹管理所有的设计。从中南化工厂变成中国人民解放军第二筹建处的第二天，首长就让我去上海学习，包括工厂设计、设备设计以及工人培训。当时工厂有规定，所有设备必须都是国产的，不能是进口的，因此要自己设计。

邓 当时您去上海的主要任务是什么，都有哪些设计院或者研究所参加?

丨戴 当时总后下达命令要用最新研究、最先进的国产设备，所以主要任务有三个：配合设备选型、配合设计院进行厂房和工艺设计、联系同行业厂家进行新设备工艺实验。基础设备的选购由北京合成纤维研究所负责，这是当时唯一一家专业研究所。设备选型要联系纺织设计院并确认设备清单，然后交至纺织部机械司，专业设备交由纺织厂下单生产，通用设备由机械部生产。由于轻纺工业的中心在上海，所以建立专门生产小组在上海订货，基本上都属于标准化产品。

邓 在当时的建设条件下，国内自主生产设备有一定难度，从设备选型到最终生产是怎样完成的?

丨戴 首先是纺织专业人员进行工艺流程设计，包括清花、梳棉、并条、粗纱、细纱……一系列的生产过程；其次进行初步的设备选型，设计人员会前往全国各地的纺织厂进行考察学习与资料收集，挑选出最优的、最适合的设备，将设备使用生产方法编写成指导手册，培训工人上岗。我们生产小组的主要任务是测试成品参数稳定性和确定工艺。原来梳棉机是纺织部设计院设计的，叫柏拉图[6]，斩刀剥棉灰尘大，生产效率不是很高。后来了解到国棉一厂用的是A185梳棉机，但是它处理纯棉，产量速度在20公斤，比柏拉图的7公斤产量高多了，在当时国内属高产，但在世界水平看还是落后的。我们开始试验纯棉的A185能不能搞混纺，还把上海国棉二厂和国棉十五厂的总工程师请过来一起搞实验，也请青岛纺织机械厂升级A185，最终成功制造出A186梳棉机，所以纺织厂后来开始用A186的梳棉机。针织厂用的Z303经编机也是历经11种设备研究来的，由上海第二纺织机械厂（简称二纺机）生产袜机和A511型布机，上海第七纺织机械厂（简称七纺机）生产经编机、经轴机，上海印染机械厂生产热定型机、经轴打卷机、经轴染色机，山西榆次经纬纺机厂生产A512型细纱机，青岛纺机厂生产A272并条机、A453粗砂机，郑州纺机厂生产186A/C型梳棉机。针织厂是全国最早一家集全国各种先进设备的大厂，全国各地纺机厂与机械厂都帮助我们生产设备。

黄 因为纺织的专业性很强，厂房在结构与空间设计时如何与设备、纺织工艺设计协调?

丨戴 那时候，尤其像纺织类、化工类厂，要遵循工艺先行原则，设备是根据纺织工艺布置的。纺织专业根据设备型号向水、电、气等各个专业提条件，工艺是龙头。设备型号不同，管道走线、工厂占地面积、建筑结构柱跨也不一样，每道工序的生产车间对于温度、湿度的要求也不同。所以建筑是最后一步，厂房需要把设备都包含进去，并且需要满足设备对温度、湿度的控制要求。设计院设计厂房要看每个机器的占地面积，每个机器的单产，每个工序的看台率，不光化工的机器，纺织的机器整个工序都是机器，不只是纺织的设计，其他工厂的设计也是类似的。

纺织厂建筑设计是中国纺织工业设计院完成的，丝织厂由华东工业建筑设计院完成，针织厂由上海纺织设计院完成，而且后两家设计院兼该厂的工艺设计，建筑与工艺协同完成。但是工艺与设计需求不同，设计院要节省（建设）资金，而工厂工艺方面要考虑生产方便与生产效率，虽然目标一致但考虑角度不同，便会产生矛盾。比如设计院希望走廊窄一点节省面积，工厂则希望走廊宽一点，工人工作比较方便；设计院希望工厂是封闭式的，用空调来控制温湿度，工厂则希望通透一点，室内与室外的空气可以对流。最后经过协商（双方）达成妥协，封闭式的纺织厂由于灰尘大，对工人的伤害很大，但对空调系统比较有利，因此丝织厂采用锯齿形的天窗，既可以有阳光照射，又能带来空气对流。

黄 您在蒲纺这么多年，作为一名决策者与统筹者，能否谈谈感受？

|戴 我在这里五十多年，感受就是两句话。第一，我们白干了。在这里艰苦建厂，大家都没有怨言，艰苦奋斗，到最后白干了。第二句话，我们没有白干。不管怎么样，我们把这个工厂建立起来以后，曾经给国家作过很大的贡献，在为国家作出的贡献里有我们每个人的汗水。蒲纺总厂是在社会主义大协作的过程中形成的，蒲纺人是一个方面军，并且整个蒲纺是社会各界力量帮助下建立起来的。设计院设计、机械厂专门生产设备，一万多名职工是其他工厂为我们培训的，经编机都是原来河北、石家庄、河南、上海各地的针织专家汇聚在一起，甚至在全国进行调查研究，经过不断试验才成功的，所以说它是在社会主义大协作的过程中建立起来的。蒲纺还是一所培养高素质人才的大学校，很多人没有上过会计、纺织学校，但都成了各行各业的专家，所以蒲纺人“身怀技艺走四方，走到哪里哪里香”。蒲纺这个社会主义大学校为社会培养了各路人才，蒲纺人是一个顾全大局的群体。

黄 关于这里，您印象最深的记忆点是什么？

|戴 记忆最深的就是我们厂建成和跻身全国五百强的时候，那是最愉快、最有成就感的时候。后来当我们丝织厂（生产）的丝绸变成五星红旗飘扬在天安门广场的时候，感到无比自豪。在京广铁路沿线，我们建起了一个很好的工厂。

基建处——设计者

陈 热电厂是您主要设计的吗，能否具体讲讲如何建立的？

|翁 热电厂是蒲圻纺织总厂为了满足水、热、电（供应）自己修的动力站，1969 年末建厂，占地面积大约 139 亩（9.27 公顷）。1979 年，对热电厂进行扩建，我当时负责其中部分设计。热厂和电厂是分开设计的，扩建之后热电厂一共有 4 个车间、5 台锅炉、3 台汽轮发电机组，

还有厂区门口的冷却塔，规模非常大。还配合热电厂建了一条铁路运输煤炭等原料。2004 年，蒲纺停产关闭后热电厂也停产闲置，铁路也被拆除了。2009 年热电厂正式关停。

陈 热电厂设计也遵循工艺先行、协同设计的原则吗?

| 翁 在建设热电厂的时候也是有工艺、设计、结构几个部分的。工艺这部分是清华大学的专业人员搞，搞汽机设备的是原来华中工学院的，就是现在华中科技大学的老校友。当时这里设计人才都是专业对口的，哪一块专业就搞哪一部分设计。

陈 热电厂属于技术比较高的重要生产厂房，您设计的部分是如何实现技术配合的?

| 翁 因为前几年我们刚来，初生牛犊不怕虎。当时大多数都是厂里基建科来建设的，也没什么特殊人才，所以从各分厂中抽调基建科的人才来建设热电厂，包括设计、工艺、结构和水电。当时也参观了其他厂，我们参考的原型是湖南怀化的热电厂，边学习边建设自己的热电厂。后来把热电厂搞起来的时候，技术是比较难的点，开始试车时不过关，玻璃都被震碎了，我们以为是工厂建造出了问题。结果工地说不是建造问题，是因为汽机旋转要把振动频率调整合适才能安全运作，稍稍差一点就会有很厉害的震动。

当时我和另一个副处长一起负责热电厂设计，他负责土建方面，我负责设计方面，设计左侧的厂房，同时也有工艺的配合。厂房建设的时候，结构性构件用预制件或者混凝土现浇，梁柱、楼板是预制吊装的，屋顶的桁架是混凝土（预制）的。柱间距都是六米五，不是六米六（建筑模数），都是配合设备型号经过计算之后（选择的）最合适的跨度，标准件是专门制作的。厂房中间部分楼板厚度也不一样，根据生产空间和使用性质会有变化，大部分楼板是后来加的。

陈 内部空间楼板厚度不同，柱跨模数也很特殊，应该也是配合了工艺流程。那在这个厂设计时，技术和工艺是如何协调的?

| 翁 原来厂房里面二、三、四层会放设备。比如，在储存设备罐的地方楼板就会厚一点，这里（要求）承重能力强，换罐子和放罐子都在这里。内部空间隔断墙也是后来根据设备大小和空间使用需求与功能才加的，我们厂房内部具体设计都是要看设备的。而且我们当时也是三个不同负责人完成热电厂不同部分的建造，设计、工艺、土木施工之间都要相互配合，大家一起在大房间里搞设计，互相之间有不明白的地方马上可以问清楚，修改调整。但是我们的设计要先从工艺设计人员那里得到初步的设备数据，再来设计宽度、高度，那时候工厂都是工艺先行，工艺确定这块需要多少面积，要多高。

陈 当时工艺设计协同进行的时候，除了参观其他厂区，有参考哪些标准化的图纸吗?

| 翁 会有工艺制图的图纸集，我们搞建筑设计的不太能看得懂工艺制图，但是团队里

有专门的工艺设计人员和安装人员。每个团队里面都是（从）整个基建处的生产组、工艺组抽调人手，当时人才还是有一些的。大家都坐在一起，说是什么问题需要改哪儿，然后讲定了再调整。

陈 热电厂在建造的时候会有大功率的运作机器吗，如何解决当时能源耗费大的问题呢?

｜翁 我们在热电厂外面放了冷却塔，没有（把它）放在厂区里是有原因的。放冷却塔是纺织车间有工艺要求，必须要保持恒温、恒湿，但是当时没有那么多钱集中做大功率空调。后来恰好基建处工人张存身发现泉门口[7]有一个山洞，一直连着大山背后另一个山洞，桃花坪靠近朝阳坪的山腰上也有一个山洞。工人张存身等基建小组成员就在想这些山洞是不是连通的，所以做了一个实验，带很多染料上山，投到朝阳坪的山洞的溪水里。在泉门口山洞也有一组人在观测，十几分钟后发现清澈的泉水变成红色的了，证明了这些山洞之间确实是连通的。基建处得到这个消息非常高兴，再次带队探底，发现这个山洞可以当作天然的冷却管道，工艺组的曹哲民带头绘制工艺图与施工方案，基建处马上动工架设管道、安装水泵，把泉水引到工厂里，就这样形成自然和工厂之间的冷却循环系统，相应也配备了制冷装置。这里建立起来的冷却塔也叫作“101”冷却塔，而且为了防止冷气流失，工厂把涵洞半封闭遮盖住了。工人在夏天炎热的时候还会来涵洞边乘凉。

陈 您觉得自然涵洞与工厂结合形成的制冷系统的价值体现在哪里?

｜翁 “101”涵洞的冷源和当时我们有限的工业制冷条件结合起来非常有效地解决了工厂大规模的夏天降温问题，这是我们蒲纺人共同的智慧与努力。今天你们去看泉门口山洞的水还是18℃，水量也非常恒定，在当时来说经济价值非常大，三十多年来帮助工厂节约的成本是难以估量的。后来我们也努力给热电厂和冷却塔申报历史文化建筑，以“蒲纺电厂遗址”的名义顺利确定为赤壁市第一批历史文化建筑。

纺织厂——使用者

李 您来这边比较早，还记得这边纺织建厂的经历吗?

｜金 六九年我们作为知识青年下放到这里来的，当时全国大招工就来蒲纺找工作。刚来的时候厂里什么都没有，我们就在这里搞建设。当时建厂周边都是农村，上山下山要很久，路上都是泥，二十多公里路需要三四个小时。那时候都是部队管理模式，口哨一吹，整个厂就像军队一样集合干活。纺织厂建好后，就开始安装机器。当时有师傅带着我们做，师傅都是从老家、从别的厂单位过来的，各地都有。纺织车间就慢慢建起来了。我们进车间之前还会培训，有工人去技校或者上海培训，回来再教我们，当时还有指导的生产手册。

开始我们派老员工分别去上海、河南的老纺织基地，学习三个月左右。后来工人来源主要是武汉纺织设计院，他们在武汉纺织设计院毕业之后分过来，然后在蒲纺直接（上岗）工作。

李 您曾经在纺织厂工作，是否还记得当时厂里工作的工艺流程？

丨金 我们的车间设计是跟着设备走的，一共有八个车间。一车间是前纺，二车间是粗纱，三车间是细纱，五车间织布，六车间修布，这五个车间主要参与纺织；四车间是准备车间，主要用大滚子捻线、梳理粗纱、团线，然后到整经；七车间是整理车间，还有水暖供；八车间是机修车间。棉花进厂首先检验质量合不合格，然后滚成棉球；一车间先清棉花，我们叫清花。清花结束后送到二车间和三车间梳棉花，按照工序制成粗纱、细纱，然后再把细纱穿在一根根纺织机上，在四车间整经完成后就到五车间，拖动布机开始织布。横档用梭子，竖档用大滚，织布完成最后一道工序送到六车间，检验成品有没有瑕疵，如果有瑕疵就要织补。小的瑕疵和大的瑕疵用不一样的颜色织补，小瑕疵用红色，大瑕疵用黄色，等把瑕疵都检验完就可以往各个分厂和其他地方送去印染军布。布料运到外地要通过火车从蒲圻站运到各个地方，往武汉运的多，但现在火车轨道已经拆了。

李 您当时了解各个车间的设备状况吗？有没有用过国外进口的设备？

丨金 开始的设备都是国产的，是当时最好的几个型号，九几年的时候才开始引进新的日本、德国的设备。后来三车间有德国进口的自动络纱机，进口设备质量好，省力，但不是所有车间都用了进口的设备。

李 在厂里开始生产时有参观其他厂吗？有关注生产空间和生产设备之间的关系吗？

丨金 生产前我们会参观，一般看建房子，再确定我们厂要建成什么样。厂房高度、厂房通风，还有内部湿度都要达到一定要求。不管在哪建纺织厂房都要达到相应标准，温度和湿度，否则厂内机器运转不起来，或者运转后产品质量不合格、不好看。我们厂整个车间全部是连在一起的，就算下雨了，不出去也可以在厂里各车间之间走动，因为够大，设计结构精巧。但是为了防止外面人来，每个车间门口都有当兵的站岗，是对外保密的。车间里都安装了空调，厂里那么大的车间，都有中央空调，但不像现在的中央空调，那个管子都是非常粗的，都有通风口，车间里顶部有湿度控制设备。后来生产了一段时间，每个车间里都会有一些为女工服务的空间，配套的设施都有，比如淋浴间。

李 作为蒲纺的第一代工人，对这里印象最深的地方是哪里？

丨金 我对生产车间印象最深，我们厂是规模最大的，也是最早建立的。纺织女工都是在车间待的时间最久，刚上班是三班倒，后来改成四班倒，一个星期休一天，其实也还挺累的。我在六车间做质量检验，当时工作还要评分、评优，布料如果不检查送出去发现有问题，返修或者上报回来就要扣分、扣工资。而且原来厂里织布质量好，后来设备老化逐渐就不行了，设备使用时间长。六几年的设备一开始比较新，出来的布品质量也不错。能够评选为优秀员工也非常骄傲的，那时候有组织合唱，下班就去练，最后在六米桥影剧院演出。大家对这个影剧院感情也很深，前两年上面说想拆，我们不同意就没拆。

1 异戊橡胶（polyisoprene），全名为顺-1，4-聚异戊二烯橡胶，由异戊二烯合成的一种橡胶，最接近天然橡胶，其耐水性、电绝缘性超过天然橡胶。由异戊二烯制得的高顺式（顺-1，4 含量为 92% ~ 97%）合成橡胶，因其结构和性能与天然橡胶近似，故又称合成天然橡胶。它是一种综合性能很好的通用合成橡胶，主要用于轮胎生产，除航空和重型轮胎外，均可代替天然橡胶。但它的生胶强度、黏着性、加工性能以及硫化胶的抗撕裂强度、耐疲劳性等均稍低于天然橡胶。

2 顺丁橡胶，全名顺式-1,4-聚丁二烯橡胶，分子式(CH)n，由丁二烯聚合而成的结构规整的合成橡胶，其顺式结构含量在 95% 以上。根据催化剂的不同，可分成镍系、钴系、钛系和稀土系（钕系）顺丁橡胶。顺丁橡胶是仅次于丁苯橡胶的第二大合成橡胶。与天然橡胶和丁苯橡胶相比，硫化后其耐寒性、耐磨性和弹性特别优异，动负荷下发热少，耐老化性尚好，易与天然橡、氯丁橡胶或丁腈橡胶并用。顺丁橡胶特别适用于制造汽车轮胎和耐寒制品，还可以制造缓冲材料及各种胶鞋、胶布、胶带和海绵胶等。

3 此处借用京剧《斩马谡》的唱词。

4 苏联革命节，也就是十月革命节。1917 年俄历 10 月 25 日（公历 11 月 7 日），列宁领导的布尔什维克武装力量推翻了临时政府，建立苏维埃政权，此战役就是著名的十月革命。苏联时期，11 月 7 日是传统的全国性节日。每年的这一天，苏联都要在莫斯科红场上举行盛大的阅兵式，纪念十月革命。

5 在国家统计局公布的 1989 年 500 家大企业中排名第 263 位。

6 柏拉图（Programmed Logic for Automatic Operations，PLATO），自动指导操作程序设计逻辑，基于 PLATO 的梳棉机控制系统。

7 泉门口位于热电厂旁，与荆泉山脉相连，联系桃花坪、朝阳坪山腰，同属荆泉山脉系。

场所认同视角下的遗产社区可持续发展因素调研

赵潇欣

南京大学建筑与城市规划学院

摘要：随着近年来中国城市化的发展，人口流失影响遗产社区的可持续发展。遗产管理应该与当地社区的发展交织在一起。一方面，遗产管理高度依赖当地社区的支持；另一方面，遗产在促进社区意识方面发挥着关键作用，而社区意识对于一个可持续发展的社区是非常重要的。在我国“乡村振兴”战略的引导下，许多地区已经开始探索如何平衡社区的可持续发展和遗产保护的关系。本文以黎里古镇为例，考察苏州历史悠久的运河小镇——黎里的地方社区与历史文化景观之间互动所产生的场所认同。根据田野调查中的观察和口述访谈，分析说明遗产和场所认同之间的关系，以及遗产社区可持续发展需要注意的因素。

关键词：场所认同 遗产社区 社会可持续 遗产管理 历史城镇景观

1 引言

西方的可持续发展理念在 20 世纪 80 年代中期引入中国，然而国内的可持续发展理念已被狭隘地理解为环境的可持续性，并以支持经济可持续发展为最终目的 [1,2]。在这样的背景下，中国的文化遗产管理常常与文化旅游联系在一起，成为提升地方经济的一种手段 [3,4]。文化旅游优先考虑旅游的经济发展，并与历史文化景观的社会经济多样性和公平性相矛盾 [3,5]（Nasser 2009；Landorf 2019），造成“开发商利益为驱动”原住民外流的保护模式 [6]。原住民的外流使当地社区的价值被排除在遗产管理之外 [7]。

2011 年，联合国教科文组织提出“历史城市景观”（HUL）的概念。作为一种将城市遗产保护与社会经济发展相结合的方法，HUL 提供了一个当代城市社会可持续发展与保护遗产价值的新模式 [8]。然而，作为国际准则，HUL 尽管关注历史城镇的社会可持续发展，却主要关注整体和综合价值，而没有在当地的遗产话语体系和遗产治理的动态中进行背景分析 [7,9]。换句话说，HUL 的当前问题在于提供概念性与普适性的遗产管理方法，而非在地性的操作与管理机制。

目前，社会可持续性的定义仍然是模糊的，其本质是基于文化背景的动态概念。文化背景是一个基于场所的概念，并且对社会发展有着无意识的影响。因此，社会可持续性也是一个基于场所的概念，若不对一个地方的文化加以讨论，则无法理解当地社会发展过程 [10]。罗（Low）认为，社会可持续性包括维护和保存社会关系以加强文化系统，是文化可持续性的一个子集 [11]。我们今天的社会活动部分地继承了我们的文化，社会文化可持续性是我们生活的发展和延续。

遗产是当地文化的重要组成部分，有助于建立当地的身份认同 [12,13]。与传统的西方方法相比，兰多夫（Landorf）认为以遗产为主导的社区再生与社区参与对于提高当地的社会可持续性非常重要，而不应将遗产管理的可持续发展的责任集中在专业管理人员身上 [5,14]。遗产管理应该纳入社会可持续性，这一点最初在 2002 年的《布达佩斯宣言》中已有体现 [15]。

> *确保保护、可持续性和发展之间的适当和公平的平衡，以便通过有助于社会和经济发展以及我们社区的生活质量的适当活动来保护世界遗产。*

社会可持续性应与遗产一起被视为一个基于场所的系统。具体来说，其衡量标准应根据社区的规模来确定。在世界或国家等大尺度范围内（包含多样的社会文化背景），社会可持续是一个难以采用相同策略来实现的概念。麦肯齐（McKenzie）从社区层面将社会可持续性定义为“社区内的一种积极条件，以及社区内能够实现这种条件的过程”[16]。因此，对社会可持续性的研究应该限制在小规模和地方性的范围内，例如社区层面，社区成员及其社会网络构成了实现一个地方的社会可持续性的活的遗产。

因此，本文旨在将访谈与口述史材料通过地图标注配合质性研究方法进行分析，构建一个在地性的遗产管理框架，通过重新审视历史城镇的场所认同，为遗产社区的社会可持续发展与管理提供路径与框架。

2 研究方法

场所认同是构建在地性的遗产管理框架的基本认知条件，由物理环境、社会场所依恋（人们的社会活动）和心理场所依恋（依附于某个场所的情感和记忆）等特征组成，难以用定量数据来衡量。为了研究场所认同如何促进历史环境中社区的可持续发展，需要选择一个合适的历史城镇并进行实地考察。本研究以江南水乡黎里古镇为例，采用直接观察和口述史研究方法收集素材，并采用地图标注与质性研究方法来探讨黎里的场所认同，以期构建可持续的在地性遗产管理框架。

其中，直接观察法重点观察社会活动和参与者如何使用黎里的公共空间。此外，笔者还进行了带有开放式问题的语音录制的半结构化访谈，对 39 人进行半结构式访谈（表 1），以收集田野调查中场所依恋的第一手数据资料。访谈基于但不限于以下问题进行：

表 1 研究参与者基本信息情况

项目	类型	人数	占比
性别	男	22	56%
	女	17	44%
年龄	小于 29	0	0%
	30—39	4	10%
	40—49	8	21%
	50—59	11	28%
	高于 60	16	41%
工作情况	退休 / 无业	28	72%
	工作中	11	28%

——您的家在哪里，请你在地图上找到它的位置好吗？
——您是否有与黎里某场所有关的重要记忆？能描述一下并在地图上标出它的位置吗？
——您认识您的邻居吗？如果认识，是如何认识他们的？
——您与他们交流最频繁的场所在哪里？
——您还和老家的邻居交流吗，如果是的话，您是如何和他们交流的（任何社会活动）？
——今天的黎里有足够的基础设施和公共设施来帮助你与家人和邻居沟通吗？如果没有，您对基础设施有什么需求？

调查后，笔者使用主题分析法分析数据。主题分析法是对文本进行主题编码，是精简和提炼定性材料的过程，以及定义和识别被分析的数据 [17]。具体来说，其目的是用标签来命名数据片段，同时对每一个数据片段进行分类、总结和说明 [18]。建立编码框架是将定性文本材料结构化、主题化的方法，由主要类别和具有相关方面的子类别组成 [19]。为了确定内容分析的主题，本文使用针对中文文本的在线词频分析系统 CNCORPUS（http://corpus.zhonghuayuwen.org/）。在内容分析之前，删除了研究者的问题文本，以消除问题中出现的词频影响。

3 研究发现

3.1 空间记忆作为场所认同的触发因素：物理环境的要素引用

空间记忆（物理环境）是场所认同的触发因素。因此，研究本地居民的场所认同时，通过在航拍地图上标记居民的家和对其重要的场所发现居民的场所认同，并询问他们如何通过自己对空间物理环境特征的记忆识别家和重要场所的位置。具体来说，居民在地图上用红点标记了各自的家；其他重要的场所则用黄点标记（图 1）。根据居民访谈，列出参与者对重要场所的物理特征与相关空间记忆（表 2）。这些叙述反应了居民的空间记忆以及他们对重

图 1 黎里居民关于“家”与“重要场所”

要场所的解释。

针对以上描述，针对居民提及的空间物理特征，研究总结了关于场所认同的三个特点：

（1）不同场所之间交叉引用。例如，当描述一个重要的场所时，居民总是以其他重要的场所作为参考来描述它的位置。所有重要的场所之间都是相互联系的，形成一个“场所网络”。

（2）引用自然元素。例如，泾浜、河道和树木是用来定位场所的重要自然元素。

（3）尽管建筑元素被提及，但对其物理形式特征以及空间关系的描述远不如场所的功能指代使用频率高，例如，篮球场、联合诊所、旧电影院、社区中心、茶馆等。这反映了对居民来说，建筑的有形遗产（物理特征）并没有较日常生活与地方相关的社会活动（生活遗产）更为突出。

3.2 社交活动场所作为场所认同的触发因素

由于人口外流，社会事件和社会活动的频率也在下降。在提到有关社会活动场所的记忆时，居民都谈到他们各自的经历，分享了他们与黎里有关的记忆。然而，当提到黎里的现状时，他们经常抱怨说，旅游开发导致的搬迁打破了他们原有的社交网络关系，导致社交活动场所的消失。

消失的社会活动场所提供了更少的社会活动和互动的场所，减少了居民建立社会网络和形成社会资本的机会。例如，在采访中，居民徐锡波是一位体育爱好者，他抱怨说：“在黎里没有公共篮球场或羽毛球场”，这在过去是存在的。黎里小学的前校长程良泉解释说：

表 2 居民口述中的重要场所及其空间记忆要素分析

场所	关键元素	空间记忆
家	桥；浜；百货公司； 柳亚子博物馆；新建筑物	我的第一个家位于老蒯家巷和生禄斋巷之间。生禄斋原本是一个四合院式的杂货店，有六到七间房子。前两栋房子被拆掉，建了一个百货公司……后来，我们家搬到木排浜这里定居，跨过桥的对面就是柳亚子博物馆，直到 2013 年这里又要新建一个社区中心建筑……
	屋顶；院子；枇杷树； 棚屋；东圣堂	我家在东圣堂旁边。这是我们的房子，因为我看到院子中间的枇杷树，枇杷很甜。此外，院子西边有一个棚子，屋顶上有一个太阳能电池板
	桥；黎川	我家位于黎川西部清风桥旁的施家洋房，那里有八户人家共同居住。外墙是西式的，这在黎里很特别。它的中心有一个非常大的院子，我们小时候通常在那里做游戏
	桥；巷子；院子； 洗衣台；树	我的家位于道南桥西侧，有一条巷子连接到我的房子。院子里有一个水磨石的洗衣台以及一棵树
	道路；天主教堂；东圣堂	我家位于何家浜路，是黎里东部最宽的道路。东圣堂在我的东侧，对面是天主教堂，位于在黎川的对面
院落	巷子；假山	当我还是个孩子时，朋友们总是一起串门玩游戏。黎里的巷子很有特色，串联起所有房屋以及院子，很适合玩捉迷藏。那时候，我家的院子里有一个假山，我们一帮小伙伴经常在假山周围抓虫子
展览中心	老电影院	展览中心是过去的老电影院。如果你现在去问“居民展览中心在哪里？”也许他们不知道，但是你去问“电影院在哪里？”大家一定都知道。
浒泾	浒泾；东方红广场；桥	浒泾过去是一条小河，在“文革”期间被填成“东方红广场”，在那里发生了许多故事。之后，由于需要通车，浒泾又被修建成连接黎新桥的道路，用于交通和运输
九州理发店	主街；理发店；社区中心	九州理发店是黎里最老的理发店，位于黎里主街的中心。我们原来也经常去，很热闹的，现在应该是关门了。它离社区中心很近，居委会和公社工作人员都去那里理发
黎新桥	宽；中间	我一眼就能认出黎新桥，它基本上在靠中间的位置。它和别的桥不一样，这是后来建了为了通车的，也是最宽的桥
溇下浜路	浜；篮球场；停车场	在我 7 岁的时候，溇下浜已经被填成一条宽阔的马路，农民会在这里卖鱼和蔬菜，形成一个露天的菜市场。之后，它被改造成一个篮球场，有照明设施，响应了当时全国性的健身计划。现在，它被用作停车区
黎里小学	水塔；联合诊所；周公祠	我曾经在联合诊所旁边的黎里小学读书，如果你不知道的话，那你应该知道黎里唯一的水塔吧，小学就在它的隔壁。现在小学被拆了，重建为周公祠
木兰商店	柳亚子博物馆；馄饨	过去，柳亚子博物馆旁边有一家叫"木兰商店"的小吃店，卖馄饨和其他小吃。现在，这家店被关闭了，又在原址新开了一家“木兰餐厅”，至于店老板换没换人，我也不是很清楚
床垫厂	桥；水塔	我曾经在黎里的一家床垫厂工作，这个厂现在已被拆除，在黎新桥南边，水塔旁边
麻辣鸡爪店	桥；水塔	它就在黎新桥旁边。你知道那里有一座水塔吗？水塔很高，上面有“针织厂”的铭牌。麻辣鸡爪店就在水塔下面
茶馆	桥；广场；树	过去这里有个茶馆，在庙桥东边的四合院里占了三栋楼。在没有电视和网络的年代，茶馆里有说书表演，吸引观众到茶馆里消费。没有演出的时候，人们就喜欢坐在茶馆门口的树下聊天

溇下浜被填埋，变成一个有照明设施的篮球场，响应了全国性的健身计划。当时，吴江地区的四个镇有年度篮球联赛。黎里篮球队在那片场地训练，各年龄段的篮球爱好者也在那里打球，我在球场上结识了一些朋友。遗憾的是，黎里队一直是亚军，从未获得过冠军。

在程校长的记忆中，黎里在那些日子里是充满活力的，有篮球比赛这样的社会活动，这让这片场地有了价值和意义。虽然篮球场可能不是一个遗产地，但它承载了程校长等一批老居民对场所的依恋。

类似地，当被问及社区是否有重要的社会或公共场所时，几乎所有的黎里居民都提到过去有一家电影院，那是他们的休闲和社交场所。电影院的一楼曾经被用作社交舞厅，丰富了大家的生活。1990 年代末，电影院和舞厅因亏损而关闭。黎里的电影院，这个最受欢迎的社交场所，随后被拆除，用于建造一个旅游发展的展览中心。程校长表示从影院到展览中心的变化，是使用者的变化，实际上切断了社区居民交往的机会，使得居民的社会网络关系逐渐减弱。

3.3 城市管理作为场所认同的触发因素

社会活动会因为城市管理受到限制。在访谈中，一些居民将社会交往的减少归咎于城管。城管是内地几乎每个城镇都有的城市管理机构，负责维护城市景观和创造整洁的环境。居民们对城管的叙述和态度存在分歧。一方面，一些人认为城管的规定限制了社会生活的发生，阻碍了基本的社会活力。例如，他们阻止街头小贩做生意，禁止街边的餐饮活动。餐馆老板范典抱怨说：

城管不仅驱逐了街上的小贩，甚至禁止邻居在街上摆放桌子喝酒聊天。但是，在城管没有检查的情况下，居民仍然在街上摆放桌子。除了居民之外，我们的餐厅也在运河边摆放桌子，因为顾客喜欢在外面吃饭，欣赏风景，观看并与路人交流；然而，这在今天是不允许的。

居民李林喜对此进行了补充，他回忆说：

在城管的限制性管理之前，居民在外面吃饭、聊天，街道生活很繁荣，你可以看到黎里的生动生活。如果一群人在聊天或讨论八卦，他们的邻居会加入他们。

另一方面，城管也为历史城镇干净整洁的景观作出了积极的贡献。城管的严格管理遵循了当地政府的指示，希望提供干净整洁的景观而不是让步于社会活力带来的脏乱景观。环卫工人黄伟对城管的贡献感到满意：

城管公司驱逐了小贩的生意，阻止顾客在街上乱扔垃圾，使环境变得干净。他们还拆除了一些非法大棚，以提供一个整洁的城市景观。在城管人员的管理下，作为一名环卫工人，我觉得我的工作现在得到了居民和游客的尊重。

李美民解释说，居民和城管之间的相互理解很重要：

虽然在很多城市都有城管暴力执法的报道，但在黎里的城管会作为安全部门，帮助居民。他们中的许多工作人员也是我们熟悉的当地邻居。城管部门的领导颁布了不合理的“禁止在街上售货和摆放桌椅”的禁令，而城管人员只能执行它。他们的工作给了我们一个更好的环境，这应该被理解，而不是指责。

从政府的角度来看，在街头进行的社会生活造成无序的、不卫生的环境，对城市景观不利。在中国的许多官方部门中，只有“授权的遗产”（authorised heritage），主要是有形的城市景观，而“民间遗产”没有被定义为遗产。“授权的遗产”具体指的是由专家、研究所和其他文化机构及各市容协会等官方一致通过授予与定义的遗产[20]。从访谈来看，居民们并不反对旅游开发，但认为城管部门及其上层管理者已经陷入“授权遗产陷阱”，只考虑其对旅游经济的意义。居民们建议，管理者应该考虑旅游发展和社区可持续发展之间的平衡，因为社区生活是黎里文化景观和“民间遗产”的一部分。

3.4 场所的适变性作为场所认同的触发因素

尽管由于社区搬迁和管理，黎里的街道生活日渐式微，但居民仍然在黎里历史街区积极创造有活力的社会场所。这些被重新激活的场所有一个共同的特点，那就是多用的适变性。完整的建筑设计是由建筑师的设计以及使用者的创造性使用组成的场所创造过程[21]。而建筑师的设计功能和用户的创新使用之间的不匹配创造了适变性的多用场所，为邻里提供了更多的社区感。

黎里的多用途场所为人们提供了新的交流机会，建立或加强了社会网络，并创造了新的人与场所的联系，有助于可持续的社区。以下是一些例子。

1. 东宝理发店

东宝理发店是一个多用途场所的案例。它主要是一个理发的场所，但从居民的叙述来看，邻居们搬迁后，来理发店的顾客越来越少。于是，身为戏曲爱好者的理发师组织了一群热爱昆曲的戏曲社员朋友，以社团的形式排练戏曲表演。这些戏曲社成员解释说，每周五下午，他们会进行集体训练和排练。理发师在戏曲演唱的背景下为顾客理发，创造了一个多用途的场所，形成了他们社区生活中的一个动态场合（图2）。

2. 秤砣店和箍桶店

商店也可以是一个多用途的场所。由于电子秤和塑料制品的广泛使用，人们很少去杆秤店和箍桶店购买产品。在黎里，当地的杆秤制作人和箍桶匠改进了他们的手工艺品，以迎合游客的需求，他们的商店也成为展示手工艺品的场所，被授予当地的“非物质文化遗产”。

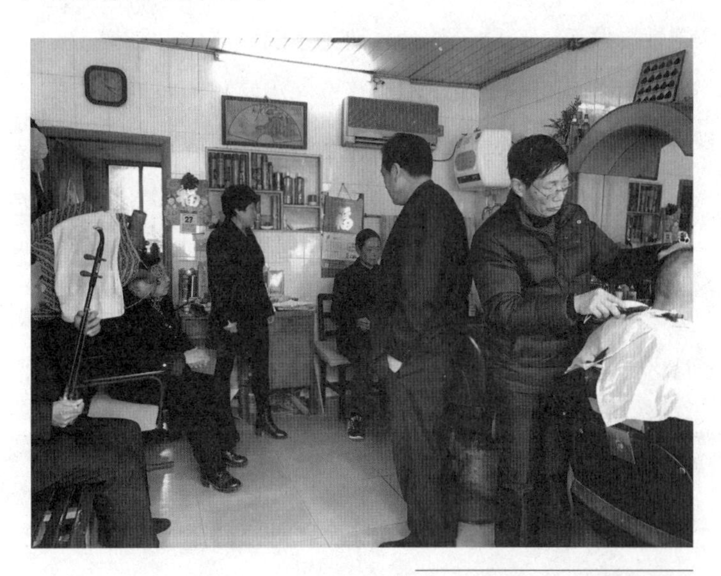

图 2 昆曲剧团在东宝理发店排练

图 3 车库作为一个积极的社交空间

杆秤店老板陈晓君解释说，她和丈夫过去曾在家里开过杆秤工作室。她知道今天卖杆秤不容易，所以修改了设计，制作迷你版的杆秤作为纪念品。她坚持说："我已经被授予黎里非物质文化遗产传承人奖，所以我有责任留在黎里，作为代表向公众展示我们的杆秤制作技艺。"

同样，箍桶店老板在主要街道上工作，销售木桶和木盆等木制品作为纪念品。他展示了自己十年前拍摄的工作照片，并表示很喜欢自己的工作，也因此和周围邻居形成良好的互动关系，大家都愿意到他的店面来坐坐。他的店面现在也已成为居民休憩与游客参观交流互动的场所。

3. 新公寓的车库

从历史城区搬迁到新公寓的居民享受着宽敞宜居的住宅环境；然而，他们觉得在新小区生活的社会参与度较低。老镇区的巷弄提供了一种"地面连续性"，而不是新住宅的"电梯连接性"。作为一种自然的方式，历史镇区的巷弄通过无意识的访问，建立并加强了亲密的社会联系，有助于社会互动关系的形成。

由于并非所有居民都搬迁至新小区，原有社区网络关系的稳固状态被打破。部分搬迁到新小区的居民们与原有的邻居发生失联或联系减弱的情况。为了在新住宅区重新建立有益于社会交往的"地面连续性"，住在上层的老年人将自家底层的车库作为"社会活动"场所（图3）。居民大爷解释说，他们喜欢待在"车库客厅"里，因为车库的大门总是开着，直接面对小区的公共道路，这样邻居们在遛弯时就会来聊天。社会互动和社区参与有助于一个稳定的社区建立社会网络，这对社会凝聚力有直接影响。社会网络产生一个"社会支持系统"，为社区成员提供安全感和幸福感。

3.5 生活安全感作为场所认同的触发因素

在黎里的访谈中，心理安全，即没有恐慌或生存威胁的稳定生活感有助于社区的可持续发展（表 3）。

表 3 黎里的心理安全感调查

态度	心理安全感调查反馈
积极态度	在过去，每个人都知道什么时候有陌生人来，每条巷子都有一个守门人和一扇带木栓的门来确保安全
	邻居们都心地善良。每当有人遇到困难时，其他邻居都会帮忙
	几个月前，一位老太太心脏病发作，由于车道狭窄，救护车无法开进来。幸运的是，她的邻居们把她抬了出来，并把她送到了医院
	在过去，当夫妻吵架时，邻居们会来协调
消极态度	搬迁后，来我的理发店理发的邻居越来越少，我已经很难支付我的店租
	我必须每周工作六天，以帮助我的儿子支付房屋贷款

如表 3 所示，历史城镇的熟人社会给人以心理安全感。活跃的邻里关系创造了一个安全的社会网络，它不仅仅是一个防止犯罪的“监控系统”，还创造了社区成员互相帮助，并有积极的社会和经济互动的社会环境。然而，当邻居们搬迁后，导致原社区居民服务业的危机，并给那些仍然生活在历史城镇的人，尤其是当地的手工业和服务业从业者，造成社会和经济恐慌（图 4）。

陈康是黎里的一个鞋匠，曾经在一家鞋厂工作。他自嘲为“靠技术吃饭的乞丐”，在黎里修一双鞋只能赚一两块钱。然而，他仍然愿意坚持修鞋，并不是因为收入的问题，更多的是作为一个社交的机会。然而，有两个因素阻碍了他继续做这份工作。首先，由于他的修鞋摊位摆在主街上，被城管大队明令禁止，因为有悖于整洁的环境。其次，搬迁项目带走了他的邻居，导致他与社会交往隔绝。当被问及他靠修鞋生存的问题时，他解释说，他退休后每

图 4 黎里的鞋匠和理发师

月有4000元的退休金，他的妻子每月有2900元，就生活来说也勉强足够。然而，陈康补充说，老邻居的搬迁使得修鞋作为我的重要社会活动的权力被剥夺了，使他感觉不再被需要，造成一种空虚感。

朱世福是黎里的一名理发师傅，他对自己的生意表示恐慌和无奈。

在2012年之前，我的生意是令人满意的，我的小店通常有五到十个顾客等待理发。这些顾客都是我的熟人和朋友。现在，每天只有两到三个老年顾客来我的店，我为这些老年人或残疾人做上门服务。

根据朱世福的陈述，他每次理发收费10元，由于老邻居的搬迁，如今每天在他的店里只有两到三个人前来理发，这意味着他每个月的收入不到1000元。若不是依靠政府的相关补贴，他已经无法支付理发店的门面租金。因此，朱世福很恐慌，因为旅游业的影响，分散了他的老顾客。

旅游业的发展导致对居民服务业的打击，但游客的服务却受到积极的影响。小吃店是游客最喜欢的场所。当地的小吃店主和餐馆老板对他们的生意感到满意，因为黎里的旅游发展吸引了更多的游客到那里，特别是在节假日。他们解释说，每逢节假日，人们都会排队购买小吃，销售情况非常好。

用受访者的话说，社会生活安全感不止来自于无犯罪，更来自于体面的收入和社会参与度。随着旅游业的发展，大多数商店出售纪念品或零食，或作为餐馆经营。然而，原有社区服务者，如理发师和鞋匠，作为文化和社会依恋的重要组成部分，却被忽略了。为了维持一个历史悠久的社区，应该让这些人对生活在社区里有一种安全感。

4 讨论与结语

基于在黎里进行的广泛的实地调查，本文总结了基于场所认同的遗产型社区可持续发展要素。从设计的角度来看，建筑师和城市设计师对场所认同的理解促使他们尽早发现对特定社区的遗产理解有意义的物理特征因素。鉴于维持社区场所认同中的空间记忆元素依附于历史文化景观，而不是单个建筑，设计师应当关注整体景观，而不是停留在历史建筑层面，同时考虑非授权遗产，如当地有意义的物品、当地社会网络和个人记忆，所有这些都有助于可持续社区的建设。从当地社区居民的角度来看，应当鼓励他们反思哪些是当地的场所认同、场所依恋和遗产价值的基本要素，以此向建筑师、地方组织和政府当局产生积极反馈。

历史悠久的城镇景观给了社区成员强烈的认同感，设计师应该关心他们的物质环境和生活方式的特殊联系。然而，在中国，当地社区作为场所身份的意义仍然被忽视。在乡村振兴中，遗产社区应被视为遗产场所的重要组成部分。历史城镇不是一个静止的系统，它总是发展成一个新的适应性模式，承载着它的场所特征。物理环境的空间记忆通常是场所认同的触发因素，但本文发现社区成员对社交场所、城市管理、场所适变性、生活安全感等方面同样给予高度的关注。所有这些因素都影响了历史城镇社区的社会可持续性。

总体调查研究结果表明，一种社会性可持续社区模式亟待在我们的历史城镇景观中展开。在这个模式中，遗产对场所认同产生了积极作用，并直接影响社区的社会可持续性。这里的遗产，无论是物质遗产还是非物质遗产，都不限于世界遗产公约或国家文化遗产管理部门定义的授权自然和文化遗产，还包括基于社区和场所的公共和个人遗产，如有意义的物品、当地社会网络和个人记忆。以社区为基础的和以场所为基础的遗产被认为是由一个地方非授权的、动态的和生动的生活组成的，有助于维持一个社区的场所认同。在这个可持续社区模式中，场所认同和活的遗产有助于建立更强的场所意识，并有助于社区稳定。

[1] CHAN W-Y, MA S-Y. Heritage Preservation and Sustainability of China's Development[J]. Sustainable Development, 2004, 12(1): 15-31.

[2] LIU J, DIAMOND J. Science and government: Revolutionizing China's environmental protection[J]. Science, 2008, 319(5859): 37-38. DOI:10.1126/science.1150416.

[3] NASSER N. Planning for Urban Heritage Places: Reconciling Conservation, Tourism, and Sustainable Development[J]. Journal of Planning Literature, 2009, 1: 467-479. DOI:10.1177/0885412203251149.

[4] SU B. Rural tourism in China[J/OL]. Tourism Management, 2011, 32(6): 1438-1441. http://dx.doi.org/10.1016/j.tourman.2010.12.005. DOI:10.1016/j.tourman.2010.12.005.

[5] LANDORF C. Social sustainability and urban heritage The challenge of conserving physical places and sustaining cultural traces[M]// SHIRAZI M R, KEIVANI R.Urban Social Sustainability: Theory, Policy and Practice. London, UK: Routledge, 2019: 78-98.

[6] CROS H du. Managing visitor impacts at Lijiang, China[M/OL]// LEASK A, FYALL A.Managing World Heritage Sites. 1st Ed. 版 . Burlington, MA: Elsevier, 2006: 205-214. http://www.mu.edu.et/iphc/images/liblary/Heritage/Heritage_Culture_and_Tourism/Managing_World_Heritage_Sites.pdf#page=232.

[7] HUONG P T T. Living heritage, community participation and sustainability: Redefining development strategies in the hoi an ancient town world heritage property, Vietnam[M]. LABADI S, LOGAN W, Ed.//Urban Heritage, Development and Sustainability : International Frameworks, National and Local Governance. 1st Ed. New York, NY: Routledge, 2015: 274-290. DOI:10.4324/9781315728018.

[8] BANDARIN F, VAN OERS R. The Historic Urban Landscape: Managing Heritage in an Urban Century[M]. 1st Ed. Chichester, UK: Wiley-Blackwell, 2012. DOI:10.1002/9781119968115: 200.

[9] GINZARLY M, HOUBART C, TELLER J. The Historic Urban Landscape approach to urban management: a systematic review[J/OL]. International Journal of Heritage Studies, 2018, 25(10): 999-1019. https://doi.org/10.1080/13527258.2018.1552615. DOI:10.1080/13527258.2018.1552615.

[10] WEINGAERTNER C, MOBERG Å. Exploring social sustainability: Learning from perspectives on urban development

and companies and products[J]. Sustainable Development, 2014, 22(2): 122-133. DOI:10.1002/sd.536.
[11] LOW S M. Social Sustainability: People, History, and Values[C]// TEUTONICO J M, MATERO F.Managing Change: Sustainable Approaches to the Conservation of the Built Environment. Los Angeles, CA: The Getty Conservation Institute, 2003: 47-64.
[12] HOSAGRAHAR J, SOULE J, GIRARD L F. Cultural Heritage , the UN Sustainable Development Goals , and the New Urban Agenda[C/OL]//Conference on Housing and Sustainable Urban Development (HABITAT Ⅲ). . http://www.usicomos.org/wp-content/uploads/2016/05/Final-Concept-Note.pdf.
[13] OPP S M. The forgotten pillar: a definition for the measurement of social sustainability in American cities[J]. Local Environment, 2017, 22(3): 286-305. DOI:10.1080/13549839.2016.1195800.
[14] LANDORF C. Evaluating social sustainability in historic urban environments[J/OL]. International Journal of Heritage Studies, 2011, 17(5): 463-477. http://www.tandfonline.com/doi/abs/10.1080/13527258.2011.563788. DOI:10.1080/13527258.2011.563788.
[15] UNESCO. The Budapest Declaration on World Heritage[C/OL]//The 26th session of the Bureau of the World Heritage Committee. Budapest, Hungary: World Heritage Committee, 2002: 1-6. http://ebooks.cambridge.org/ref/id/CBO9781139567657. DOI:10.1017/CBO9781139567657.
[16] MCKENZIE S. Social sustainability: Towards some definitions[R]//Hawke Research Institute Working Paper Series. DOI:10.1002/sres.
[17] GIBBS C G R. Thematic Coding and Categorizing[M]//Analyzing Qualitative Data. London, UK: SAGE Publications, 2007: 38-56. DOI:10.4135/9781849208574: 38.
[18] CHARMAZ K. Constructing grounded theory: a practical guide through qualitative analysis[M]. SILVERMAN D,1st Ed. London, UK: SAGE Publications, 2006. DOI:10.1016/j.lisr.2007.11.003: 43.
[19] SCHREIER M. Qualitative Content Analysis in Practice[M]. 1st Ed. London, UK: SAGE Publications, 2012: 61.
[20] SMITH L. Uses of Heritage[M]. New York, NY: Routledge, 2006. DOI:10.4324/9780203602263: 11-12.
[21] HILL J. Actions of Architecture : Architects and Creative Users[M]. 1st Ed. London and New York: Routledge, 2003: 129-132.

“

附录

”

附录一 中国建筑口述史研究大事记（2015—2021 年）

华中科技大学王欣怡、邓原、陈欣（整理）

（文中灰底部分为不同学科领域部分口述史研究成果）

· 2015年

光梅红运用档案文献、公开出版资料、口述资料，梳理集体化时期大寨的孕育、树立、推广、政治化和沉寂的历程，出版《集体化时期的村庄典型政治：以昔阳县大寨村为例》（社会科学文献出版社，2015年）。

周觅通过研究 1958 年全国建筑历史学术讨论会的参加者及其论文，揭示 20 世纪 50 年代意识形态与国家建设对建筑学领域的冲击、对建筑历史研究与实践关系的重新界定，完成硕士论文《意识形态、制度与建筑史：以 1958 年全国建筑历史学术讨论会为中心的史学史》（东南大学建筑学院，2015 年）。

清华大学建筑历史研究所刘亦师在文献梳理的基础上结合对 13 名健在的中国建筑学会重要成员和历届领导班子成员的口述访谈，撰写《中国建筑学会 60 年史略：从机构史视角看中国现代建筑的发展》。（《新建筑》，2015 年，第 2 期）

郭泽德、白洪谭主编《质化研究理论与方法：中国质化研究论文精选集》（武汉大学出版社，2015 年），讨论文献收集、口述史、民族志、田野调查、话语分析、个案研究、深度访谈法、方法论革新等话题。

居平请阮仪三先生回忆保护古城建筑的历程，反思和探讨当下我国古城保护存在的问题，出版《留住乡愁：阮仪三护城之路口述实录》（华东师范大学出版社，2015 年）。

赵欣以单位社会时期某大型单位大院成员的口述史为研究材料，探讨资源垄断下共同行动的发生，发表论文《单位社会时期的集体化情境与动员主体再生产：基于华北某大型单位大院的口述史研究》（《华东理工大学学报(社会科学版)》，2015年，第4期）。

陈墨从档案学、历史学、社会学、心理学等多重视角讨论了口述史学问题，出版《口述史学研究：多学科视角》（人民出版社，2015年）。

刘正山基于一手资料和决策者的口述，从跨学科的角度，总结自1949年起六十多年土地制度历史，出版《当代中国土地制度史》（东北财经大学出版社，2015年）。

上海大学历史系徐有威教授和中国社科院当代中国研究所陈东林研究员整理小三线建设的研究成果，收集有关档案、口述和未刊手稿，主编《小三线建设研究论丛（第一辑）》（上海大学出版社，2015 年）。

中共四川省委党史研究室、中共宜宾市委党史研究室通过回忆录、历史文献等资料，研究20世纪90年代初宜宾工业企业改制形成的“宜宾模式”，出版《宜宾工业企业改制》（四川人民出版社，2015年）。

· 2016年

河北工程大学建筑学院副教授武晶以关键人物的口述访谈和相关文献为基础，撰写博士论文《关于〈外国建筑史〉史学的抢救性研究》（天津大学建筑学院，2016 年）。

夏保国通过整理企业档案资料和三线建设者口述，调查工业遗产资源，研究地方性三线建设史，发表论文《三线建设史研究的范式转型与三个重要支点》（《教育文化论坛》，2016 年，第 2 期）。

向镭钠走访六盘水市三线企业，再现该市“三线建设”波澜壮阔的创业史，出版《巍巍乌蒙山，悠悠相思情：六盘水市三线建设者口述史》（中央文献出版社，2016 年）。

由“中国导弹的奠基人之一”的徐兰如先生口述，边东子、徐开整理完善，出版《兵工 · 导弹 · 大三线：徐兰如口述自传》（湖南教育出版社，2016年）。

沈捷在知青步入政坛的时候，借助社会记忆理论框架，分析普通知青群体对插队记忆的建构和传承，完成博士论文《记忆的青春：知青记忆的建构和传承》（南京大学社会学院，2016年）。

同济大学建筑学博士后王伟鹏撰写期刊论文《建筑大师的真实声音评介〈现代建筑口述史：20 世纪最伟大的建筑师访谈〉》（《时代建筑》，2016 年，第 5 期）。

袁上在四川大学历史文化学院主办"口述史与共和国史研究"学术论坛，探讨口述史与共和国史研究的结合，发表论文《“口述史与共和国史研究”高端学术论坛综述》（《社会科学研究》，2016年，第6期）。

中国城市规划研究院邹德慈工作室教授级高级城市规划师李浩博士在大量访谈的基础上完成并出版了《八大重点城市规划：新中国成立初期的城市规划历史研究（上、下卷）》（中国建筑工业出版社，2016 年）和《城 · 事 · 人：城市规划前辈访谈录（1-5 辑）》（中国建筑工业出版社，2017 年）。撰写期刊论文《城市规划口述历史方法初探（上、下）》（分别刊登在《北京规划建设》，2017 年，第 5 期和 2018 年，第 1 期）。

清华同衡规划院齐晓瑾、王翊加、张若冰与北京大学历史学系研究生杨园章、社会学系研究生周颖等，2016 年在福建省晋江市五店市历史街区就宗祠重建、地方文书传承、建筑修缮和大木技艺传承等话题进行系列口述史记录与历史材料解读。调研成果与访谈记录参加深港建筑城市双年展（2017），其他成果待发表。

· 2017年

台北“中研院”近代史研究所曾冠杰通过村民集体回忆，编纂1998—1999年间台湾地区的村史，借助口述方法考察地方文史工作与社区营造的关系，发表论文《口述历史在台湾社区营造的应用：以村史运动为主的探讨》（《高校图书馆工作》，2017年，第3期）。

余缅萍、侯晓琳、肖芳丽针对经济快速发展、社会变迁下民俗文化消失的现象，以口述方法研究民俗文化的传承，发表论文《社会工作介入民俗文化的探索：以广州市增城区S村街口述历史的行动研究为例》（《三峡大学学报（人文社会科学版）》，2017年，第A1期）。

张著灵以建筑工程部建筑科学研究院建筑理论及历史研究室为研究对象，梳理辜其一、叶启燊、吕少怀、夏昌槐、吕祖谦等人的口述资料和学术研究成果，完成硕士论文《建筑理论及历史研究室重庆分室研究（1959—1965）》（重庆大学建筑与城市规划学院，2017 年）。

崔利民以《潮州老城古民居建筑群文物保护规划》为例，在在地保护组织与专业团队之间建立桥梁，发表论文《历史文化名城中文物建筑的价值研究：以〈潮州老城古民居建筑群文物保护规划〉为例》（《城市建筑》，2017 年，第 27 期）。

重庆大学建筑城规学院杨宇振、张天整理辜其一的人生历程以及学术概况，以口述方法辅助厘清部分中国现代建筑史研究的细节，发表论文《辜其一初步研究：写在东南大学建筑学院建院 90 周年及重庆大学建筑城规学院建院 65 周年》（《建筑师》，2017 年，第 5 期）。

山东建筑大学建筑城规学院于涓通过口述访谈，从关照个体的 " 平民化 " 特点出发，发表论文《用口述历史讲好“中国故事”》（《对外传播》，2017 年，第 10 期）。

清华大学建筑历史研究所刘亦师结合文献研究和口述史料，对公营永茂建筑公司的创设背景、发展轨迹、领导成员、职员名单及内部的各种管理制度等内容进行梳理。成果见《永茂建筑公司若干史料拾纂》系列文章，收录于《建筑创作》，2017 年，第 4、5 期。

清华大学建筑学院参与中国科学技术协会老科学家资料采集工程，整理吴良镛、李道增、关肇邺院士口述记录。中国高校第一部以口述史方式完成的院史记录《东南大学建筑学院教师访谈录》由东南大学建筑学院教师访谈录编写组采访和编辑整理，2017 年由中国建筑工业出版社出版。其中有对不同时期 23 位老教师的访谈记录。

香港大学吴鼎航通过采访大木匠师吴国智完成有关潮州乡土建筑的博士论文。成果见 Ding Hang Wu, *Heaven, Earth and Man: Aesthetic Beauty in Chinese Traditional Vernacular Architecture-An Inquiry in the Master Builders' Oral Tradition and the Vernacular Built-form in Chaozhou*, Ph.D. Dissertation of the University of Hong Kong, 2017。

北京建筑大学刘璧凝在 2017 年硕士学位论文《北京传统建筑砖雕技艺传承人口述史研究方法探索》中对口述史在北京传统建筑中的适用性和研究要点进行探讨，总结适用于北京传统建筑砖雕口述史的作业方法、作业流程及问题设计、整理方式等。

中国社会科学院近代史研究所专家白吉庵将1985年7月27日至1988年1月19日对思想家、教育家和社会改造运动者梁漱溟的24次访谈整理成《梁漱溟访谈录》（北京：人民出版社，2017年）。

华南农业大学林学与风景园林学院的赖展将、巫知雄、陈燕明以英德当地一线英石文化工作者赖展将先生为口述访谈对象，运用历史学的口述历史研究方法，以其个人与英石相关的工作经历，介绍英石文化与产业在改革开放之后的发展历程，撰写期刊论文《英石文化需要崇拜者、创造者和传播者：一位英石文化工作者的口述》留下第一手原生性资料，为英石文化的当代传承作出重要贡献。（《广东园林》，2017 年，第 5 期）

天津大学孔军 2017 年在博士论文《传承人口述史的时空、记忆与文本研究》中，通过分析大量传承人口述史资料，探讨口述史方法在传承人研究领域中的应用，从时间与空间交织、文化记忆研究取向以及口述史文本采写和样式等方面展开分析，论述传承人口述史的口述实践和文本建构，总结传承人口述史不同于其他类型口述史的特征。同时撰写研究成果期刊论文《试论建筑遗产保护中“非遗”传承人保护的问题与策略》（《建筑与文化》，2017 年，第 5 期）。

华南农业大学林学与风景园林学院翁子添、李晓雪整理了以前任广州盆景协会会长、岭南盆景研究者谢荣耀为口述访谈对象，从岭南盆景培育技术、树种选择和盆景推广三个主要方面谈岭南盆景的发展和创新的访谈记录，发表期刊论文《岭南盆景的发展与创新：盆景人谢荣耀口述》为岭南盆景的当代研究留下第一手资料。（《广东园林》，2017 年，第 6 期）

华南农业大学林学与风景园林学院的翁子添、李世颖、高伟基于风景园林学科范畴，以口述史的研究视角对岭南盆景技艺的保护与传承进行初步探讨，撰写《基于岭南民艺平台的“口述盆景”研究与教育探索》。（《广东园林》，2017 年，第 6 期）

· 2018年

河西学院土木工程学院冯星宇撰写期刊论文《基于口述史的张掖古民居历史再现》。（《河西学院学报》，2018 年，第 1 期）

沈阳建筑大学地域性建筑研究中心陈伯超、刘思铎主编《抢救记忆中的历史》（同济大学出版社，

2018 年）。20 多位学者完成了对贝聿铭、高亦兰、汉宝德、李乾朗、莫宗江、唐璞、汪坦、张镈、张钦楠、邹德慈等著名建筑家和建筑民俗工作者范清静等受访者的建筑口述史采访记录，扩充中国建筑的口述史实物和档案史料，进一步丰富和扩展中国建筑史研究。

2016 年 4 月—2019 年 7 月，受同济大学建筑设计研究院集团委托，同济大学建筑与城市空间研究所团队开展“同济设计 60 年”（1952—2018）口述史项目，完成 60 余组、70 余人的正式访谈，三分之一受访者超过 80 岁。其中，傅信祁、王季卿、董鉴泓、唐云祥、戴复东、吴庐生等年逾 90 岁的教授在全国院系调整时即进入同济。在此基础上出版《同济大学建筑设计院 60 年：1958—2018》（华霞虹、郑时龄，2018 年）。

肖全良以青海原子城纪念馆为例，利用口述方法促进纪念馆文物征集、史料挖掘、展陈丰富、遗址开发等工作，发表论文《口述史运用与纪念馆发展研究：以青海原子城纪念馆为例》（《科学教育与博物馆》，2018 年，第 4 期）。

金华职业技术学院档案馆严旭萍通过口述访谈，整理传统村落的发展历史、选址格局及周边环境，为传统村落记忆构建档案库，发表论文《传统村落记忆建构中口述历史建档研究》（《浙江档案》，2018 年，第 8 期）。

华南农业大学林学与风景园林学院李晓雪、陈绍涛、李自若，运用口述方法访谈岭南传统园林的工匠，梳理园林工艺实施过程与关键技术要点，总结口述作为研究方法在传统技艺研究中的作用，发表会议论文《口述历史研究方法在岭南传统园林技艺研究中的应用》（《中国风景园林学会 2018 年会论文集》，2018 年）。

清华大学建筑历史研究所的刘亦师在《清华大学建筑设计研究院之创建背景及早期发展研究》一文中运用访谈等口述史研究方法对清华大学建筑设计研究院的创办基础与背景、发展历程及组织运营等方面的史实资料进行系统的整理说明。（《住区》，2018 年，第 5 期）

沈阳建筑大学设计艺术学院的王鹤、董亚杰以东北地区规模最大、保存最完整的清末乡土民居建筑遗产——长隆德庄园为研究对象，应用口述史方法，对长隆德庄园选址依据、原始布局、建筑功能以及营建过程进行研究，撰写期刊论文《基于口述史方法的乡土民居建筑遗产价值研究初探：以辽南长隆德庄园为例》（《沈阳建筑大学学报（社会科学版）》，2018 年，第 5 期）。

《住宅与房地产》通过陈振基先生的口述，回顾中国建筑工业化的六十年发展历程，发表论文《陈振基先生口述历史：为中国建筑工业化奔走疾呼的六十年》（《住宅与房地产》，2018 年，第 35 期）。

清华大学建筑历史研究所刘亦师从 2018 年 5 月份起，陆续对参与清华设计院创建及对其发展了解 20 多位老先生进行访谈，着重梳理了 20 世纪 90 年代以前的设计院的发展历程。在查证档案材料的基础上，按照设计院发展的历史阶段、围绕重要的工程项目，把这一次获得的口述史料摘选合并成文，撰写《清华大学建筑设计研究院发展历程访谈辑录》（《世界建筑》，2018 年，第 12 期）。

谢辰生口述，姚远撰写《谢辰生口述：新中国文物事业重大决策纪事》（北京：生活·读书·新知三联书店，2018年）。美国口述历史学家唐纳德·里奇的《大家来做口述历史（第3版）》是一本集口述历史理论、方法与实践于一体的百科全书式手册。该书于2019年1月由北京当代中国出版社出版，全新修订的第三版涵盖了近年来数字音频及视频技术的发展对口述历史产生的重大影响，新的技术使得制作和传播口述历史变得更加容易，互联网给发挥口述历史的潜能带来无尽可能。

· 2019年

西南民族大学文学与新闻传播学院邓备撰写期刊论文《国家社科基金项目视角下的口述史研究》，基于国家社科基金项目中的口述史项目，管窥我国口述史研究的现状，对今后的口述史研究和项目管理提出

建议。（《成都大学学报：社会科学版》，2019年，第1期）

成都武侯祠博物馆馆员王旭晨撰写期刊论文《历史是如何被表述的：攀枝花地区三国文化遗存口述史研究》，以口述史研究的方式对攀枝花地区三国文化遗存与历史进行了分析。（《成都大学学报：社会科学版》，2019年，第1期）

中国电影人口述历史项目专家组组长张锦撰写《口述档案，口述传统与口述历史：概念的混淆及其成因》（《山西档案》，2019年，第2期）。

西安建筑科技大学崔淮硕士、杨豪中博士撰写期刊论文《中国当代建筑理论研究的口述历史方法初探》，文章通过口述历史实践经验探索出一套指导性的理论原则方法，根据建筑理论的特点，论述如何确定访谈对象、制订访谈大纲以及整理口述资料。对建筑理论或者同类别的口述历史研究具有指导和借鉴意义，也可以为一些实践应用类的研究提供行为准则和流程规范，并为其提供强有力的方法论予以支持。（《城市建筑》，2019 年，第 2 期）

吴迪撰写《见微知著：论口述史与民间文献在地方志书中的应用——以〈时光里的家园：上海市静安区社区微志选辑〉为例》。（《上海地方志》，2019年，第3期）

天津大学教授、中国传承人口述史研究所副所长郭平撰写并发表教育部人文社会科学研究规划基金项目“民末以来村落文化的记忆与转向：山西祁县乡民口述史研究”（17YJA850003），阶段性成果《记忆与口述：现代化语境下传统村落“记忆之场”的保护》（《民间文化论》，2019年，第3期）。

邱霞撰写《“做”口述历史的实践规范与理论探讨》（《当代中国史研究》，2019年，第4期）。

贵州师范学院美术与设计学院张婧红、杨辉、秦艮娟发表关于 2018 年贵州省哲学社会科学规划项目青年课题“贵州侗族传统建筑老匠师口述史研究”（批号：18GZQN16）的阶段性成果《口述史方法在少数民族建筑设计营造智慧研究中的应用》。文中运用口述史的研究方法对少数民族传统建筑设计营造匠人进行尽可能全面系统的深度访谈，将其建筑技艺和思想抢救加以记录，为国家和民族保住一份建筑文化遗产。（《山西建筑》，2019 年，第 4 期）

邱霞于4月10日在《中华读书报》第019版发表文章《从事口述史实践的必读书》。

5 月，中国建筑工业出版社出版由王伟鹏、陈芳、谭宇翱翻译的《现代建筑口述史：20 世纪最伟大的建筑师访谈》，作者约翰 · 彼得耗费 40 年，采访了世界上 60 多位最卓越的建筑师和工程师，这部前所未有的著作以及附带的光盘借现代建筑创造者之口讲述了现代建筑的故事。

5 月 25 日上午，第二届中国建筑口述史学术研讨会暨华侨建筑研究工作坊在华侨大学（厦门校区）正式拉开帷幕。研讨会由华侨大学建筑学院主办，同济大学出版社、惠安县闽南古建筑研究院协办，《建筑遗产》杂志提供媒体支持，同步出版陈志宏、陈芬芳主编《中国建筑口述史文库第二辑：建筑记忆与多元化历史》（同济大学出版社）。第二辑在延续第一辑专题设置的基础上，新加华侨建筑与传统匠作记述、口述史工作经验、历史照片识读三个主题。受访者包括陈式桐、戴复东、关肇邺、刘佐鸿、童勤华、彭一刚、陈伯超、郑孝燮、周维权等，以及闽南匠师陈实生、王世猛和马来西亚木匠陈忠日等。

四川文化艺术学院王鹏、姜远良借助口述方法，研究木里藏族传统民居营造技艺，发表论文《木里藏族传统民居营造技艺口述史研究工作的开展探析》（《大观（论坛）》，2019 年，第 9 期）。

华中科技大学谭刚毅、高亦卓、徐利权运用口述方法，研究亲历者对二汽建设的个人回忆，发表论文《基于工业考古学的三线建设遗产研究》（《时代建筑》，2019 年，第 6 期）。

东南大学建筑学院李晓晖硕士研究生、李新建副教授撰写期刊论文《贵州镇山村石板民居屋面营造技艺以班氏民居为例》，通过实地调研、测绘、走访工匠等方式，揭示石板民居屋面的营造技艺。（《建筑与文化》，2019 年，第 6 期）

华侨大学研究生黄美意在撰写有关“溪底派”大木匠师谱系的硕士论文过程中采访了许多匠人，成果见 2019 年华侨大学硕士论文《基于口述史方法的闽南溪底派大木匠师谱系研究》。

山东大学研究生骆晨茜在撰写有关手艺人的身份构建的硕士论文过程中采访了许多内蒙古河套地区的木匠，成果见 2019 年山东大学硕士论文《手艺的生命：手艺人的身份建构：以内蒙古河套地区木匠为考察对象》。

南京城墙保护管理中心馆员金连玉博士撰写期刊论文《口述史在文化遗产活化利用中的新尝试：以“南京城墙记忆”口述史为例》。（《自然与文化遗产研究》，2019 年，第 9 期）

国家图书馆研究馆员、中国记忆资源建设总审校全根先撰写《口述史理论与实践：图书馆员的视角》（北京知识产权出版社，2019）。全书分为理论与实践两个部分，理论部分在国内首次详尽探讨了口述史学的一些基本理论问题，着重论述口述史项目如何策划、访谈如何准备、重点如何把握、文稿如何整理等，特别是后期成果的评价问题。实践部分基于作者五年来的口述史工作实践，选择“中国图书馆界重要人物”“东北抗日联军老兵口述史”“我们的文字”“学者口述史”等专题进行重点介绍，具有较强的可操作性和示范性。该书为当前图书馆界开展口述史理论与实践提供了具有借鉴性、操作性的一个阶段性成果。

哈尔滨工业大学建筑学院朱莹、仵娅婷、屈芳竹将口述史研究同复杂系统和大数据理论结合，发表论文《渔猎民族传统聚落空间探究：以鄂温克族为例》（《活力城乡美好人居：2019 中国城市规划年会论文集》，2019 年）。

北京清华同衡规划设计研究院有限公司遗产保护与城乡发展研究中心研究员张晶晶、张捷、霍晓卫撰写期刊论文《〈口述史方法操作及成果标准化指南〉编制实践：口述史在文化遗产保护规划中的应用》。（《活力城乡美好人居：2019 中国城市规划年会论文集（09 城市文化遗产保护）》）

北京建筑大学建筑城规学院齐莹、朱方钰通过街区访谈、多人口述的方式，收集北京胡同中常住居民的城市记忆与居住故事，发表论文《“过往即他乡”：基于当地居民口述史的胡同整治更新反思》（《中国建筑教育》，2019 年，第 1 期）。

9 月，由周庄镇人民政府编、江苏人民出版社出版的《周庄古镇保护与旅游发展口述史》通过采访的当事人、当时事的陈述，全面展现周庄模式、周庄经验在古镇开发利用、乡村振兴战略实施、史志事业发展等方面的重要价值。课题组历时两年多，奔赴上海、北京、南京、苏州及昆山等地，采访了周庄古镇保护与旅游业发展的决策者、实施者、支持者、亲历者，总计 116 人次，形成访谈录音 5G，视频录像 500G，拍摄访谈照片 2300 余张、搜集老照片 220 张、信札 32 封、书籍 9 本、笔记本 5 本和口述实录文字 121 万。选取68人的口述整理成《周庄古镇保护与旅游发展口述史》。昆山市地方志办公室副研究馆员徐秋明撰写《让亲历者还原原真的地方历史：以〈周庄古镇保护与旅游开发口述史〉为例》，介绍周庄口述史项目实施的内容和工作方法；中国地方志指导小组办公室方志处处长陈旭撰写期刊论文《探究历史原委挖掘历史智慧：评〈周庄古镇保护与旅游开发口述史〉兼论口述史对史志工作的重要意义》（《江苏地方志》，2019 年，第 6 期）。

中国社会科学院历史理论研究所张德明撰写期刊论文《2018年中国近代史学史与史学理论研究综述》，对改革开放40年来的中国史学理论与史学史进行了总结。（《北京教育学院学报》，2019年，第6期）

杭州师范大学艺术教育研究院陈亭伊撰写期刊论文《口述传统是口述史学的文化机制》（《文化月刊》，2019年，第12期）。

· 2020年

华南理工大学建筑学院吴琳、唐孝祥，凯里学院彭开起撰写期刊论文《历史人类学视角下的工匠口述史研究：以贵州民族传统建筑营造技艺研究为例》，提出需在建立历史观的基础上研究民族工匠口述史，根据实际情况探讨了民族地区工匠口述史的一些实践研究思路，总结出适用于贵州地域工匠口述史的作业方法及处理方式。（《建筑学报》，2020 年，第 1 期）

4 月，由丹珍央金著、北京民族出版社出版的《木雅 · 曲吉建才口述史》从生命史理论的视角出发，运用参与观察法、深度访谈法等研究方法，以木雅著名活佛：木雅 · 曲吉建才为研究对象，对其生命史进行追溯式考察，将这位活佛、建筑师、学者："三位一体"的传奇人物，与其时代背景相联系，核对与分析相关史料，描摹他丰富多彩、跌宕起伏的人生历程。

5 月，由林源、岳岩敏主编，同济大学出版社出版的《中国建筑口述史文库第三辑：融古汇今》一书中包含 30 余篇访谈记录、以访谈为基础的专业论文，以及历史照片识读。内容包括北京民居四合院的保护、山东民居的建造、东南亚华人建筑与丧葬方式、三线建设中的建筑师及其成就等，为建筑历史呈现了丰富的面向。

6 月，由江苏人民出版社出版的《"城"封往事》是一本关于南京城墙历史及城墙保护的口述史著作，收录了与南京城墙有关的谢辰生、蒋赞初、梁白泉、杨国庆、叶兆言、海清等 80 余位专业学者及文化名人的口述访谈记录。有利于抢救和保存南京城市发展史重要历史信息，宣传南京城墙文化价值，推进南京城墙申报世界文化遗产工作。有助于充实南京城墙研究的基础研究资料，让更多人了解城墙背后的故事。

7 月，由李海珉著、广陵书社出版的《黎里古镇》一书介绍了黎里古镇建筑的历史资料和传说故事。分胜迹景观、老宅厅堂、古镇故事三部分，详细记录各类建筑的规格、结构、工艺特色、历史传承，并深入挖掘其文化内涵和历史底蕴。另外，还收录了弄堂、古桥、厅堂等传说故事，部分为作者在搜集的口述资料基础上撰写而成。

7月，由中国文史出版社出版的《胡适口述自传》是著名历史学家和口述史专家唐德刚根据美国哥伦比亚大学中国口述历史学部所公布的胡适口述回忆16次正式录音的英文稿，以及唐德刚所保存并经过胡氏手订的残稿，对照参考、综合译出的。这也是唐德刚在哥伦比亚大学与胡适亲身交往，提着录音机完成的一项傲人的口述史传工程。在这里，胡适重点对自己一生的学术作了总结评价。

7月，由姜萌主编、北京高等教育出版社出版的《公共史学概论》作为中国第一部公共史学教材，以理论梳理为底色、实践操作为导向、素养提升为目的，从公共史学的含义、理论基础和学科框架，通俗史学、口述史学、影像史学、物质文化遗产保护与开发、非物质文化遗产保护与开发、数字公共史学的基本理论和实践经验等方面，系统展示了公共史学的学术积累与发展成果。

孙歆韵与高翅将口述史作为风景园林评论的一项重要证据，提出风景园林四重证据法，发表论文《现代口述史在风景园林评论中的运用》（《中国园林》，2020 年，第 7 期）。

8 月，由赵小平撰写、西南交通大学出版社出版的《川滇古盐道》一书在实地考察的基础上，结合历史文献、地方志资料及考察所得的口述资料和图片资料，重点对川滇古盐道形成的历史和背景、路线分布、赋存现状、古盐道上的文化遗产进行分述，图文并茂。有利于推动川滇古盐道的保护，使公众认识其历史、现状及旅游、考古学、建筑学、历史文化遗产等多重价值，为对其进行合理有效的开发提供重要参考。

8 月，由广西科学技术出版社出版的《柳州旧机场及城防工事群旧址文物保护与相关研究》一书对柳州旧机场及城防工事群旧址的修缮工作进行整理总结，并结合历史资料、实地调研及口述材料进行了相关研究，从文物保护利用的角度，对柳州旧机场及城防工事群旧址的文物构成进行分析研究，详细系统地论述柳州旧机场及城防工事群旧址保护修缮及其相关研究。

武汉出版社出版《城市这样生长》，一部关于武汉城市规划变迁的口述史，通过几代规划人的口述实录，讲述了中华人民共和国成立 70 年，尤其是改革开放 40 年来武汉城市经过 6 任规划局局长的 5 次整体规划，逐步升级为国家中心城市过程中发生的沧桑巨变。全书以规划为主线，由 40 篇采访稿组成，涉及 70 余位采访对象，分为局长访谈、城市总体规划访谈和规划大事记，得到近 20 家单位的支持，记录了几代城市规划工作者的奋斗历程，还原可感可知的城市记忆，也为后继者提供更多的历史借鉴和现实指导。

9 月，由海峡文艺出版社出版的《福州历史文化村落》一书包含了全福州市入选历史文化名村、传统村落名录的 124 个行政村或自然村，记述域内基本情况、建置沿革、姓氏人口、文物古迹以及民间技艺、民俗风情、历史人物等具有地域特色的内容，重点体现福州历史文化名村、传统村落的“名”与“特”文化内涵。

10 月，由索南加著、西藏人民出版社出版的《桑日文化遗迹研究》一书中，作者通过查阅大量历史文献，结合实地调研，搜集整理地方传说和口述资料，运用文献学、历史学、人类学等多种研究方法，对山南市桑日县境内桑日宗、沃卡宗、丹萨梯等 27 座文化遗迹的历史渊源、历史演变、现存文物、民俗仪式以及文化名人的生平事迹等进行了全面深入的研究。

10 月，中国建筑工业出版社出版的《伦佐 · 皮亚诺全集》由普利兹克建筑大师伦佐 · 皮亚诺本人亲自口述并主持编写。该书收录了迄今为止伦佐皮亚诺的所有建筑作品（包括最新作品），手绘、施工、效果图、照片、分析图等一应俱全，主要展示作品建成过程中的一些人物、事件、思想、技术等故事和他的心路历程，其中不乏戏剧冲突，内容全面、丰富，体现了伦佐的建筑设计思想精髓。

龙晓露针对破损型建筑提出一种基于现状和口述史的建筑复原方法，完成博士论文《湘军影响下的晚清湘中地区民居建筑研究》（湖南大学建筑与规划学院，2020 年）。

11 月，由仝晖、于涓编著，中国建筑工业出版社出版的《海右名宿：山东建筑大学建筑城规学院老教授口述史》用口述历史的方式，为山东建筑教育界的 15 位专业开拓者进行口碑史料的收集与整理，再现山东建筑学和城市规划专业早期教学工作的情况。将“人”的成长（生命史）与专业的建设发展有机结合，并将两条历史的线性叙事线索，放置在山东建筑大学（山东最早开办建筑学和城市规划专业的院校）构成的历史语境下，还原时代变迁中老一辈建大人为师、为学、为人的态度，以及 60 年专业发展的艰辛历程。

武帅航通过文献史料搜集、实地调研以及口述访谈等方法，研究达斡尔族传统聚落空间，完成硕士论文《东北地域达斡尔族传统聚落空间研究》（哈尔滨工业大学建筑学院，2020 年）。

朱军通过口述方法记录郑州城镇发展，出版《小关镇志》（中国水利水电出版社，2020 年）。

· 2021年

吴冠男对黑龙江“一五”计划时期45位不同岗位、不同身份工人访谈并整理记录，出版《黑龙江工业建设口述史（1949—1999）》（知识产权出版社，2021年）。

邢建榕、魏松岩以口述方法记录大时代变迁下的美术家龚继先的人生经历，编写《龚继先口述历史》（上海书店出版社，2021年）。

戴逸从个人经历出发，介绍和梳理口述史、清史和中国近代史的研究方法，出版《治史入门》（中国人民大学出版社，2021年）。

钱凤娟通过访谈和考证，运用民族学的深描法，研究撒梅人的来源、村寨、生产、历史，出版《识记撒梅》（中国社会科学出版社，2021年）。

北京林业大学园林学院城乡规划系李玉婷、钱云运用口述等方法研究京西古道沿线的模式口村，发表论文《基于空间句法的京西古道沿线传统村落特征研究》（《中外建筑》，2021 年，第 2 期）。

张勇、周晓虹、陈超、徐有威和谭刚毅分别从历史学、社会学、政治学、人居环境学等学科视角讨论口述史等研究方法在三线建设研究中的运用，发表论文《多学科视角下三线建设研究的理论与方法笔谈》《宁夏社会科学》，2021 年，第 2 期）。

仝晖、于涓整理山东建筑大学建筑城规学院 14 位老教授的口述史料，发表论文《记忆的修复》（《山东教育》，2021 年，第 17 期）

刘亚秋从口述史与记忆研究的路径探讨中国人精神世界的社会性特征，提供中国知青口述记忆的案例，出版《口述、记忆与主体性：社会学的人文转向》（社会科学文献出版社，2021年）。

赵琳、贾超主编建筑口述访谈与口述工作论文，出版《中国建筑口述史文库第四辑：地方记忆与社区营造》（同济大学出版社，2021 年）。

周晓虹访谈中国社会学重建之后的40位华人社会学家（如苏国勋、周晓虹、边燕杰、赵鼎新、周雪光、林南、谢宇、叶启正等），出版《重建中国社会学：40位社会学家口述实录（1979—2019）》（商务印书馆，2021年）。

宋捷以口述方法对南通的革命者、建设者、改革者、创新者等群体进行文字画像，出版《百年激荡：世纪风云中的南通人口述史》（苏州古吴轩出版社，2021年）。

徐烁访谈二奇楼村工匠与屋主，讨论民居的营造过程、营造技艺、营造习俗，完成硕士论文《人居环境学视角下传统村落与民居保护及活化模式研究：以二奇楼村为例》（山东工艺美术学院人文艺术学院，2021 年）。

徐欢基于田野调查与传统民居测绘，借助口述史研究总结济南市卧云铺村民居特色完成硕士论文《乡村公共空间设计与再生：以济南市卧云铺村为例》（山东工艺美术学院人文艺术学院，2021 年）。

中共自贡市委党校研究室访谈三线建设亲历者，出版《自贡三线建设口述史》（四川民族出版社，2021 年）。

婴父通过社会学调查与口述方法，围绕二七纪念塔研究郑州城市历史、城市精神和文化特色，出版《二七塔：一座城市的精神造像》（河南文艺出版社，2021年）。

欧阳章鹏研究周村宗族重建中的社会记忆，借助口述方法研究村落宗族视角下的集体记忆，完成硕士论文《周村宗族重建中的社会记忆研究》（中央民族大学民族学与社会学学院，2021年）。

高锦文借助传承人口述资料完成硕士论文《高家凷壳子棍口述史研究》（西北师范大学体育学院，2021年）。

郭旗通过文献资料、实地调查和口述访谈等方法，引入文化记忆理论，发掘村落民俗体育文化“羊皮扇鼓”在现时代传承和发展中的文化记忆，完成硕士论文《漳县“羊皮扇鼓”的文化记忆研究》（西北师范大学体育学院，2021年）。

徐楚佳访谈村民在土地分配中的政治态度和行为模式，考察1949年前土地分配机制以及集体化时期农村治理秩序的变化，完成硕士论文《东北农村土地分配与治理秩序》（华中师范大学政治与国际关系学院，2021年）。

郜蓉蓉从道路的角度，通过村民的互动，探讨关于知子罗村记忆图景的构建模式，完成硕士论文《道路与村落社会记忆建构》（云南师范大学传媒学院，2021 年）。

陈蜀西借助口述方法，以川西地区安仁镇为研究对象，探讨中国乡镇公共文化空间的转型，完成博士论文《现代性语境下安仁镇公共文化空间流变研究》（西南民族大学民族学与社会学学院，2021 年）。

杨超凡结合口述史与田野调查，以媒介的物质性转向为起点，研究乡村小卖铺作为实体媒介的物质、实践与地域特色，完成硕士论文《作为空间媒介的乡村小卖铺》（兰州大学新闻与传播学院，2021年）。

浙江工业大学之江学院郑雅萍以100位典型人物的访谈展示中国轻纺城改革发展历程，出版《中国轻纺城发展口述史》（浙江大学出版社，2021年）。

中国农业大学园艺学院罗涵月、王翊加以口述访谈结合地方文献，研究前门地区的人防工程建设过程及特点，发表论文《基于口述史的 20 世纪 60—70 年代北京地下空间建设史研究》（《面向高质量发展的空间治理：2021 中国城市规划年会论文集》，2021 年）。

华南理工大学建筑学院雷宇宏、魏成采用口述方法，研究刘五店村的历史、聚落形态与生活及生产方式的变化，发表论文《口述史视野下的传统聚落文化空间演变：以厦门市刘五店村为例》（《面向高质量发展的空间治理：2021 中国城市规划年会论文集》，2021 年）。

北京林业大学园林学院李玉婷、魏星、钱云基于田野调查和口述方法，研究京郊城镇模式口的外地人和本地人，挖掘不同视角下模式口的地方认同差异，发表论文《基于口述史对京郊城镇地方认同研究及规划路径：以模式口为例》（《面向高质量发展的空间治理：2021 中国城市规划年会论文集》，2021 年）。

西安曲江出版传媒编选一批亲历者的访谈资料，探究西安1949年前到全面建成小康社会过程中的城市变迁、科技创新、经济建设、人民生活，出版《见证百年：西安口述史》（西安出版社，2021年）。

刘广安整理本人学术生涯中的授课实录、演讲稿、研讨书信等资料，出版《口述法史》（九州出版社，2021年）。

马春华以多样化视角研究海内外家庭与性别领域相关专题，出版《家庭与性别评论（第11辑）：家庭社会学研究的历史视野》（社会科学文献出版社，2021年）。

青岛市住房和城乡建设局于 2020 年启动青岛城市建设口述史工作，回溯改革开放以来青岛城市建设的发展史。

曲青山、高永中以口述历史、回忆录的形式，记叙新中国成立初期近三十年的重大决策和重大事件始末，出版《新中国口述史（1949—1978）》（中国人民大学出版社，2021年）。

行龙围绕聚落、民俗、移民等议题开展田野调查与口述调研，出版《在田野中发现历史：学生田野调查报告（赤桥篇）》（中国社会科学出版社，2021年）。

黄菊艳访谈粤港工人梁广的革命人生，记录中国工人阶级的风采，出版《梁广的革命人生》（广东人民出版社，2021年）。

张力奋访谈金国藩的人生经历，展示中国科学发展的历史，出版《追光者：金国藩九十自述》（新星出版社，2021年）。

附录二 编者与采访人员简介（按姓氏拼音排序）

蔡凌　女，广东省文物考古研究院，副教授，硕士生导师。华南理工大学建筑历史与理论专业博士，东南大学建筑学院博士后，美国弗吉尼亚大学建筑学院访问学者。长期从事侗族乡土聚落与建筑遗产的研究。著有：《侗族聚居区的传统建筑与村落》（中国建筑工业出版社，2007）、《侗族建筑遗产保护与发展研究》（科学出版社，2018）。发表20余篇相关学术论文。获荷兰阿姆斯特丹2019世界建筑节（WAF）建成类项目“公民与社区类”最佳建筑设计奖；2021年中国建筑学会“历史文化保护传承创新”专项建筑设计奖三等奖。

陈欣　女，华中科技大学建筑与城市规划学院2020级建筑历史与理论方向硕士研究生。研究方向：工业遗产，三线建设遗产价值评估研究。发表有《建筑病害非现场调查的数字技术应用——以金寨村宗祠特征文物为例》《基于现有研究探讨未来社区规划编制发展趋势》《事件史研究方法下三线工业城市保护更新模式探索》等论文。

陈耀威（1960—2021）　男，华侨大学建筑学院博士研究生，华侨大学兼职教授，陈耀威文史建筑研究室主持人，曾任国际古迹遗址理事会及马来西亚理事会会员，马来西亚文化遗产部注册文化资产保存师。从事文化资产保存，文化建筑设计以及华人文史研究工作。著有《槟城龙山堂邱公司历史与建筑》、《甲必丹郑景贵的慎之家塾与海记栈》、《文思古建工程作品集》、《槟榔屿本头公巷福德正神庙》、*Penang Shophouses—A Handbook of Features and Materials*等著作。主持槟城鲁班古庙、潮州会馆韩江家庙、潮州会馆办公楼、本头公巷福德正神庙、大伯公街福德祠等华人传统建筑修复设计，两次荣获联合国教科文组织亚太区文化遗产保护优秀奖（2006年、2021年）。

戴路　女，工学博士，天津大学建筑学院建筑系教授。主要研究领域：中国现当代建筑及其理论、中外建筑文化比较等。国家留学基金委公派美国衣阿华州立大学访问学者，中国文物学会20世纪建筑遗产委员会专家。主持完成国家自然科学基金1项、天津市自然科学基金1项，天津市社科项目1项，作为主要成员完成国家自然科学基金3项，在《建筑师》《建筑学报》等期刊和会议发表论文60余篇，著有《印度现代建筑》《地域性建筑理论与亚洲现代地域性建筑》，译著《当代世界建筑》，参编国家级规划教材《中国现代建筑史》《外国古代园林史》《建筑设计资料集》（第八分册）。参与2016—2022年第一批至第七批“中国20世纪建筑遗产”项目认定工作。

邓原　女，华中科技大学建筑与城市规划学院2020级建筑历史与理论方向硕士研究生。研究方向：三线建设。

董哲　男，博士，华中科技大学建筑与城市规划学院讲师，主要从事中国现代建筑史、建成环境的意义理论、建筑人类学等方面的研究工作。发表《新中国建筑史中的“乡土”观念探究：以湖南韶山的三座纪念馆立面分析为例》（《时代建筑》，2021年第3期）、《一座共产主义领袖的神庙：韶山毛泽东同志旧居陈列馆的营造》（《二十一世纪》，2016年第2期）等论文，合作主编书籍《总统建筑师：托马斯·杰弗逊》。

段川 女，西华大学建筑与土木工程学院讲师，美国路易维尔大学访问学者，注册规划师，一级注册建筑师，主要从事城市设计、控制性详细规划和防灾专项规划的教学工作，近年来的主要研究方向为历史建筑保护规划和建筑历史研究。著有《深圳城中村的空间和社会形态演变》（2019）。

郭皓琳 女，谢菲尔德哈勒姆大学理学硕士（城市规划），南昌理工学院建筑工程学院讲师。

郭世含 男，广州大学建筑与城市规划学院，2019级建筑学学术型硕士研究生，研究方向：侗族木构建筑技术信息化模型建构。

何思晴 女，华南理工大学建筑学院科研助理，华南理工大学风景园林硕士，研究方向：历史文化遗产保护。

华霞虹 女，同济大学建筑与城市规划学院教授、博士生导师、工学博士（建筑历史与理论），国家一级注册建筑师，耶鲁大学访问学者，并担任《时代建筑》兼职编辑，阿科米星建筑设计事务所学术顾问。主要从事中国现当代建筑史、日常城市研究与普通建筑更新、消费文化中的当代建筑等领域的研究工作。发表相关研究论文数十篇，合著完成《改变：阿科米星的建筑思考》（2020）《同济大学建筑设计院60年》（2018），《上海邬达克建筑地图》（2013），参编<中国建筑口述史文库>第一辑、第二辑（2018、2019）、《中国传统建筑解析与传承（上海卷）》（2017，传承篇负责人）、《中国近代建筑史》（2015）、《绿房子》（2015）等。

黄玉秋 女，华南理工大学建筑学院，2019级建筑学专业硕士研究生，亚热带建筑科学国家重点实验室，研究方向：建筑遗产保护。

黄之涵 女，华中科技大学建筑与城市规划学院2020级建筑历史与理论方向硕士研究生。研究方向：工业遗产、三线建设遗产保护。

冀晶娟 女，华南理工大学博士，桂林理工大学土木与建筑工程学院副教授、硕士研究生导师、国家注册城市规划师、广西科技厅科技专家。主要研究方向：文化遗产保护与利用。主持完成国家自然科学基金项目1项，参与完成国家自然科学基金项目2项、教育部人文社会科学研究项目1项，参与在研国家社会科学基金项目2项。在《城市规划》《中国园林》《南方建筑》《建筑科学》等学术期刊上发表论文十余篇。

贾艳飞 男，华中科技大学建筑与城市规划学院副教授，硕士生导师。国际古迹遗址理事会国际会员， 主要从事城乡遗产保护方法、城市设计与城市设计史研究，出版专著《基于生产单元的工业遗产保护方法研究》，参与“风雨如磐-历史文化名城保护30年”等著作3部、译作1部，发表论文十余篇，主持住建部“十四五”土木学科教材“中外城市设计史”一项，任《建成遗产》《新建筑》《西部人居学刊》等期刊审稿人。

李浩　男，重庆大学博士，北京建筑大学未来城市设计高精尖中心研究员、建筑与城市规划学院教授、校学术委员会委员，主要从事中国现代城市规划科学技术史研究，已出版《八大重点城市规划——新中国成立初期的城市规划历史研究》《中国规划机构70年演变——兼论国家空间规划体系》《城·事·人——城市规划前辈访谈录》（共9辑）《张友良日记选编——1956年城市规划工作实录》和译著《明日之城市》《进化中的城市》《城市和区域规划》等。

李萌　女，博士，美国芝加哥大学东亚语言文学系教师。

李心怡　女，哈尔滨工业大学建筑学院，2021级建筑学专业硕士研究生，寒地城乡人居环境科学与技术工业和信息化部重点实验室，研究方向：寒地聚落保护与更新、西方建筑历史与思潮。

李怡　女，2019年于河北建筑工程学院获建筑学学士学位，天津大学建筑学院2019级硕士研究生，2022年于天津大学获工学硕士学位。主要研究领域：中国现当代建筑及其理论。

廖若星　男，广州大学建筑与城市规划学院，2019级建筑学学术型硕士研究生，研究方向：侗族木构建筑匠作体系及其传承研究。

林晓丹　女，同济大学建筑与城市规划学院，2018级建筑学专业博士研究生，师从常青院士。主要从事风土建筑谱系研究，风土聚落形态研究，具体研究区域为北方黄河流域，发表有《黄河晋陕沿岸风土聚落“村寨分离”特征及地域分布研究——以龙门至潼关段为例》（《建筑遗产》，第22期，2021年5月）、《从厅房位置看汾渭平原风土建筑类型及其谱系》（《建筑遗产》，第23期，2021年8月）等论文。

刘方馨　女，湖北工业大学土木建筑与环境学院讲师，主要从事风景园林历史理论与遗产保护研究领域，发表学术论文十多篇。参与国家自然科学基金青年项目1项，国家自然科学基金面上项目2项，参编《亭引》（清华大学出版社，2019）。

刘晖　男，华南理工大学建筑学院副教授、硕士研究生导师、注册城市规划师、一级注册建筑师、文物保护工程责任设计师，中国建筑学会工业建筑遗产学术委员会委员，佛山市立法专家顾问。1996年湖南大学建筑学本科毕业，2005年华南理工大学建筑历史与理论专业博士毕业，近年来主要从事历史文化遗产保护规划和工业遗产研究。发表学术论文25篇，专著译著5部。

刘军瑞　男，河南理工大学建筑与艺术设计学院讲师，毕业于同济大学建筑与城规学院建筑历史与理论专业，工学博士，研究兴趣是匠师口述史、营造技艺。代表论文：《乡野求“礼”——基于“口述史”方法的乡土营造若干问题探讨》《中山市传统民居营造技艺初探》《“口述史”方法在传统营造研究中的若干问题探析》（李浈，刘军瑞）等。

卢日明（Yat Ming Loo）　男，建筑师，城市学和建筑历史学者，宁波诺丁汉大学建筑与建筑环境系副教授、博士生导师，主授建筑人文和建筑设计课程，马来西亚思特雅大学客座教授。伦敦大学学院巴特莱特建筑学院建筑史硕士学位（Architectural History）和建筑与城市学博士学位（Architecture and Urbanism）。主要研究兴趣包括跨文化城市（intercultural city）、后殖民城市主义（postcolonial urbanism）、城市记忆（urban memory）、少数族裔空间（minority spaces）、建筑历史和建筑的去殖民化（decolonisation of architecture）。著作：*Architecture and Urban Form in Kuala Lumpur: Race and Chinese Spaces in a Postcolonial City*（Ashgate, 2013），*The Chinese East End*（Historic England & Liverpool University Press，即将出版）和"Towards a Decolonisation of Architecture" (*The Journal of Architecture, 2017*)。

卢永毅　女，同济大学建筑与城市规划学院教授，博士生导师，主要从事西方建筑历史与理论教学与研究、上海近代建筑与城市史及近代建筑遗产保护研究工作，并担任《建筑师》《建筑史学刊》《建筑遗产》等国内外建筑和遗产杂志的编委。著有《产品设计现代生活——工业设计的发展历程》（1995年），参与编写《外国近现代建筑史》教材（2004年，2021年）、五卷本《中国近代建筑史》（2016年）；主编《建筑理论的多维视野》（2009年）、“开放的上海城市建筑史研究丛书”，合编《谭垣纪念文集》（2010年）、《黄作桑纪念文集》（2012年）；合译[比]海嫩著《建筑与现代性批判性》（2015年）；发表数十篇相关研究论文。

马佳琪　女，华中科技大学建筑与城市规划学院2020级建筑历史与理论方向硕士研究生。研究方向：三线建设、集体形制。

马小凤　女，华中科技大学建筑与城市规划学院，华中科技大学建成遗产研究中心，湖北省城镇化工程技术研究中心，2020级建筑学专业在读博士研究生，宁夏大学土木与水利工程学院建筑与城乡规划系教师，主要研究方向为建筑遗产与保护。

彭长歆　男，华南理工大学建筑学院教授、博士生导师、一级注册建筑师，以中国近现代建筑、地域性建筑设计与理论、工业遗产、建筑遗产保护与利用、历史环境保护与更新等为主要研究领域，并在公共建筑设计、既有建筑改造、建筑遗产保护与利用、历史环境保护与更新等方面开展研究性建筑实践。代表著作：《现代性·地方性——岭南城市与建筑的近代转型》（2012）、《华南建筑八十年——华南理工大学建筑学科发展大事记（1932—2012）》（彭长歆，庄少庞，2016）、《中国近代建筑史》（合著，2016）等，发表论文数十篇。

钱锋　女，同济大学建筑与城市规划学院建筑系副教授，同济大学建筑系博士毕业，主要教学和研究方向为西方建筑史和中国近现代建筑史。代表著作有《中国现代建筑教育史（1920—1980）》（与伍江合著，2008），《一苇所如——同济建筑教育思想渊源与早期发展》(2022)；译著《勒.柯布西耶：理念与形式》（与沈君承等，2020）；合编《谭垣纪念文集》《黄作桑纪念文集》《罗小未文集》，并参与五卷本《中国近代建筑史》（2016）的编写工作。负责承担两项国家自然科学基金项目。

任丽娜　女，北京大学考古文博学院博士后。主要从事非物质文化遗产、口述史、艺术理论与创作、建筑理论与批评等方面的研究工作。发表有《中国传统建筑营造技艺在当代建筑中的应用》（《中国建筑文化遗产》，第23期，2019年7月）等十余篇学术论文。著有《北京非物质文化遗产传承人口述史--京派内画鼻烟壶刘守本》（首都师范大学出版社，2015）、《古书画临摹复制技艺和它的传人们》（北京美术摄影出版社，2022）、《博物馆书画临摹复制技艺保护研究》（安徽美术出版社，2022）等学术专著。

谭刚毅 男，华中科技大学建筑与城市规划学院教授，博士生导师，《新建筑》副主编。中国建筑学会民居建筑学术委员会秘书长，中国建筑学会建筑教育分会副理事长，湖北省历史建筑研究会副会长。香港大学和英国谢菲尔德大学访问学者。主要从事建筑历史理论研究、文化遗产保护和建筑设计等方面的研究。出版著作5本，发表论文逾60篇，主持国家自然科学基金3项、英国国家学术院基金项目1项（中方负责人）。曾获全国优秀博士学位论文提名奖、联合国教科文组织亚太地区文化遗产保护奖第一名“杰出项目奖”、中国建筑学会建筑设计奖乡村建筑一等奖以及其他竞赛和设计奖项。获得2019宝钢教育基金全国优秀教师奖。多次指导学生在国内外设计竞赛和论文竞赛中获奖。

谭峥 男，同济大学建筑与城市规划学院副教授，建筑与城市规划学院国际课程负责人，博士生导师，美国加州大学洛杉矶分校（UCLA）建筑与城市设计博士，密歇根大学（UMich）建筑学科学硕士，美国能源与环境先导职业人士（LEED AP），彼都建筑设计工作室主持人。长期从事交通与绿色基础设施牵引下的城市设计与建筑设计，“基础设施建筑学”概念的倡导者与实践者。作品参展上海城市空间艺术季、首尔建筑与城市双年展、上海华侨城当代艺术中心专题展等。著有《邻里范式——技术与文化视野中的城市建筑学》等。

王欣怡 女，华中科技大学建筑与城市规划学院2020级建筑历史与理论方向硕士研究生。研究方向：工业遗产、三线建设遗产保护。

王雅凝 女，广州大学建筑与城市规划学院，2019级建筑学学术型硕士研究生，研究方向：侗族木构建筑匠作体系及其传承研究。

吴鼎航 男，香港大学建筑历史与理论博士，香港大学建筑学系博士后，师从龙炳颐教授。现为香港珠海学院建筑学系助理教授。主要研究领域：中国传统民居建筑及遗产保护。

吴皎 女，同济大学建筑与城市规划学院建筑历史与理论方向博士研究生。主要从事中国现当代建筑史方向的研究工作。发表有《同济大学教学中心大楼“民族形式”之争（1953年—1955年）》（《时代建筑》，2020年第1期），并参与《中国传统建筑解析与传承（上海卷）》（2017）的编写工作，及“同济大学建筑设计研究院60周年院史研究”与“同济大学建筑设计研究院60周年口述史研究”的相关研究与访谈工作。

吴正航 男，桂林理工大学土木与建筑工程学院，2020级城乡规划学学术硕士研究生，研究方向少数民族特色村寨与非物质文化遗产研究。

向彦宁 女，宁波诺丁汉大学建筑与建筑环境系2019级建筑学专业博士研究生。2019年获得宁波诺丁汉大学建筑学专业一等荣誉学士学位。研究方向：租界建筑的后殖民改造和形象建构、非正式街市。

邢寓 男，东南大学建筑学院2021级建筑学博士研究生。研究方向：传统聚落与民居的保护更新，当代乡村设计与乡村振兴。发表有《广西壮族自治区桂林市兴安县界首古镇 国家历史文化名城研究中心历史街区调研》（《城市规划》2020年第9期）等期刊论文4篇，以及会议论文4篇。

徐明蕊 女，宁夏大学土木与水利工程学院，2018级建筑学专业本科生。

杨泊宁 女，宁夏大学土木与水利工程学院，2019级建筑学专业本科生。

尹旭红 男，桂林理工大学艺术学院教授、硕士研究生导师，中国风景园林学会会员、广西科技厅科技专家。主要研究方向：地域性景观建筑设计及其理论、非物质文化遗产保护与传承。主持广西哲学社会科学规划项目《广西侗族木构建筑营造技艺的数字化保护与活态传承发展研究》。发表论文和设计作品16篇，出版专著1部。曾获广西高等教育自治区级教学成果二等奖、广西社会科学优秀成果三等奖等。

张远晴 女，哈尔滨工业大学建筑学院，2020级建筑学专业硕士研究生，寒地城乡人居环境科学与技术工业和信息化部重点实验室，研究方向：寒地聚落保护与更新、西方建筑历史与思潮。

赵冬梅 女，上海交通大学设计学院副教授，2013年同济大学建筑历史与理论专业博士毕业，从事外国建筑历史与理论、建筑设计及理论的教学与研究工作。主持国家自然科学基金项目“弗莱彻《比较法建筑史》在中国的移植与转译(1920s—1980s)”，参与4项国家级、2项省部级的科研项目，发表学术论文20 余篇，合著《英格兰大教堂》（2019）、《上海交通大学人文建筑之旅》（2012）。

赵纪军 男，教授，博导，英国谢菲尔德大学风景园林博士，美国宾夕法尼亚大学访问学者，中国风景园林学会理论与历史专业委员会委员、文化景观专业委员会委，湖北省自然保护地专家委员会和评审委员会委员。主要从事风景园林历史与理论、风景园林学科史等领域的研究。主持国家自然科学基金项目3项，著有《中国现代园林：历史与理论研究》等，《中国近代园林史》《南浔近代园林》编委，并发表论文30余篇。

赵逵 男，华中科技大学建筑与城市规划学院教授、博士生导师，同济大学博士后，中国文物学会会馆专业委员会副会长，中国会馆建筑遗产保护研究中心主任，美国佛罗里达大学访问学者，国际古迹遗址理事会ICOMOS国际会员。研究方向：传统建筑与遗产保护、生态建筑与地域建筑。主持和参与4项国家自然科学基金。代表著作有：《天后宫与福建会馆》（2019）、《川鄂古盐道》（2019）、《历史尘埃下的川盐古道》（2016）、《中国建筑简明读本》（2016）、《山陕会馆与关帝庙》（2015）、《“湖广填四川”移民通道上的会馆研究》（2012）。在境内外期刊和学术会议上发表论文50余篇。设计与规划项目多次获得省部级奖项。

赵潇欣 男，南京大学建筑与城市规划学院“毓秀青年学者”博士后研究员，曾获国家留学基金委公派留学项目与昆士兰大学优秀国际生奖学金资助攻读博士学位，同时担任昆士兰大学建筑理论与历史评论中心(ATCH)研究员。主要从事建筑遗产管理与可持续社区、中国传统木构建筑、建筑文化与教育等领域的研究。在*International Journal of Heritage Studies*、*Frontiers of Architectural Research*、*Digital Creativity*、《世界建筑》、《现代城市研究》等期刊发表与城乡建筑文化、建筑遗产相关的论文20余篇，并任*Journal of Asian Architecture and Building Engineering*论文审稿人。

钟健 女，西华大学建筑与土木工程学院讲师，师从四川乡土建筑研究专家季富政教授，研究方向为四川传统场镇。

朱莹 女，哈尔滨工业大学建筑学院，寒地城乡人居环境科学与技术工业和信息化部重点实验室，副教授，硕士生导师，荷兰代尔夫特理工大学访问学者，建筑学院历史与理论教研室主任。研究方向：黑龙江流域风土聚落研究、西方建筑历史与理论。先后主持国家、省部级等基金项目10余项，在国内外核心刊物及重要会议上发表论文60余篇，出版专著4本。特别关注人口较少民族风土建筑研究，走访和调研30余民族村落和传统村落。

图书在版编目（C I P）数据

集体记忆与新精神 / 谭刚毅，贾艳飞，董哲主编
. -- 上海：上海文化出版社，2022.6
（中国建筑口述史文库 . 第五辑）
ISBN 978-7-5535-2535-8

Ⅰ . ①集… Ⅱ . ①谭… ②贾… ③董… Ⅲ . ①建筑史
- 史料 - 中国 Ⅳ . ① TU-092

中国版本图书馆 CIP 数据核字 (2022) 第 094760 号

出版人 姜逸青

责任编辑 江岱

装帧设计 赵琦

书 名 集体记忆与新精神
谭刚毅　贾艳飞　董哲　主编
出 版 上海世纪出版集团 上海文化出版社
地 址 上海市闵行区号景路 159 弄 A 座 2 楼 201101
发 行 上海文艺出版社发行中心
印 刷 上海安枫印务有限公司
开 本 787 × 1092　1/16
印 张 20
印 次 2022 年 6 月第 1 版　2022 年 6 月第 1 次印刷
书 号 ISBN 978-7-5535-2535-8/TU. 105
定 价 88.00 元